DÉCOUVERTE

DE

L'ALBERT N'YANZA

NOUVELLES EXPLORATIONS

DES SOURCES DU NIL

IMPRIMERIE GÉNÉRALE DE CH. LAHURE
Rue de Fleurus, 9, à Paris

SIR SAMUEL WHITE BAKER ET LADY BAKER

DÉCOUVERTE

DE

L'ALBERT N'YANZA

NOUVELLES EXPLORATIONS

DES SOURCES DU NIL

PAR

SIR SAMUEL WHITE BAKER

OUVRAGE TRADUIT DE L'ANGLAIS

PAR GUSTAVE MASSON

ILLUSTRÉ DE 30 GRAVURES SUR BOIS

ET ACCOMPAGNÉ DE 2 CARTES

PARIS

LIBRAIRIE DE L. HACHETTE ET Cie

BOULEVARD SAINT-GERMAIN, N° 77

1868

A MON CHER COLLÈGUE

LE RÉV. F. W. FARRAR

PROFESSEUR AU COLLÉGE DE HARROW
ET MEMBRE DE LA SOCIÉTÉ ROYALE DE LONDRES

Cette traduction du *Voyage de sir S. Baker* est affectueusement dédiée,

GUSTAVE MASSON

PRÉFACE.

L'histoire du Nil contenait jusqu'ici une page blanche; personne n'avait éclairci le mystère des sources de ce fleuve. Les anciens consacrèrent, mais en vain, beaucoup de soin et de temps à la solution du problème. Sénèque nous décrit une expédition envoyée par l'empereur Néron, sous les ordres de deux centurions. L'énergie romaine elle-même échoua devant cette difficulté; enfin le voyage de recherches que le célèbre ex-roi d'Égypte Mehemet Ali Pacha organisa de nos jours, clôt la longue série d'efforts infructueux.

La tâche est maintenant accomplie. Trois expéditions anglaises, trois seulement, ont, à intervalles inégaux, poursuivi cette mission enveloppée de tant d'obscurité. Chacune d'elles a atteint son but.

Bruce découvrit les sources du Nil bleu; Speke et Grant ont trouvé la source Victoria du Nil blanc; il m'a été donné de compléter cette découverte par celle de l'Albert Nyanza, — le grand réservoir des régions équatoriales d'où sort le fleuve tout entier.

Ayant ainsi atteint le but que je m'étais proposé, après un séjour de près de cinq ans en Afrique, il me reste encore quelque chose à faire. Il faut que je prenne le lecteur pour ainsi dire par la main; je le conduirai pas à pas depuis le commencement jusqu'à la fin de mon dangereux voyage,— à travers des déserts

A

brûlants et des sables arides, — au milieu d'épaisses forêts et de marais interminables. De difficultés en difficultés, de fatigue en fatigue, de maladie en maladie, je l'amènerai épuisé jusqu'au rocher élevé, du haut duquel le but de tant d'efforts se découvrira à sa vue ; il contemplera le vaste lac Albert et s'abreuvera avec moi aux sources du Nil.

J'ai dit *le lecteur*. Comment, en effet, inviter des *lectrices* à me suivre à travers ces dangers et ces fatigues? Comment leur révéler les différents épisodes de la vie chez les sauvages? J'abaisserai le voile sur beaucoup de scènes brutales auxquelles j'ai été contraint d'assister, mais dont j'épargnerai le récit à celles qui me liront. Je m'abstiendrai également de dire tout ce qui n'est pas strictement nécessaire dans la description d'incidents qu'il nous faudra malheureusement rencontrer pendant le cours de notre long voyage. S'il se présentait quelque détail de nature à blesser un esprit délicat, quelque situation choquante pour des yeux de femme, je supplierai mes lectrices de réfléchir que l'épouse du pèlerin l'accompagnait. Faible, endolorie, soutenue non par la curiosité, mais par le dévouement, elle a partagé toutes ses épreuves. Aux heures de la misère et la maladie, ses tendres soins lui ont sauvé la vie et ont assuré le succès de l'expédition.

« O femme ! dans nos moments de bonheur tu es incertaine, capricieuse, difficile à satisfaire et aussi changeante que l'ombre projetée par la feuille du tremble ; vienne sur notre front la souffrance, l'angoisse, et tu te transformes pour nous en ange consolateur. »

J'ai a réclamer un peu de patience pour des détails géographiques qui sembleront peut-être fastidieux ; je m'attacherai uniformément aux faits, et j'éviterai les théories autant que possible.

Le botaniste ne manquera pas d'occasions de s'éloigner du chemin frayé, et d'étudier des plantes qui, je l'avoue, ne me sont qu'imparfaitement connues. Je mettrai à la disposition de l'ethnologue l'expérience que j'ai péniblement acquise, et il en sera éclairé ou troublé. Pendant tout ce voyage dans l'Afrique centrale, le géologue se trouvera au milieu des roches de l'époque primitive. En parcourant les hauts fourrés d'herbes et de lianes, l'amateur de zoologie rencontrera des échantillons qu'il est souvent difficile de se procurer. Je le renvoie, ainsi que le chasseur, au récit prochain de mon voyage aux cours d'eau abyssins, tributaires du Nil; là aussi nous aurons à décrire bien des choses intéressantes. Quant au philanthrope, qu'ai-je à lui promettre afin de le déterminer à m'accompagner? Je lui montrerai le sauvage tel qu'il est, tel que je l'ai vu, tel que je l'ai apprécié, en toute impartialité. Je peindrai aussi, avec ses véritables couleurs, la traite des nègres, — cette abomination qui a été la lèpre de l'Afrique. Non-seulement les philanthropes, mais tous les êtres policés se réuniront, je l'espère, afin d'effacer une tache aussi scandaleuse, et d'ouvrir ainsi la voie jusqu'à présent fermée à la civilisation et aux travaux des colonies chrétiennes. Au missionnaire, — à cet exilé volontaire qui travaille trop souvent à défricher un champ stérile, je répéterai le conseil d'*attendre*. Pour lui, point d'espérance de succès jusqu'à l'entière abolition de la traite.

Le voyage est long, le pays sauvage. Il n'y a aucune vieille légende qui puisse charmer le présent par le souvenir du passé. Brutal, dur et sans pitié, l'homme n'y a pas même cette foi en un Dieu, cet instinct sacré que la nature semble nous avoir enraciné dans le cœur. — Tel est le désert, perdu au milieu de l'Afrique centrale, où se trouvent les sources du Nil.

INTRODUCTION.

Le premier but des voyages d'exploration est d'ouvrir au commerce les parties de notre globe qui peuvent être utiles au genre humain. L'*explorateur* est le pionnier du colon ; celui-ci, à son tour, est l'instrument au moyen duquel doit s'accomplir la civilisation du monde, — ce *grand œuvre*, — cette entreprise la plus considérable et la plus difficile de toutes.

Le progrès de la civilisation dépend de la situation géographique. La surface de la terre présente — ici certaines facilités, — là certains obstacles aux relations de peuple à peuple ; les points de l'accès le plus facile jouiront toujours d'une civilisation plus grande que celle des localités auxquelles on arrive malaisément.

Nous pouvons donc poser en fait que le progrès de la civilisation dépend de la facilité des moyens de transport. Les pays où les communications sont naturellement difficiles peuvent, par l'industrie humaine, devenir d'un accès commode ; alors les denrées et autres produits de ces régions seront transportés à la côte afin d'y être échangés contre des marchandises étrangères ; et le commerce, ainsi organisé, deviendra le pionnier de la civilisation.

L'Angleterre étant à la tête du monde commerçant, jouit d'un pouvoir qui entraîne avec lui une sérieuse responsabilité. Elle a la force civilisatrice ; la nature lui a assigné la tâche de coloniser le globe. Dans le court espace de trois siècles, l'Amérique du Nord, enfantée, pour ainsi dire, par elle, a pris des proportions gigantesques; une nouvelle époque a commencé dans l'histoire de l'humanité, une nouvelle puissance s'est manifestée dont les destinées auront une influence incalculable.

Plus récemment, et avec un développement encore plus rapide, l'Australie a conquis sa place au soleil : preuve irréfutable de l'aptitude de l'Angleterre à défricher les terres incultes, et à soustraire à la barbarie ces immenses espaces restés improductifs depuis la création du monde, et qui étaient comme des foyers de ténèbres au milieu desquels la colonisation anglaise a versé des flots de lumière. Devant les progrès de la civilisation, les féroces habitants de ces déserts se sont retirés; des pays jusqu'alors cachés, et ne comptant pour rien dans la somme totale de l'univers, ont pris le premier rang parmi ceux auxquels sont commises les destinées du monde.

La semence de l'Angleterre ainsi jetée sur la surface de la terre, germe partout où elle trouve un sol propre à sa reproduction. L'énergie et l'activité de la mère patrie se transforment pour ses enfants en instincts naturels partout où se trouvent réunies les conditions nécessaires à leur développement; les pays aptes à l'agriculture et dont la position géographique est favorable, deviennent, à coup sûr, quoique lentement, des foyers civilisateurs.

Le christianisme véritable ne saurait co-exister avec la barbarie; sa diffusion dépend donc du développement de la civilisation; ce développement, à son tour, dépend du commerce.

En vain le philanthrope et le missionnaire s'efforceront de lutter contre l'abrutissement des tribus barbares, jusqu'à ce que le commerce ait planté les premiers jalons qui doivent mener par degrés à la civilisation. Il faut que le sauvage sache toute la portée du mot *besoin*; il faut éveiller en lui les sentiments d'ambition, et lui apprendre à désirer quelque chose de mieux que sa nourriture. Or, les relations avec des hommes civilisés peuvent seules produire ce résultat; en voyant des individus bien vêtus, le sauvage désirera des vêtements à son tour, et éprouvera ainsi un *besoin*. De là surgira une première opération de commerce. Afin de se procurer ce qu'il désire, le sauvage proposera en échange quelque produit de son pays, suivant les nécessités ou le caprice du négociant avec lequel il a noué des relations. A mesure qu'il fréquentera les Européens, ses besoins s'augmenteront; il lui faudra donc, dans le même rapport, développer ses ressources productives et devenir industrieux; car l'industrie est le premier pas vers la civilisation.

L'énergie naturelle des habitants de tous les pays dépend essentiellement du climat, et comme la civilisation résulte de l'industrie ou de l'énergie humaine, elle varie suivant les conditions géographiques des différentes localités. Sous les tropiques, point de progrès. Énervés par une chaleur accablante, les natifs sont plus enclins au repos et au plaisir qu'au travail. N'ayant pas à craindre les rigueurs de l'hiver, n'étant pas réveillés par les variations qui accompagnent les saisons, ils ont dans leur caractère la monotonie qui distingue la température du pays. Point de difficultés naturelles à surmonter; aucune lutte avec les tempêtes, les vents glacés, le sol endurci par les frimas. L'été dure sans interruption, et comme la fertilité n'exige que très-peu de culture, on ne sent pas que l'activité soit nécessaire; l'intelligence n'ayant aucun problème à résoudre, languit et finit presque par s'éteindre. Le défaut d'industrie, la mollesse de caractère entraînent à leur suite la passion de l'aisance et du luxe; cette pente conduit à la polygamie, qui ravale la femme, et dans l'ordre naturel et dans l'ordre social. Ainsi avilie, elle perd l'influence qu'elle aurait dû exercer sur l'homme; elle devient l'esclave de ses passions, et entrave le mouvement civilisateur au lieu d'en être l'emblème. L'absence d'un amour véritable, résultat de la polygamie, s'oppose à tout progrès;

avec la pluralité des femmes légalisée, le développement de la civilisation est impossible. Sous les tropiques la polygamie est le vice prédominant, et forme le plus grand obstacle au succès du christianisme. Soigneusement conçue en vue des mœurs orientales, la religion mahométane permettait la pluralité des femmes, aussi prit-elle de grands développements. On peut enseigner au sauvage l'existence de Dieu et en faire un musulman; mais la prescription obligatoire de la fidélité conjugale, l'empêchera de devenir chrétien. Ainsi, on voit que sous les tropiques la civilisation fera toujours des progrès moins rapides que dans les zones tempérées. A l'origine, la seule portion du globe où la barbarie ne régnât pas, était comprise entre la Perse, l'Égypte, la Grèce et l'Italie. Là s'est trouvée concentrée toute l'histoire primitive du monde, et quoique l'importance spéciale de cette région ait changé, elle n'a perdu, de nos jours, rien de sa signification géographique.

Le pouvoir et l'intelligence de l'homme atteindront leur plus haut développement entre les limites de certaines latitudes, et les passions naturelles et les caractères distinctifs propres à chaque race, dépendront des localités et de la température du climat.

Il y a dans telle ou telle région des circonstances d'attraction qui déterminent les premiers établissements humains; de même que certaines conditions de localité attirent certains oiseaux, certains quadrupèdes. La nourriture est le premier besoin de l'homme et des autres animaux; ainsi, un sol fertile et d'abondants pâturages réunis à un climat salubre et à la présence de cours d'eau navigables, attireront toujours les hommes, tandis que les oiseaux et les quadrupèdes se rassembleront dans le voisinage des forêts, des prairies, des districts abondamment pourvus de graminées. La terre présente sur certains points des avantages spéciaux à l'homme et aux autres êtres animés; et à très-peu d'exceptions près, ces localités sont toujours naturellement habitées. Depuis les temps les plus reculés, il y a eu des contrées tellement favorisées de la nature sous le rapport de la position géographique, du climat et de la fertilité, que l'on s'en est disputé la possession. Ce sont ces pays qui ont eu le plus d'influence sur la civilisation du monde, les berceaux auxquels on rattachera jusque dans l'avenir le plus éloigné la culture intellectuelle et morale. Ainsi, les ressources particulières de l'Égypte ont éveillé le désir de sa conquête, et l'histoire primitive du monde est intiment liée aux annales de ce pays.

L'Égypte est un exemple frappant de la formation d'un sol par des dépôts successifs d'alluvions; elle doit sa *création*, strictement parlant, à un seul fleuve. Le vaste désert du Sahara, cet effrayant plateau de sables brûlants, s'étendant depuis la mer Rouge jusqu'à l'océan Atlantique, est traversé par un seul courant d'eau. Bien des siècles avant que l'homme pût exister sur cette terre inhospitalière, ce courant unique poursuivait sa tâche. Pendant des myriades d'années il a crû, il a débordé, il est rentré dans son lit, toujours déposant sur le sable aride le legs inappréciable d'un sol gras et fertile; ainsi s'est formé le Delta. A une époque si éloignée que nous ne saurions en fixer la date même d'une manière approximative, l'homme prit possession du territoire auquel le Nil avait ainsi donné naissance; bref, ce coin de la sauvage Afrique arraché à la stérilité, devint l'Égypte, et se plaça au premier rang dans l'histoire de notre globe.

Le monde s'est toujours disputé, et se disputera toujours la possession de ce pays extraordinaire.

Bien qu'elle ait été le théâtre de luttes continuelles, depuis la conquête des Perses jusqu'à nos jours, l'Égypte n'a presque pas cessé de produire. Sa position géographique offrait au commerce des avantages hors ligne. Bornée à l'est par la mer Rouge, au nord par la Méditerranée, présentant à l'intérieur des moyens faciles de transport, grâce au cours fertilisateur du Nil, l'Égypte devint le pays du monde le plus prospère et le plus civilisé. Non-seulement elle devait son origine au fleuve qui la traverse, mais des inondations périodiques de ce fleuve dépendait l'existence des habitants. Tout ce qui se rapportait au Nil acquérait donc la plus grande importance dans l'esprit des Égyptiens, car le Nil était le dispensateur de leur nourriture.

Rien de plus naturel, par conséquent, que le désir souvent conçu par des hommes sérieux, de rechercher la source de ces eaux mystérieuses. Le Nil ne ressemble à aucun autre fleuve. Aux mois de juillet et d'août, lorsque les rivières d'Europe sous l'influence des chaleurs de l'été sont au plus bas de leur étiage, le Nil déborde! Point de pluies en Égypte, pas même une goutte de rosée dans ces déserts arides que le fleuve magnifique parcourt sur une étendue de plus de 860 milles en latitude sans être alimenté par un seul tributaire. Malgré toutes les pertes que l'évaporation et l'absorption lui font éprouver, le Nil verse chaque année ses bénédictions sur l'Égypte; fleuve anomal, débordant pendant la saison la plus sèche de l'année, résistant aux sables du désert; quelle était son origine cachée? Où fallait-il chercher ses sources?

Tel était, dès les âges les plus reculés, le grand problème de la géographie.

Au milieu de la civilisation avancée du dix-neuvième siècle, nous voyons à regret les Turcs posséder les plus belles régions du globe, des pays tellement favorisés par leur climat et leur position géographique, que dans les temps anciens on s'en disputait la jouissance. Nous gémissons de ce que, sous le gouvernement des successeurs de Mahomet, ces contrées restent en dehors du progrès vers lequel gravitent des localités bien moins avantagées par la nature. Supposons un régime politique civilisé et chrétien, il n'est pas de pays plus riche, capable d'occuper une position plus importante dans la famille des nations que la Turquie d'Europe, l'Asie Mineure et l'Égypte.

De ces trois contrées, la dernière intéresse le plus les Anglais, parce que c'est la grande route des Indes. Et comme elle doit au Nil sa fertilité extraordinaire, j'espère avoir versé au trésor de la science ma quote-part individuelle, en découvrant les sources de ce fleuve magnifique. J'espère avoir aussi ouvert jusqu'au cœur même de l'Afrique un chemin qui, dans l'avenir, pourra être celui de la civilisation, quoique à notre vue bornée il semble enveloppé d'obscurité.

J'offre au public le récit de beaucoup d'années de fatigues et de difficultés consacrées, non vainement je l'espère, à cette grande entreprise. Quelques personnes dépourvues d'ambition se diront peut-être que le résultat obtenu méritait à peine le sacrifice de la meilleure partie de ma vie dévouée à l'exil et à la souffrance. Je prie ces personnes de se rappeler que « nous sommes placés dans ce bas monde pour un temps limité, afin de remplir, chacun selon les conditions et la portée de son intelligence, les devoirs au moyen desquels l'humanité poursuit sa marche de siècle en siècle[1]. »

1. Lord Lyton, *Life, literature and manners.*

NOTE DU TRADUCTEUR.

Ce serait une prétention au moins superflue que d'ajouter le moindre trait aux larges vues indiquées par sir Samuel W. Baker, dans sa préface et dans son introduction. Inutile aussi de faire ressortir les mérites divers d'un ouvrage qui, dès sa publication, s'est emparé de l'attention générale, et où les détails scientifiques se trouvent réunis aux récits les plus émouvants, ainsi qu'aux considérations politiques et philosophiques de la plus haute portée.

Le livre de sir Samuel Baker prend naturellement sa place à côté de ceux qui ont déjà rendu si justement populaires les noms de Livingstone, de Palgrave, de Speke et de Grant. J'ai visé, avant tout, dans ma traduction, à une scrupuleuse fidélité, me bornant à rejeter dans des notes quelques courtes explications pour faciliter l'intelligence du texte.

Gustave MASSON.

Harrow on the Hill, ce 25 janvier 1867.

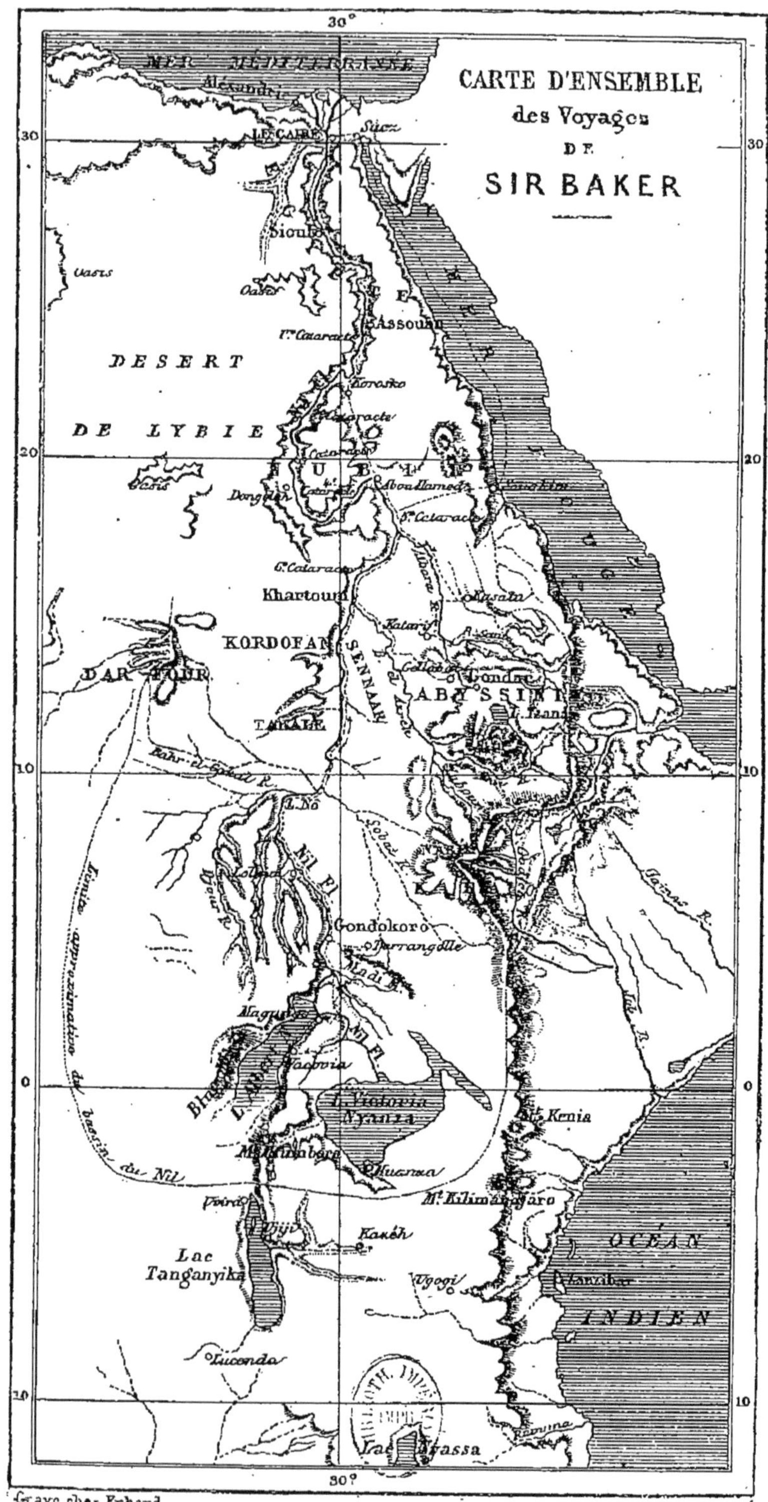

Gravé chez Erhard

L'ALBERT N'YANZA.

CHAPITRE PREMIER.

DU CAIRE A GONDOKORO.

Au mois de mars 1861, je me mis en route pour une expédition dont le but était de découvrir les sources du Nil; j'espérais rencontrer les capitaines Speke et Grant qui parcouraient l'Afrique orientale, et qui étaient partis de Zanzibar, envoyés par le gouvernement anglais pour le même motif. Je n'avais pas la présomption de faire connaître l'objet de mon voyage, car jusqu'alors les sources du Nil semblaient enveloppées d'un voile mystérieux; mais ma résolution intime était de surmonter cette tâche si difficile au péril même de ma vie. Dès ma jeunesse, je m'étais endurci à la fatigue et aux privations dans les climats des tropiques, et lorsque j'étudiais la carte de l'Afrique, j'éprouvais une vague espérance mêlée d'humilité, qu'à force de persévérance je pourrais pénétrer jusqu'au cœur de ce continent. Ainsi on voit le ver le plus insignifiant percer le bois de chêne le plus dur.

Selon moi, rien au monde ne pouvait résister à une force de volonté bien arrêtée, pourvu que la santé et la vie ne fissent pas défaut. Je n'étais pas surpris du peu de succès de toutes les tentatives précédemment faites pour arriver aux sources du Nil; dans ces expéditions, en effet, composées de plusieurs personnes, les moindres difficultés aboutissaient généralement à des avis opposés, et à la retraite. Je résolus donc de partir seul, me fiant à la conduite de la Providence divine, et à la bonne fortune qui quelquefois accompagne une résolution inébranlable. Je pesai avec soin les chances de l'entreprise. Devant moi, la portion inexplorée de l'Afrique; contre moi, les obstacles qui avaient défié le monde depuis sa création; pour moi, un tempérament passablement robuste, une liberté absolue, une longue expérience de la vie sauvage, le loisir et les ressources que je me proposais de consacrer sans restriction à mon objet. L'expédition commandée par MM. Speke et Grant était la seule que l'Angleterre eût envoyée pour découvrir les sources du Nil. Il y a quatre-vingt-dix ans, Bruce[1] avait réussi à reconnaître celle du Nil Bleu ou du Nil inférieur; l'honneur de cette découverte appartenait donc à l'Angleterre; Speke, parti du Sud, était déjà en route; et j'avais la conviction que mon courageux ami, plutôt que d'accepter l'humiliation de l'insuccès, ferait le sacrifice de sa vie. J'aimais à croire que mon pays ne se laisserait pas distancer dans cette voie, et quoique je n'osasse guère espérer réussir là où d'autres voyageurs meilleurs que moi avaient failli, je décidai de tout risquer pour arriver à mes fins. Si j'avais été seul, la perspective de mourir sur la route où je m'aventurais le premier ne m'eût pas effrayé; mais je devais songer à celle qui, tout en étant la source de ma plus grande consolation, réclamait aussi mes soins les plus assidus; — si jeune que l'âge mûr pour elle était encore une question d'avenir. Je frissonnais en pensant que l'éventualité de ma mort l'abandonnerait seule et sans protection au milieu des déserts; et c'est avec bonheur que je l'eusse laissée environnée des douceurs du foyer au lieu de l'exposer aux privations qui lui semblaient réservées en Afrique. En vain je la suppliai de rester; en vain je lui peignis les difficultés et les périls en couleurs plus sombres que je me les figurais moi-même: avec la constance et le dévouement de son sexe,

1. Jacques Bruce, 1730-1794. Voyez le *Dictionnaire de Bouillet.* La petite relation de son voyage publiée en 1773, fut traduite en français en 1790. (M.)

elle était résolue à partager tous mes dangers et à me suivre dans le sentier rugueux de la vie sauvage qui s'ouvrait devant moi. A des objections analogues Ruth n'avait-elle pas répondu : « Ne vous opposez point à moi, en me portant à vous quitter et à m'en aller; car en quelque lieu que vous alliez, j'irai avec vous, et partout où vous demeurerez, je demeurerai aussi : votre peuple sera mon peuple, et votre Dieu sera mon Dieu. La terre où vous mourrez me verra mourir, et je serai ensevelie où vous le serez. Que Dieu me traite dans toute sa rigueur, si jamais autre chose que la mort me sépare de vous[1]. »

Ainsi accompagné par ma femme, je partis du Caire le 15 avril 1861, et remontai le Nil. Un vent fort soufflait du Nord, nous voguions contre le courant dans la direction du Sud, contemplant ces eaux mystérieuses avec la ferme résolution d'en poursuivre la trace jusqu'à leur origine éloignée

Vingt-six jours après notre départ du Caire nous arrivâmes à Korosko (lat. 22° 44'); de là nous nous mîmes en route à travers le désert de Nubie, évitant ainsi la courbure occidentale du Nil; en sept jours de marche forcée nos chameaux atteignirent de nouveau le fleuve à Abou Hamed. Rien de plus fatigant que ce voyage dans le désert; chaque journée de marche est en moyenne de quinze heures, au milieu d'un sable brûlant et d'éblouissantes roches de basalte. Dans cette saison de l'année (mai), le Simoun avait sa plus grande force, et le thermomètre placé à l'ombre près de nos outres marquait 114° Fahrenheit.

Comme nous ne pouvions pas nous procurer d'eau potable en route, nos provisions étaient presque épuisées lorsque nous atteignîmes le Nil. Nous poursuivîmes notre voyage en suivant le cours de la rivière depuis Abou Hamed; nous traversions encore le désert, mais sans perdre de vue les palmiers qui côtoient le Nil. Après huit jours de fatigues, nous arrivâmes à Berber, ville importante située sur les bords du fleuve à une latitude de 17° 58'. Berber est à huit journées de caravane de Khartoum (à la jonction du Nil Blanc et du Nil Bleu, lat. 15° 30'); c'est la route ordinaire des voyageurs entre Khartoum et le Caire.

Le peu d'expérience que j'avais obtenu pendant mon voyage à Berber, me convainquit que le succès de mon expédition serait

1. Ruth, I, 16, 17.

impossible si je ne connaissais pas la langue arabe. J'étais absolument sous le pouvoir de mon drogman, et je résolus de me rendre aussitôt que je le pourrais indépendant de tout interprète. Voici donc le plan que je formai en conséquence. Je consacrerais la première année de mon voyage à explorer les affluents du Nil depuis les montagnes d'Abyssinie ; je suivrais l'Atbara depuis sa jonction avec le Nil à vingt milles sud de Berber (lat. 17° 37'), et j'examinerais tous les tributaires du fleuve depuis le sud-est jusqu'au Nil Bleu, que j'espérais enfin redescendre jusqu'à Khartoum. Douze mois me semblaient devoir suffire pour mener à bien cette expédition ; dans l'intervalle j'aurais appris assez d'arabe pour pouvoir m'éloigner de Khartoum, et commencer mon voyage d'exploration du Nil blanc. Je quittai donc Berber le 11 juin 1861, et le 13 j'arrivai au confluent de l'Atbara et du Nil.

Le Nil n'est nulle part d'un volume plus considérable. L'Atbara a enriron 450 verges[1] de largeur moyenne, et pendant la saison des pluies il a de vingt-cinq à trente pieds de profondeur. Il amène avec lui toutes les eaux de l'Abyssinie Orientale, car il compte parmi ses affluents la grande rivière Taccazy (ou Settite) outre le Salaam et l'Angrab. Le point de confluence du Nil et de l'Atbara (lat. 17° 37' N.) est donc, en suivant la ligne droite, à environ 840 milles géographiques de latitude d'Alexandrie ; et si l'on comprend la courbure occidentale, le lit du fleuve s'étend sur une longueur d'environ 1100 milles, depuis son confluent avec l'Atbara jusqu'à son embouchure. Ainsi entre cet espace le Nil est soumis à l'évaporation et à l'absorption à travers les sables du désert et le delta, dans un parcours de 1100 milles ; il s'ensuit une immense perte d'eau, et par conséquent c'est immédiatement au-dessous du confluent de l'Atbara que le Nil doit avoir son plus grand volume.

Je n'ai pas l'intention aujourd'hui d'entrer dans les détails de mon voyage d'exploration sur la frontière d'Abyssinie, voyage qui occupa ma première année ; cet épisode est en même temps si étendu, et si distinct de celui qui eut pour objet le Nil Blanc, que le mélange des deux récits entraînerait de la confusion. Je

1. La verge (*yard*) anglaise équivaut à peu près à un mètre. Strictement parlant 1 mètre = 1,093633 yard. (M.)

réserverai donc pour un second ouvrage mon excursion en Abyssinie, et je bornerai aujourd'hui ma description des cours d'eau de ce pays à un coup d'œil général sur l'Atbara et le Nil Blanc, de manière à expliquer l'origine de leurs débordements, et les effets de ces inondations dans la basse Égypte.

Je suivis les bords de l'Atbara jusqu'à sa jonction avec le Settite ou Taccazy; de là je remontai cette dernière grande rivière jusqu'aux montagnes d'Abyssinie dans le pays de Basé. Arrivé à ce point, je me dirigeai vers les rivières Salaam et Angrab au pied de la magnifique chaîne de montagnes d'où elles coulent immédiatement dans l'Atbara. Ayant exploré ces rivières, je traversai un pays étendu et d'une rare beauté formant une portion de l'Abyssinie sur le bord méridional du Salaam; puis retraversant l'Atbara, j'arrivai à la ville frontière de Gellabat que Bruce désigne par le nom de « Ras-el-Feel. » En prenant alors une direction ouest je me trouvai sur les bords de la rivière Rahad (environ à 12° 30′ de lat.); redescendant ce cours d'eau, j'atteignis le Dinder, et suivant ces rivières jusqu'à leur jonction avec le Nil, je côtoyai ce fleuve pour revenir jusqu'à Khartoum, exactement un an après mon départ de Berber.

Toutes les eaux de l'Abyssinie arrivent par les rivières que je viens de nommer : l'Atbara, le Settite, le Salaam, l'Angrab, le Rahad, le Dinder et le Nil Bleu; leur direction uniforme est du sud-est au nord-ouest, et elles atteignent le Nil sur deux points, par le Nil Bleu à Khartoum (15° 30′) et par l'Atbara (17° 37′). Pendant la saison sèche, le Nil Bleu est si bas qu'il n'y a pas même assez d'eau pour les petits bâtiments qui transportent les marchandises de Sennaar à Khartoum; l'eau est alors d'une transparence admirable, et réfléchissant comme elle le fait un ciel sans nuage, elle a obtenu le surnom de Bahr-el-Azrak, ou Nil Bleu. Cette eau, de plus, est excellente au goût, formant un contraste frappant avec celle du Nil Blanc qui n'est jamais limpide, et qui a une saveur désagréable provenant de matières végétales. Cette différence dans la qualité des eaux constitue le caractère distinctif des deux rivières; le Nil Bleu est un torrent rapide sortant des montagnes, et tombant avec une immense vitesse; le Nil Blanc, au contraire, sort d'un lac, et coule à travers de vastes marécages. Le cours du Nil Bleu s'étend sur un terrain fertile; il est donc sujet à une légère absorption qui lui fait perdre de son volume; pendant la saison des pluies il entraîne avec lui une grande quantité de matière terreuse d'une couleur rouge, qui contribue au grand dépôt fertilisateur du Nil dans la basse Égypte.

Quoique l'Atbara, pendant la saison pluvieuse de l'Abyssinie, soit une rivière d'une telle importance, il est parfaitement à sec durant plusieurs mois de l'année ; et lorsque je le vis pour la première fois, le 13 juin 1861, c'était une nappe de sable éblouissant, formant, pour ainsi dire, partie du désert qu'il traversait. Sur une étendue de plus de cent cinquante milles, à partir de sa jonction avec le Nil, depuis le commencement de mars jusques en juin, l'Atbara est complétement à sec. A des intervalles de quelques milles, on voit des flaques d'eau dans les profondes cavités qui sont au-dessous du niveau moyen de la rivière. Quelques-uns de ces lacs ont environ un mille de longueur, et servent de refuge aux animaux qui, à mesure que la rivière tarit, cherchent dans ces étroits domiciles un abri où ils ne sont pas fort à leur aise. Crocodiles, hippopotames, poissons et tortues d'une grande espèce, s'y trouvent entassés en quantités prodigieuses, jusqu'à ce que le commencement des pluies en Abyssinie leur rende la liberté, en alimentant de nouveau la rivière. La saison pluvieuse s'ouvre en Abyssinie au milieu de mai ; cependant, comme les longues chaleurs de l'été ont desséché le sol, les premières pluies sont immédiatement absorbées, et ce n'est que vers la mi-juin que les torrents commencent à se remplir. Depuis cette date, jusqu'au milieu de septembre, les orages sont terribles ; chaque ravin est transformé en un torrent impétueux, les arbres sont déracinés par les cours d'eau débordés, et l'Atbara devient un vaste fleuve, amenant, dans un courant irrésistible, les eaux des quatre grandes rivières : le Settite, le Royan, le Salaam et l'Angrab, sans compter les siennes propres. Son courant est épaissi par les alluvions qu'y déposent les terres les plus fertiles loin de son confluent avec le Nil ; les eaux boueuses apportent avec elles en une confusion étrange des masses de bambous et de bois, des troncs d'arbres et souvent des cadavres d'éléphants et de buffles ; riche moisson pour les Arabes riverains, qui sont toujours aux aguets afin d'arracher au courant le bois qui doit servir à leur chauffage et à leurs constructions.

Comme le Nil Bleu et l'Atbara reçoivent toutes les eaux de l'Abyssinie, ainsi à leur tour ils payent leur tribut au Nil proprement dit vers le milieu de juin. Le Nil Blanc a atteint alors un niveau considérable, mais non pas le plus élevé possible ; et les inondations annuelles de la basse Égypte résultent de ce que les eaux qui descendent de l'Abyssinie se précipitent avec une impétuosité soudaine dans le lit principal du fleuve que le Nil Blanc a déjà élevé à un certain niveau.

Pendant l'année que je passai au nord de l'Abyssinie et sur les frontières de ce pays, les pluies continuèrent avec beaucoup de violence l'espace de trois mois; la dernière averse tomba le 16 septembre, et de ce jour au mois de mai suivant, il n'y eut ni pluie ni rosée. Les grandes rivières et les torrents des montagnes se desséchèrent; l'Atbara disparut et redevint une nappe de sable éblouissant. Quoique fort diminués de violence, le Settite, le Salaam et l'Angrab ne sont cependant jamais absolument réduits à néant, car ils coulent des montagnes d'Abyssinie dans l'Atbara; mais le lit sablonneux et desséché de cette dernière rivière absorbe tout ce que les torrents nommés ci-dessus lui apportent, et ne fournit pas une seule goutte d'eau au Nil pendant la saison sèche. L'absorption remarquable qui distingue le sable de l'Atbara, prouve d'une manière frappante combien le Nil bleu seul serait incapable de résister au désert de Nubie. Sans le volume d'eau constant fourni par le Nil Blanc, ce désert absorberait jusqu'à la dernière goutte d'eau avant que la rivière pût dépasser le vingt-cinquième degré de latitude.

Les affluents principaux du Nil Bleu sont le Rahad et le Dinder; leur source est en Abyssinie comme celle de toutes les autres rivières que je viens de nommer. Le Rahad est entièrement à sec pendant l'été, et le Dinder est réduit à une série de flaques d'eau très- profondes, séparées par des bancs de sable, le lit de la rivière étant tout à fait à découvert. Ces flaques d'eau servent de retraite aux hippopotames et aux autres habitants naturels du fleuve.

Ayant ainsi terminé mon exploration des divers affluents abyssiniens du Nil, en traversant le pays de Basé et la partie de l'Abyssinie occupée par le Mek Nimmur, j'arrivai, le 11 juin 1862, à Khartoum, capitale des provinces du Soudan. Khartoum est situé (lat. 15° 29') sur une pointe de terre formant l'angle de jonction du Nil bleu et du Nil blanc. On ne saurait se figurer un endroit plus misérable, plus sale, plus malsain. Un désert sablonneux s'étend à perte de vue. La ville, bâtie en grande partie de briques qui n'ont pas été soumises à l'action du feu, s'élève sur un sol plat qui est à peine au-dessus du niveau de la rivière lors des crues, et qui est quelquefois complétement inondé. Malgré une population d'environ trente mille âmes, accumulée sur un petit espace, il n'y a ni égouts, ni autre moyen de salubrité. Les rues sont pleines d'immondices de toute nature; les cadavres d'animaux abandonnés forment partout des foyers de peste et de corruption. On voit cependant à Khartoum quelques maisons d'une apparence assez convenable, habitées par les marchands du pays : Italiens, Français, Allemands; trente individus environ représentent le chiffre de la population européenne. Les Grecs, les Syriens, les Coptes, les Arméniens, les Turcs, les Arabes et les Égyptiens forment la masse des habitants. La France, l'Autriche et l'Amérique sont représentées par des consuls, et je saisis avec plaisir l'occasion de reconaître ici les services et les secours que j'ai reçus de M. Thibaut et de Herr Hansall, agents des deux premières puissances.

Les provinces du Soudan obéissent aux ordres d'un gouverneur général, dont l'autorité est despotique, et qui réside à Khartoum. En 1861, la garnison s'élevait à dix mille hommes environ et se composait d'Égyptiens, de nègres venus de Kordofan, du Nil bleu et du Nil blanc; il y avait aussi un régiment d'Arnautes et une batterie d'artillerie. Ces troupes sont le fléau du pays; car la plupart des employés, Turcs et Égyptiens, ne reçoivent leur paye que fort irrégulièrement, et, en conséquence, la discipline est presque nulle. Le soldat égyptien ne vit que par la maraude, et les malheureux habitants du pays sont obligés de se soumettre aux insultes et aux mauvais traitements de ces brutes qui les pillent *ad libitum*.

En 1862, Mousa Pacha était le gouverneur général du Soudan. Cet homme pouvait passer comme représentant, d'une manière outrée, les qualités qui distinguent les autorités turques. Il réunissait à la brutalité d'un animal féroce les vices les plus grossiers des Orientaux.

Sous son administration, le Soudan fut complétement ruiné. Grâce à un régime militaire, les dépenses excédaient le revenu, et de nouveaux impôts prélevés sur les habitants paralysaient les ressources du pays entier. Jamais le Turc ne s'améliore. Le proverbe arabe dit que « l'herbe ne pousse jamais sous les pas des Turcs, » simple adage qui rend avec la plus grande exactitude le caractère de la nation. Le régime turc a pour accompagnement obligé la mauvaise administration, le monopole, le pillage et l'oppression. Situé loin de tout foyer civilisateur, séparé de la basse Égypte par les déserts de la Nubie, Khartoum offre un champ vaste et fertile pour le développement du caractère administratif des Égyptiens. Point d'employé qui ne vole; quant au gouverneur général, il prend à pleines mains; les obstacles qu'il oppose au progrès servent à remplir ses poches, et il entrave le commerce de mille façons, afin d'obtenir des primes de côté et d'autre. Suivant la règle générale qu'ont observée tous ses prédécesseurs, un nouveau gouverneur fait preuve, lorsqu'il entre en fonctions, d'une sorte d'activité spasmodique. Accompagné de cavass et de soldats, il parcourt à cheval toutes les rues de Khartoum, grondant ses subordonnés pour leur négligence, donnant des ordres pour que la voie publique soit balayée, et la ville complétement assainie. Le voici dans le marché, examinant la qualité du pain, s'arrêtant devant l'étal du boucher pour inspecter la viande. Il s'assure de l'exactitude des poids et des mesures, condamne à l'amende et à la prison les marchands convaincus de fraude, organise une réforme absolue, et termine ses dispositions sanitaires et philanthropiques par l'imposition de quelques taxes locales.

Bientôt la ville est relativement purifiée, le pain est d'un bon poids et d'une bonne qualité; le gouverneur, comme un balai neuf, a fait disparaître les abus. Quelques semaines sont à peine écoulées, que le règne des ordures recommence de plus belle, et la puanteur croissante témoigne que le bon vieux temps est revenu : — le temps où les rues n'étaient jamais balayées. La ville reprend ses anciennes habitudes, les faux poids usurpent encore une fois la place des mesures légales, et le seul signe permanent et visible de la nouvelle administration est la taxe locale.

Depuis le premier employé jusqu'au dernier, l'improbité et la fraude sont la règle générale; chacun vole en raison directe de son grade, et les habitants sont les seuls à souffrir du fardeau de tout ce pillage. Ainsi l'agriculteur est soumis à des droits énormes, et l'industrie est découragée par la tyrannie. Les soldats, chargés de la perception des impôts, ont naturellement recours à la violence pour extorquer à leur profit quelque chose en surplus des contributions fixées ; par conséquent les Arabes ne cultivent que ce qui peut suffire strictement à leurs besoins, dans la crainte que les propriétés de bon rapport ne leur attirent, de la part du gouvernement, des charges plus onéreuses. La taxe la plus lourde et la plus injuste est celle qui affecte le « sageer » ou roue à eau au moyen de laquelle le fermier arrose le sol, qui, autrement serait stérile.

La construction du *sageer*[1] est le premier pas dans les procédés de culture. Sur les bords du fleuve s'étend un vaste territoire susceptible d'être défriché ; mais comme les pluies sont presque inconnues dans ce pays, il faut constamment avoir recours à des moyens d'irrigation artificiels. Aussitôt qu'un individu d'un caractère entreprenant a établi sa roue hydraulique, on le taxe ; mais ce n'est pas tout. Les percepteurs des contributions, soldats, comme je l'ai dit, s'acharnent sur lui et exigent la remise d'un droit additionnel en nature, beurre, blé, légumes, moutons, etc. L'infortuné propriétaire est ainsi presque ruiné, et son industrie est devenue pour lui une véritable malédiction. Tout autre gouvernement que celui de la Turquie et de l'Égypte offrirait une prime pour l'établissement d'une machine à irrigation qui, en stimulant la culture, multiplierait les produits ; mais chez les Turcs le pillage est la règle, et cette règle est la seule qui n'admette pas d'exception. Je n'ai jamais encore rencontré d'employé turc qui s'intéressât le moins du monde à des projets faits en vue d'améliorer la situation du pays, si l'adoption de ces projets ne lui semblait pas capable de lui apporter quelque profit particulier. De la sorte, dans une contrée où les ressources naturelles n'abondent pas, l'oppression vient de surcroît ruiner les habitants. A l'approche des percepteurs brutaux, les Arabes s'enfuient, emmenant leurs troupeaux dans les districts lointains, et abandonnant à la soldatesque toutes leurs récoltes. On ne se fait pas d'idée des souffrances de l'Égypte.

1. Sur le *Sahakieh*, ou machine hydraulique, voy. *Descrip. de l'Égypte*, et *Univ. pittoresque*, Nubie, p. 53. (— M.)

L'aspect général du Soudan est celui de la misère. Rien qui puisse compenser, pour un Européen, le climat pestilentiel et les associations qu'un gouvernement détestable amène avec lui. Un étranger a peine à se figurer que l'administration égyptienne veuille conserver un pays dont l'occupation ne lui est d'aucun profit, puisque, malgré les impôts sans cesse croissants, les recettes sont fort au-dessous de la dépense. A une distance si grande de tout port de mer, et dans une contrée entourée de toutes parts d'immenses déserts, les moyens de transport sont si difficiles, que toutes les affaires de commerce, sur une échelle un peu vaste, doivent être impossibles.

La gomme arabique est l'article le plus précieux que l'on exporte du Soudan. Cette substance est produite par diverses espèces de mimosa[1], celle de première qualité venant du Kordofan.

Le séné, les cuirs et l'ivoire sont également exportés. C'est à dos de chameau que toutes les marchandises se transportent, aucun autre animal ne pouvant traverser les déserts. Les cataractes du Nil, entre Assouan et Khartoum, rendent la navigation à peu près impraticable; il faut avoir recours au chameau, et l'incertitude où se trouvent les marchands de se procurer ces animaux sans de grands délais constitue leur plus grand embarras. Le pays entier est soumis à des sécheresses qui produisent une désolation totale; et comme le défaut de pâturages affame le bétail et les chameaux, dans de certaines saisons, le transport des produits du pays est impossible, et les entreprises commerciales souffrent d'une stagnation complète. Dans les conditions actuelles, le Soudan n'a donc aucune valeur, puisque ses ressources naturelles sont nulles, aussi bien que son importance politique; il y a pourtant un motif pour lequel les Égyptiens s'y sont établis, et ce motif subsiste encore aujourd'hui : *Le Soudan produit des esclaves.*

Sans le commerce qui se fait sur le Nil Blanc, Khartoum cesserait presque d'exister; et ce commerce résulte du meurtre et de la violence. Il n'y a pas besoin d'autre commentaire pour décrire le caractère des habitants de Khartoum. Comme article d'exportation, la quantité d'ivoire qui redescend le Nil Blanc est une

1. *Mimosa Nilotica*, ou *Acacia vera*. (—M.)

bagatelle, la valeur n'atteignant guère plus de quarante mille livres sterling par an.

Ceux qui se livrent à l'infâme trafic du Nil Blanc sont des Syriens, des Coptes, des Turcs, des Circassiens et quelques Européens. L'abominable traite des nègres est si intimement liée aux difficultés de mon expédition que je dois entrer ici dans certains détails sur le soi-disant commerce d'ivoire du Nil Blanc.

Dans toute l'étendue du Soudan l'argent est fort rare et le taux de l'intérêt exorbitant, variant, selon les garanties, de 36 à 80 p. 100; — fait qui prouve la pauvreté et la malhonnêteté générales, et qui, seul, suffirait à arrêter le progrès. A des conditions si élevées et si fatales, il faut renoncer à toute entreprise légitime; sous un tel système le pays doit être ruiné. Le hardi spéculateur emprunte, puis il part tout à coup avec l'éclat d'une fusée ou retombe dans la misère. Ainsi, comme il ne faut pas songer à faire honnêtement ses affaires, on s'y prend d'une manière opposée, et une expédition heureuse au Nil Blanc vous remet à flot. Les spéculateurs qui se livrent à ce genre de trafic peuvent se diviser en deux classes : les uns sont des capitalistes, les autres des aventuriers sans le sou; dans ces deux cas, le système d'opérations est le même; ainsi, en décrivant le dernier, j'aurai donné une idée du premier.

Un homme sans ressources forme le projet d'une expédition et, pour ce motif, il emprunte de l'argent à cent pour cent de la façon suivante : Il convient de rembourser son créancier en ivoire à moitié prix de sa valeur commerciale. Ayant obtenu les fonds nécessaires, il loue plusieurs vaisseaux, et prend à son service une troupe variant de cent à trois cents hommes, composée d'Arabes et de vauriens de pays éloignés qui ont cherché dans l'obscurité de Khartoum un refuge contre la justice. Il achète ensuite pour ses gens des armes à feu et une grande quantité de munitions; il se procure aussi quelques quintaux de verroterie. L'expédition étant ainsi organisée, il paye à l'équipage cinq mois de gages d'avance, à raison de quarante-cinq piastres (neuf shellings ou 11 fr. 25 c.) par mois, leur promettant en outre quatre-vingts piastres par mois pour tout le temps en sus des cinq premiers mois. Ces avances sont payées partie en espèces, partie en étoffes de coton pour habillements, évaluées à un prix énorme. Chaque homme est porteur d'un chiffon de papier, sur lequel le commis principal de l'expédition a consigné le montant reçu en argent et en nature, et ce récépissé doit être présenté lorsque les comptes de l'entreprise sont définitivement réglés.

On s'embarque vers le mois de décembre, et lorsque la flottille a atteint la localité convenue, l'équipage s'avance dans l'intérieur jusqu'à ce que l'on soit arrivé au village de quelque chef nègre avec lequel une liaison intime est bientôt établie. Charmé par ses nouveaux amis, frappé de la supériorité de leurs fusils, le chef ne néglige pas l'occasion de s'assurer de leur secours pour l'attaque qu'il médite contre un roitelet hostile du voisinage. Guidés par leurs hôtes noirs, les membres de la colonne expéditionnaire se mettent en marche pendant la nuit, et établissent leur bivac à moins d'une lieue de distance du hameau qu'ils se proposent d'attaquer environ une demi-heure avant l'aube. Le moment fixé arrive enfin ; ils entourent en silence le village pendant que les habitants sont endormis, puis ils mettent le feu de toutes parts aux huttes construites de gazon et déchargent leurs armes à travers le chaume brûlant. Frappées de terreur, les malheureuses victimes se précipitent en hâte hors de leurs cabanes à moitié consumées. Les hommes sont tués comme des faisans dans une battue, tandis que les femmes et les enfants, abasourdis au milieu du péril et de la confusion générale, restent prisonniers. On s'empare facilement des bestiaux qui se trouvent encore dans leur kraal ou « zareeba, » et on les emmène avec de grands cris comme prix de la victoire. Femmes et enfants sont alors liés ensemble ; à cet effet, les envahisseurs se sont pourvus d'un instrument nommé *sheba*, et qui consiste en un épieu terminé en forme de fourche ; le cou de la captive est placé entre les deux bras de la fourche, dont l'autre extrémité est fixée à un second morceau de bois attaché par derrière, tandis que les poignets de la malheureuse, ramenés en avant du corps, sont liés à l'épieu lui-même. Les enfants sont ensuite attachés aux femmes par une corde qui leur entoure le cou, et cette chaîne d'êtres vivants est conduite au quartier général en compagnie des troupeaux précédemment enlevés.

Ce n'est encore ici que le commencement de la razzia ; on s'empare de tout l'ivoire qui peut se trouver dans les cabanes non détruites par l'incendie, et un pillage général a lieu. Les nègres regardent leurs houes en fer comme leur plus grand trésor, et les enfouissent généralement sous le sol de leurs huttes; les gens de l'expédition les déterrent; on détruit à plaisir les dépôts de provision; on coupe le poing aux cadavres pour s'emparer de leurs bracelets de fer ou de cuivre. Ainsi chargés de butin, ces *négociants* retournent vers leur allié nègre; ils ont défait ses ennemis, ce qui l'enchante; ils lui font présent de trente ou quarante têtes de bétail, et le voilà ivre de joie; enfin, ils lui donnent une jolie petite fille de quatorze ans ou environ, et son bonheur est au comble.

Mais les affaires sont à peine entamées. Ce que le nègre désire surtout, c'est le bétail; et notre *commerçant* a pris environ 3000 animaux. On les troquera contre de l'ivoire. La nouvelle est à peine répandue, que les défenses d'éléphant arrivent de toutes parts. Une vache la pièce, suivant les dimensions. — besogne profitable, puisque les vaches n'ont rien coûté. Le commerce est très-animé: cependant il y a encore quelques petites formalités à remplir, — formalités bien connues par les négociants du Nil Blanc. Les esclaves et les deux tiers du bétail appartiennent au chef de l'expédition; mais ses gens réclament comme leur bénéfice le dernier tiers. On fait le partage, et les esclaves sont mis aux enchères parmi les membres de la troupe qui achètent ceux dont ils ont besoin, le montant étant consigné sur les récépissés des acheteurs en déduction de leurs gages. Il se pourrait cependant que ces papiers tombassent entre les mains du gouvernement ou des consuls européens. Afin donc d'éviter tout désagrément, la somme n'est pas portée en compte comme valeur d'un esclave, mais elle est répartie de manière à représenter des avances factices qui auraient été faites. Ainsi, supposant qu'un esclave soit acheté pour la somme de mille piastres, ce montant serait inscrit sur le mémoire à peu près comme suit:

Savon	50
Tarboush (bonnet)	100
Araki.	500
Chaussures	200
Cotonnade	150
Total.	1000

Les esclaves vendus aux gens de la troupe sont continuellement revendus et échangés; si les parents des femmes et des enfants enlevés veulent les racheter, le négociant les réclame de ceux de ses subordonnés auxquels ils avaient échu. Il résilie la vente et met en liberté les individus en question moyennant payement d'un certain nombre de défenses d'éléphant. Si quelque esclave du sexe cherche à s'enfuir, elle est, suivant les circonstances, fouettée d'une manière brutale, fusillée ou pendue pour servir d'exemple aux autres.

Une attaque ou *razzia*, telle que je viens de la décrire, a pour complément ordinaire une dispute avec le chef nègre allié; celui-ci, à son tour, est tué et pillé par notre négociant, et ses femmes et ses enfants deviennent naturellement esclaves.

Pour une troupe de cent cinquante hommes une bonne expédition devrait produire environ deux cents cantars[1] (vingt mille livres) d'ivoire, évalués quatre mille livres sterling à Khartoum. Les hommes sont payés en esclaves; ainsi, les gages équivalent à zéro, et il devrait rester, pour le profit du chef, un profit de quatre à cinq cents esclaves valant, en moyenne, de cinq à six livres sterling chacun.

Les vaisseaux sont alors chargés de leur cargaison humaine, et une partie des gens de l'expédition les accompagne jusqu'au Soudan; tandis que les autres, formant un camp ou station dans le pays qu'ils ont adopté, pillent, tuent, réduisent les naturels en esclavage avec beaucoup de persévérance jusqu'à ce que leur maître revienne de Khartoum la saison suivante, et les trouve pourvus d'une cargaison fraîche d'esclaves et d'ivoire prête à être embarquée. Lorsque les affaires ont été ainsi mises en bon train, les esclaves sont distribués, sur divers points, à quelques journées de distance de Khartoum; là, se trouvent des agents ou acheteurs prêts à les recevoir et à en payer la valeur en argent. Ces gens-là sont presque tous Arabes. Les esclaves sont alors dirigés, à travers le pays, vers les différentes localités; beaucoup sont emmenés au Sennaar, où on les vend à d'autres agents qui les revendent aux Arabes et aux Turcs. Quelques-uns doivent traverser d'immenses distances pour se rendre à Souakim, à Masowa et à d'autres ports de la mer Rouge, d'où on les expédie en Arabie et en Perse. On en envoie une grande

1. Le substantif *quintal* vient du mot arabe. (— M.)

quantité au Caire; bref, ils sont dispersés à travers toute la partie de l'Orient qui se livre au commerce des nègres, le Nil Blanc étant le grand entrepôt de ce trafic.

Notre aimable négociant revient ensuite à Khartoum; il donne à son créancier assez d'ivoire pour liquider son emprunt de mille livres sterling, et, devenu ainsi capitaliste à son tour, il commence des affaires d'une manière indépendante.

Tel était le commerce du Nil Blanc lorsque je me préparai à partir de Khartoum pour découvrir les sources du fleuve. Excepté quelques Européens, tout le monde dans cette ville était en faveur de la traite des nègres, et regardait d'un œil de jalousie les étrangers qui s'aventuraient dans les limites de leur terre sainte; — terre consacrée à l'esclavage, à toutes les abominations, à tous les crimes que l'homme peut commettre.

Les employés seuls prétendaient s'opposer à l'esclavage; cependant il n'y avait pas de maison à Khartoum qui ne fût pleine de malheureux captifs, et les officiers égyptiens avaient l'habitude de recevoir une portion de leur paye en esclaves, précisément d'après le système suivi sur les bords du Nil Blanc par les négociants et leurs subordonnés. Les autorités égyptiennes regardaient l'exploration du Nil Blanc par un voyageur européen comme une violation de leur territoire à esclaves, fondée sur l'espionnage, et ils m'opposèrent toutes sortes d'obstacles.

Prévoyant de grandes difficultés j'avais obtenu avant de quitter l'Égypte, un firman du vice-roi Saïd-Pacha, à la requête de sir R. Colquhoun, agent de Sa Majesté Britannique; mais Mousa Pacha, gouverneur général du Soudan, ne voulut tenir aucun compte de ce document. Sous le misérable prétexte que ce firman s'appliquait à la juridiction du pacha et au Nil, tandis que le Nil Blanc n'était véritablement pas connu comme étant le Nil, mais seulement la Rivière Blanche, Mousa me refusait des embarcations et des secours de toute nature.

Pour organiser une entreprise qui avait jusqu'ici résisté aux efforts du monde entier, il me fallait choisir soigneusement mes aides, et j'envisageais avec désespoir la perspective qui s'ouvrait devant moi. Les seuls individus que je pusse me procurer étaient ces misérables bandits de Khartoum, habitués par le commerce du Nil Blanc au meurtre, au pillage, et excités, non par l'esprit d'aventures, mais par le désir du butin; me mettre en route avec de tels compagnons semblait un acte de folie. Il y avait une difficulté encore plus grande en ce qui concerne le Nil Blanc. Depuis nombre d'années la traite abominable des esclaves et les horreurs qui en résultent avaient dépeuplé, comme la peste, les districts habités par les nègres; les diverses tribus étaient à un tel degré d'exaspération, qu'après avoir autrefois été favorablement disposées pour les étrangers, elles regardaient tout nouveau venu en ennemi. L'exploration des sources du Nil devenait ainsi une marche à travers un pays hostile, et ne pouvait se réaliser qu'au moyen d'une forte escorte d'hommes bien armés. Pour les commerçants la difficulté n'était pas grande, car ils prenaient l'initiative des hostilités, et avaient établi des camps comme points d'appui; mais la seule alternative qui s'offrait au simple voyageur était de marcher en avant, sans pouvoir laisser un jalon protecteur derrière lui. Si les autorités ne venaient pas à mon secours en m'accordant des hommes habitués à la discipline, j'avais peu d'espérance de succès; j'écrivis donc au consul anglais à Alexandrie, le priant de demander pour moi quelques soldats et quelques bateaux afin de m'aider dans une entreprise de cette nature. Après plusieurs mois d'une attente nécessitée par l'éloignement de Khartoum, je reçus enfin une lettre d'Ismaël-Pacha (le vice-roi actuel) qui gouvernait en l'absence de Saïd-Pacha. — Il répondait à ma demande par un refus.

Il n'y a rien, je l'avoue, qui me plaise autant qu'un obstacle véritable. J'avais remarqué tout d'abord que les autorités égyptiennes n'aimaient pas à encourager les tentatives des Anglais pour explorer les districts à esclaves; en effet, le grand jour projeté sur ces régions ne peut que nuire au commerce, et amener avec les gouvernements européens des communications par suite desquelles le trafic des esclaves doit disparaître à la longue. Il était donc pour moi de la dernière évidence que tout serait essayé pour arrêter le départ de mon expédition. Cette opposition ajoutait du piquant à mon projet, et je résolus que rien ne m'empêcherait d'y donner exécution. Je me mis donc énergiquement à l'ouvrage. J'avais pris la précaution de me munir d'un bon sur la trésorerie à Khartoum pour tous les fonds qui me seraient nécessaires, et comme l'argent comptant produit des miracles dans ce pays de crédit et de délais, en quelques semaines j'étais prêt à partir. Je frétai trois bâtiments, savoir, deux grands *noggors* ou bateaux à voiles, et une de ces barques pontées avec de confortables cabines, connues de tous les touristes qui fréquentent le Nil sous le nom de *Dahabié*.

Les préparatifs d'un tel voyage ne sont pas une bagatelle. Il me fallait une escorte de quarante-cinq hommes armés et quarante matelots, ce qui, en ajoutant les domestiques, etc., faisait monter la troupe à quatre-vingt-seize individus. De Khartoum à Gondokoro où le Nil cesse d'être navigable, la distance, me disait-on, était de quarante à cinquante jours; mais des provisions pour quatre mois m'étaient nécessaires, car après nous avoir débarqués, mes compagnons et moi, les bateliers devaient retourner à Khartoum avec les navires. Espérant rencontrer l'expédition de Speke et de Grant, je chargeai une quantité supplémentaire de blé, faisant un total de cent *urdeps* (un peu plus de 400 boisseaux). J'avais disposé les bateaux de manière à pouvoir embarquer vingt et un ânes, quatre chameaux et quatre chevaux; de la sorte j'espérais pouvoir me passer de porteurs, les moyens de transport formant la grande difficulté. Selles, bâts, tout fut confectionné sous ma surveillance personnelle; pas la moindre bagatelle ne fut négligée dans les arrangements nécessaires au succès.

Dans tous les détails je fus très-redevable à l'énergie d'un charpentier allemand, Johann Schmidt, brave garçon que j'avais engagé à m'accompagner comme homme de confiance. Je l'avais autrefois rencontré à la chasse sur les bords du Settite dans le pays de Basé; il achetait aux Arabes des animaux vivants pour le propriétaire d'une ménagerie en Europe; c'était un fin chasseur, homme énergique et courageux, parfaitement sobre et honnête. Hélas! « l'esprit est prompt, mais la chair est faible[1]; » une toux violente, sa maigreur, sa respiration difficile me faisaient soupçonner une maladie des poumons. Il dépérissait à vue d'œil, et j'essayais de le déterminer à ne pas s'aventurer dans un voyage tel que celui que je me disposais à faire. Rien ne pouvait le convaincre que sa vie était en danger; le climat de Khartoum, se figurait-il, était plus malsain que celui du Nil Blanc, et le voyage rétablirait sa santé. Plein de bons senti-

1. Ev. selon S. Matthieu, XXVI, 41.

ments et désireux de me plaire, il persista à terminer tous les arrangements, au lieu de ménager ses forces pour de plus rudes épreuves. Cependant mes préparatifs avançaient; j'avais donné un uniforme à mes hommes; ils étaient armés de carabines et de fusils à deux coups. Je leur avais expliqué clairement l'objet de mon voyage; tant qu'ils seraient à mon service, ils me devaient une obéissance absolue; le pillage leur était absolument interdit; enfin, avant le départ, leurs noms seraient enregistrés au divan public. Ils me promirent tous fidélité et dévouement; mais jamais de la vie je n'ai vu pareilles physionomies de vauriens. Chaque homme reçut cinq mois de gages d'avance, et je les festoyai largement, afin qu'ils partissent de bonne humeur.

Nous étions au moment de nous embarquer, les provisions étaient à bord ainsi que les chevaux et les ânes, lorsqu'un officier arriva du divan, pour réclamer de moi l'impôt personnel que Moosa-Pacha, le gouverneur général, venait de lever sur les habitants; ce monsieur m'informait de plus que si je refusais de payer pour chacun de mes gens la taxe en question, montant à un mois de leurs gages, mes bateaux ne partiraient pas. J'ordonnai à mon capitaine de hisser le pavillon anglais sur chacune des trois embarcations, et j'envoyai présenter mes compliments à l'employé égyptien, lui disant que je n'étais ni un sujet turc, ni un négociant, mais simplement un voyageur anglais; je n'avais rien à démêler avec l'impôt qu'il réclamait, et si un fonctionnaire turc quelconque essayait d'entrer sur mon bateau que protégeait le pavillon anglais, je prendrais la liberté de le jeter à la rivière. Ce message parut si pratique que l'employé repartit en toute hâte, tandis que j'embarquai mes soldats, et commandai aux bateliers de se préparer à partir. A ce moment même et par un pur hasard, un bateau du gouvernement qui descendait la rivière à toutes voiles, vint de la manière la plus gauche donner précisément au milieu de ma flottille. Les rames étaient attachées à leurs places sur la barque où je me trouvais; elles furent brisées. Après avoir aussi endommagé un autre de mes navires qui se trouvait immédiatement au-dessous, le bateau du gouvernement resta fixe. Loin de faire des excuses pour sa maladresse, le *reis* ou capitaine commença à nous insulter de la façon la plus grossière, et refusa de nous donner des rames pour remplacer celles qu'il avait mises hors de service. Il était impossible de partir sans rames; et comme une violente altercation s'était engagée entre mon équipage et celui du bateau officiel, il devenait nécessaire d'en venir aux voies de fait Le *reis* était un noir gigantesque, un Tokrouri (habitant du Darfour); se reposant sur sa force, il défiait qui que ce fût de s'approcher, et pas un de mes hommes n'osait accepter son invitation. L'insolence des employés turcs passe toute description; mes rames étaient brisées, et en guise de réparation on nous insultait. Montant vite sur le pont et repoussant de côté quelques individus qui se trouvaient là, je fus obligé de m'expliquer énergiquement avec le capitaine qui finit par me faire donner des avirons. Les bords de la rivière étaient couverts de monde : les uns, des flâneurs attirés par notre départ; les autres, parents et amis de mes gens, étaient venus nous dire adieu, et accompagnés de plusieurs femmes, ils se préparaient à nous saluer de leurs cris suivant la coutume arabe.

Entre autres individus je remarquai un grand gaillard, à l'air débauché, très-ivre, très-bruyant, se querellant avec une femme qui cherchait à le faire tenir tranquille; il persistait à vouloir empêcher le départ d'un petit garçon nommé Osman, âgé de douze ans, fin matois que j'avais engagé comme domestique à mon service. Cet ivrogne était le père d'Osman et refusait absolument de sanctionner son départ, si on ne lui donnait pas un dollar pour boire. Osman, d'un autre côté, montra sa piété filiale de la manière la plus touchante; il descendit dans la cabine et en rapporta un terrible fouet de peau d'hippopotame, me suppliant de m'en servir pour faire administrer une correction à monsieur son père; « sans cela, » disait-il, « je ne partirai pas. » Nous nous mîmes en route sans satisfaire aux désirs de cet aimable enfant; les trois bateaux gagnèrent à la rame le milieu de la rivière, on déploya les voiles; emportés par un vent favorable et malgré un courant impétueux, nous remontâmes rapidement le fleuve[1]; les pavillons anglais s'agitaient au haut des mâts, et au milieu du bruit des adieux et des salves de mousqueterie, nous partîmes pour les sources de Nil. En passant devant le bateau à vapeur appartenant aux dames hollandaises Mme Van Capellan et sa charmante fille, Mlle Tinné, nous les saluâmes d'une salve

1. Le texte anglais dit *sailed down*, mais c'est évidemment une méprise. (— M.)

en leur honneur, et des deux côtés les mouchoirs s'agitèrent tant que nous pûmes nous voir; nous ne nous imaginions guère que c'était pour la dernière fois que nous rencontrions ces aimables personnes, et que le destin le plus terrible frapperait de mort presque toute leur petite caravane[1].

Nous étions au jeudi 18 décembre 1862, un des jours les plus propices pour un départ, s'il faut en croire la superstition arabe. En quelques minutes nous atteignîmes l'angle aigu que nous devions tourner pour entrer dans les eaux du Nil Blanc à son point de jonction avec le Nil Bleu. Le vent soufflait avec force, et en doublant le cap, un des *noggors* faillit perdre sa vergue qui tomba sur le tillac et se brisa en deux, fort heureusement sans blesser ni hommes ni ânes. Cette vergue ayant environ cent pieds de longueur, il était assez difficile de l'épisser; nouveau délai que mes superstitieux camarades regardaient comme de mauvais augure. Je transcris maintenant textuellement de mon journal le récit de notre voyage d'exploration du Nil Blanc.

Vendredi, 19 *décembre*. — A la pointe du jour, nous dûmes démonter le mât, débarquer tous les cordages et nous épuiser en efforts pour épisser la vergue. Comme de raison, mes gens voulaient aller voir leurs amis à Khartoum. Je donnai des ordres sévères pour que personne ne quittât les embarcations; un des palefreniers s'évada avant l'aube, j'envoyai à sa poursuite.

La jonction des deux Nils a lieu dans un pays plat, à perte de vue: le Nil Blanc a environ deux milles de largeur pendant quelque distance au-dessus de ce point. Saati, mon *vakeel* (contre-maître), commande l'un des *noggors*, Johann préside sur l'autre, et, comme je suis moi-même à bord de la *dahabié*, j'ai la confiance que tous nos animaux seront bien soignés. La santé de Johann m'inspire de vives inquiétudes; ce pauvre homme n'a plus que la peau et les os; ses poumons sont affectés, je le crains; il a encore la fièvre aujourd'hui; je lui ai envoyé du vin, de la quinine, etc.

20 *décembre*. — Toute la journée d'hier a été employée à

1. Toute la troupe de voyageurs, excepté Mlle Tinné, mourut de la fièvre sur le Nil Blanc. Voici les noms de ces malheureuses victimes du climat de l'Afrique centrale : Mme la baronne Van Capellan, sa sœur, deux servantes hollandaises, le docteur Steudner, et signor Contarini.

épisser la vergue, réparer le mât et remettre les cordages en place. A 8 heures et demie du matin, nous repartîmes avec une forte brise. La dahabieh prend l'eau d'une manière affreuse. Le rendez-vous de tous les bateaux qui partent pour le voyage du Nil Blanc est marqué par trois grands mimosas, qui se trouvent à environ quatre milles du point de jonction. La largeur du Nil y est d'environ deux milles, ses bords très-plats, sont plantés de mimosas sur la rive gauche. Mes deux garçons de cabine sont fort utiles, et Osman entretient la gaieté de tout le monde par son rire bruyant et son impertinence envers l'équipage et les soldats. Cet Osman est un excellent drôle, un gamin fini, et, comme il est tailleur de profession, il nous rend de très-grands services. Voilà pourquoi son père voulait le retenir. Les chevaux et les ânes sont confortablement installés à bord. A une heure de l'après-midi, nous passâmes devant Gebel-Ouli, petite colline sur le côté méridional; direction S.-O. $\frac{1}{2}$ S. A 8 heures, nous atteignîmes Géténé, village habité par des Arabes, appartenant à différentes tribus, et bâti sur la rive orientale. Nous jetâmes l'ancre.

21 *décembre*. — La journée se passe à débarrasser le tillac, à arranger le navire et à faire de la place pour les chameaux à bord des *noggors;* j'avais, en effet, envoyé d'avance deux hommes à ce village pour choisir des chameaux et les tenir prêts à embarquer lorsque j'arriverais. Mais à ce labeur, mes gaillards ont préféré la société des nymphes du pays; me voilà donc obligé d'attendre jusqu'à demain; ce sera le *soog* ou jour de marché, je pourrai acheter mes chameaux et, en même temps, des chèvres laitières. Les bords de la rivière n'offrent aucun intérêt, toujours plats, déserts, hérissés de buissons de mimosas. Le sol n'est pas si riche que sur les bords du Nil Bleu; le *dourrah* (grain) est de petite qualité. Jusqu'à ce point, le Nil a tout à fait deux milles de largeur, et la marque de la marée haute n'est pas à plus de cinq pieds du niveau actuel. Les bords forment une pente douce, comme les sables à la marée basse en Angleterre, et ne ressemblent en aucune façon aux rivages perpendiculaires du Nil Bleu. Je suis absorbé par des travaux d'armurier. Les soirées et les premières heures du jour sont froides, la température

1. Dourah. *Sorghum vulgare*. Linn. (—M.)

étant de 60 à 62° Fahr. Johann m'inquiète beaucoup; à moins d'une amélioration soudaine, je crains qu'il ne puisse vivre longtemps.

22 *décembre*. — J'ai choisi deux superbes chameaux que j'ai eu quelque peine à embarquer. Deux bœufs m'ont été aussi livrés à neuf *herias* la pièce (15 shillings); mes gens sont charmés de faire le métier de boucher et de saler la viande pour le voyage. Acheté en outre quatre chèvres laitières à 9 ps. chacune; bonne provision de paille de *dourrah* pour les animaux. Tout le monde est à bord, nous partons à 4 heures 30 de l'après-midi, direction ouest, tenant compte des variations. De loups qu'ils étaient, mes gens sont devenus de véritables agneaux, et je voudrais voir ces actes de rébellion que les marchands d'esclaves exploitent comme des boucs émissaires pour rendre leurs subordonnés responsables de leur propre atrocité. Je ne puis adopter l'opinion de quelques écrivains qui prétendent qu'un voyageur n'a pas besoin de force physique. Dans des pays barbares, cette qualité contribue beaucoup au succès de l'expédition, pourvu qu'elle soit unie à des manières bienveillantes, à la justice et à une résolution inébranlable. Rien au monde ne produit autant d'effet sur les sauvages que le *pouvoir* de punir et de récompenser. Et c'est là une théorie qui me semble applicable à d'autres qu'aux nègres. Neuf heures du soir: arrivée à Wat Shély.

23 *décembre*. — Acheté et embarqué sans encombre deux nouveaux chameaux. Le marché, dans ce misérable village, est aussi mal pourvu que celui de Geténé La rivière a environ un mille et demi de largeur, et elle est bordée de mimosas; le sol est très-plat, très-sablonneux; les environs du hameau sont bien cultivés, mais le *dourrah* est de petite qualité. Je remarque un grand nombre d'hippopotames dans la rivière. Je regrette beaucoup d'avoir permis à Johann de m'accompagner à Khartoum; il est très-malade, je suis convaincu qu'il ne se rétablira jamais.

24 *décembre*. — Nous sommes partis hier à 4 heures 5 du soir, direction sud. Ce matin, nous sortons du pays de Bagara sur la rive gauche. Le sol est plat, couvert de mimosas; quantité d'arbres croissent dans l'eau; la rivière est généralement peu profonde, mais roule beaucoup de troncs d'arbres. J'ai eu du bonheur avec mes hommes, il n'y en avait qu'un d'ivre quand nous quittâmes Wat Shély; j'ai dû le faire embarquer de force. Nous

passons devant l'île d'Hassaniah à 2 heures 20 de l'après-midi; toujours le même sol plat, couvert de mimosas. La marque des crues sur le tronc de ces arbres est à trois pieds au-dessus du niveau actuel, de sorte que, pendant la saison pluvieuse, l'inondation doit couvrir un espace immense; comme le fleuve n'est pas encaissé, au bout de deux mois l'eau se retirera, et les naturels du pays avec leurs troupeaux se presseront sur les bords. Tous les habitants sont Arabes; la tribu Bagara occupe le rivage occidental. A Wat Shély, quelques-uns d'entre eux vinrent m'offrir leurs services en qualité de chasseurs d'esclaves; cette proposition, franchement faite, me confirme dans mon opinion relative à la destination de tous les vaisseaux qui font le commerce sur le Nil blanc.

25 *décembre*. —Saat, notre garçon Tokroori, est très-aimable; il appelle tous les jours les domestiques pour manger les reliefs de notre table; mais il a atteint un degré de civilisation qui comporte l'usage d'une grande cuiller; et, comme il a la bouche d'un crocodile, il jouit d'un avantage énorme sur ses compagnons, qui mangent leur soupe en y trempant des *kisras* (sorte de gâteaux) avec leurs doigts. Cependant Saat, assis au milieu de ses convives, fait aller sa cuiller avec la rapidité d'un *sageer* (roue hydraulique), et le potage disparaît ainsi comme l'eau dans le désert. Calme plat pendant presque toute la journée; la rivière est bordée de forêts de mimosas. La variété d'arbres, qui compose l'essence de ces forêts, est le *sount* (*acacia arabica*), qui produit un excellent tannin; le fruit, *garra*, donne une teinture brune très-foncée. J'ai fait teindre, à Khartoum, avec ce *garra*, tous mes habits, et les uniformes de mes hommes. Les arbres ont environ dix-huit pouces de diamètre et trente-cinq pieds de hauteur. Couverts de feuillage, ils produisent de loin un effet très-pittoresque; mais, lorsqu'on s'approche, on voit que la forêt est tout simplement un marécage affreux, entièrement submergé; du fond des eaux stagnantes s'élèvent des quantités d'arbres abattus; çà et là une grue solitaire est perchée sur les branches pourries. Des plantes aquatiques, massées ensemble, flottent comme des îles de verdure; ici, elles s'arrêtent interceptées par les troncs et le branchage; plus loin, elles descendent lentement le courant, emportant avec elles, comme autant de spectres, des grues et des cigognes qui viennent de terres inconnues sur ces radeaux

naturels. Ce désert est le repaire de la fièvre ; la force du courant ne dépasse pas un quart de mille à l'heure, et la couleur de l'eau est celle d'une mare; c'est le paradis des moustiques, et ce serait l'enfer pour l'homme. Heureusement, comme nous sommes dans la saison froide, les insectes ne se montrent pas au delà des forêts submergées de mimosas; le sol sablonneux comme d'ordinaire, est couvert de *kittour* épineux, entre lesquels bondissent quelques antilopes. Nous nous arrêtons dans un affreux marais pour nous approvisionner de bois de chauffage. A la nuit, nous jetons l'ancre pendant un calme plat, aussi près que possible du milieu de la rivière, afin d'éviter la *malaria* produite par la forêt marécageuse. C'est là une précaution que mes gens ne se soucieraient pas de prendre, et qui pourrait compromettre le succès de l'expédition. C'est aujourd'hui Noël !

26 *décembre.* — Froide brise à environ 3 heures du matin. Nous mettons à la voile. Je n'ai jamais vu de brouillard dans cette partie de l'Afrique; malgré le voisinage du fleuve, matin et soir l'atmosphère est sereine. Les îles flottantes de plantes aquatiques deviennent très-nombreuses. Je remarque un végétal qui ressemble à un chou de petite dimension (*Pistia stratiotes*, Linn.). Un de ces choux descend le courant seul, puis il rencontre un compagnon qui se joint à lui; tout en dérivant le rassemblement grossit; enfin la masse s'élève à plusieurs milliers, qui se recrutent d'autres plantes et de morceaux de bois, jusqu'à ce qu'ils forment de véritables îles flottantes, dont les intervalles sont peuplés d'hippopotames; du haut du mât, à 9 heures 15, nous distinguons la petite colline dans le pays de Dinka. Gazons épais et mimosas sur les bords du fleuve, mais les forêts ont disparu. Les nénufars sont en fleur, blancs, mais plus grands que la variété d'Europe. Les gens de l'équipage et les soldats passent la soirée à chanter et à battre du tambour.

27 *décembre.* — Vent violent toute la nuit; à trois heures et demie du matin nous passons la colline de Dinka. Nous sommes obligés d'amener la voile, parce que les embarcations prennent beaucoup d'eau. Nous avançons ainsi à raison de cinq milles par heure. Les véritables bords de la rivière sont à environ cinq cents verges du courant, l'espace intermédiaire consistant en une masse de plantes aquatiques flottantes, de matière végétale en décomposition, et de roseaux élevés ressemblant à des cannes à

sucre, et donnant à mes bêtes une excellente nourriture. Les plantes aquatiques sont aussi nombreuses que curieuses, et sur la rive se dresse l'arbre nommé *anemone mirabilis*. Le bois de cet arbre est d'un poids spécifique moindre que le liége; on s'en sert généralement pour faire des radeaux. Dans cette saison l'*anemone mirabilis* est en fleur, et sa couleur d'un jaune brillant répand un peu d'animation sur ces tristes marécages. Les îles flottantes me donnent quelques spécimens fort beaux d'une variété d'hélice. Ici la largeur de la rivière varie de quinze cents verges à un mille; le pays est plat et sans intérêt, des buissons épineux sont dispersés, çà et là, sur des plaines arides; les arbres proprement dits ne se trouvent que sur les bords même du fleuve. Direction, toujours sud, avec un petit nombre de courbures. A quatre heures vingt minutes de l'après-midi le *noggor* qui, à notre départ, avait presque perdu sa vergue, éprouve le même accident. Nous nous arrêtons et nous nous approchons du bord pour les réparations nécessaires. Nouveau délai. Je travaille jusqu'à neuf heures : j'épisse la vergue, je l'attache avec des lanières de peau de rhinocéros, et j'assujettis ensuite les deux morceaux au moyen d'une peau de taureau non préparée. Je pose des sentinelles : deux sur chaque embarcation, et deux sur le rivage.

28 *décembre*. — A l'aube du jour je me mets au travail, et je termine la réparation de la vergue qui était dans l'origine abominablement mal faite. Je fais remettre les cordages sur le mât. Le pauvre Johann mourra, j'en ai peur; toutes ses forces l'ont abandonné, il est devenu sourd, et les symptômes les plus déplorables se manifestent. J'ai fait tout ce que j'ai pu pour lui, mais son voyage dans ce monde touche à sa fin. Le vaisseau est en bon ordre, et nous repartons tous ensemble à deux heures quinze minutes de l'après-midi. Vent violent du nord; deux vaisseaux venant de Khartoum passèrent près de nous pendant que nous étions au milieu de nos réparations. Je fis de nouveaux arrangements pour mes ânes et je les installai dans des compartiments contenant trois animaux chacun, tandis qu'auparavant ils étaient pressés sans nécessité les uns contre les autres. J'attrape un poisson curieux (*Tetrodon physa*, Geoff.), qui s'enfle comme une vessie au moyen de l'air; il est couleur noire avec des raies jaunes; sous ses nageoires se trouvent des ori-

fices qui s'ouvrent et se ferment par le mouvement même des nageoires ; ce mouvement est une demi-révolution. Cet animal forme l'intermédiaire entre les poissons et les tortues ; il a la tête de celles-ci ; point de dents, mais des mâchoires tranchantes d'une force énorme. Quelques minutes après la séparation de la tête d'avec le tronc, les mâchoires saisissaient vigoureusement ce que l'on mettait dans la bouche, coupant en deux de petites branches ou de la paille épaisse, comme l'eût fait une paire de ciseaux. La peau du ventre est blanche et armée d'aiguillons, toute la peau est fort épaisse. Je la découpai en une longue lanière, et j'en enveloppai la monture d'une carabine que le recul occasionné par de fortes charges de poudre avait fendue. La chair sentait le musc et ne pouvait se manger. Quand on veut raccommoder la monture d'une arme à feu, rien de meilleur qu'une peau de poisson, d'iguane ou de crocodile. La colle de poisson fraîchement enlevée de l'animal et attachée autour de la monture comme un emplâtre, devient, lorsqu'elle se dessèche, aussi forte que du métal. Le paysage est toujours le même, plat, avec des buissons d'épines. Une forte houle produit l'effet le plus singulier, par l'ondulation des radeaux de verdure sur le fleuve. Le pays de Dinka s'étend sur la rive orientale ; de l'autre côté est le Shillook, direction Sud. Nous avons dépassé toutes les tribus arabes, et nous sommes au beau milieu des peuplades nègres.

29 *décembre*. — A minuit nous arrivâmes à une courbure de la rivière à l'ouest, courbure qui se prolongeait sur une étendue d'environ quinze milles. Le vent étant contraire, nous nous trouvâmes à trois heures du matin arrêtés sous le vent par l'herbe et la végétation flottante. Pendant deux heures nous travaillâmes à tourner cette courbure au moyen de deux cordes que nous tirions alternativement, et qui étaient attachées d'un côté au tillac du bateau, et de l'autre aux roseaux situés à l'avant de notre flottille. Ayant atteint de la sorte une direction sud, nous fûmes emportés de nouveau pendant deux heures par une brise favorable, tous les bateaux voguant bien de concert. On ne peut distinguer le rivage Est, car le regard n'embrasse qu'un vaste amas de roseaux de grandes dimensions s'étendant à perte de vue. Direction O. S. O., à quatre heures « *la disgracieuse*[1] » (c'est

1. En anglais, The *Clumsy*. (— M.)

le nom que j'ai donné à l'un de mes *noggors*) éprouva une mésaventure ; le mât tomba au ras du tillac, vergue et cordages suivirent la mâture dans la rivière, non sans blesser sérieusement deux hommes et briser un de leurs fusils. Nous abordons à une île sur la côte du Shillook, nous réussissons à sauver les débris, et nous rassemblons tous les bateaux. Heureusement le bois ne nous manque pas ; j'abats un arbre pour en faire un mât, et j'achève tous les préparatifs nécessaires pour travailler le lendemain aux réparations. Le pauvre Johann se meurt, ainsi que je le craignais ; il crache le sang et il est arrivé au dernier degré d'épuisement. Je place six sentinelles.

30 *décembre.* — Johann se meurt, mais il n'a pas perdu connaissance ; pauvre garçon, tout son espoir d'économiser de l'argent à mon service, et de retourner en Bavière a maintenant disparu. Je passai plusieurs heures à son chevet ; pas la moindre lueur d'espérance. Il parlait avec difficulté, et ne s'apercevait pas des mouches qui marchaient sur ses prunelles vitreuses. Je baisai doucement sa figure et ses mains, puis je lui demandai si je ne pouvais pas m'acquitter de quelque commission pour lui. Il murmura : « Je suis préparé à mourir, je n'ai ni parents ni amis, mais il y a une.. elle... » Il ne put achever la phrase, mais sa dernière pensée fut pour celle qu'il aimait. Loin de cette terre sauvage et misérable où nous nous trouvions, son esprit se transportait à son village natal, près de l'amie dont la tendresse le rattachait à l'existence. Dans ce moment lugubre où tout allait bientôt s'évanouir, n'a-t-elle pas dû éprouver un frisson, un pressentiment indicible ? Je pressai sa main glacée et lui demandai son nom. Ramenant toutes ses forces, il murmura : « Krombach[1]... Es bleibt nur zu sterben. Ich bin sehr dankbar : Je suis très-reconnaissant. » Telles furent ses dernières paroles. Je contemplai avec douleur cette figure amaigrie, cette main aujourd'hui sans vigueur qui, jadis, avait abattu le lynx et l'éléphant. La sueur de la mort s'épaississait sur son front. Quoique le pouls ne fût pas encore arrêté, Johann n'existait plus.

31 *décembre.* — Johann est mort. De mes propres mains j'ai taillé une croix gigantesque avec le tronc d'un tamarin[2], et, à la

1. Krombach était le nom de son village natal, en Bavière.
2. *Tamarinus Indica.* Linn. (— M.)

clarté de la lune, nous avons creusé son tombeau dans cet endroit solitaire.

« Le cercueil n'entourait pas inutilement sa poitrine ; il n'était revêtu ni d'un linceul ni d'un suaire ; mais il était étendu comme un pèlerin qui se repose, enveloppé dans son manteau. » Triste début pour notre voyage ! Pauvre ami ! j'ai fait ce que j'ai pu pour lui, ce qui ne montait pas à grand' chose, et des mains plus tendres que les miennes ont pourvu à ses derniers besoins. Ce triste événement termine l'année 1862. Les réparations du vaisseau étant finies, nous mettons à la voile à huit heures trente minutes du soir.

1863. 1er *janvier, deux heures du matin.* — Des pensées sombres m'empêchent de dormir ; je veille en attendant le commencement de la nouvelle année. Dieu soit béni pour sa miséricorde pendant le passé, et qu'il lui plaise de nous diriger pendant la carrière qui s'ouvre devant nous !

Nous arrivons au village de Mahomed Her, dans le pays des Shilouks. Cet homme, natif de Dongola, ayant couru les aventures sur le Nil Blanc, s'est établi avec une troupe de bandits au milieu des Shilouks, et il est devenu le premier marchand d'esclaves du Nil. Pays plat, comme à l'ordinaire ; plusieurs villages du Shilouk sur le bord occidental sont abandonnés, à cause des habitudes de rapine de Mahomed her. Ce drôle prétend avoir le droit de territoire, et il offre de payer le tribut au gouvernement égyptien. C'est ainsi qu'il jette un gâteau à Cerbère pour qu'on le laisse tranquille.

Direction S. O. La rivière, proprement dite, a environ sept cents verges de largeur ; mais du côté de l'est, il y a des joncs et des glaïeuls sur une étendue de deux milles.

2 *janvier.* — *La Disgracieuse* étant en arrière, il lui est survenu une autre catastrophe : le mât pourri est encore une fois brisé. Le vent est favorable, mais nous voilà de nouveau forcés d'attendre ce mauvais bateau. Toujours des marécages plats et sans intérêt et, à l'ouest, des villages shilooks en grande quantité. Oh ! l'amusante excursion ! De dégoûtants sauvages nus comme la main, des marais sans fin, pleins de moustiques, le pays entier sans le moindre intérêt, sans beauté d'aucun genre. Direction O. toute la journée ; je vois des girafes et une autruche sur le rivage oriental. A l'autre bord, pendant tout le cours de

la journée, nous passâmes devant une suite régulière de villages, situés à un demi-mille les uns des autres; le pays est fort peuplé. Les cabanes sont en boue, couvertes de chaume, et avec une très-petite ouverture. On dirait des champignons. Les Shilooks sont riches; d'immenses troupeaux abondent dans leur pays. Les naturels parcourent le fleuve sur des embarcations de deux espèces : l'une est un mélange singulier du canot et du radeau; comme elle est faite du bois de l'*Anemone mirabilis*, qui est si léger, on peut la transporter çà et là sans difficulté. Le tronc de cet arbre dépasse rarement, en épaisseur, la taille d'un homme; et comme il se termine en pointe, on peut fabriquer promptement des canots-radeaux, en attachant ensemble les branches parallèles et en réunissant les extrémités.

3 *janvier*. — La vergue de *La Disgracieuse* est épissée avec du cuir de rhinocéros; elle est donc solide, quoique ayant été brisée. Nous nous arrêtons le matin sur le rivage Est pour renouveler notre provision de bois de chauffage. A l'ouest, suite de villages Shilooks, comme hier pendant la journée, tous à un demi-mille les uns des autres; l'un d'entre eux est construit au milieu d'un épais fourré de palmiers dolapes au bord de la rivière. Effrayés à la vue de nos bateaux, les habitants prennent la fuite; quelques pêcheurs, occupés à harponner des poissons, décampent aussi.

Le pays plat, comme ci-devant, est fort marécageux sur la rive orientale, où nous ne voyons aucun signe d'habitation. La direction, ce matin, est sud. Nous arrivons à midi quarante minutes à la jonction de la rivière Sobat, et nous jetons l'ancre à un endroit où les Turcs avaient autrefois construit un camp. Pas un arbre. Des prairies et des marais à perte de vue. La largeur du Sobat n'a pas plus de cent vingt verges.

Je mesurai la rapidité du courant au moyen d'une gourde flottante qui faisait cent trente verges en cent douze secondes, correspondant à environ deux milles et demi par heure. La qualité de l'eau est de beaucoup supérieure à celle du Nil Blanc, ce qui me ferait croire que cette rivière descend des montagnes.

4 *janvier*. — En observant la hauteur du méridien solaire, je détermine la latitude de la jonction du Sobat à 9° 21′ 14″. Je suis occupé à raccommoder les voiles et à mettre en ordre la vergue

de *La Disgracieuse*. Chameaux et ânes sont tous en bonne santé. Ici l'herbe est excellente, et je fais une bonne provision de foin. Mon rëis et mes bateliers me disent qu'à quelques journées de distance de son confluent, le Sobat se partage en sept branches toutes de peu de profondeur, et d'un courant très-rapide. Le rivage est plat des deux côtés, et en ce moment le lit de la rivière est plein jusqu'aux bords. Quoique l'eau soit parfaitement claire, et qu'il n'y ait aucune apparence d'inondation, cependant nous voyons sans cesse flotter à la surface des amas d'herbes qui semblent avoir été arrachées par les torrents. Un de mes hommes a remonté la rivière jusqu'au point où elle cesse d'être navigable ; il déclare qu'elle est entretenue par un grand nombre de torrents montagneux, et qu'elle devient promptement à sec lorsque les pluies ont cessé. Je sondai à divers intervalles, et je trouvai que les variations de la profondeur étaient fort légères, de vingt-sept à vingt-huit pieds. A cinq heures de l'après-midi, nous mîmes à la voile avec une brise agréable, et nous voguâmes doucement sur les eaux mortes du Nil Blanc. La lune est dans son plein ; l'eau est comme un miroir, le pays ressemble à un marais vaste et sans fin, la rivière a environ un mille de largeur, mais elle est plus ou moins couverte de plantes flottantes. Calme et silence de mort, troublés seulement de loin en loin par les abois des chiens de hameaux inaperçus et par les sourds ronflements d'hippopotames dérangés par nos bateaux. Direction ouest.

5 *janvier*. — Brise fraîche, assez forte pour nos voiles ; les bateaux s'avancent à raison de huit ou neuf milles par heure — pas de courant perceptible, vastes marécages ; la rivière proprement dite n'a pas plus de 150 verges de largeur, formant une sorte de tunnel au milieu d'une masse d'herbes aquatiques, semblables à de grandes cannes à sucre, qui cachent la véritable étendue du fleuve. A environ six milles ouest de la jonction du Sobat au nord du Nil, est une espèce de lac qui s'étend vers le nord, à une distance de plusieurs journées de navigation ; il se perd enfin au milieu des herbages épais et des marécages ; dans la saison pluvieuse, c'est un lac véritable. Colline dans la direction de 20° ouest, si éloignée qu'on peut à peine la distinguer. Le Bahr Girafe est une petite rivière se joignant au Nil sur le rivage méridional entre le Sobat et le Bahr-el-Gazal. Mon reis (Diabb)

m'informe que c'est simplement une branche du Nil Blanc venant du pays d'Aliab, et non pas une rivière isolée. Direction ouest, 10° nord, le courant est d'un mille par heure. Marécages et bois d'ambatch (*anemone mirabilis*) à perte de vue.

A 6 heures 40 minutes de l'après-midi, nous atteignons le Bahr-el-Gazal; le confluent des deux fleuves ressemble à un lac d'environ trois milles de longueur sur un de largeur, variant suivant les saisons.

Quoique les eaux soient hautes, le Bahr-el-Gazal n'a aucun courant et ressemble à un étang formé par le Nil. L'eau étant claire et tout à fait stagnante, on dirait une inondation du fleuve si on ne connaissait pas l'existence du Bahr-el-Gazal.

Le Bahr-el-Gazal s'étend de cet endroit à une grande distance, la rivière est un système de marais, d'eaux stagnantes, couvertes de roseaux et de bois d'ambatch, à travers lesquels nous sommes obligés de pratiquer une éclaircie pour donner passage au bateau. Cette rivière n'apporte au Nil que peu ou point d'eau, car à l'embouchure on ne distingue pas le moindre courant. La force du courant du Nil est d'environ un mille et demi par heure quand il tourne soudain l'angle, changeant de direction du nord à l'est. La largeur en cet endroit ne dépasse pas cent trente verges; mais il est impossible de la déterminer d'une manière exacte, car l'étendue en est déguisée par les roseaux dont le pays est entièrement couvert à perte de vue.

Le Nil Blanc ayant une direction vers l'ouest de 10° N. (variation de la boussole, 10° ouest, depuis le Sobat jusqu'à la jonction du Bahr-el-Gazal), tourne soudainement vers le sud, 10° est. A ce que disent les naturels, il y a, dans cet endroit, une grande quantité de lacs. Le pays en général est très-plat avec de légères dépressions; ces dépressions forment de vastes étangs pendant la saison pluvieuse, et des marais pendant la sécheresse; ainsi, les descriptions des voyageurs peuvent être contradictoires, selon les différentes saisons où les observations sont faites. Rien qui annonce des lacs permanents d'une certaine étendue; on voit partout des amas considérables de plantes aquatiques et de végétation qui exigent une saison sèche et d'autre part une saison pluvieuse; mais il n'y a pas beaucoup de grandes accumulations d'eau profonde. D'après les sondages faits en différents endroits, je trouve que la profondeur du lac, à la jonction du Bahr-el-Gazal, varie de sept à neuf pieds. Ma petite escadre jette l'ancre afin que je puisse continuer mes observations. Je fais amener et examiner la vergue de *la Disgracieuse*; on coupe de l'herbe pour les animaux.

6 *janvier*. — Inspection des provisions. En fait de boisson, nous en avons assez jusqu'à Gondokoro, après quoi : *vive la misère!* Il est curieux de remarquer pendant le cours d'un voyage dans l'Afrique, les degrés du luxe et de la pauvreté; vin, spiritueux, pain, sucre, thé, etc., tout s'épuise successivement, tout tombe comme le plumage d'un oiseau qui mue, et nous n'en avançons pas moins fort satisfaits.

Mes gens sont activement employés à couper de l'herbe, laver, pêcher, etc. Latitude 9° 29' par la hauteur méridienne du soleil. Différence de temps relevée par observation entre le point où nous sommes et la jonction du Sobat : 4' 26". Distance : 1° 6' 30". J'attrape des perches, mais elles n'ont pas les nageoires rouges de l'espèce d'Europe[1]. Pris au filet quelques *boultes*, — variété de perche qui atteint jusqu'à quatre livres de poids, et qui forme un excellent manger.

Nous partons à 3 heures de l'après-midi. Des masses magnifiques de papyrus, d'une couleur sombre, s'élevent en fourrés épais, à dix-huit pieds au-dessus de la rivière. J'ai mesuré le diamètre du sommet d'un de ces roseaux : 4 pieds 1 pouce.

7 *janvier*. — Nous partons à 6 heures du matin, direction est, 10° sud; le vent exactement contraire. Nous avons perdu de vue *la Disgracieuse*. Nous sommes obligés de nous haler en attachant aux roseaux de longues cordes à environ cent verges en avant. C'est une besogne affreuse. Mes gens sont contraints de nager pour fixer les cables, et ceux qui sont à bord, exécutent le halage, tirant le bateau contre le courant. Rien ne peut surpasser la fatigue et l'ennui de cette opération. Par suite de leur constant travail dans l'eau, un grand nombre de mes gens souffrent de la fièvre. La température est beaucoup plus élevée que lors de notre départ de Khartoum; le pays est toujours un vaste marécage. Pendant la nuit nous entendons la rauque musique des hippopotames qui ronflent et se jouent dans les roseaux, et le bourdonnement de nuées de moustiques, ces rossignols du Nil

1. *Percalates*, Cuv. et Valenc. (— M.)

Blanc. Mon nègre Richarn, que j'avais nommé caporal, sera bientôt dégradé ; la boisson l'a abruti. Pendant son séjour à Khartoum il était ivre tous les jours, et maintenant qu'il n'a plus rien à boire, il est plongé dans une profonde mélancolie. Assis sur le bagage comme un corbeau malade, il pince de la guitare et fume du matin au soir, à moins qu'il ne soit endormi, — occupation qui lui prend la moitié de son temps. Il soupire après les pots de *merissa* (bière) d'Égypte. Cet homme est un exemple du succès de l'œuvre des missions. Il fut élevé, dès sa jeunesse, à la mission autrichienne et donne une excellente idée des résultats ordinaires de ces entreprises charitables. Il m'a dit, il y a quelques jours, qu'il n'était plus chrétien.

Il y a ici deux variétés de convolvulus; j'ai remarqué aussi une espèce de gourde qui, lorsqu'elle est sèche et dépouillée de son écorce, offre une sorte d'éponge végétale formée d'un tissu compacte de fibres très-fines, disposées en réseau[1]. La graine est au centre de ces fibres. Les rives sont toutes jaunes de fleurs de l'ambatch et d'un autre arbre qui ressemble au faux ébénier. Mes hommes sont tout à fait épuisés. Je leur sers une mesure de grog.

8 *janvier*. — *La Disgracieuse* n'est pas encore en vue. Nous passons la nuit à l'attendre. Elle paraît à 8 heures du matin. Le *Reis* et plusieurs hommes de l'équipage reçoivent le fouet pour leur indolence. Les trois navires doublent un angle aigu formé par la rivière, et le vent étant favorable, nous sommes bientôt sous voile. Depuis le Bahr-el-Gazal jusqu'ici, ce qu'on peut nommer le lit du fleuve ne dépasse pas cent vingt verges de largeur. Le courant est d'un mille et trois quarts par heure, et il entraîne avec lui une grande quantité de végétation flottante. Comme il règne un fort courant tant au-dessus qu'au-dessous de la jonction du Bahr-el-Gazal, tandis que le lac au point de jonction est une eau stagnante, mes conjectures me semblent bien fondées : pendant cette saison, il n'arrive pas d'eau du Bahr-el-Gazal au Nil, et le lac et les marais si vastes de ce district sont autant le résultat des eaux du Nil Blanc qui s'écoulent dans un bassin déprimé, que du Bahr-el-Gazal, dont les eaux sont absorbées par d'immenses marais.

1. *Cucumis Colocynthis*. (—M.)

Hier nous avons jeté l'ancre en un lieu sec couvert de mimosas à écorce rouge; le sol est très-plat, et près du bord la rivière baigne les racines des arbres, car dans cette saison les eaux sont fort élevées, sans inondation pourtant. Il n'y avait pas de marque d'eau sur la tige des arbres; je suis donc presque certain que pendant la saison pluvieuse l'élévation du niveau est très-peu de chose, puisque l'eau s'étend sur une très-grande surface; la rivière n'ayant pas de bords proprement dits. Le pays entier n'est qu'un immense marais au milieu duquel coule un fleuve.

Il y a un an, j'étais sur le Settite qui, à cette époque, est presqu'à sec, ainsi que l'Atbara et le Nil Bleu. Au contraire, le Nil Blanc et le Sobat, quoique n'ayant pas atteint leur plus grand degré d'élévation, sont cependant pleins jusqu'aux bords, tandis que les rivières d'Abyssiuie commencent à s'assécher; ce qui prouve que le Nil Blanc et le Sobat ont leur origiue bien loin dans le sud, au sein de montagnes sujettes à des pluies périodiques comprenant une plus grande partie de l'année que la saison pluvieuse dans l'Abyssinie et dans le pays des Gallas.

On ne peut s'étonner que les anciens aient abandonné l'exploration du Nil, au point même où commencent les sinuosités sans nombre du fleuve et les marécages; la rivière ressemble ici à un écheveau de fil embrouillé. Sa direction est Sud 20° Ouest. Le vent violent du nord qui nous a amenés de Khartoum, est devenu depuis longtemps un simple souffle. A cette latitude il n'arrive jamais régulièrement du nord. Il commence entre huit et neuf heures du matin, et tombe vers le coucher du soleil; de la sorte, le voyage à travers ces marais affreux et ces sinuosités interminables est singulièrement ennuyeux et triste. Ce soir nous remarquons un grand nombre d'hippopotames qui saluent les bateaux d'un ronflement prolongé dont le bruit ébranle la petite escadre.

9 *janvier*. — Deux naturels occupés à la pêche s'enfuient à l'approche de nos bateaux, laissant leur canot derrière eux. Mes hommes voulaient se l'approprier, ce que naturellement je ne puis permettre. Ce canot est tout simplement un palmier creusé. Il s'y trouvait un harpon à crochet, très-bien travaillé. Depuis le Bahr-el-Gazal, les deux bords de la rivière appartiennent à la tribu des Nouers. Direction Sud-est, vent très-léger, sinuosités perpétuelles et halage continu. Environ une demi-

heure avant le coucher du soleil, pendant que mes gens halaient le bateau en tirant de dessus le tillac une corde attachée aux roseaux, une vigie m'annonça qu'un buffle était en vue sur une pointe de terre près du rivage. Comme la viande manquait, on me demanda de tuer cet animal. Il était tellement caché dans l'épaisseur de l'herbe, que du tillac on ne pouvait l'apercevoir. Je me plaçai donc sur un *angarep* (lit) près de la poupe, et de là je parvins à distinguer avec peine dans l'herbe la tête et les épaules du buffle, à environ cent vingt verges de distance. Je le tirai avec une carabine Reilly n° 1, et l'animal tomba mort, selon toute apparence. Mes hommes affamés, semblaient fous de joie, et ne songeant qu'à leur proie, se précipitèrent dans l'eau, et se trouvèrent bientôt près de la victime ; un homme tenait le buffle par la queue, les autres dansaient autour de lui en brandissant leurs couteaux, et tous poussaient des chants de triomphe. Tout à coup mon gaillard se relève, s'élance du milieu des assaillants et disparaît dans l'herbe; mes hommes affirmèrent qu'il était tombé dans le marais. La nuit arrivait, et les chasseurs regagnèrent leurs vaisseaux, honteux d'avoir été assez stupides pour perdre leur temps à danser, au lieu de couper le jarret de l'animal et de s'assurer ainsi une bonne provision de bœuf.

10 *janvier*. — Ce matin de bonne heure nous entendons le buffle gémir dans le marais, non loin de l'endroit où nous supposions qu'il était tombé. Environ quarante hommes saisissent leurs fusils et leurs couteaux, et, avides de beefsteaks, ils s'avancent en quête de leur proie, plongés jusqu'aux genoux dans l'eau et la vase au milieu des roseaux. Environ une heure se passa de cette façon; et moi voyant le désordre dans lequel ces aventuriers erraient de côté et d'autre, je descendis dans la cabine afin de battre la caisse pour les rappeler, ce que mon *vakil* avait en vain essayé de faire. Au même moment, j'entendis dans le lointain des cris suivis d'environ vingt coups de feu tirés rapidement l'un après l'autre. Au moyen de ma lunette d'approche j'aperçus une troupe d'hommes à environ trois cents verges de distance, debout sur un de ces tertres formés par des habitations de fourmis blanches[1], et dominant la mer de verdure

1. *Termes bellicosus*. (— M.)

étendue devant moi. De ce point ils continuaient à tirer sur un objet caché dans les roseaux. Un cri de mort éclata bientôt, et les chasseurs descendant en toute hâte de leur lieu de sûreté, reparurent portant le cadavre de mon meilleur *choush*, Sali Achmet. Il s'était trouvé à l'improviste près du buffle qui, tout blessé qu'il fût, l'avait renversé dans la vase épaisse et l'avait tué. Ses braves camarades avaient pris la fuite quoiqu'il les appelât à son secours, e s'étaient contentés de tirer de loin, de dessus la fourmilière, au lieu de courir à son aide. Le buffle était mort; une fosse fut creusée sur-le-champ pour le malheureux Sali. Mon voyage commence mal, car, sans compter les perpétuelles mésaventures de *la Disgracieuse*, j'ai perdu Johann et mon meilleur *choush*. Heureusement pour la superstition je n'étais pas parti de Khartoum un vendredi, sans quoi ce jour de funeste augure aurait endossé la responsabilité de mes catastrophes.

Les tombes des Arabes sont une amélioration sur celles des Européens. Chez nous, quand un pauvre ne peut pas faire la dépense d'un caveau, avec quelle angoisse il entend le gazon tomber sur le cercueil de l'ami qu'il a perdu ! Les Arabes évitent cet inconvénient, et la terre n'est pas déposée sur le corps. La fosse est creusée exactement comme une fosse européenne, mais au fond sur un des flancs on ménage un caveau d'environ un pied de largeur. Le corps est placé dans cette tranchée et recouvert de briques formant une espèce de voûte. On unit ces briques avec de la vase, puis rien n'est visible, car le tombeau est de niveau avec le fond de la fosse principale. Le tout est rempli de terre, et comme cette terre repose sur les briques, elle ne peut toucher le corps. C'est de cette façon que mon meilleur domestique fut enseveli; les femmes poussaient des hurlements affreux, tandis que les hommes pleuraient à haute voix, suivant les paroles de l'Écriture : « Et élevant la voix, elle pleura[1]. » Je vis avec plaisir ce chagrin apparent de mes gens en deuil de leur camarade; mais aussitôt que la tombe eut été comblée, leur douleur, si démonstrative, s'évanouit comme d'ordinaire et leurs pensées se reportèrent vers la viande de buffle. Tous furent bientôt occupés à la dépecer. Il y a deux variétés de buffle dans cette partie de l'Afrique : l'une, le *Bos*

1. Genèse, XXI, 16.

Caffer a des cornes convexes; l'autre les a plates. Notre animal appartenait à la dernière variété. Une de ses cornes était entrée dans la cuisse du malheureux Sali, en déchirant tous les muscles jusqu'à l'os; il y avait aussi une blessure s'étendant depuis le milieu de la gorge jusqu'à l'oreille; la veine jugulaire était coupée en deux. Une des côtes était brisée ainsi que le sternum. Le buffle, comme d'habitude, n'avait abandonné sa victime qu'après l'avoir tout à fait écrasée. Le cadavre avait été trouvé enseveli dans la boue, où la tête seule faisait saillie. Le pauvre Sali n'avait pas eu le temps d'armer son fusil, car les deux détentes se trouvaient au repos sur la lumière. Je ne souffrirai plus que mes gens s'exposent à de telles catastrophes. Ce sont des poltrons insignes, aimant à faire du bruit, à tirer des coups de fusil en vrais gamins, et à gaspiller leur poudre sans aucun profit, tandis que, lorsqu'il y a du danger, on ne peut pas compter sur eux. Ils abandonnèrent leur camarade quand il avait besoin de leurs secours, et braillèrent comme des enfants à sa mort. Je ne les laisserai plus sortir des embarcations.

Pendant la soirée, j'entendis mes hommes s'entretenir de cette affaire et j'appris toute la vérité. Il paraît que Richarn et deux autres hommes se trouvaient avec le malheureux Sali lorsque le buffle se précipita sur lui, et qu'ils prirent la fuite sans même tirer un coup de fusil pour le défendre. Réfugiés sur une grande fourmilière à environ cinquante verges de distance, ils virent du haut de ce fort Sali lancé coup sur coup dans l'air et ils pouvaient entendre ses cris d'appel désespéré. Au lieu de courir à son secours, ils lui crièrent de faire le mort, et que le buffle l'abandonnerait. Voilà un spécimen du courage des habitants de Khartoum. Mon coup de carabine avait tellement blessé le buffle qu'il n'avait pu fuir bien loin; son épaule était fracassée, impossible à lui de traverser la vase épaisse. Ma balle Reilly, n° 10, entrée par l'épaule gauche, un peu au-dessus du poumon, se trouva sous la peau de l'épaule droite.

Les sinuosités de ce courant monotone dépassent l'imagination, et pendant les calmes plats ces immenses marais produisent un sentiment de mélancolie indescriptible. Le Nil Blanc est un véritable Styx. Quand le vent vient à souffler avec force, la navigation est très-difficile, à cause des perpétuels détours

Comme les matelots sont tout à fait ignorants, et que la voile du bateau est la grande voile triangulaire commune, chaque effort pour virer de bord amène un désordre et un tapage dont le résultat ordinaire est que nous donnons au milieu d'un marais sous le vent; cela vaut mieux, sans contredit, que de chavirer, catastrophe qui est souvent fort imminente. Ce matin même le vent souffle avec force, et nous avons les accompagnements ordinaires de cris et de confusion. Nous attendons une demi-journée *la Disgracieuse* qui arrive enfin en vue, à la nuit tombante. Les retards que cette barque nous cause sont des plus sérieux, car un voyage rapide est indispensable à nos animaux. Les chameaux souffrent déjà de leur séjour à bord, et je leur fais appliquer aux jambes des bandages mouillés.

La largeur de la zone marécageuse varie. Sur quelques points elle paraît s'étendre à une distance d'environ deux milles de chaque côté de la rivière; ailleurs, elle s'étend à perte de vue, formant un horizon absolument plat; et comme les naturels ont mis de tous côtés le feu aux herbes sèches, on voit, au delà de la limite des marécages, s'élever la flamme et la fumée. Des roseaux semblables aux bambous, mais d'une espèce distincte, de hautes herbes aquatiques comme des cannes à sucre, et donnant un excellent fourrage pour les bestiaux, puis enfin l'éternel ambatch; tel est le tapis de ce sol fangeux d'où s'élèvent des nuées de moustiques.

12 *janvier*. — Brise fraîche le matin; mais nous sommes obligés d'attendre *la Disgracieuse* qui arrive à dix heures. Combien sont absurdes les descriptions du Nil Blanc où l'on prétend que ce fleuve n'a pas de courant! Dans quelques endroits, par exemple, un peu au-dessus de la jonction du Sobat, et de là jusqu'à Khartoum, le courant est faible; mais depuis que nous avons quitté le Bahr-el-Gazal, le fleuve a suivant les localités une force d'un mille trois quarts à deux milles et demi par heure. Il est vrai qu'ici la largeur du fleuve vrai ne dépasse pas cent mètres.

A onze heures vingt minutes du matin nous mettons à la voile sous une brise très-forte; mais nous sommes à peine en route depuis une demi-heure que la grande vergue de *la Disgracieuse* se brise encore une fois. Il nous faut prendre à la remorque ce bâtiment. Ce n'est plus la peine d'en réparer la vergue, et si ce n'était à cause des ânes, j'abandonnerais *la Disgracieuse* à elle-même. Les bateaux de Kourshid Aga passaient près de nous à toutes voiles quand le gouvernail de son *dahabié* se brisa soudain, et l'embarcation dériva au milieu du marais. Je promets à mes hommes une ration de grog si tous les bateaux sont réunis au coucher du soleil, lorsque le tambour battra.

13 *janvier*. — Nous nous arrêtons près d'un village sur la rive droite en compagnie des deux *dahabiés* de Kourshid Aga. Les naturels viennent vers les bateaux; ce sont des sauvages au superlatif, des hommes nus comme la main. Leur corps est frotté de cendre, et ils se teignent les cheveux en rouge avec un mélange de cendre et d'urine de vache. Ce sont bien les diables les plus affreux que j'aie jamais vus; il n'y a pas d'autre manière de les désigner. Les femmes non mariées sont également nues; les autres ont autour des reins une espèce de frange faite d'herbe. Les hommes portent au cou des colliers de perles fort lourds; ils ont à la partie supérieure du bras deux épais bracelets d'ivoire, des anneaux de cuivre aux poignets, sans compter un horrible bracelet de fer massif armé de pointes d'environ un pouce de longueur, comme les griffes du léopard, et dont ils font le même usage que cet animal. Joctan, chef d'un village Nouer, vient me rendre visite avec sa femme et sa fille. Ils me demandèrent tout ce qu'ils virent en fait de colliers ou de bracelets, mais refusèrent un couteau comme leur étant inutile. Ils s'éloignèrent enchantés des cadeaux que je leur fis. Les femmes se pratiquent une incision dans la lèvre supérieure, et y portent en guise d'ornement un fil de fer long de quatre pouces couvert de perles. Ce fil de fer s'avance comme la corne d'un rhinocéros. Les femmes sont hideuses. Les hommes, grands et forts, sont armés de lances. Ils ont des pipes contenant près d'un quart de livre de tabac, et ils fument du charbon de bois quand leur plante chérie leur manque. L'acide carbonique produit par le bois amène une légere ivresse, résultat fort désiré. Kourshid Aga leur ramenait de Khartoum une jeune fille qui avait été prise par un chasseur d'esclaves; ceci charma la peuplade, et ils amenèrent de suite un bœuf comme tribu de reconnaissance. La vergue de *la Disgracieuse* étant brisée en deux morceaux, je fus obligé de chercher un endroit sec pour faire les réparations nécessaires. M'éloignant donc du village des Nouers-Eliab, j'amenai

Femmes de la tribu des Nouers, venant aux barques.

dans la soirée la malheureuse vergue. Je pris *la Disgracieuse* à la remorque, et nous voici en ce moment à huit heures trente minutes du soir, voguant à travers des moustiques et à la recherche d'un point de débarquement dans ces marécages. Pendant

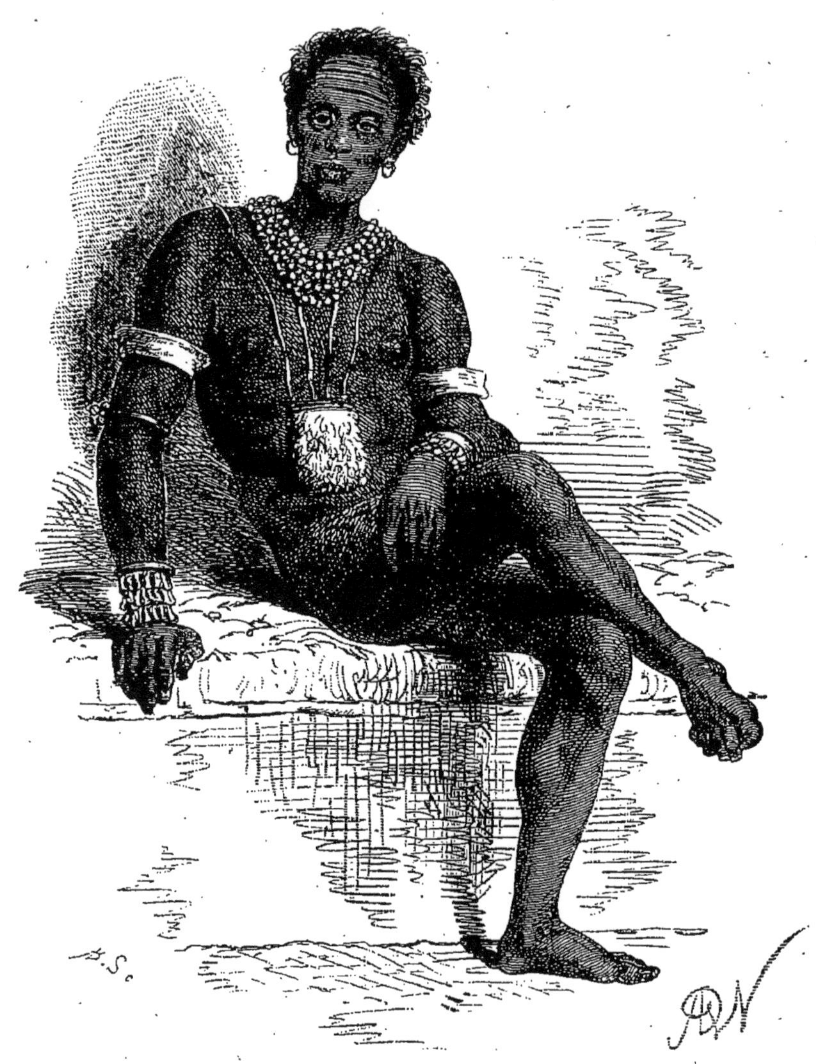

Yoctan, chef des Nouers.

que le chef Nouer était dans ma cabine, assis sur un divan, je dessinai son portrait, ce qui lui fit le plus grand plaisir. A mes questions touchant l'utilité de son bracelet à pointe de fer, il répondit en me montrant le dos et les bras de sa femme couverts de cicatrices. Ces pauvres noirs sont des gens fort aimables, comme disent les négrophiles anglais; et mon chef était tout fier d'avoir déchiré la peau de sa femme comme une bête féroce. En vérité, mon singe Wallady a l'air d'un être civilisé comparé à ces sauvages cruels. Le front du chef était tatoué de lignes horizontales qui ressemblaient à des rides. Les cheveux se portent ramenés en arrière. Hommes et femmes ont au cou un sac, apparemment pour mettre les présents qu'on leur donne, car ils ne laissent rien traîner. Direction Sud-sud-est.

14 *janvier.* — Toute la journée se passa à réparer la vergue; la peau de l'animal qui avait tué Sali-Achmet fut ce que nous trouvâmes de mieux pour en rajuster les morceaux. Dans la soirée, nous voguâmes de conserve, avec un bateau appartenant à la mission autrichienne, entre des rives distantes d'environ 120 vergues, et sur un courant d'environ deux milles à l'heure. Je trouvai beaucoup de natron sur le terrain marécageux qui borde la rivière.

Nous eûmes ce jour-là pour dîner un dindon, cadeau de Kourshid-Aga; et, chose merveilleuse, les *kisras* (sorte de gâteaux que l'on mange en guise de pain) n'étaient pas mêlés de sable. Depuis mon arrivée en Afrique, je dois avoir avalé en sable, détaché de la pierre meulière (*mourhaka*), dont on se sert pour faire la farine, l'équivalent d'une meule de moulin de belle taille. Quand le *mourhaka* est neuf, c'est une grande pierre plate, pesant environ quarante livres; c'est sur cette dale que l'on broie le blé au moyen d'une autre pierre cylindrique que l'on fait tourner avec les deux mains. Au bout de quelques mois d'usage, la moitié de la meule a disparu, les débris étant amalgamés avec la farine; de telle sorte que l'on mange positivement la meule. Voilà, sans doute, pourquoi le cœur s'endurcit dans le pays.

15 *janvier.* — Ce matin, nous avancions en nous halant à travers une forêt de roseaux qui nous masquaient l'horizon, lorsque le bruit de la corde, qui frolait leurs cimes, troubla le sommeil d'un hippopotame flottant à fleur d'eau tout près du bateau. Il n'avait atteint qu'à peu près la moitié de la taille d'un animal ordinaire, et, en moins d'un instant, environ vingt de mes hommes, le prenant pour un jeune de son espèce, se précipitèrent dans l'eau, espérant le saisir. Il reparut soudain, et, comme il était trois fois plus grand que les hommes ne s'y attendaient, ils ne furent plus aussi empressés de s'attaquer à lui.

Cependant le *reis* Diabb, donna bravement l'exemple, et saisit la bête par une des jambes de derrière ; tous les autres se précipitèrent aussitôt, et il y eut une grande lutte. On jeta des cordes de dessus le vaisseau, des nœuds coulants furent passés autour de la tête de l'hippopotame ; mais comme il était le plus fort, et commençait à entraîner avec lui ses assaillants au milieu de la rivière, je me vis obligé de terminer l'affaire en lui envoyant une balle dans la tête. Il était couvert de marques faites par les dents d'un de ses congénères, qui l'avait sans doute malmené. Les uns disaient que c'était son père, d'autres affirmaient que ce devait être sa mère ; la dispute s'échauffait. Ces Arabes ont un penchant extraordinaire à argumenter sur des vétilles[1]. J'ai souvent vu mes hommes discuter pendant la plus grande partie de la nuit et reprendre le même sujet le lendemain. Ces discussions se terminent ordinairement par des voies de fait, et dans le cas actuel l'ardeur de la chasse ajoutait une nouvelle force à la chaleur du débat. On convint enfin de s'en rapporter à moi, et les deux partis s'approchèrent, défendant à grands cris leurs théories respectives ; les uns soutenaient que le jeune *hippo* avait été tyrannisé par son père, les autres affirmaient que c'était par sa mère. En qualité d'arbitre, je me hasardai à dire que l'offenseur était peut-être l'oncle du défunt. Wah Illahi Sahé ! (Par Allah, c'est vrai !) Mon avis satisfit les deux partis ; on abandonna la théorie pour la pratique, et on s'acharna à coups de hache et de couteau sur le sujet de la dispute. L'hippopotame était gras comme du beurre, et mes gens, pour qui c'était un véritable don du ciel, le partagèrent avec beaucoup d'entrain et de bonne humeur.

Nous formons maintenant une flotte de sept bateaux, ceux de plusieurs commerçants s'étant joints à nous. La vergue de *la Disgracieuse* a beaucoup meilleur air qu'autrefois. Je l'ai raccourcie de dix pieds à une extrémité, parce qu'elle portait trop de ce côté-là. La vergue de ce genre de barque rappelle par sa forme une longue ligne de pêche, et devrait être élastique en proportion, car elle s'amincit graduellement de manière à se

1. « Les Orientaux, dit M. le comte de Gobineau, excellent, comme on dit, à fendre un cheveu en quatre ; et de ces quatre intangibles, ils feront un pont qui portera voiture. » (*les Religions et les philosophies de l'Asie centrale*. p. 4, édit. in-18.) (— M.)

terminer en pointe. J'apprends que les Shillouks ont attaqué les gens de Chenouda; dans sa retraite précipitée, celui-ci a vu chavirer son bateau, et quelques hommes ont perdu la vie. Juste punition pour les marchands d'esclaves; je me réjouis de leur défaite. Le fleuve continue à rcmonter au S.-E.

16 *janvier.* — Nous avons un nouveau plat! Il ne s'agit pas d'une fausse soupe à la tortue [1]. La véritable *turtle soup* ne vaut pas un potage à l'hippopotame. J'essayai de faire bouillir le gras, la chair et la peau ensemble; la peau prit la couleur verdâtre du gras de tortue et était d'un bien meilleur goût. Un morceau de la tête ainsi bouilli, puis mariné dans le vinaigre avec des oignons hachés, du poivre de Cayenne et du sel, est infiniment supérieur à la tortue. Mes hommes s'étant régalés d'un chaudron de soupe à l'hippopotame, et tous les navires étant réunis, je servis du grog au coucher du soleil. Appétits satisfaits, contentement général. On ne se fait pas d'idée de la difficulté du halage à travers les marais, obligé que l'on est de s'accrocher aux roseaux pour avancer, et de se hâler contre un fort courant. Cet affreux pays semble ne devoir jamais finir.

On dit que, pendant la saison sèche, il y a beaucoup de gibier sur les bords de la rivière; mais les marécages à perte de vue où nous nous trouvons n'offrent, en fait de créatures vivantes, que des moustiques et quelques poules d'eau. L'autre jour, je surpris un de mes hommes volant notre sel; Richarn savait que ce trésor disparaissait de jour en jour, et avait négligé de m'en donner avis. J'ai donc administré vingt coups de fouet au voleur, et Richarn est dégradé, ainsi que je l'avais prévu. Comme il n'y a pas d'endroit où l'on puisse débarquer, il n'y a pas moyen de faire d'observations.

17 *janvier.* — Marais, moustiques, sinuosités, pays plat et vent léger, comme à l'ordinaire. Les moustiques, dans la cabine, ne nous laissent pas en repos, même pendant la journée. Courant de deux milles par heure environ; direction S.-E. La rivière véritable a environ cent dix verges de largeur en moyenne.

18 *janvier.* — Paysage comme à l'ordinaire, mais vent plus frais. Nous voyageons de conserve avec les bateaux de Kourshid-Aga. J'ai raccommodé la monture du fusil d'Oswell avec du cuir

1. Cette soupe se fait, comme on sait, avec de la tête de veau. (—M.)

de rhinocéros. Toutes les armes à feu, destinées à la chasse dans les pays sauvages et d'un parcours difficile, devraient avoir, au lieu de fer, de l'acier depuis l'emboîture de la crosse jusqu'à environ six pouces de son extrémité ; la sous-garde, aussi en acier et d'une épaisseur plus grande que de coutume, devrait être prolongée en arrière et vissée à la partie supérieure ; de telle sorte que, les deux pièces étant assujetties avec des vis dessus et dessous, la monture ne pourrait se briser.

19 *janvier*. — A huit heures du matin, nous sortons de ces marais en apparence interminables, et nous voyons sur le bord oriental de grands troupeaux conduits par des naturels complétement nus, dans un pays abondant en hautes herbes et en bois de mimosas. A 9 heures 15 du matin, nous arrivons au Zareeba ou station de Binder, sujet autrichien faisant le commerce sur le Nil Blanc. Nous trouvons cinq *noggors* appartenant à son associé et à lui. Le *vakil* de Binder insista pour donner un bœuf à mon équipage. Je déclinai l'offre pendant quelque temps, mais remarquai enfin que cet homme se regardait comme insulté par mon refus. Il est impossible de se procurer chez les naturels des bestiaux à aucun prix. Le pays est maintenant un marais, mais pendant la saison sèche on pourra le traverser. Latit. 7° 5′ 46″. La misère de ces malheureux nègres passe toute description. Ils ne veulent pas tuer de bestiaux, et ne mangent de viande que lorsqu'un animal meurt de maladie ; et, comme le travail leur est insupportable, ils meurent souvent de faim, vivant seulement de rats, de lézards, de serpents, et des poissons qu'ils peuvent harponner. Leur manière de pêcher est une affaire de pure chance, car c'est au hasard qu'ils lancent le harpon dans les roseaux ; aussi sur trois ou quatre cents coups, à peine attrapent-ils un poisson. Le harpon est pourtant fait avec soin ; il est attaché à un roseau flexible d'environ vingt pieds, fixé à une longue corde. Quelquefois ils frappent un véritable monstre, car on trouve des variétés de poissons atteignant le poids de deux cents livres. S'ils réussissent à harponner un individu de cette taille, il en résulte une chasse pleine d'intérêt, l'animal entraînant avec lui le harpon, et s'enfuyant de toute la longueur de la corde. Les pêcheurs le suivent alors à la nage, tenant ferme une extrémité de la ligne, et lui donnant le jeu nécessaire jusqu'à ce que le poisson soit épuisé.

Le chef de cette tribu (Kytch) portait une peau de léopard sur ses épaules, et une espèce de calotte de perles blanches avec un bouquet de plumes d'autruche; mais son manteau, attaché d'une manière lâche, laissait tout le reste du corps à nu. Sa fille, d'environ seize ans, était la plus jolie négresse que j'eusse vue. Son vêtement consistait en un petit morceau de cuir d'environ un pied carré rejeté sur ses épaules. Toutes les jeunes filles de ce pays ne portent autour de la ceinture qu'un cercle composé de petits ornements bruyants. Elles arrivèrent en grand nombre chargées de fagots de bois qu'elles troquaient contre des poignées de blé. La plupart des hommes sont de belle taille, mais horriblement maigres; les enfants sont de véritables squelettes, et la tribu entière semble affamée. Le dialecte est celui des Dinkas. Le chef portait une boîte à tabac fort singulière; c'était un morceau de fer pointu d'environ deux pieds de long avec une emboîture creuse, attachée par une peau d'iguane. Cet instrument sert de boîte à tabac, de massue et de poignard. Il est curieux de voir toute l'étendue de ce pays marécageux hérissée par les demeures des fourmis blanches, s'élevant au-dessus du niveau de l'eau. Ces tours de Babel empêchent leurs habitants d'être emportés par le déluge. Travaillant pendant la saison sèche, les fourmis blanches élèvent leurs constructions à une grande hauteur (environ dix pieds), de sorte que, pendant l'inondation, elles peuvent vivre en sûreté dans les étages supérieurs. Des gens affamés nous assiégent toute la journée, apportant de petites gourdes creusées pour recevoir le blé sur lequel ils comptent. Véritables singes, se fiant entièrement pour leur subsistance aux productions de la nature, ils passent des heures à creuser la terre pour attraper des mulots comme nous le ferions des lapins. Ce sont les créatures les plus misérables du monde, si maigres que leurs *postérieurs* ne sont qu'à l'état rudimentaire, pour ainsi dire; on dirait que, chez eux, cette partie du corps a été enlevée à coups de rabot; leurs longs bras, leurs longues jambes les font ressembler à des insectes. Pendant la nuit, ils s'accroupissent près du feu, se mettant dans la fumée afin d'échapper aux moustiques. Dans cette saison, le pays est un vaste marais, dont les seules parties sèches sont les fourmilières. Les naturels s'y rassemblent comme des troupeaux de bêtes fauves, se frottant le corps de cendres de charbon de bois pour se préserver du froid.

Le chef des Kytchs et sa fille.

20 *janvier.* — Ici la rivière se dirige soudain vers l'Est, mais on trouve un autre bras du fleuve arrivant du sud 20° Est, et qui n'a point de courant. Le bras principal tourne l'angle avec un courant rapide d'environ deux milles et demi par heure. Les naturels disent que le bras d'eau stagnante s'étend à une distance de deux à trois jours de navigation et qu'il se perd en-

Jeune kytch émacié par la faim.

suite dans les roseaux. Mon *reis* Diabb m'affirme que ce n'est qu'une sorte d'étang qui n'est relié à la rivière par aucun canal proprement dit.

Les naturels de la tribu de Kytch sont si malheureux qu'ils dévorent avidement la peau et les os de tous les animaux qu'ils trouvent morts ; les os sont broyés entre deux pierres, puis réduits en une sorte de pâte; lorsqu'un animal crève, ou qu'il est tué, on n'en laisse pas assez même pour la nourriture d'une mouche. Jamais personne ne m'a inspiré autant de compassion que ces infortunés sauvages. Lorsqu'ils veulent exprimer leur reconnaissance, ils vous prennent la main, et *font semblant* de cracher dessus, opération qu'ils n'accomplissent pas réellement, ainsi que je l'ai vu affirmer dans quelques ouvrages sur le Nil blanc. Leurs arrangements domestiques sont assez singuliers. La polygamie est naturellement permise comme dans les autres pays barbares des climats chauds; mais lorsqu'un homme devient trop âgé pour ses nombreuses jeunes femmes, son fils aîné prend sa place et lui sert de substitut. Chaque troupeau a son taureau sacré que l'on regarde comme ayant sur les autres une influence favorable; ses cornes sont ornées de plumes et souvent de clochettes, et il conduit les bestiaux au pâturage. Lorsque les troupeaux quittent le kraal de bon matin, les naturels adressent leurs prières au taureau : « Veille, lui disent-ils, sur tes camarades, empêche les vaches de s'égarer et conduis-les aux endroits les plus fertiles, afin qu'elles nous donnent beaucoup de lait, etc. »

21 *janvier*. — La nuit dernière un coup de vent subit emporta le mât de la barque de Kourshid Aga, le brisant au ras du tillac. Le temps aujourd'hui est lourd, épais, avec un calme plat. Comme à l'ordinaire, marais sans fin et moustiques. Le pays qui s'étend sur les bords du fleuve depuis Khartoum jusqu'à l'endroit où nous sommes, est le plus affreux dont j'aie jamais ouï parler. Direction Sud-est autant que je puis juger; mais les sinuosités continuelles et l'absence de tout point de repère, rendent extrêmement difficile un relevé exact. Largeur de la rivière environ cent verges; végétation flottante; courant d'environ deux milles à l'heure.

22 *janvier*. — Toujours la *malaria*, toujours la misère, toujours les moustiques, puis des marais dénués d'arbres et n'offrant pas signe de vie à perte de vue. Par intervalles nous avançons lentement en halant les navires; quelquefois nous courons en cercle autour du bateau, tirant de toutes nos forces les roseaux qui remplissent ainsi l'office des engrenages d'une roue, et nous poussent en avant. Un de mes chevaux, Filfil, s'amuse à ruer contre les gens de l'équipage lorsqu'ils passent près de

Petits mendiants Kitchs.

lui, et ayant réussi plusieurs fois à les précipiter dans la rivière, il persévère dans ce genre de récréation, faute de savoir comment s'occuper.

Jour et nuit nous entendons les hippopotames ronfler dans les roseaux, mais nous en voyons fort peu. Les négresses à bord se querellent du matin au soir, et se battent comme des boule dogues. La petite Gaddum Her, entre autres, est comme un roquet ; elle est assez vieille, très-forte, de très-petite taille, mais suppléant par l'entrain à ce qui lui manque en stature ; c'est la quintessence de l'esprit querelleur, car elle est prête à donner des coups de poing au plus léger signal. Un jour, en se battant, elle dégringola avec son antagoniste à fond de cale, brisant les jarres d'eau. Une autre fois les deux *championnes* tombèrent toutes deux dans la rivière. L'ennui de ce malheureux voyage semble affecter le caractère des hommes et des animaux. Anes, chevaux, chameaux sont toujours à se battre, et à mordre à droite et à gauche.

23 *janvier*. — A huit heures du matin nous arrivons à Aboukouka, établissement d'un négociant français. Impossible de décrire la misère de ce pays. Au milieu de vastes marécages est un petit espace d'environ trente-cinq verges carrées, et à quelques pas du chenal navigable ; mais on ne peut y arriver qu'en pataugeant dans la vase. L'établissement consiste en une douzaine de chaumières habitées par de malheureux individus frappés de la fièvre ; le *vakil* et les autres employés viennent nous demander du blé. Je m'arrête pendant dix minutes afin de prendre des renseignements sur ce pays. Le courant en cet endroit est très-fort, et atteint plus de deux milles et demi à l'heure. La rivière, est très-haute, quoiqu'il n'y ait pas de débordement et ses sinuosités sont interminables. Tantôt nous voguons vers le nord, plus loin vers l'est, puis encore vers le nord, et immédiatement après vers le sud. Dans l'espace d'une heure nous nous dirigeons successivement vers les quatre points principaux de la boussole. Souvent les *noggors* qui sont loin en arrière semblent être en avant ; c'est une rivière affreuse, sans un seul mérite, et je ne m'étonne plus que toutes les expéditions antérieures aient échoué ici. Il y a aujourd'hui une brise qui tempère la chaleur, et diminue les effets de l'atmosphère que surchargent les exhalaisons marécageuses. J'ai toujours remar-

qué que lorsque le ciel est couvert, nous souffrons plus de la chaleur que quand il n'y a pas de nuages; il serait intéressant de déterminer avec l'aide du baromètre le poids de l'atmosphère.

L'eau du Nil Blanc est très-mauvaise, surtout dans l'intervalle qui sépare les Shillouks des Kytchs; mais celle du Bahr el-Gazal est encore pire. Le reis Diabb me dit que le vent du nord fait toujours défaut entre le pays des Noucrs et les frontières septentrionales du Kytch. Je n'aurais jamais cru trouver dans cette région un district aussi misérable. Pas de gibier dans cette saison, peu d'oiseaux, pas même de crocodiles. Tous les animaux aquatiques sont cachés dans les herbes; ainsi on ne trouve pas une seule créature vivante, excepté les moustiques qui obscurcissent le jour à travers le labyrinthe d'un marais sans fin.

A 4 heures 20 minutes de l'après-midi nous arrivons à la station missionnaire autrichienne de Sainte-Croix; je remets une lettre au supérieur de l'établissement, Herr Moorlang.

Une série d'observations solaires me donnent en latitude 6°39'.

La station consiste en une vingtaine de huttes de gazon construites sur un monceau de terre, situé près de la rivière, mais à l'abri des inondations. L'église est aussi une petite cabane, mais elle est arrangée avec soin. Herr Moorlang m'avoua, non sans émotion, que la mission était absolument inutile pour les sauvages des environs. Il avait travaillé avec le plus grand zèle pendant bien des années sans obtenir le moindre résultat. Ces nègres sont fort au-dessous des brutes; les animaux témoignent de l'affection pour ceux qui ont soin d'eux; ces noirs, au contraire, ne savent pas ce que c'est que la reconnaissance. Ce sont des menteurs effrontés, pleins d'artifices; plus ils reçoivent, plus ils sont avides; en retour ils ne veulent rien faire.

Vingt ou trente de ces êtres dégoûtants, couverts de cendres, entièrement nus, armés de massues faites d'un bois dur, et terminées en pointes, étaient couchés à terre çà et là aux environs de la station. La société missionnaire ayant condamné le poste du Nil Blanc comme inutile, Heer Moorlang a vendu ce matin même le village entier à Kourshid Aga pour la somme de 3000 piastres (30 liv. sterl.[1]). J'ai acheté 1000 piastres aux missionnaires

1. Sept cent cinquante francs.

un cheval que je nomme *le Prêtre* à cause de son origine ; c'est un animal de belle apparence, et accoutumé au feu, puisque le malheureux baron Harnier le montait lorsqu'il allait à la chasse au buffle.

Le baron Harnier était un seigneur prussien qui, avec deux domestiques européens, avait passé quelque temps pour son plaisir dans ce voisinage à chasser et à recueillir des échantillons d'histoire naturelle. Ses deux serviteurs succombèrent aux fièvres de marais, et sa fin à lui-même fut des plus tragiques. Ayant un jour, en compagnie d'un naturel du pays, blessé un buffle, l'animal se précipita sur le nègre et le jeta à terre. Le fusil du baron Harnier n'était pas chargé, cependant ce brave prussien attaqua le buffle à coups de crosse pour essayer de retirer le nègre d'entre ses cornes. La brute abandonna alors sa victime et se rua sur le cheval qui portait le baron. Loin d'aller au secours de son maître qui avait hasardé sa vie pour le sauver lui-même, le lâche prit la fuite. Lorsque les missionnaires retrouvèrent le corps du baron, il était réduit à une masse informe, tandis que le buffle, qui avait été mortellement blessé, était étendu tout auprès. J'allai voir le tombeau du courageux Européen qui avait sacrifié sa précieuse vie pour un être aussi méprisable qu'un nègre couard.

Les missionnaires en avaient eu soin et l'avaient protégé en l'environnant d'une haie d'épines ; mais à présent que la station est entre les mains de gens qui n'ont ni foi ni loi, je crains que ce tombeau ne soit négligé. C'est une chose déplorable que de voir le dévouement avec lequel tant d'hommes vraiment héroïques se sont sacrifiés dans cet affreux pays sans le moindre résultat. Près du lieu où sont déposés les restes du baron Harnier, je remarque les tombeaux de plusieurs missionnaires que la mort a frappés ici, sans que la mission de Sainte-Croix ait converti un seul nègre au christianisme.

A environ cinq mille au-dessus de cette station, la rivière se partage en deux bras qui forment une île. Ici les naturels ont établi une pêcherie qu'ils nomment Pomone. Pays marécageux, sol très-plat, comme toujours, clairsemé de buissons et d'arbustes, mais point d'arbre véritable. A quelques milles dans l'intérieur, les éléphants abondent. Au dire de Herr Moorlang, tous les commerçants du Nil Blanc ne sont qu'une colonie de voleurs; ils pillent les naturels et les tuent à discrétion. De l'autre côté de la rivière se trouve un grand jardin abandonné qui appartenait à la mission. Quoique le sol soit extrêmement fertile, on ne peut y cultiver ni raisins ni ananas. Les fruits viennent, mais sont très-âcres. Les dattiers donnent des fleurs, mais point de fruits.

25 *janvier*. — Nous partons à 7 heures du matin. Direction Sud-est. 26 *janvier*. nous avons la tribu de Bohr sur la rive Est. Pas de vent. Le courant est de près de trois milles à l'heure. Le lit de la rivière est d'environ cent vingt verges de largeur. Marais et plat pays comme à l'ordinaire. Le thermomètre à 6 heures du matin est à 68° Fahrenh. et à midi, de 86° à 93°.

27 *janvier*. — Chaque jour est la répétition des jours précédents.

28 *janvier*. — Nous dépassons deux campements de la tribu Aliab avec de grands troupeaux de bétail sur la rive ouest. Les naturels semblent paisiblement disposés, gesticulant et dansant, tandis que les bateaux s'avancent près d'eux. Non-seulement les tribus du Nil Blanc traient leurs vaches, mais ils saignent les bestiaux périodiquement, et font bouillir le sang pour leur servir de nourriture. Ceci se fait en ouvrant avec la pointe d'une lance une veine du cou de l'animal; la saignée est copieuse, et se répète environ une fois par mois.

29 *janvier*. — Nous passons auprès d'une quantité de troupeaux et de nègres assemblés sur un point du bord oriental et environnés de nuages de fumée pour chasser les moustiques. Afin de se débarrasser de ces insectes, ils font des amas considérables de fumier qu'ils entretiennent constamment dans un état d'incandescence. Autour de ces monticules, les bestiaux se pressent par centaines, vivant avec les naturels au milieu de la fumée. Par degrés les cendres s'accumulent jusqu'à une hauteur de huit pieds environ; les nègres s'en servent comme de lits et de points de vigie ; de plus ils s'en frottent le corps, depuis les pieds jusqu'à la tête, ce qui leur donne un aspect sombre, diabolique, indescriptible. Le pays est couvert de *tumuli* qui n'ont pas d'autre origine. Chaque camp en contient vingt ou trente en moyenne, sans compter ceux qui brûlent sans cesse. Quelquefois aussi on nivèle le sommet des monticules éteints, on y brûle de la fiente de vache, et sur le point le plus élevé on plante des bouquets de roseaux d'environ seize pieds de haut. Les

Armes et instruments de différentes tribus du Nil Blanc.

plantes s'agitent au souffle du vent comme une aigrette de plumes d'autruche, et donnent de l'ombrage pendant la chaleur du jour.

30 *janvier*.— Nous arrivons à la tribu des Shirs. Les hommes, selon l'habitude de ce pays, sont armés de massues d'ébène très-bien faites; ils ont de plus deux lances, un arc toujours tendu et un faisceau de flèches; ainsi leurs mains sont sans cesse garnies d'engins de guerre. Ils portent sur le dos un petit tabouret et sont pourvus d'une pipe immense. De cette façon chaque homme a sur lui ce qu'il a de plus précieux. Les femmes de cette tribu ne sont pas absolument nues; comme celles de la tribu des Kytchs, elles ont des espèces de tabliers faits de cuir travaillé, de la largeur de la main. Derrière la ceinture à laquelle ce tablier est attaché se trouve une queue qui descend jusqu'au bas des cuisses; elle est faite de lanières de cuir très-minces, et c'est apparemment à cause de cet appendice que des Arabes m'informèrent de l'existence d'une tribu dans l'Afrique centrale, pourvue de queues semblables à celle des chevaux. Les femmes ont une manière fort commode de porter leurs enfants dans un sac de cuir attaché à leurs épaules, descendant le long du dos, et fixé par une courroie autour des reins. Le négrillon y est fort à son aise. Dans toutes les tribus, les cabanes sont circulaires avec des ouvertures si étroites qu'on n'y entre qu'à quatre pattes. Les hommes se plantent sur le sommet de la tête des aigrettes de plumes de coq; quand ils sont debout, leur attitude favorite est de se tenir à cloche-pied appuyés sur leur lances, avec l'un des pieds fixé sur le pli de l'autre genou. Leurs flèches ont environ trois pieds de long, ne sont pas empennées et leur pointe est de bois dur au lieu de fer, le métal étant très-rare dans la tribu des Shirs. L'article d'échange le plus précieux pour eux, est la houe de fer dont les Nègres du Nil Blanc se servent ordinairement. La forme en est précisément celle d'un as de pique. Les articles de luxe que les femmes apprécient surtout, sont des anneaux de fer poli qu'elles portent sur les jambes en si grande quantité, que ces *bijoux* atteignent jusqu'à la moitié du mollet; le bruit qui en résulte en marchant est regardé comme d'un très-bon genre, mais il ne me rappelle, à moi, que les fers des esclaves.

Toutes les tribus des bords du Nil Blanc ont leur récolte de graine de Lotus ou de nénufar, dont il y a deux variétés;

l'une avec une grande fleur blanche[1], et l'autre plus petite. La capsule à graine du Lotus blanc est comme un artichaut dont les pétales ne sont pas encore développées; elle contient une quantité de graines d'un rouge clair, de la grosseur de la semence de moutarde, mais ayant la forme de celle du pavot, et comme celle-ci d'un goût sucré, ressemblant à celui de la noisette. Quand les capsules sont mûres, on les rassemble et on les fixe sur des roseaux pointus d'environ quatre pieds de longueur. Ainsi enfilées, on en forme de grands amas qui sont transportés dans les villages où on les sèche au soleil avant de les emmagasiner. La graine est transformée en farine dont on fait une sorte de pâte. Les femmes de la tribu de Shir sont très-habiles à fabriquer des corbeilles et des nattes avec la feuille du palmier. Elles se confectionnent aussi des ceintures et des colliers, en attachant sur du crin de girafe de petits fragments de coquilles de moules d'eau douce. Cette opération prend beaucoup de temps; il en résulte presque un collier de boutons en nacre de perle.

31 *janvier*. — A une heure quinze minutes de l'après-midi Gebel Lardo est en vue, S. 30° Ouest. C'est la première montagne que nous ayons aperçue, et nous voilà donc près de Gondokoro, le but de notre voyage. J'observai aujourd'hui un bécasseau ordinaire perché sur la tête d'un hippopotame; lorsque le quadrupède eut disparu sous l'eau, l'oiseau prit son vol en rasant la surface de la rivière, se tenant près de l'endroit où il était d'abord; puis l'hippopotame reparaissant, maître bécasseau se percha de nouveau sur lui.

1er *février*. — L'aspect du fleuve a changé! Au lieu de marais, nous voyons la terre bien sèche; le rivage s'élève à environ quatre pieds au-dessus du niveau de l'eau et le bois abonde. Le pays, fort peuplé, ressemble à un vaste verger. Les naturels viennent en foule près des embarcations, étonnés par la vue des chameaux. Dans un des villages que nous traversâmes, les nègres examinèrent les ânes avec la plus grande curiosité; ils les prenaient pour des bœufs de notre pays, et croyaient que nous voulions les troquer contre de l'ivoire.

2 *février*. — Le mont Lardo est à environ douze milles à l'ouest de la rivière. A la pointe du jour nous apercevons exactement au sud les montagnes des environs de Gondokoro. Jusqu'à pré-

1. *Nymphæa Lotus*. (—M.)

sent pas la moindre trace d'hostilité. Je ne puis m'empêcher de croire que la conduite des naturels dépend beaucoup de celle des voyageurs. Arrivée à Gondokoro, dont au moyen d'observations astronomiques je fixai la position : latitude 4° 55′ N. Longitude 31° 46′ E. (méridien de Greenwich[1]).

Gondokoro vaut mieux que les marécages dont nous sortions. Le sol en est ferme, et élevé d'environ vingt pieds au-dessus du niveau du fleuve. Les montagnes dans l'arrière-plan récréent la vue fatiguée par les surfaces plates des bords du Nil Blanc ; et après un voyage long et ennuyeux, on salue avec joie ces petits villages disséminés sous les arbres verts qui animent le paysage. L'endroit où nous sommes était autrefois une station missionnaire ; on voit encore les ruines du poste et de l'église de briques, et les vestiges de ce qui fut jadis un jardin, avec des bosquets de citronniers et de limoniers, — seuls vestiges d'un essai fait pour introduire la civilisation dans ce pays lointain. « Semence jetée le long du chemin[2]. » Il n'y a point ici de ville; Gondokoro n'est qu'une station de marchands d'ivoire, habitée pendant deux mois de l'année. Elle devient déserte lorsque les bateaux repartent pour Khartoum, et que les autres expéditions se mettent en route pour l'intérieur du pays. Le nom de Gondokoro est porté par une demi-douzaine de cabanes misérablement construites en gazon. Climat malsain et chaud. Thermomètre de 90° à 95°. Fahr. à l'ombre à midi.

Je débarquai tous les animaux en excellent état, et charmés, en apparence, de pouvoir paître librement.

1. 29° 22′ du méridien de Paris.
2. St. Mathieu, XIII, 4.

CHAPITRE II.

MAUVAISE RÉCEPTION ET SÉJOUR A GONDOKORO.

Nous étions tous enchantés d'avoir terminé notre voyage par eau. Mon lecteur a, je le crains, partagé l'ennui que le Nil Blanc m'a fait éprouver à moi-même; mais si je lui ai, en effet, infligé mon journal, c'est qu'aucune autre méthode de description ne pouvait lui donner une idée de la désolation générale de la contrée.

Ayant débarqué toutes mes provisions et emmagasiné mon blé dans des greniers appartenant à Kourshid-Aga, je me munis d'un reçu signé de lui pour ce dépôt, et je lui délivrai un ordre en vertu duquel la moitié devait être remise à MM. Speke et Grant, dans le cas où ils arriveraient à Gondokoro pendant mon absence dans l'intérieur du pays. Je craignais qu'ils ne survinssent, à mon insu, par quelque route que j'ignorais, tandis que je me dirigerais vers le Sud.

Il y avait à Gondokoro un grand nombre d'agents de différents marchands; tous qui me regardaient avec la plus grande méfiance; ils ne pouvaient croire que mon but fût simplement de voyager, et ils pensaient fermement que j'étais un espion chargé de les surprendre dans leur affreux commerce d'ivoire et d'esclaves.

Pendant que je m'entretenais avec ces marchands, leur répétant que le seul objet de mon voyage était l'exploration des sources du Nil et la recherche des deux voyageurs, MM. Speke et Grant, je fus frappé d'un bruit assez singulier répandu par des nègres arrivés des districts de l'intérieur. A une grande distance au Sud, disaient-ils, se trouvaient deux hommes blancs, qui avaient longtemps été les prisonniers d'un sultan ; ces hommes avaient des *feux d'artifice* d'une nature extraordinaire ; tous deux avaient été malades, et l'un était mort.

En vain essayai-je de découvrir quelque autre trace de ce singulier bruit. Un naturel du pays possédait, disait-on, un morceau de bois portant des marques attestant qu'il avait appartenu à un des hommes blancs. Je pris des informations, et trouvai que ce fait était seulement un on dit de quelque tribu éloignée. Cependant j'attachai le plus grand prix à ces rumeurs, car il n'y avait au sud de Gondokoro aucun blanc occupé au commerce d'ivoire, et il était donc très-probable que les bruits en question se rapportaient à l'existence de MM. Speke et Grant. Lorsque j'étais à Khartoum, j'avais entendu dire que la factorerie la plus reculée était à environ quinze jours de marche, et je comptais toujours m'y rendre directement. Je me proposais d'y laisser en magasin le plus lourd de mon bagage, et d'en faire comme le point de départ de mon expédition vers le sud. La caravane venant de cette factorerie devait, me dit-on, arriver à Gondokoro dans quelques jours avec une provision d'ivoire ; je résolus de l'attendre et de repartir avec elle. Les porteurs d'ivoire pourraient se charger de mon bagage, et j'épargnerais ainsi mes bêtes de somme.

En attendant je passai mon temps à donner de l'exercice à mes chevaux, et à étudier Gondokoro, *ville* et habitants.

Les habitations des naturels sont des modèles de propreté. Le domicile de chaque famille est entouré d'une haie de l'impénétrable euphorbia, et l'intérieur de l'enclos consiste généralement en une cour dont le sol est *macadamisé* de cendres, de fiente de vache et de sable. Sur cette surface, soigneusement balayée, on voit une cabane ou davantage. Les habitations sont entourées de greniers construits fort proprement en osier, couverts de chaume, et élevés sur des espèces d'estrades. La toiture des cabanes est en saillie, de façon à donner de l'ombre, et l'entrée a, en général, environ deux pieds de hauteur.

Lorsqu'un membre de la famille vient à mourir, on l'ensevelit dans la cour. La tombe est consacrée par un poteau auquel sont suspendus des crânes de bœuf garnis de leurs cornes, tandis que son extrémité est ornée d'une touffe de plumes de coq. Chaque homme porte avec lui ses armes, sa pipe et son tabouret, et, lorsqu'il se tient debout, il a tout cela entre les jambes, à l'exception du tabouret. Les habitants de Gondokoro appartiennent à la tribu des Baris; les hommes sont bien faits, mais les femmes n'ont rien d'attrayant. Les grosses lèvres et le nez épaté, qui constituent le type noir, manquent ici; les traits sont réguliers et la chevelure laineuse est la seule trace que l'on trouve de l'origine nègre. L'estomac, les côtes et le dos sont tellement tatoués qu'on dirait qu'ils sont couverts d'un large vêtement d'écailles de poisson, surtout quand les hommes se frottent d'ocre rouge, ce qui est la mode suprême. On fait cette préparation avec une argile spéciale où l'oxyde de fer abonde; lorsqu'elle est brûlée, on la réduit en poudre et on en fabrique des morceaux qui ressemblent, par la dimension, à des carrés de savon. Les individus des deux sexes se couvrent de cette ocre, qu'ils mêlent avec de la graisse jusqu'à la consistance d'une pâte, ce qui leur donne l'air de briques nouvellement cuites. Ils ne gardent de leur chevelure qu'une petite touffe au sommet du crâne, ils y plantent une ou deux plumes. Les femmes ont la tête généralement rasée. En guise de feuille de figuier[1], elles portent un petit tablier très-élégant, d'environ six pouces de long, fait de perles ou de petits anneaux de fer, travaillés comme une cotte de mailles, et, par derrière, la queue usuelle faite de lanières de cuir très-déliées ou de ficelle fabriquée avec le coton du pays. Le tablier et la queue sont attachés à une ceinture qui entoure les reins comme dans la tribu des Shirs; ainsi la toilette se fait tout d'un coup. Elle aurait de plus l'avantage d'être utile, si ces dames pouvaient se servir de leurs queues pour éloigner les mouches, qui sont le fléau du pays.

Les bestiaux sont de très-petite taille; vaches et brebis ont des dimensions tout à fait lilliputiennes, mais les portées étant, en général, de trois petits, la reproduction en est très-rapide. Autrefois les naturels étaient fort pacifiques; mais les habitants de Khartoum les rançonnent et les tuent à discrétion de tous côtés; pour se venger, ils lancent aux étrangers, qui ne sont pas sous la protection d'une bonne escorte, leurs flèches empoison-

1. Nous dirions en France : *feuille de vigne*. (— M.)

Nègres Baris (territoi e de Gondokoro).

nées. L'effet de ce poison est extraordinaire : un homme vint me demander des secours médicaux ; cinq mois auparavant, il avait été frappé par une flèche empoisonnée à la jambe au-dessous du mollet, et l'action du venin avait emporté le pied tout entier. L'os se caria juste au-dessus de la cheville et le pied tomba. Le poison le plus violent provient de la racine d'un arbre, dont le suc laiteux donne une résine avec laquelle on enduit la flèche. Cette résine vient de fort loin, d'un pays très à l'ouest de Gondokoro. On se sert aussi, pour empoisonner les flèches, du suc d'une espèce d'euphorbe, commune dans ces environs[1]. On fait bouillir la plante jusqu'à consistance visqueuse, puis on en frotte la flèche. L'action du poison est corrosive; après une violente inflammation et un gonflement, la chair perd ses fibres et tombe comme une espèce de gelée. Les naturels emploient une dextérité diabolique à façonner les crochets de ces flèches. Les uns sont fixés à la hampe par des emboitures; les autres se détachent lorsqu'on essaye de les retirer de la blessure; ainsi, l'extrémité couverte de poison reste dans la cicatrice, et, avant qu'on puisse le retirer, le venin a été absorbé. Heureusement les naturels sont de pitoyables archers. Les arcs sont toujours faits de bambou mâle, et toujours tendus; très-durs, mais sans élasticité. Les flèches, sans plumes, ne sont que de simples roseaux ou des morceaux de bois léger d'environ trois pieds de long, et légèrement renflés à la base afin d'offrir un point d'appui au doigt et au pouce. La corde ne se tire pas suivant l'usage généralement adopté, mais seulement en tenant la flèche entre la jointure du milieu de l'index et le pouce. Tiré de cette façon, un arc sans élasticité ne produit que peu d'effet. Son extrême portée est rarement de plus de cent dix verges.

Les Baris sont très-féroces, et on les regarde comme les plus dangereux riverains de tout le Nil Blanc. Ils ont été si souvent malmenés par les négociants dans les environs immédiats de Gondokoro, que dans un rayon d'un demi-mille de la station ils sont assez tranquilles; mais plus loin le voyageur n'obtient généralement le droit de s'asseoir à l'ombre d'un arbre ou de traverser le pays qu'à condition de payer un tribut en verroterie.

1. Le poison dont les Éthiopiens et les tribus sauvages de l'Afrique se servent pour leurs flèches, est tiré des variétés suivantes : *Euphorbia officinarum*, *E. antiquorum* et *E. canariensis* (—M.)

Afin de les frapper de terreur et ainsi de les réduire en soumission, les gens des trafiquants avaient pris l'habitude de mener, ceux dont ils avaient à se plaindre, pieds et poings liés sur le bord d'un rocher d'environ trente pieds de haut, un peu au delà des ruines de l'ancien établissement de missions : au-dessous de ce rocher le fleuve forme une espèce de gouffre, et c'est là que de nombreuses victimes ont été précipitées pour servir de pâture aux crocodiles. Ce supplice, dit-on, effrayait les nègres plus que le fusil ou la corde, et messieurs les négociants s'en servaient de préférence, à cause de cela.

Lors de mon arrivée à Gondokoro, tout le monde me regardait comme un espion envoyé par le gouvernement anglais. Toutes les fois que je m'approchais des campements des différents trafiquants, j'entendais le bruit des chaînes ; car pour éviter d'être découverts, ces monstres faisaient promptement conduire les esclaves dans des lieux de sûreté. On les fixait par deux anneaux attachés autour de la cheville et unis ensemble par deux ou trois chaînes. Un de ces trafiquants était un Copte, père du consul Américain de Khartoum ; et je fus surpris de voir arriver à Gondokoro un vaisseau chargé de ces bandits, et ayant le pavillon Américain hissé au haut du mât.

Gondokoro est un véritable enfer. Les autorités Égyptiennes n'y font pas la moindre attention, quoique tout le monde sache que c'est une colonie de coupe-jarrets. Rien ne serait plus facile que d'envoyer de Khartoum quelques officiers et deux cents hommes pour établir un gouvernement militaire et arrêter le commerce des noirs ; mais en subornant les autorités, les trafiquants trouvent moyen d'exercer sans encombre toutes sortes de crimes. Les camps regorgeaient d'esclaves, et les Baris me dirent qu'il y avait dans l'intérieur de grands dépôts de victimes appartenant à différents marchands. Aussitôt après mon départ, ces malheureux devaient être dirigés sur Gondokoro, puis de là importés dans le Soudan. J'étais le grand obstacle au commerce, et on regardait ma présence à Gondokoro comme celle d'un intrus dans une localité consacrée à l'esclavage et à l'iniquité. Il y avait à Gondokoro environ six cents hommes appartenant aux trafiquants ; leur temps se passait à boire, à se disputer et à maltraiter leurs esclaves. Presque tous étaient continuellement ivres, et lorsqu'ils se trouvaient ainsi, leur habitude invariable était de tirer des coups de fusil au hasard; de la sorte, depuis le matin jusqu'au soir, les armes à feu partaient de tous côtés, les balles sifflaient quelquefois tout près de nos oreilles, et souvent elles frappèrent la poussière à mes pieds. Rien n'était plus probable qu'une balle me traversant la tête par *accident;* les marchands d'esclaves auraient été de la sorte débarrassés d'un espion. Un jeune garçon, assis sur le plat-bord d'un des bateaux, reçut ainsi une balle qui lui fracassa le crâne. *Personne n'avait tiré le coup.* Le corps tomba à la rivière, et les débris du crâne furent projetés çà et là sur le tillac.

Après quelques jours passés à Gondokoro, j'aperçus des signes évidents de désaffection parmi mes gens évidemment travaillés par les acolytes des différents négociants. Un soir quelques-uns des plus mécontents vinrent se plaindre de ce qu'ils n'avaient pas assez de viande; il fallait, disaient-ils, que je leur permisse de faire une razzia sur les bestiaux des naturels pour se procurer des bœufs. Comme de raison, je refusai, et ils se retirèrent marmottant qu'ils étaient décidés à voler du bétail avec ou sans ma permission. Je ne dis rien au moment même, mais le lendemain de bonne heure je fis battre la caisse, et rassembler mes hommes. Je leur adressai alors quelques mots, leur rappelant la promesse qu'ils m'avaient faite à Khartoum de me suivre fidèlement, et le contrat par lequel ils s'étaient liés, et aux termes duquel ils ne devaient ni aller à la chasse aux esclaves, ni voler les bestiaux. Le seul résultat de mon discours fut un surcroît d'insolence de la part du chef des mécontents. Ce gaillard, nommé Isour, était Arabe, et son impertinence telle que, en manière d'exemple pour les autres, j'ordonnai qu'on lui donnât vingt-cinq coups de fouet.

Le *vakil* (Saati), s'avance pour le saisir, et aussitôt une rébellion générale éclate. Un grand nombre d'individus déposent leurs fusils, et s'armant de bâtons, s'avancent pour délivrer leur camarade. Saati était de petite taille, Isour était au contraire très-grand; l'avantage resta à ce dernier. Quelle escorte j'avais! voilà les hommes sur lesquels je comptais pour les moments de danger et de difficulté qui accompagnent une expédition dans ces pays lointains! Ces loups que je croyais avoir changés en agneaux avaient repris leur naturel primitif.

Convaincu de la nécessité de ne pas céder à l'émeute et de punir son chef je marchai droit à celui-ci pour le saisir; mais, soutenu par une quarantaine de camarades, il se crut assez fort pour intervertir les rôles et s'élança sur moi avec une furie des plus ridicules. Je n'eus pas de difficulté à parer le coup qu'il me destinait, et à le rejeter au milieu des siens; puis d'un second coup je le mis hors de combat, et, le saisissant à la gorge, j'ordonnai à mon *vakil* Saati de m'apporter une corde pour le lier. Alors les insurgés firent une nouvelle tentative pour mettre leur chef en liberté. Je ne sais comment tout cela aurait fini; mais la scène se passait à moins de dix verges du bateau; ma femme malade de la fièvre dans la cabine, entendit tout le tapage. Me voyant entouré, elle se précipite sur le rivage, et en quelques instants se trouve au milieu de la foule qui essayait de délivrer mon prisonnier. Son apparence soudaine a l'effet le plus étrange; et réclamant le secours des moins mutins, elle se fraye avec beaucoup de courage un chemin jusqu'à moi. Je profite alors d'un moment d'indécision qui semble se manifester parmi les révoltés, et je crie au tambour de battre la caisse. L'ordre est exécuté de suite, et je donne le commandement de former les rangs. Il est curieux de remarquer avec quelle précision machinale un ordre est obéi, s'il est donné à propos, même au milieu d'une émeute. Les deux tiers des hommes s'alignèrent, tandis que les autres se retirèrent en entraînant Isour qu'ils déclaraient grièvement blessé! L'affaire se termina par un nouvel ordre que je donnai pour que la troupe *tout entière* s'alignât, et que le chef de l'émeute me fût amené. A ce moment critique Mme Baker s'avança avec le plus grand tact, et me supplia de pardonner au coupable, pourvu qu'il me baisât la main et me demandât grâce. Ce compromis pacifia complétement mes hommes. Quelques instants auparavant ils étaient en pleine révolte; maintenant ils dirent à leur chef Isour de faire des excuses, et que tout s'arrangerait. Je leur adressai une semonce assez verte, et les congédiai.

Je compris dès ce moment que mon expédition ne réussirait pas. Cette émeute était un spécimen de ce qui devait suivre. Avant mon départ j'étais persuadé que je ne pourrais rien faire avec une escorte de gredins tels que ces habitants de Khartoum, et voilà pourquoi j'avais demandé aux autorités Égyptiennes quelques troupes qui me furent refusées. J'étais dans une position difficile. Comme mes drôles avaient reçu d'avance cinq mois de paye selon ce qui se pratique dans les parages du Nil Blanc, il ne me restait aucun contrôle sur eux. Point de magistrats égyptiens à Gondokoro, qui n'était qu'un repaire de voleurs; et mes gens venaient, comme on l'a vu, de me prouver de la manière la plus convainquante leur attachement et leur fidélité. Au delà de Gondokoro il n'y avait pas d'Européens; je serais donc le seul homme blanc au milieu de ces loups, et j'avais devant moi la perspective d'une expédition difficile où la seule chance de succès reposait sur la discipline la plus sévère de l'escorte et sur une organisation parfaite. Après la scène qui venait de se passer, j'étais convaincu que mes hommes me donneraient plus d'inquiétude que l'hostilité avouée des naturels.

Je pris des arrangements avec un négociant circassien, Kourshid Aga, pour l'achat de quelques bœufs, et je fis sur-le-champ abattre un des animaux les plus gras pour les gens de ma suite. En quelques instants ils furent de très-bonne humeur, dévorant de grands morceaux de viande coupés en lanières et grillés sur la cendre, tandis que le repas proprement dit se préparait. Ces vauriens étaient devenus presque tendres, jurant qu'ils me suivraient jusqu'au bout du monde. Malgré les traces assez profondes que la lutte récente avait laissées sur sa figure, Isour promettait qu'il serait le plus fidèle de tous, et que, si un combat s'engageait avec les naturels, toutes les flèches lui traverseraient le corps avant de m'atteindre. Il n'était pas nécessaire de connaître bien à fond la nature humaine pour deviner ce qui m'arriverait avec une telle escorte. Puisque l'affection et le dévouement étaient le résultat d'appétits satisfaits, la rébellion et le désordre accompagneraient nécessairement des ventres affamés. Cependant, j'eus soin de faire une inspection tous les matins à une heure fixe, et de la sorte j'établis un certain degré de discipline.

J'étais depuis douze jours à Gondokoro, attendant la caravane de Debono qui devait revenir des districts du Sud, et que je voulais accompagner quand elle y retournerait. Tout à coup le 15 février j'entends au loin une décharge de mousqueterie, et quelques coups de feu isolés dans la direction du Sud. Afin de donner une idée de mes impressions du moment, je transcris mot à mot l'extrait suivant de mon journal tel que je le rédigeai alors.

« Coups de feu au loin. Les porteurs d'ivoire, que j'attendais, sont arrivés. Mes gens se précipitent vers mon bateau, comme des fous, disant que deux hommes blancs venus de la mer sont avec eux. Est-il possible que ces deux hommes soient Speke et Grant? Je pars.... oui, les voilà! Hurrah pour la vieille Angleterre! Ils sont revenus du Victoria N'yanza, d'où sort le Nil.... le mystère des siècles est découvert! Au plaisir de les voir se mêle un sentiment de désappointement. J'aurais voulu les rencontrer plus loin; cependant j'ai la satisfaction de savoir que, d'après mes arrangements, j'étais sûr de les trouver s'ils eussent été dans l'embarras. Mon chemin projeté m'aurait conduit droit à eux, car ils sont venus du lac par le chemin que je m'étais proposé de suivre.... Tous mes compagnons sont fous de joie; en déchargeant une salve à balles, ils ont tué un de mes ânes: triste offrande pour célébrer l'achèvement de cette découverte géographique. »

Au moment où je les aperçus, ils se dirigeaient vers mes bateaux le long de la rivière. A une distance d'environ cent verges je reconnus mon vieil ami Speke, et le cœur battant de joie, j'ôtai mon bonnet et criai, hurrah! de toute ma force en courant vers lui. Il ne me reconnut pas de suite. Une barbe et une moustache de dix ans m'avaient changé, et comme il ne s'attendait pas à me rencontrer, mon apparition soudaine dans le centre de l'Afrique lui semblait incroyable. Il était presque inutile pour lui de me présenter à son camarade, car nous nous sentions déjà amis intimes. Après les transports de cette heureuse rencontre, nous nous dirgeâmes vers mon *dahabié*, au milieu des nuages de fumée provenant des salves de mes gens. Bientôt nous prîmes place sur le tillac, et j'offris un repas assez grossier, préparé à la hâte, à ces deux spécimens déguenillés et fatigués du voyageur en Afrique, que j'étais fier de regarder comme mes compatriotes. De même qu'un excellent vaisseau arrive au port, battu par une excursion lointaine et difficile, mais en bonne condition et en état de voguer, ainsi ces deux héroïques voyageurs arrivaient à Gondokoro. Speke, excessivement maigre, semblait le plus fatigué des deux; mais en réalité sa santé était robuste. Il avait fait à pied tout le voyage depuis Zanzibar. Grant était couvert de haillons honorables; ses genoux perçaient à travers les débris de ses pantalons grossièrement rapiécés. Il semblait fiévreux et las, mais les deux amis avaient dans les yeux la flamme de l'énergie dont ils avaient fait preuve.

Ils désiraient quitter Gondokoro le plus tôt possible pour l'Angleterre, mais ils différèrent leur départ jusqu'à ce que la position de la lune nous permît de faire des observations et de déterminer la longitude. Comme j'avais heureusement retenu mes bateaux pour cinq mois, Speke et Grant pouvaient les ramener à Khartoum.

Dès que j'eus rencontré les voyageurs, ma première impression fut que mon expédition était par cela même terminée, et qu'ils avaient découvert les sources du Nil; mais lorsque je les félicitai de l'honneur qu'ils avaient si noblement acquis, ils me donnèrent, avec la plus grande générosité, un tracé de leur voyage, montrant qu'ils n'avaient pu compléter l'exploration du Nil proprement dit, et qu'une partie très-importante de son cours restait encore à déterminer.

Il paraît que par 2° 17′ de latit. nord, ils avaient traversé le Nil, après l'avoir suivi depuis le lac Victoria; mais la rivière qui, en sortant de ce lac, coule vers le nord, prend aux cataractes de Karouma une soudaine direction vers l'ouest, et c'est là qu'ils l'avaient traversée. Ils n'avaient plus revu le fleuve jusqu'à leur arrivée au 3° 32′ de latit. nord, point où le Nil se dirige vers l'ouest-sud-ouest. Les naturels du pays et le roi d'Ounyoro (Kamrasi) leur disaient que depuis Karouma, le Nil coulait vers l'ouest pendant l'espace de plusieurs journées de marche, et se jetait enfin dans un grand lac nommé le Luta N'zigé; ce lac venait du sud. Le Nil y entrait à l'extrémité nord pour en ressortir aussitôt, et continuer son cours de rivière navigable vers le nord à travers le pays de Koshi et de Madi. Speke et Grant attachaient tous deux la plus grande importance à ce lac N'zigé, et semblaient vivement peinés de n'avoir pu en faire l'exploration. Speke prévoyait que des géographes sédentaires qui dans leurs fauteuils confortables voyagent si facilement, le doigt sur la carte, lui demanderaient pourquoi il n'était pas allé d'ici là? pourquoi il n'avait pas suivi le Nil jusqu'au lac Luta N'zigé, et ensuite depuis ce lac jusqu'à Gondokoro? Or, il eût été impossible à Speke et à Grant de suivre le Nil depuis Karouma; les naturels en guerre avec Kamrasi, ne permettaient à aucun étranger de traverser leur pays. Ils avaient donc pris leurs renseignements le plus soigneusement possible, complété leur carte et dessiné le lac dans sa position hypothétique, en suivant le cours du Nil à travers ce lac d'après les explications données par les naturels.

Speke exprimait sa conviction que le Luta N'zigé était une seconde source du Nil, et que les géographes apprendraient avec une sorte de désappointement qu'il ne l'avait pas exploré. Pour moi cette nouvelle était excellente. Je m'étais senti découragé par l'idée que le *grand œuvre* était accompli, et qu'il ne restait plus rien à explorer. J'avais même dit à Speke : « N'y a-t-il donc pas la moindre feuille de laurier pour moi ? » J'apprenais maintenant, non-seulement que le champ était encore ouvert, mais que le voyage d'exploration prenait un nouveau caractère d'intérêt ; car le Nil sortait d'un grand lac, le lac Victoria ; mais évidemment il se grossissait des eaux d'un autre lac encore inconnu, dans lequel il entrait à l'extrémité nord, tandis que la partie principale du lac venait du sud. Le fait qu'une immense masse d'eau comme le Luta N'zigé s'étendait en ligne directe du sud au nord, tandis que le système général du Nil suivait la même direction, prouvait de la manière la plus certaine que si le Luta N'zigé avait la forme qu'on lui supposait, il devait occuper une position importante dans le bassin du Nil.

Mon expédition avait naturellement été assez coûteuse, et comme elle se trouvait maintenant en excellent ordre, il eût été navrant de retourner sans aucun résultat. Je pris donc des mesures immédiates pour mon départ, et Speke écrivit avec la meilleure grâce dans mon journal des instructions qui pouvaient m'être utiles. Les voici mot pour mot : « Avant de partir ne manquez pas d'engager à votre service, comme interprètes, deux hommes parlant, l'un la langue Bari ou Madi, et l'autre le Kinyoro ; car il n'y a dans le pays que deux familles distinctes de langue, avec quelques dialectes qu'il est facile de comprendre lorsqu'on entend les langues mères. Dès lors, ayant le projet d'aller d'abord faire visite à Kamrasi M'Kamma, roi de L'Ounyoro, et ensuite d'explorer autant que possible les régions à l'ouest sur les bords du Luta N'zigé (lac de sauterelles mortes), traversez d'abord la rivière Asoua et marchez de ses rives dans la direction d'Apuddo, l'espace de huit journées de marche, en compagnie de chasseurs d'ivoire ; vous trouverez du gibier à l'est de ce village. Deux marches plus loin vous arriverez à Panyoro où les antilopes abondent; une autre journée vous conduira à Faloro, dernière station des Turcs. Là vous ferez bien de former un dépôt, et de pousser une petite excursion de l'autre côté du Nil Blanc jusqu'à Koshi : vous reconnaîtrez ainsi les peuplades, surtout les Walleggas, qui habitent à l'ouest et au sud; vous apprendrez comment le fleuve vient du sud, et à quel point il s'unit au Luta N'zigé. Prenez aussi des renseignements sur le pays de Chopi; et sur les difficultés que vous aurez à surmonter en remontant le fleuve Blanc jusqu'au pays de Kamrasi; en effet, si cette route était facile, il serait beaucoup plus court et bien préférable d'arriver chez Kamrasi de la sorte, qu'en traversant, comme nous l'avons fait, les déserts fourrés d'Oukidi. Si j'avais à recommencer, je ne prendrais certainement pas d'autre route; mais lors même qu'elle ne vous plairait pas, ne négligez pas les informations que vous pourrez obtenir. De retour à Faloro, allez à Koki par Chougi en deux marches; puis, dites au vieux Chougi que vous voulez faire une visite à son M'Kamma Kamrasi. Celui-ci a nommé Chougi gouverneur général pour surveiller les Wakidis cantonnés entre sa demeure et Chopi; Chopi est le dernier pays que vous atteindrez après avoir traversé les fourrés d'Oukidi, et passé le Nil au-dessous des cataractes de Karouma. Dès votre arrivée à Chopi, demandez la demeure du *Katikiro* ou général en chef. Il vous témoignera le plus grand respect, vous donnera des vaches et du *pombé*, et enverra prévenir Kamrasi que vous désirez le voir. Ce district est le plus riche de tous les domaines de Kamrasi, et avec un peu de persévérance vous apprendrez sans doute beaucoup de détails touchant le lac. Rionga, frère de Kamrasi, habite une île sur la rivière à une journée de marche; ces deux hommes sont ennemis mortels et toujours en lutte; de sorte que si par erreur vous alliez d'abord, comme les Turcs ne manqueront pas de vous le conseiller, voir Rionga, il vous serait impossible de voyager dans l'Ounyoro. Dites franchement toutes vos intentions au *Katikiro*, et insistez sur le grand déplaisir que j'ai éprouvé à me voir si longtemps retenu par Kamrasi sans que je pusse le voir; assurez-le qu'aucun autre blanc ne prendra la peine de chercher à lui faire visite. Nous avons descendu le fleuve en bateaux depuis la résidence de Kamrasi jusqu'à Chopi, mais les bateliers nous ont donné beaucoup d'embarras, et le plus court pour vous serait d'aller par terre. Kamrasi enverra probablement pour vous escorter jusqu'à son palais un excellent officier nommé Kidgwiga, mais dans le cas contraire ne manquez pas de demander où est ce Kidgwiga ; vous ne sauriez avoir de meilleur guide.

« Lorsque vous serez chez Kamrasi, sollicitez avec instance l'honneur de voir toutes ses grosses femmes et ses frères. Prenez les renseignements les plus circonstanciés sur sa généalogie ; demandez-lui la permission de suivre le lac depuis sa *jonction* avec le Nil jusqu'à Utumbi, puis le traversant jusqu'à sa rive septentrionale, descendez-le jusqu'à Ullegga et Koshi. Si vous êtes assez heureux pour atteindre Utumbi, et que vous ne vouliez pas aller plus au sud, enquérez-vous bien de Ruanda, et des monts M'Fumbiros ; tâchez de savoir s'il y a du cuivre à Ruanda, et si les naturels du pays reçoivent ou non du Simbi (coquilles de cauris) ou d'autres articles de marchandises de la côte occidentale, en ayant soin de ne pas confondre ce trafic avec le commerce du Karagoué, car Rumanika envoie continuellement des gens à Utumbi pour se procurer de l'ivoire.

« Souvenez-vous bien que les Wahoumas appartiennent très-probablement à la nation des Gallas, question fort intéressante ; et plus vous pourrez vous procurer de détails sur leurs faits et gestes depuis l'époque où ils ont traversé le Nil Blanc, ce sera le mieux. L'Ounyoro, l'Ouganda et l'Ouddhu étaient autrefois unis en un seul vaste royaume nommé Kittara, mais ce dernier nom s'applique aujourd'hui seulement à certaines portions de cet empire.

« On ne sait rien des montagnes de la Lune à l'ouest de Ruanda. Dans l'Ounyoro le roi vous donnera votre nourriture ; plus loin vous aurez, je le crois, à acheter des vivres au moyen de perles. »

Tels sont les détails que Speke transcrivit pour moi avec la plus grande complaisance ; pourvu, en outre, d'une copie de la carte dressée par le capitaine Grant, pour la société royale de géographie, j'avais tous les secours nécessaires pour me guider dans l'importante expédition que j'avais résolu de mener à bien. Si je tiens à entrer dans ces détails, c'est afin de prouver que les capitaines Speke et Grant n'ont entretenu, à mon égard, aucun sentiment de jalousie. Malheureusement, dans la plupart des affaires de cette vie, il entre non-seulement une légitime ambition, mais aussi de l'envie combinée avec cette ambition. Si ce sentiment pitoyable eût existé dans l'esprit de mes deux compatriotes, ils seraient retournés en Angleterre avec l'honneur incontesté et personnel d'avoir découvert les sources du Nil; mais leur vrai dévouement à la science géographique, et au but spécial de leur expédition, les détermina à ne me rien cacher de ce qu'ils avaient fait et de ce qui restait à faire pour compléter la solution du grand problème.

Nous étions tous prêts à partir, Speke et Grant avec une troupe de vingt-deux hommes, pour l'Égypte; moi, dans une direction contraire. A cette saison, il y avait, à Gondokoro, un grand nombre de bateaux appartenant aux diverses compagnies de trafiquants; quatre, entre autres, étaient frétés par M. Petherick; sur ces quatre, trois étaient des bateaux ouverts pour le transport des marchandises, et une *dahabié*, remarquablement coquette, nommée « la Kathleen[1], » qui attendait le retour de Mme Petherick et de son mari. On supposait qu'ils se trouvaient alors à leur comptoir, le Niam-bara, situé à environ 70 milles de Gondokoro, mais on n'avait d'eux aucune nouvelle positive. Le 20 février, ils revinrent soudainement de Niambara avec leur escorte et une forte quantité d'ivoire. Grande fut leur surprise en voyant tant d'Européens dans un lieu si désolé. Il est assez singulier que je sois le premier Anglais qui ait atteint Gondokoro, quoique beaucoup d'Européens aient été aussi loin au sud. Nous étions maintenant quatre.

Le sol de Gondokoro est maigre et sablonneux, si stérile que le blé y est de la plus grande rareté. On l'apporte de Khartoum tous les ans par les bateaux, pour les commis ou employés des négociants, qui arrivent de l'intérieur en grand nombre pendant les mois de janvier et de février, afin de fournir l'ivoire que l'on embarque pour Khartoum. Le blé se vend, à Gondokoro, ordinairement huit fois le prix qu'on le paye à Khartoum, circonstance très-déplorable; car chaque caravane de trafiquants, qui vient de l'intérieur avec de l'ivoire, est accompagnée de cinq ou six cents portefaix du pays, qu'il faut nourrir pendant leur

1. Équivalent pour Catherine, dans le dialecte Irlandais. (—M.)

séjour à Gondokoro, et souvent, dans les saisons de disette, ils meurent de faim. En conséquence de cet état de choses, la localité ne jouit pas d'une bonne réputation, et il est difficile de se procurer à l'intérieur des portefaix qui craignent bien naturellement de se voir affamés.

Je me trouvai donc tout à fait désolé d'avoir à refuser à M. Petherick quand il me demanda du blé; il n'y avait aucune mauvaise volonté de ma part, mais simplement un cas de nécessité; car, j'étais obligé de laisser une certaine quantité en dépôt à Gondokoro, pour l'éventualité d'une retraite forcée de l'intérieur. Si j'en étais réduit là, sans avoir une réserve de provisions, j'étais condamné à mourir de faim, moi et tous les miens. M. Petterick envoya donc un de ses bateaux en aval sur le Nil Blanc jusqu'à la tribu des Shirs, afin d'acheter du blé en échange de *molotes* (houes fabriquées dans le pays). Ce bateau revint le 11 mars avec une provision de blé.

Le 26 février, Speke et Grant partirent de Gondokoro. Notre émotion ne nous permit que de leur dire: « Dieu vous bénisse ! » Ils avaient remporté leur victoire; ma tâche, à moi, était à peine commencée. Je suivis de l'œil leur bateau jusqu'à ce qu'il eût tourné l'angle de la rivière, et je leur souhaitai, du fond du cœur, toute la gloire que leurs exploits méritaient. J'avais la confiance qu'il me serait donné de soutenir la réputation de persévérance qu'ils avaient conquise pour les Anglais, et je me disais que quelque jour nous nous reverrions dans notre chère vieille Angleterre, qnand j'aurais achevé l'œuvre que nous avions médité si chaleureusement ensemble.

CHAPITRE III.

ACCIDENT ET RÉBELLION.

La veille du départ de Speke et de Grant, un accident arriva qui sembla de mauvais augure à mes superstitieux camarades. J'avais commandé que la *dahabié* fut mise en état de partir; la cargaison était débarquée, et l'embarcation nettoyée; nous étions assis dans la cabine, lorsqu'une explosion soudaine près des fenêtres nous fit lever précipitamment, et, à la consternation peinte sur les traits de tout le monde, je devinai un accident. Je sortis de suite, et découvris bientôt que les domestiques ayant déposé toutes mes carabines sur un paillasson, un des hommes avait marché sur ces armes à feu et son pied frappant le chien d'une des carabines Reilly n° 10, avait fait partir l'arme. La carabine était chargée comme pour la chasse aux éléphants, de sept *drachmes* de poudre[1]. Heureusement il y avait une quantité de bagages devant l'orifice du canon: mais, les effets de la décharge n'en furent pas moins effrayants. La balle frappa le fourreau d'acier d'un sabre, et en enleva l'anneau; elle passa obliquement ensuite à travers la monture d'une grosse carabine, dont elle perça la crosse; entrant alors dans une caisse d'un pouce d'épaisseur, elle la traversa également; de là, elle passa entre les jambes d'un homme assis à quelques pas de distance, et finit par frapper un peu plus loin la hanche d'un autre homme

1. Le drachme ou gros est la huitième partie de l'once anglaise.

dont l'os fut complétement brisé, et le projectile, dont la force était épuisée, lui resta dans le corps. Sans les objets qui arrêtèrent d'abord la violence du coup, la balle aurait tué plusieurs hommes, car il y en avait une foule groupée immédiatement devant le canon de la carabine.

Le docteur Murie, qui avait accompagné M. Petherick, soigna avec empressement tous les blessés; cependant l'homme dont la hanche était brisée mourut au bout de quelques heures, sans souffrance apparente.

Après le départ de Speke et de Grant, je déplaçai ma tente et campai sur un terrain élevé au-dessus de la rivière, car les ordures provenant d'une agglomération de plusieurs milliers d'individus produisaient des exhalaisons horribles, et la fièvre régnait partout. Mme Baker en souffrait ainsi que moi; M. et Mme Petherick étaient malades, et un de mes hommes mourut. Tous mes animaux étaient en bonne santé, mais les ânes et les chameaux étaient sans cesse attaqués par un oiseau de la grosseur d'une grive, qui les incommodait beaucoup. Ces volatiles, d'une couleur gris-brun, avec un bec rouge acéré et des serres très-fortes aussi, sont une véritable peste: ils percent de trous les pauvres quadrupèdes. Leur but principal est la chasse à la vermine; mais non contents de cela, ils attaquent l'animal partout, et principalement sur le dos. Quand une blessure est une fois faite, l'attraction est beaucoup plus grande, et la malheureuse victime n'a pas le temps de manger. J'étais obligé de louer des petits garçons pour surveiller les ânes et chasser ces malfaiteurs; mais ceux-ci sont si courageux et si tenaces que je les ai vus se précipiter sous les ânes, s'accrocher de la serre à leur ventre et ne céder d'un côté que pour revenir de l'autre. Au bout de quelques jours, mes animaux furent criblés de blessures, excepté les chevaux, dont les longues queues leur servaient de défense. Quoique la température fût élevée (95° Fahr.), le vent fraîchissait souvent vers trois heures du matin, et mon cheval, *le Prêtre*, que j'avais acheté à la mission, fut frappé d'une paralysie qui le jeta sur le flanc. Pendant plusieurs jours, j'essayai de le guérir, mais, comme le pauvre animal ne mangeait pas, je fus obligé de le tuer. Je fis peser tout mon bagage, et je trouvai que le poids s'élevait à cinquante-quatre cantars (chaque *cantar* est de cent livres). La verroterie le cuivre et les munitions de guerre représentaient la majeure partie de cette cargaison. Je m'adressai donc à Mohammed, le Vakil d'André Debono, qui avait escorté Speke et Grant dans leur expédition, et je le priai de venir à mon aide. Ses gens avaient apporté de l'intérieur une grande quantité d'ivoire, et ainsi tous les portefaix qui les accompagnaient allaient s'en retourner à vide. Je m'arrangeai donc avec Mohammed pour cinquante porteurs, dont les services soulageraient beaucoup mes animaux pendant les douze jours de marche qui séparent Gondokoro de la station de Faloro. Je me proposais de laisser tout le plus lourd de mon bagage en dépôt, dans ce dernier endroit et de me rendre directement dans le pays de Kamrasi. Je promis à Mohammed d'user de mon influence dans les districts où je passerais pour ouvrir de nouveaux débouchés à son trafic d'ivoire, pourvu qu'il convînt de faire le commerce d'une manière loyale; et je lui donnai une liste des articles de verroterie les plus faciles à placer dans le pays de Kamrasi, suivant la description que j'avais reçue de Speke.

Mohammed promit de m'accompagner, non-seulement jusqu'à son camp de Faloro, mais pendant toute l'expédition, pourvu que je l'aidasse à se procurer de l'ivoire, et que je lui fisse un beau présent. Tout fut arrangé, et mes gens semblèrent enchantés en songeant qu'ils allaient se trouver réunis à une troupe aussi nombreuse que celle de Mohammed, qui s'élevait à environ deux cents hommes.

Je ressentais alors la plus grande confiance dans les protestations de Mohammed et de ses compagnons. Ils venaient de ramener Speke et Grant, et avaient reçu d'eux, en cadeau, un superbe fusil à deux coups et plusieurs excellentes carabines. J'avais promis, non-seulement de les aider dans leurs expéditions à la recherche de l'ivoire, mais aussi de leur donner une bonne gratification; en outre, comme j'avais une escorte de plus de quarante hommes, c'était là un autre avantage pour eux; car au milieu de peuplades hostiles, tout surcroît de forces est infiniment précieux. Les choses semblaient donc en bon train; mais je connaissais peu la fourberie de ces vauriens d'Arabes. Au moment où ils paraissaient le mieux disposés, ils organisaient un complot pour me tromper, et m'empêcher de pénétrer dans le pays. Ils savaient que si je réussissais à gagner l'intérieur, le commerce d'ivoire du Nil Blanc cesserait d'être un mystère; la traite des nègres serait éventée, et, selon toute probabilité, supprimée par l'intervention des puissances européennes. Ils conspirèrent donc pour m'empêcher de poursuivre ma route, et pour ruiner entièrement mon expédition. Les employés des différents marchands d'esclaves avaient décidé que pas un Anglais n'irait dans l'intérieur; ils fraternisèrent donc avec mon escorte, et leur dirent que j'étais un chien de chrétien qu'un mahométan ne pouvait servir sans se dégrader; je les affamerais, puisque je leur refuserais la permission de voler le bétail; ils n'auraient pas le droit de se procurer des esclaves; je les conduirais Dieu sait où! — jusqu'à la mer d'où Speke et Grant étaient partis. Ceux-ci avaient quitté Zanzibar, avec deux cents hommes d'escorte et il n'en avaient plus que dix-huit à leur arrivée à Gondokoro; les autres avaient donc été tués en route par les naturels. S'ils me suivaient, et s'ils arrivaient jamais à Zanzibar, un vaisseau me transporterait en Angleterre, tandis que je les laisserais mourir dans un pays étranger. Telles étaient les rumeurs par lesquelles ces scélérats cherchaient à empêcher mes gens de m'accompagner et le résultat de leurs efforts fut de faire fixer ostensiblement par Mohammed le jour de notre départ commun, pendant qu'il se réservait de partir subrepticement quelques jours d'avance. Alors mes compagnons se révolteraient, et iraient se joindre à lui pour voler le bétail et faire la traite des noirs. Tel fut, en substance, le complot formé et qu'ils tinrent parfaitement secret.

Les gens de ma suite ne manifestèrent d'abord que de la mauvaise humeur; ils négligèrent tous mes ordres, et je vis sur leurs traits des symptômes d'un mécontentement bien prononcé. Ni âne ni chameau n'étaient soumis à aucune surveillance; il s'en égarait quelques-uns tous les jours, et on ne les rattrapait qu'avec beaucoup de peine. Le bagage était infesté de fourmis blanches, au lieu d'être examiné chaque matin; les hommes s'absentaient sans permission, et passaient leur temps en compagnie des différents marchands. Je prévoyais un orage, mais je comptais qu'une fois en route, je n'aurais aucune peine à rétablir la discipline.

Parmi mes gens se trouvaient deux nègres : l'un « Richarn » dont j'ai déjà parlé comme ayant été élevé à Khartoum par les missionnaires autrichiens; l'autre, un gamin de douze ans, nommé «Saat.» Ces deux individus ayant été les seuls vraiment fidèles soutiens de l'expédition, je dois les décrire. Richarn bien qu'adonné à l'ivrognerie, ne manquait pas de bonnes qualités, et était, en particulier, fort attaché à Mme Baker et à moi. Durant les quelques mois qu'il avait passés à mon service, il s'était montré scrupuleusement probe, et chasseur assez habile; appartenant à une race tout à fait distincte de celle des Arabes, il ne se mêlait point à leur société et ne fraternisait qu'avec Saat.

Quant à celui-ci, c'était un garçon incapable de la plus légère peccadille; probe au possible, et entièrement différent des naturels de ce triste pays. Il était né dans le Fertit, et menait paître les chèvres de son père, lorsqu'à l'âge d'environ six ans, il avait été emmené prisonnier par les Arabes Baggaras. Il décrivait avec beaucoup d'énergie les incidents de cette catastrophe. Des hommes, montés sur des chameaux, avaient soudain fondu sur lui, tandis qu'il était dans le désert avec son troupeau, l'avait saisi, mis dans un sac à gomme et attaché sur le dos d'un chameau. Comme il criait au secours, un Arabe ouvrit le sac où il était renfermé, et le menaça de l'assassiner s'il faisait le moindre bruit. Ainsi obligé de se tenir tranquille, il fut transporté à une distance de plusieurs centaines de milles à travers le Kordofan, jusqu'à Dongola sur le Nil; là, on le vendit à des marchands d'esclaves qui l'emmenèrent au Caire, et le revendirent en qualité de tambour au gouvernement égyptien. Comme il était trop jeune, on le déclara impropre au service militaire; et pendant qu'il se trouvait encore entre les mains de son maître, un compagnon d'esclavage lui parla de l'établissement autrichien des missions au Caire, disant que s'il pouvait seulement atteindre ce lieu de refuge, il y trouverait secours et protection. Avec une énergie extraordinaire dans un enfant de six ans, il s'échappa, et se rendit à la mission où on le recueillit. Il y reçut une certaine éducation, et y apprit les éléments de la religion chrétienne, — autant qu'il put les comprendre. Plus tard, il fut dirigé sur Khartoum avec un détachement du chef-lieu de la mission et, de là, on l'envoya à une autre station dans le pays des Shillouks. En six mois, le climat du Nil Blanc enleva treize missionnaires, et le petit Saat, retournant à Khartoum avec le reste de ses compagnons, fut admis de nouveau dans l'établissement principal. A cette époque, il y avait là une quantité de petits négrillons, provenant des différentes tribus riveraines du Nil Blanc et qui, en reconnaissance de toutes les bontés dont les prêtres les comblaient, volaient tout ce qui se trouvait à leur portée. Enfin, les mauvaises dispositions de ces vauriens, l'absence complète chez eux de tout sens moral, et l'impossibilité apparente de les améliorer, détermina le chef de la mission à s'en débarrasser; on les mit à la porte sans exception. Le pauvre petit Saat, le seul grain d'or perdu dans ce fumier, partagea le même sort.

Environ huit jours avant notre départ de Khartoum, Mme Baker et moi, nous prenions le thé au milieu de la cour, lorsqu'un malheureux petit garçon, d'environ douze ans, s'approcha d'elle et se prosterna à ses pieds dans la poussière. Il y avait dans l'attitude de cet enfant quelque chose de si irrésistiblement piteux, que mon premier mouvement fut de lui donner à manger. Il refusa ce que je lui offrais, demandant seulement la permission de vivre avec nous et de nous servir. Il avait, disait-il, été chassé de la mission, parce que les petits garçons de la tribu des Baris, qui s'y trouvaient, étaient des voleurs, et on le rendait ainsi responsable de leurs méfaits. Il me semblait impossible que l'enfant eût été mis à la porte de cette façon, et, sans doute, cette punition lui avait été infligée pour quelque délit de sa part. Je lui répondis que je prendrais des renseignemets sur son compte. En attendant, je le confiai au cuisinier.

Le lendemain, je fus trop occupé pour me rendre à la maison des missions et, pendant la fraîcheur du soir, nous nous trouvions encore une fois au milieu de la cour après la chaleur de la journée ; un arrosage abondant la rendait fort agréable. A peine étions-nous assis que le garçon arriva de nouveau, et se prosternant dans la poussière aux pieds de ma femme, il sollicita la permission de nous suivre. En vain lui expliquais-je que nous étions déjà pourvus, que le voyage serait long et difficile, et qu'il mourrait probablement en route ; aucune crainte ne l'arrêtait ; tout ce qu'il souhaitait, c'était le droit de nous suivre. Il n'avait ni feu ni lieu; arraché à ses parents, il ne savait que devenir.

Le lendemain matin, accompagné de Mme Baker,, je me rendis à la mission; on me fit le plus grand éloge de mon petit protégé qui avait, me dit-on, été chassé *par méprise* avec le reste.

Sur ce rapport satisfaisant, j'adoptai Saat sans plus de retard. Mme Baker se mit à l'ouvrage pour lui confectionner les vêtements indispensables, et, dans un espace de temps fort court, il subit une transformation complète. Lorsqu'il sortit d'entre les mains du cuisinier, nettoyé à fond au moyen de nombreuses ablutions et d'un consciencieux savonnage, vêtu d'un pantalon, d'une blouse et d'une ceinture, il n'était plus reconnaissable.

Depuis ce temps, Saat se regarda comme la propriété exclusive de sa maîtresse; elle lui enseigna la couture, tandis que Richarn lui apprit à servir à table, laver les assiettes, etc. Quant à moi, je l'initiai aux mystères des armes à feu, et je lui fis présent d'un fusil léger à deux coups, dont il était très-fier.

Le soir, après les travaux de la journée, Saat avait la permission de s'asseoir près de sa maîtresse : quelquefois, alors, des anecdotes sur l'Europe et les Européens l'amusaient et l'instruisaient tout ensemble; puis c'étaient des histoires tirées de la Bible et adaptées à son intelligence, et une petite instruction sur les éléments du Christianisme. Malgré les avantages que la mission lui avait offerts, il était d'une ignorance crasse, mais il avait le principe fondamental de toute religion : — des sentiments d'honneur et de probité. Quoiqu'âgé de douze ans seulement, il était si digne de confiance, qu'à l'époque de notre arrivée à Gondokoro, je pouvais compter sur lui plus que sur mon *vakil*, et rien ne se passait dans mon escorte réfractaire sans qu'il en eût connaissance. Ainsi il m'informa du projet de révolte qui se tramait et, sans le secours de Saat, je n'aurais eu aucune nouvelle du complot de mes gens.

Non-seulement Saat était fidèle, mais à sa force physique il ajoutait beaucoup d'énergie morale. Lorsqu'il y avait quelque plainte et qu'on invoquait son témoignage, au lieu de manifester cette timidité ordinaire quand l'accusateur se trouve confronté avec l'accusé, il n'hésitait pas, et mettait au défi son adversaire, quel qu'il fût, sans s'inquiéter de ce qui pouvait en résulter.

Nous aimions beaucoup cet enfant, il était foncièrement bon; et sur cette terre d'iniquité, éloigné de plusieurs milliers de milles de tous les objets de nos sympathies naturelles, ce n'était pas une faible consolation que de voir à nos côtés un être innocent et fidèle sur lequel nous pouvions compter.

Nous devions partir le lundi matin suivant. Mohammed m'était venu voir, m'assurant de son dévouement, et me priant de faire disposer mon bagage. Il m'enverrait cinquante porteurs le lundi, et nous nous mettrions en route de suite et tous ensemble. Au moment même où il faisait toutes ces protestations, il me trompait de la manière la plus effrontée, car il s'était arrangé pour partir sans moi le samedi; c'est ce que je ne devait pas tarder à apprendre.

J'étais revenu un matin à ma tente, après avoir passé, comme à l'ordinaire, l'inspection des bêtes de somme; je remarquai que Mme Baker était horriblement pâle; et dès mon arrivée, elle ordonna que le *vakil* (le contre-maître) se présentât devant elle. Il y avait dans sa manière quelque chose de si différent de son calme ordinaire, que j'étais stupéfait. Tout à coup elle demande au *vakil* si les hommes sont prêts à partir. — Tout prêts. « Eh bien, commandez-leur de plier les tentes et de charger les bêtes de somme; nous partons de suite. » Le *vakil* avait l'air confus, mais je l'étais bien davantage. Il se passait quelque chose, et ce quelque chose, je ne pouvais le soupçonner. Le *vakil* balbutia, et grande fut ma surprise quand j'entendis l'accusation suivante portée contre lui. Pendant la nuit, les gens de l'escorte avaient tous comploté de m'abandonner, avec les armes et les munitions de guerre dont ils étaient pourvus et déterminés si j'essayais de les désarmer, à tirer sur moi tous ensemble. Cette accusation fut repoussée avec indignation, jusqu'au moment où Saat s'avança courageusement. Il affirma que l'escorte tout entière était dans le complot; sachant qu'une révolte se complotait, Richarn et lui avaient passé la nuit à écouter la conversation des conjurés, et, à la pointe du jour, Saat avait informé sa maîtresse de ce qui se préparait. Rébellion, pillage, meurtre, — voilà ce dont il s'agissait.

Je fis sur-le-champ placer en dehors de la tente, sous un grand arbre, un *angarep* (lit de camp). Sur ce lit de camp je fis déposer cinq fusils à deux coups, chargés à chevrotines, un *revolver*, et un sabre nu qui coupait comme un rasoir. Je m'assis sur l'*angarep*, tenant à la main une sixième carabine; derrière moi se trouvaient Richarn et Saat, armés chacun d'un fusil à deux coups. Autrefois, j'avais donné à chacun de mes hommes un morceau de mackintosh à l'épreuve de l'eau, destiné à recouvrir la platine du fusil pendant la marche. Je fis battre le tambour, et ordonnai à la troupe de se mettre en rang, en tenue de campagne, avec les fusils enveloppés du mackintosh. Je priai Mme Baker de se tenir derrière moi, et de m'indiquer l'homme qui essayerait de découvrir la platine de son fusil, lorsque je donnerais l'ordre de mettre bas les armes. Ce fait serait une preuve convaincante, et j'avais résolu de tirer immédiatement sur le coupable, sauf à me débarrasser des autres comme je le pourrais.

J'étais bien déterminé à ne me laisser voler par ces gredins ni mes armes ni mes munitions, s'il y avait moyen de l'empêcher. Le tambour battit, et le *vakil* se rendit lui-même au quartier, essayant de persuader aux mécontents d'obéir à l'appel. Quinze d'entr'eux se mirent en rang : impossible de trouver les autres. Les platines étaient toutes recouvertes, selon mes ordres; ainsi il était impossible à aucun homme de tirer sur moi avant d'avoir débarrassé son arme du fragment de mackintosh.

Lorsqu'ils furent réunis, je leur commandai de suite de mettre bas les armes. Refus général, accompagné d'un regard de défi. « Bas les armes, de suite, m'écriai-je, fils de chiens, » et j'armai promptement la carabine que je tenais à la main. Au bruit du ressort, les poltrons s'écartèrent avec hésitation. Les uns se retirèrent à quelques pas plus loin, d'autres s'assirent et déposèrent leurs fusils par terre, le reste se dispersa lentement. Un à un ou deux à deux, ils se placèrent à une distance d'environ quatre-vingts pas sous les arbres qui se trouvaient là. Profitant de leur indécision, je me lève de suite, et je commande à mon *vakil* et à Richarn de les désarmer pendant qu'ils sont ainsi dispersés. Voyant que j'avais recours à la force physique, les misérables capitulèrent, et promirent de me rendre armes et munitions, si je voulais leur donner leur congé par écrit. Je les désarmai sur-le-champ, et mon *vakil* ayant rédigé les certificats demandés, j'ajoutai sur chacun d'eux le mot *rebelle*[1] immédiatement au-dessus de ma signature. Aucun d'eux n'était capable de lire, et comme cette épithète était écrite en anglais, ils portaient sur eux, sans le savoir, la preuve de leurs délits; si jamais je les retrouvais lors de mon retour à Khartoum, je me promettais bien de les faire punir.

Ainsi désarmés, les mutins se joignirent sans tarder à des com-

1. En anglais, *Mutineer*. (—M.)

pagnies de marchands. Ces quinze hommes faisaient partie de la tribu des *Jalyns*, les autres étaient des *Dongolowas*; ces deux peuplades sont des Arabes des bords du Nil au nord de Khartoum. Les *Dongolowas* n'avaient pas répondu à l'appel du tambour et comme mon *vakil* était leur compatriote, je lui dis d'un ton grave qu'il serait responsable de la rébellion, et que si l'expédition n'arrivait pas à bonne fin, il serait emprisonné à Khartoum pour le reste de ses jours.

Saat et Richarn m'assurèrent que les révoltés avaient eu l'intention de tirer sur moi, mais qu'ils avaient été effrayés de la réception que je leur préparais; qu'enfin je ne devais pas plus compter sur la fidélité des *Dongolowas* que sur celle des *Jalyns*. J'ordonnai au *vakil* d'aller à la recherche de ces drôles, et de m'apporter leurs armes. En cas de refus, je jurai de tuer sans miséricorde tout homme que je trouverais porteur d'un de mes fusils.

Le temps des mesures de douceur était passé. Je ne pouvais compter que sur un enfant — Saat, et sur Richarn ; accompagné d'eux seuls, je résolus de partir avec les gens de Mohammed pour les districts de l'intérieur, et de me fier à ma bonne fortune pour les moyens d'aller plus loin.

L'inquiétude et les tracas m'avaient donné la fièvre ; j'étais couché sur ma natte à moitié malade, lorsque tout à coup j'entends de tous côtés tirer des coups de fusil, le son du tambour; enfin tous les signes de l'arrivée ou du départ d'une caravane. Bientôt un messager survint, envoyé par le Circassien Kourshid-aga pour m'annoncer que Mohammed partait sans nous ; puis mon *vakil*, porteur d'une seconde commission, paraît devant moi. Les gens de la caravane l'avaient chargé de me prévenir que si je suivais leur route (celle que je comptais prendre moi-même) ils tireraient sur moi et sur les miens, car ils ne permettraient à aucun espion anglais de pénétrer dans leur pays.

Mon *vakil* avait dû connaître cet arrangement concerté. J'allais trouver le Circassien Kourshid qui s'était toujours montré favorablement disposé pour nous. Dans une entrevue que j'eus avec lui, je lui dis que rien ne me ferait battre en retraite vers Khartoum; cependant comme j'étais alors abandonné des gens de mon expédition, je le priai de me donner une escorte de dix chasseurs d'éléphants auxquels je payerais la moitié de leurs gages. Avec eux je passerais le reste de l'année à chasser et à explorer le pays ; je lui abandonnerais tout l'ivoire; au bout de l'année, j'aurais pu recevoir trente soldats nègres de Khartoum, et alors je me mettrais en route vers le lac. Je le priai de me procurer à Khartoum les trente nègres en question, et de me les amener avec lui la saison suivante à Gondokoro où je convins de le rencontrer. Il consentit à cet arrangement, et je revins à ma tente enchanté de trouver une chance d'échaper à un échec complet, quoiqu'un délai de douze mois dût s'écouler avant que je pusse commencer mon véritable voyage. Cela fait, je me sentis comparativement tranquille. La honte de retourner à Khartoum sans aucun succès m'eût été insupportable.

Cette nuit-là je dormis d'un profond sommeil, et le lendemain au lever du soleil nous prîmes avec satisfaction notre café à l'ombre de l'arbre touffu près duquel j'avais dressé ma tente. Bientôt je vis venir de loin le Circassien Kourshid accompagné de son associé. Je fis apporter sur le champ des pipes et du café, car Saat et Richarn le regardaient comme un ami et un allié, puisque dix de ses chasseurs devaient se joindre à nous. Avant de toucher au café il me prit la main, déclarant d'une manière embarrassée qu'il avait honte de venir me voir. « Aussitôt que vous m'eûtes quitté hier, me dit-il, j'appelai mon vakil et le chef de ma troupe, leur ordonnant de choisir les dix meilleurs hommes pour vous accompagner. Mais au lieu de m'obéir comme de coutume, ils me déclarèrent que pour rien au monde ils ne voudraient entrer à votre service; vous étiez un espion chargé de faire sur eux, au gouvernement un rapport qui les ruinerait tous; de plus vous étiez fou, car vous vouliez les conduire dans des pays éloignés et inconnus où votre femme, vous et eux vous seriez tous massacrés par les naturels ; enfin, s'ils étaient forcés de vous servir d'escorte, ils se révolteraient sur-le-champ. » Mon dernier rayon d'espérance était évanoui. Je remerciai, comme de juste, Kourshid pour ses bonnes dispositions, et je lui donnai à entendre que je ne voulais en aucune façon m'imposer ni à lui ni aux siens. Toutefois ils ne me chasseraient certes pas du pays. J'étais abondamment pourvus de provisions et de munitions de guerre, et maintenant que mes gens m'avaient abandonné, ma provision de blé suffirait pour nourrir pendant un an ma petite troupe. J'avais aussi une quantité de graines de plantes potagères, que j'avais achetées en prévision d'un séjour prolongé dans le pays. Je fermerais donc un *zareeba* ou camp à Gondokoro, et je resterais là jusqu'à ce que j'eusse reçu des hommes et des vivres dans le cours de la saison suivante. Je me sentais indépendant, ayant conservé mon dépôt de blé, et de douze mois au moins n'ayant pas à craindre la famine. Kourshid essaya de me persuader que Richarn et Saat seraient à coup sûr insultés et attaqués par les insolents naturels de la tribu de Bari, si je restais seul à Gondokoro après le départ des caravanes. Je lui dis que je préférais les nègres aux gens qui composaient les caravanes, et que ma résolution était bien prise. Je me bornai à le prier de me prêter un de ses petits esclaves pour me servir d'interprète, car je n'avais aucun moyen de communiquer verbalement avec les natifs. Il promit d'accueillir ma demande.

Après le départ de Kourshid, nous restâmes assis en silence ma femme et moi, occupés des mêmes pensées. Jamais expédition n'avait été mieux préparée ; tout était disposé pour un plein succès. Mes bêtes de somme en excellent état; selles et bâts confectionnés sous ma surveillance spéciale ; armes à feu, munitions de guerre et provisions en abondance. J'étais prêt à partir pour n'importe quel district de l'Afrique ; mais cette expédition si coûteuse, arrangée avec tant de soin, avortait par le fait même de ceux que j'avais retenus pour la protéger. Non-seulement ils m'avaient abandonné, mais un complot avait été tramé pour m'assassiner. La force brutale est la seule loi de ces régions sauvages ; la vie humaine n'y compte pour rien ; et comme un meurtrier ne court aucun risque de se voir puni, le meurtre y est un véritable passe-temps. Ainsi le *vakil* de M. Petherick venait d'être tué par un de ses propres hommes, et des faits de ce genre devenaient si ordinaires que personne n'y prenait garde. Nous étions absolument sans protection, toute la population liguée contre nous, et nous menaçant ouvertement. Quant à moi, je n'avais aucune inquiétude, mais mon plus grand souci était la présence de Mme Baker. Que lui arriverait-il si je venais à être massacré par les sauvages qui nous entouraient ? C'est à quoi je n'osais songer. Elle partageait mes pensées ; mais sachant que je voulais obstinément réussir, elle ne suggéra pas une seule fois l'opportunité de la retraite.

Richarn était aussi fidèle que Saat ; je lui confiai donc mon plan de laisser tout mon bagage à Gondokoro aux soins d'un chef de la tribu de Bari qui était favorablement disposé pour moi. Je me procurerais deux bons dromadaires pour lui et pour Saat, et deux chevaux pour Mme Baker et pour moi. Ainsi montés, nous pousserions au milieu de la tribu hostile l'espace de trois jours, ce qui nous conduirait à Moir au sein d'une peuplade paisible. Là je remettrais notre avenir à la Providence. Je m'étais arrangé pour que les dromadaires portassent en outre quelques verroteries, des munitions de guerre et mes instruments astronomiques.

Richarn me dit que mon idée était mauvaise; car les naturels ne se souciaient pas de verroteries; il avait acquis lui-même beaucoup d'expérience des usages du Nil Blanc au service d'un maître précédent, et il était sûr que je n'obtiendrais rien à moins d'avoir des bestiaux comme objets d'échange. Inutile de se conduire avec les indigènes d'une manière affable, car la seule vertu qu'ils connussent était la force; nous serions probablement tous massacrés, mais s'il recevait l'ordre de partir, il était tout prêt.

« Maître, marchez! moi je suivrai vos pas, jusqu'au dernier moment, et loyal et sincère. »

La simple et franche fidélité de Richarn me charmèrent. Je fis amener les chevaux dont je parai soigneusement les pieds. Ces sabots durs comme des cailloux et qui n'avaient jamais été ferrés, étaient suffisants pour un temps de galop, si la nécessité s'en faisait sentir. Tout étant disposé, j'envoyai chercher le chef de Gondokoro. Dans l'intervalle un petit garçon de la tribu de Bari, envoyé par Kourshid, arriva pour me servir d'interpète.

Le chef Bari était, comme d'ordinaire, enduit d'ocre rouge et de graisse, et en guise d'ornement il portait sur son épaule la carapace d'une petite tortue de terre. Il apportait avec lui une grande jarre de *merissa* (bière du pays) et me dit qu'il était enchanté de faire la connaissance d'un homme blanc qui ne volait pas les bestiaux, et n'allait pas à la chasse aux esclaves; je ne ferais pourtant, ajoutait-il, rien de bon dans le pays, parce que les trafiquants ne souffriraient pas que j'y entrasse et que les natifs comme les derniers ne cédaient qu'à la force. J'essayai de découvrir si une conduite loyale et honorable n'imposerait pas le respect. « Oui, répondit-il, tout le monde dit que vous êtes bien différent des Turcs et des autres marchands, mais cette réputation ne vous sera d'aucun usage : tout cela est bel et bon; mais déserté par vos hommes vous allez être obligé de retourner à Khartoum. Il est impossible de rien faire ici sans beaucoup d'hommes et de fusils. » Je lui soumis mon plan de me rendre à Moir en traversant promptement le pays des Baris. « C'est impossible, me répondit-il; si je faisais battre les grands *nogaras* (tambours) et que je pusse réunir mon peuple pour lui expliquer ce que vous êtes, il ne vous ferait aucun mal; mais beaucoup de petits chefs ne m'obéissent pas, et leurs sujets vous attaqueraient certainement au passage de quelque torrent gonflé par les pluies. Que pourriez-vous faire alors avec un homme et un enfant? »

Quant à la valeur des verroteries, il m'affirma, comme Richarn, qu'il n'y avait de monnaie courante que le bétail; les marchands avaient introduit le système de voler les bestiaux d'une tribu pour en trafiquer avec la tribu limitrophe; le pays entier était en proie à l'anarchie et à la confusion, et la verroterie n'était d'aucun usage. Mon idée de traverser rapidement le pays était impraticable.

J'appelai donc mon *vakil* et je le menaçai du châtiment le plus sévère lors de mon retour à Khartoum. J'écrivis par un des bateaux de retour à sir R. Colquhoun, consul général d'Angleterre en Égypte et j'expliquai au *vakil* que mes plaintes aux autorités britanniques lui attireraient la prison d'abord puis la potence si je mourais de mort violente. L'ayant complétement épouvanté, je lui dis que le meilleur parti qu'il eût à prendre était de persuader à quelques-uns des mutins de me suivre; Dongolowas, comme lui, plusieurs d'entre eux étaient de sa propre famille. S'il réussissait à les convaincre, je leur pardonnerais leurs méfaits passés.

Dans l'après-midi il revint m'informer qu'il s'était arrangé avec dix-sept des révoltés; ils avaient refusé de marcher vers le sud, mais ils m'accompagneraient dans l'est, si je voulais explorer cette partie du pays. Leur excuse pour refuser d'aller au sud était l'hostilité de la tribu de Bari. Ils demandait aussi que je laissasse derrière moi *mes bêtes de somme et mon bagage.*

Cette absurde proposition tout à fait inacceptable, m'indigna. Ma seule réponse fut de menacer le *vakil* de toute ma vengeance.

Le temps de ces drôles se passait, pendant la journée, en querelles bruyantes; et, pendant la nuit, en pourparlers secrets dont le fidèle Saat me donnait un résumé le lendemain matin. Je sus par lui qu'ils étaient convenus de marcher vers l'est, avec l'intention de m'abandonner, lorsque nous serions arrivés au comptoir d'un trafiquant nommé Chenouda, à sept journées de marche de Gondokoro, dans le pays des Latoukas. Les gens de ce Chenouda étaient Dongolowas comme eux. Ils se révolteraient, déserteraient avec mes armes et mes munitions de guerre pour se joindre aux chasseurs d'esclaves, et ils me tueraient si j'essayais de les désarmer. Ils menaçaient aussi de tuer mon *vâkil* qui, de peur d'être puni à Khartoum, faisait son possible pour les engager à partir. J'étais, tout bien considéré, dans une jolie position.

Cette nuit même je dormais dans ma tente, lorsque soudain des cris aigus m'éveillèrent, et en prêtant une oreille attentive, j'entendis distinctement quelqu'un respirer avec peine dans l'intérieur de la tente ; en même temps je distinguai un objet noir près du chevet du lit. Ma femme qui, elle aussi avait remarqué ce qui se passait me tira doucement par la manche. C'était le signal qu'elle faisait lorsque quelque chose pendant la nuit réclamait de la vigilance. Ayant un sang-froid admirablement adapté aux voyages en Afrique, Mme Baker ne criait jamais, ne prononçait même pas le moindre murmure ; si elle soupçonnait du danger, elle me tirait par la manche, cela suffisait. J'avais tranquillement pris mon *revolver* de dessous mon oreiller, et sans faire aucun bruit je visai à moins de deux pieds de la masse noire, puis je dis « qui est là ? » Pas de réponse, et comme je répétai la question, appuyant en même temps le doigt sur la détente et prêt à tirer, une voix répondit « Fadila ! » Jamais je n'ai été si près de commettre un meurtre ! C'était une des négresses de la troupe, qui cherchait un asile dans ma tente. Je me procurai de la lumière, et vis que la malheureuse, couverte de sang, avait été déchirée de la manière la plus terrible à coups de courbache (cravache en peau d'hippopotame). Entendant des cris répétés à quelques distance de ma tente, je sortis, et trouvai mes démons flagellant de la même manière deux autres femmes. Chacune d'elle était retenue sur la terre par deux hommes, assis l'un sur le cou et l'autre sur les jambes de la victime ; tandis que deux autres bandits munis des terribles courbaches, faisaient alternativement l'office de bourreaux. Le dos des suppliciées était absolument déchiré, et dans toute l'acception du mot, ruisselait de sang. Ces bêtes brutes s'arrogeaient de la sorte le droit de punir les femmes pour s'être absentées sans permission, et avoir ainsi manqué à la discipline. Fadila s'était échappée avant l'infliction de la punition entière, et peu s'en fallut qu'elle ne fût tuée en pénétrant dans ma tente sans me prévenir. Arrachant la courbache à l'un des bourreaux, je leur administrai une dose de leur médecine, à leur très-grande surprise. Ils ne soupçonnaient pas avoir commis le moindre méfait. « Ce ne sont que des négresses esclaves, » disaient-ils. Dans des expéditions du genre de la mienne, il est nécessaire de se procurer des femmes pour réduire le blé en farine et préparer la nourriture des hommes ; j'en avais donc loué plusieurs à Khartoum, et c'était ces malheureuses que l'on maltraitait d'une façon aussi brutale.

Je résolus de partir à tout hasard de Gondokoro pour l'intérieur du pays. Ma longue expérience des contrées sauvages et de leurs habitants me donnait lieu d'espérer que j'acquerrais une certaine autorité sur mes compagnons, tout mauvais qu'ils fussent, si je pouvais une fois quitter Gondokoro, et les conduire au milieu de tribus barbares et généralement hostiles. Alors loin de l'influence des trafiquants d'esclaves, ils seraient obligés de recourir à moi et comme guide et comme protecteur. Ainsi, tout en connaissant leur complot, je feignis de croire à leur promesse de m'accompagner dans les régions de l'est ; à force de tact et de prudence, j'esperais faire avorter leurs desseins ; et après m'être éloigné momentanément de mon chemin naturel, revenir de l'est au sud par une marche détournée, sur le théâtre de mes opérations projetées. L'interprète que Kourshid Aga m'avait donné s'enfuit et se cacha ; perte sérieuse, qui me réduisait pour communiquer avec les naturels à recourir aux services d'un Bari employé par les marchands, et à payer quelques instants de conversation fort chèrement en bracelets de cuivre.

Un détachement des gens de Kourshid venait d'arriver du pays de Latouka avec de l'ivoire, amenant comme porteurs un grand nombre de naturels de cette région. C'étaient les individus les plus extraordinaires que j'eusse jamais vus, portant des casques superbes faits de verroterie, et étant eux-mêmes de fort beaux hommes. Adda, chef de ces Latoukiens, grand gaillard bien découplé, vint à ma tente accompagné de quelques-uns de ses soldats; il me donna beaucoup de détails sur son pays, et me pria de venir lui faire visite. Il détestait les Turcs, mais se voyait obligé de les servir, car il avait reçu du grand chef Commoro l'ordre de réunir une quantité de nègres afin de transporter l'ivoire de Latouka à Gondokoro. A sa profonde satisfaction, je dessinai son portrait, et je lui fis des présents de bracelets de cuivre, de verroterie et d'un mouchoir de poche de coton rouge. Ce mouchoir lui plut infiniment, et il insista pour s'en servir comme d'un article de vêtement. Ce n'était pas la décence qui le poussait, mais il le plia de manière à en faire un triangle, puis se l'attacha autour de la ceinture, de sorte que le bout pût pendre exactement derrière lui. Il passa une bonne demi-heure à se parer de la sorte, puis il partit avec ses gens, faisant tous ses efforts pour se tourner et admirer à son aise sa nouvelle parure.

Du matin au soir, des naturels de toute classe se pressèrent autour de la tente, demandant des présents; comme il m'était essentiel de produire une impression favorable, j'accédai presque toujours à leurs désirs.

Les gens de Kourshid qui étaient arrivés de Latouka, devaient bientôt repartir; non-seulement ils refusaient de m'accompagner, mais ils avouaient leur intention de me repousser par la force, en cas que je voulusse suivre la route qu'ils allaient prendre. Grande excuse pour mes compagnons, qui refusaient encore une fois de me suivre. En menaçant le *Vakil*, j'obtins d'eux qu'ils partiraient; mais, comme condition *sine quâ non*, ils exigèrent que je prisse avec moi un des rebelles nommé Belaal. Cet homme avait manifesté le désir de faire partie de l'expédition; il s'était cependant montré un des plus déterminés émeutiers, et je n'avais pas cru devoir accepter son offre.

Maintenant j'étais obligé de l'admettre, et connaissant ses dispositions, j'étais convaincu qu'il se ferait le chef de la bagarre qui devait éclater lors de notre arrivée à Chenouda dans le pays de Latouka. Mahommed Her, *vakil* de Chenouda, était toujours en pourparlers avec mes gens, ce qui confirmait à mes yeux les rapports que Saat m'avait faits. Ce Mahommed Her partit de Gondokoro pour Latouka. La troupe de Kourshid devait se mettre en route deux jours plus tard; les deux caravanes étaient ennemies l'une de l'autre, mais elles demeuraient dans le même pays, le Latouka; toutes deux étaient animées des plus mauvaises dispositions contre moi; pourtant comme les compagnons de Mahommed Her étaient de la tribu des Dongalowas, tandis que ceux de Kourshid appartenaient aux Jalyns et aux Soudanes, je comptais faire tourner leurs disputes à mon avantage.

Mon intention était de laisser tout le bagage le moins indispensable à Gondokoro, aux soins de Kourshid Aga qui le renverrait à Khartoum. Je me proposais d'attendre le départ de la caravane de Kourshid; j'avais résolu de les suivre, car leur maître étant un de mes amis, je ne croyais pas qu'ils oseraient me résister de force. Je regardais leurs menaces comme une chose sans conséquence; ils voulaient tout simplement m'effrayer. Mais il y avait à craindre un danger beaucoup plus sérieux.

Entre Gondokoro et Latouka se trouvait une tribu très-puissante, retranchée dans les montagnes d'Ellyria. Leggé, chef de cette tribu, avait autrefois massacré cent vingt individus faisant partie d'une caravane. Il était allié des gens de Kourshid, et ceux-ci disaient qu'ils soulèveraient contre moi la tribu entière, ce qui aboutirait à la défaite ou au massacre de mes gens. Il y avait à travers les montagnes d'Ellyria un défilé très-difficile qu'il était impossible de traverser de force, ainsi mes dix-sept hommes se trouveraient sans aucun secours. Les marchands n'auraient qu'à demander au chef d'Ellyria d'attaquer ma petite troupe, pour que la destruction de celle-ci fût complète, car le pillage de ce que je transportais avec moi serait une récompense suffisante.

Je n'avais pas le temps de délibérer. Le présent et l'avenir m'apparaissaient sous les couleurs les plus sombres, mais je m'étais toujours attendu à des difficultés extraordinaires, et il fallait les surmonter, si c'était possible. Inutile de compter sur la chance; l'inaction ne présentait aucun espoir de succès, et ma seule ressource était de marcher au travers des obstacles sans calculer les risques.

Une fois hors de Gondokoro, notre voyage serait commencé, et les bateaux étant repartis pour Khartoum, la retraite deviendrait impossible. Il n'y aurait donc plus qu'à poursuivre en avant, me confiant dans la Providence, et dans ma bonne fortune. J'avais la plus grande foi dans la puissance des cadeaux.

Les Arabes sont tous une race vénale, et comme j'avais avec moi une quantité d'objets de valeur, je comptais en temps utile détruire toute opposition par ma libéralité.

Le jour arrive enfin pour le départ des gens de Kourshid. Ils commencent par tirer la salve habituelle en guise de signal, le tambour bat, le drapeau turc déployé s'avance en tête. Ils se mettent en marche à 2 heures de l'après-midi, m'envoyant un message fort poli par lequel ils me défiaient de les suivre.

Je fis sur-le-champ plier les tentes, rassembler les animaux, disposer le bagage, et préparer tout pour la marche. Richarn et Saat étaient fort enthousiasmés, mes compagnons réfractaires eux-mêmes se virent obligés de travailler, et à 7 heures du soir nous étions prêts à partir. Les chameaux étaient surchargés, portant environ sept cents livres chacun. Les ânes aussi avaient un poids trop considérable, mais cet inconvénient ne pouvait se remédier. Mme Baker était bien montée sur mon vieux cheval de chasse abyssinien, *Tétel;* sur le pommeau de sa selle étaient attachés plusieurs sacs de cuir. Mon cheval *Filfil*[1] qui me portait, avait aussi une charge très-lourde; bref, chacun avait plus que sa part légitime des fardeaux.

Nous ne possédions ni guide ni interprète. Pas un naturel ne s'était présenté, car tous avaient subi l'influence des marchands qui cherchaient à rendre notre marche impossible, en empêchant qui que ce fût de venir à notre secours. De fortes menaces leur avaient été faites. Ainsi, absolument abandonnés, nous commençâmes notre voyage téméraire environ une heure après le coucher du soleil.

« Où allons-nous? » s'écrièrent les hommes, au moment où nous nous mîmes en route. « Qui peut voyager sans guide? Personne ne connaît le chemin. » La lune se levait, et à une distance d'à peu près neuf milles on apercevait très-bien la montagne de Belignan. Sachant que notre itinéraire était à l'est

1. Poivre.

de cette montagne, je pris les devants, Mme Baker chevauchant à mon côté, et le drapeau anglais derrière nous servant de guide à ma caravane d'ânes et de chameaux pesamment chargés. Nous donnâmes de cordiales poignées de main au Dr Murie qui était venu assister à notre départ, et nous nous dirigeâmes vers l'Afrique centrale, le 26 mars 1863.

CHAPITRE IV.

LA PREMIÈRE NUIT DE NOTRE CAMPAGNE.

Le pays ressemblait à un parc, desséché toutefois par la chaleur. Le sol sablonneux, mais ferme, est couvert de nombreux villages, tous environnés d'une forte haie d'euphorbias. Les bois abondent; il n'y a ni buissons ni fourrés; mais des arbres en quantité, tous vivaces, sont dispersés çà et là sur toute l'étendue du paysage. Pas un naturel ne se montre; cependant nous entendons fort au loin le bruit des tambours et des voix chantant en chœur. Lorsqu'il fait clair de lune, les nègres passent les nuits à vociférer, à danser, à battre le tambour et à donner d'une espèce de cor; les habitants des villages entiers s'assemblent pour faire du tapage.

Après deux heures d'une marche silencieuse, nous aperçûmes au loin des feux de garde, et, en nous approchant, nous vîmes que la caravane des marchands avait établi son bivac. Ils ont l'habitude de ne faire qu'une traite de deux ou trois heures le jour de leur départ, afin de permettre aux retardataires, qui se sont oubliés à Gondokoro, de les rejoindre avant le lendemain matin.

Leurs sentinelles nous reconnurent lorsque nous passâmes, et nous commandèrent grossièrement de ne pas rester dans le voisinage. Nous nous avançâmes donc l'espace d'un demi-mille, et nous établîmes notre bivac sur une éminence qui dominait une petite ravine où nous trouvâmes de l'eau. Chacun s'occupa à ramasser du bois de chauffage et à couper de l'herbe pour les ânes et les chevaux qui étaient attachés près des feux. Quant aux chameaux, après les avoir arrangés de manière qu'ils ne pussent marcher qu'en clochant, nous les laissâmes brouter en liberté les branches d'un grand mimosa. Nous n'avions pas faim; la continuelle inquiétude avait enlevé tout notre appétit. Une tasse de café noir très-fort était notre seul luxe; et comme nous n'avions pas besoin de tente par une nuit claire et tranquille, nous nous étendîmes sur nos lits de camp, où nous fûmes bientôt endormis.

Le tambour bat le lendemain matin avant l'aube, nos paresseux de soldats bâillent, se détirent, puis ils chargent les animaux et, à six heures, nous voilà partis. Dans ce climat, on redoute toujours le lever du soleil. L'air est délicieusement frais et salubre pendant l'espace d'une heure auparavant; mais le soleil lui-même est considéré comme un ennemi terrible. Il y a pourtant une difficulté à partir de très-bonne heure; les bêtes de somme ne peuvent être chargées convenablement dans l'obscurité, et cette opération étant fort ennuyeuse, on perd toujours le frais du matin.

Le temps était serein, et la montagne de Bélignan (Bélénia des voyageurs français), située à trois ou quatre milles, formait un point admirable pour diriger notre course. Je pouvais voir distinctement quelques arbres énormes au pied de la montagne près d'un village, et je pris vite les devants, espérant me procurer un guide qui pût me servir d'interprète, car beaucoup d'habitants du voisinage de Gondokoro avaient appris un peu d'arabe par leurs relations avec les marchands. Nous allâmes au petit galop en avant de notre caravane, sans faire attention aux remarques de nos compagnons découragés, qui nous disaient que les naturels étaient indignes de confiance. Nous arrivâmes bientôt sous l'ombre d'un bouquet d'arbres magnifiques. Le village était à moins d'un quart de mille de là, situé au pied même d'une montagne très-abrupte; nous voyant seuls, les naturels se pressèrent autour de nous sans manifester la moindre crainte. Le chef entendait un peu l'arabe, et je lui offris une grande quantité de bracelets de cuivre et de verroterie s'il voulait nous procurer un guide. Après beaucoup de discussions, un gaillard assez laid proposa de nous conduire à Ellyria, mais pas plus loin. La distance était d'environ vingt-huit ou trente milles, et il était de la dernière importance que nous pussions traverser la tribu avant l'arrivée de la caravane des marchands qui avaient résolu de les exciciter contre nous. J'avais de grandes espérances de les devancer, parce que le commerce d'ivoire devait les retenir à Bélignan.

Pendant le cours de nos négociations avec le chef, la troupe en question parut dans le lointain, et, nous évitant, ils firent halte de l'autre côté du village. J'essayai alors des mesures de conciliation, et j'envoyai mon *vakil* à leur capitaine Ibrahim pour lui parler en confidence et tâcher d'obtenir de lui un interprète, à condition d'un cadeau précieux.

Mon *vakil* se trouvait dans une position très-fausse. Il avait peur de moi; le gouvernement de Khartoum lui inspirait aussi une crainte épouvantable, et enfin il redoutait mortellement ses propres hommes dont les plans d'émeute lui étaient parfaitement connus. Rusé comme un Arabe, il partit pour remplir la commission que je lui avais donnée, emmenant plusieurs de ses gens, entre autres, le chef des rebelles, Belaal. Il revint bientôt, me disant qu'il était tout à fait impossible de pénétrer dans l'intérieur. Les hommes d'Ibrahim étaient très-irrités que je suivisse leur route; non-seulement il ne voulait pas me donner d'interprète, mais il avait défendu à tous les naturels de me servir; il ordonnerait au grand chef d'Ellyria de s'opposer à mon passage dans le pays.

Les Turcs, en ce moment, étaient absorbés par leurs transactions commerciales avec les habitants : il était donc pour nous de la dernière importance de partir sur-le-champ, d'arriver à Ellyria à marches forcées, et de franchir le défilé avant que mes adversaires n'eussent le temps de communiquer avec le chef. J'étais convaincu qu'en payant un droit de passage, je pourrais traverser Ellyria, pourvu que j'eusse l'avance sur les Turcs; dans le cas contraire, il n'y avait pas d'espérance; une bataille et une défaite seraient notre résultat définitif. Je donnai donc des ordres pour le départ *immédiat*. « Chargez les chameaux, mes frères ! » criai-je de mauvaise humeur aux bandits qui m'entouraient. Pas un ne bougea, excepté Richarn et un homme nommé Sali, qui commençait à montrer quelques symptômes de réforme. Voyant qu'ils avaient l'intention de me désobéir, je me mis à charger les animaux moi-même, priant mes gaillards de ne pas se déranger, mais de se reposer et de continuer à fumer leurs pipes, pendant que je ferais la besogne. Quelques-uns, honteux, se levèrent et vinrent à mon aide; les autres affirmaient que les chameaux ne sauraient marcher sur la route que e me proposais de prendre, car les Turcs disaient que les ânes mêmes ne pouvaient traverser les fourrés épais entre Bélignan et Ellyria.

« C'est bien, mes frères! répliquai-je; alors nous irons aussi loin que les ânes pourront s'avancer, puis nous les laisserons en chemin avec le bagage, lorsqu'il leur sera impossible de poursuivre; quant à moi, je passerai outre.

Pleins de mauvaise humeur, les drôles commencèrent à mettre leurs ceinturons, leurs gibernes, et à se préparer à partir. Les animaux furent chargés et nous nous mîmes lentement en route à quatre heures de l'après-midi à travers un pays admirable. La montagne de Bélignan, quoique ne dépassant pas douze cents mètres de hauteur, est une masse imposante de gneiss et de syenite, embellie, dans les parties creuses, de beaux arbres, tandis que, au bas, l'aspect général est celui d'un magnifique parc anglais bien boisé et orné de collines dans l'arrière-plan. Nous venions de partir avec le guide Bari, que j'avais retenu à Bélignan, quand je vis arriver deux des Latoukas que j'avais vus pendant mon séjour à Gondokoro, et envers qui je m'étais montré fort poli. Il paraît que ces gaillards, employés par les Turcs en qualité de portefaix, avaient reçu la bastonnade; ils avaient déserté en conséquence, et venaient se joindre à nous. Circonstance fort heureuse; je me voyais maintenant pourvu de guides jusqu'à Latouka, distance d'environ quatre-vingt-dix milles. Je leur donnai sur-le-champ à chacun un bracelet de cuivre et des verroteries; à leur tour, ils soulagèrent avec beaucoup de bonne humeur les chameaux de cent livres pesant d'anneaux de cuivre qu'ils portèrent dans deux paniers sur la tête.

Nous traversons alors à sec le large lit d'un torrent, et comme les bords sont escarpés, nous perdons beaucoup de temps à faciliter la descente des bêtes de somme, surchargées comme elles le sont. Pour les ânes, la chose est facile, car deux hommes les retiennent par la queue tandis qu'ils glissent le long du bord sablonneux; mais tous les chameaux tombent; on est obligé de porter leur charge à dos d'homme jusqu'au bord opposé, et puis de les recharger ensuite. Ici encore l'avantage est du côté des ânes, car ils remontent le bord sans être déchargés, deux hommes les tirant par les oreilles, tandis que deux autres les poussent par derrière. En définitive, maître Aliboron est l'animal le plus convenable pour le pays, car on peut le charger et le décharger bien plus facilement qu'un chameau. J'avais si soigneusement arrangé les selles et les bâts de mes ânes qu'ils portaient leurs fardeaux avec le plus grand *comfort*. Chaque animal avait d'abord une immense couverture matelassée, faite de poils de chèvre, s'étendant depuis l'épaule jusqu'à la hanche ; par-dessus, une selle de forme très-simple, consistant en deux branches fourchues renversées et unies ensemble par des courroies ; point de clous, mais des lanières de peau non travaillée en tenaient lieu. La couverture, se projetant devant, derrière et sur les côtés, empêchait le poids de blesser l'animal. Chaque âne portait deux grands sacs faits de la peau d'antilopes que j'avais autrefois chassées sur la frontière d'Abyssinie ; ces sacs étaient munis de grosses agrafes qui les rattachaient l'un à l'autre, de sorte que l'opération de charger et de décharger n'avait rien que de très-simple. Le succès d'une expédition dépend surtout de l'attention qu'on apporte aux détails, et lorsque l'on se sert de bêtes de somme, selles et bâts doivent être l'objet des premiers soins. Rien de plus important en voyage que la facilité de charger les bêtes de somme, et je ne pouvais m'empêcher de remarquer l'effet de cette opération sur elles et sur leurs conducteurs. Ceux-ci ne tardèrent pas à maudire les malheureux chameaux, et à envoyer au diable le père de l'un et la mère de l'autre, parce qu'ils étaient forcés de les décharger pour leur faire traverser le lit du torrent. Chaque âne, au contraire, était alternativement appelé *mon frère* et caressé du bâton. Le début de notre marche forcée n'avait pas été de bon augure, et le passage du ravin nous avait fait perdre un temps précieux. A peine les animaux étaient-ils en état de repartir, que nos hommes s'aperçoivent qu'il ne leur reste plus qu'une outre pleine d'eau. J'avais ordonné, à mon départ de Bélignan, qu'elles fussent toutes remplies. Règle sans exception pour les voyageurs en Afrique : « Remplissez vos *girbas* avant de partir. » Ne faites point attention à ce que les naturels vous disent des cours d'eau que vous serez sûr de rencontrer en route; ne les croyez pas; remplissez vos *girbas*; si vous trouvez de l'eau, vous ne souffrirez pas de vous en être déjà procuré une provision. Mais rien ne saurait décrire l'imprévoyance des gens. Pour s'épargner l'ennui de remplir les *girbas* avant de partir, ils se contenteront de dire : « *Inshallah* (s'il plaît à Dieu) nous trouverons de l'eau en route,» et souvent leur paresse les condamne aux plus cruelles souffrances.

Dans le cas actuel, ils s'étaient persuadés que le torrent que nous venions de traverser ne serait pas à sec. Plusieurs d'entre eux avaient autrefois parcouru ce district, et parce qu'ils avaient trouvé alors de l'eau dans le lit sablonneux, ils croyaient qu'il y en aurait encore. Ils voulaient donc envoyer des détachements pour chercher de l'eau, ce qui aurait amené un nouveau délai, alors que chaque moment était précieux, puisque tout dépendait de notre passage à travers Ellyria avant l'arrivée des Turcs. J'étais fort inquiet et résolu à ne pas hésiter un seul instant. J'insistai donc pour un départ immédiat, et pour une marche forcée pendant la nuit. Les guides de Latouka m'expliquèrent par signes que, si nous suivions ce parti, nous trouverions de l'eau le lendemain matin. Cette nouvelle satisfit les autres, et nous nous mîmes en route. Pendant plusieurs milles nous traversons une superbe forêt de grands arbres; le sentier est excellent, la marche semble propice. Tout cela, cependant, devait changer. Nous arrivons à un épais fourré de ronces; les chameaux peuvent à peine passer sous les branches des arbres, et les sacs de provisions dont ils sont chargés sont déchirés par les épines crochues des mimosas; — les sacs de riz, de sel et de café se trouent, et ces vivres si importants commencent à se perdre, tandis que les hommes cherchent à arrêter le dégât en bouchant les solutions de continuité avec des haillons sales. Ces épines ayant la forme d'hameçons, il semblait que tous nos vivres dussent disparaître, car la force naturelle et le poids des chameaux entraînaient tout devant eux. Quelquefois ces animaux emportaient les branches des arbres, et les épines restaient fixées dans les sacs de cuir. Les ânes, au contraire grace à leur petite taille passaient facilement avec leurs fardeaux bien au-dessous des branches.

Je redoutais l'approche de la nuit. Nous nous trouvions en ce moment au pied d'une chaîne de hautes collines rocheuses où les torrents, pendant la saison pluvieuse, avaient creusé des ravines innombrables, en se précipitant vers les basses terres; comme nous suivions une direction parallèle à ces collines, nous croisions chaque ravine à angle droit. Un chameau dégringole, tout dégringole avec lui : sacs, pots, casseroles, boîtes, etc. Halte! il faut relever l'animal, le conduire au bord opposé, transporter après lui, puis rajuster pièce à pièce, une véritable avalanche de bagages. Afin d'éviter la répétition de cette catastrophe, je fais décharger les trois autres chameaux, et lorsqu'ils ont atteint en sûreté l'autre rive, on les recharge. Cette opération appliquée à environ sept cents livres pesant de colis de toute espèce, n'est jamais fort amusante; que devait-elle être quand les ravins se succédaient sans cesse, et que nous perdions un temps précieux au moment où je croyais les Turcs à nos trousses?

Nous nous avancions, ma femme et moi, en éclaireurs, à environ un quart de mille en tête des autres, afin de prévenir la caravane des difficultés qui surviendraient. La nature même du sol prouvait qu'il devait être dechiré de ravins, et cependant je ne pouvais m'empêcher d'espérer que nous aurions peut-être au moins une route d'un mille sur une surface unie. Le soir était passé, le crépuscule disparaissait. Ce qui était difficile et ennuyeux à la clarté du jour devenait très-sérieux dans l'ombre; nous ne pouvions voir les branches d'épines crochues qui pendaient au-dessus du sentier raboteux; j'étais en avant, saignant aux bras et à la figure, couvert d'égratignures, tandis qu'à chaque catastrophe je criais à ceux qui me suivaient, « gare les épines! » ou « gare les troncs! » Heureusement nous avions le clair de lune, mais le fourré était si épais qu'on distinguait à peine le sentier; de la sorte chameaux et ânes se heurtaient contre les troncs des arbres, endommageant le bagage, et brisant ce qui était capable de se briser. Néanmoins, il y avait urgence, et il fallait marcher à tout hasard.

Je perdais courage toutes les fois que nous arrivions à un ravin profond, ou Hor; le cri de halte! prévenait ceux en arrière qu'il fallait décharger les chameaux, puis répéter cette opération. Nous continuons notre marche pendant plusieurs heures; la lune descend à l'horizon, le sentier déjà obscur s'obscurcit davantage, les animaux surchargés, même pour une route en bon état, sont rendus; les hommes sont découragés, altérés et dégoûtés. Je descends de mon cheval, et le charge de sacs afin de soulager un des chameaux qui n'en peut plus. — La marche se poursuit. Silence général, la fatigue empêche les hommes de parler, et à travers la nuit qui devient plus sombre, nous nous avançons lentement. Un autre ravin se présente, pas aussi profond que les précédents, et nous espérons que nos animaux pourront le traverser sans qu'il soit nécessaire de les décharger : tout à coup le chameau conducteur tombe, emportant sa charge entière au fond du ravin. Il faut se rappeler que Saat était mon tambour; se trouvant très-fatigué, il avait conclu que sa caisse voyagerait aussi bien à dos de chameau que sur ses propres épaules, et il l'avait attachée sur le propre quadrupède qui venait de s'abattre, et qui avait ainsi exécuté un solo sur le malheureux instrument. Quand on retrouva la caisse, elle était réduite aux proportions d'une assiette très-plate, et n'existait plus dans son état normal. L'âne est un animal beaucoup plus prévoyant que le chameau, dont la stupidité est sans égale. Au contraire maître Aliboron est très-habile; du moins je puis attester les qualités de celui que produit l'Égypte. En Europe l'expression « quel âne bâté! » est une grosse insulte; en Égypte ce serait un compliment. Mes ânes donc, en leur qualité d'animaux raisonnables et calculateurs, avaient conclu de l'expérience de cette nuit, que le voyage serait long et le terrain accidenté; ils savaient que les chameaux qui ouvraient la marche tomberaient assurément dans les ravins si on ne les déchargeait pas. Or comme chaque opération de rechargement durait une bonne demi-heure, les ânes susdits avaient conclu qu'il était sage d'employer cet intervalle à dormir; et, comme il n'en coûte pas plus de dormir couché que de dormir debout, ces animaux sagaces préféraient la première des deux positions. Ainsi toutes les fois que le mot halte! était prononcé, maître Aliboron connaissait l'avantage dont il jouissait, et le déchargement d'un chameau sur le bord d'une ravine était pour les vingt-deux ânes un signal de se coucher immédiatement à terre. En vain les hommes les battaient et les accablaient d'insultes pour les obliger à se tenir sur leurs jambes; les ânes étaient résolus à se reposer, et ils s'en donnaient à cœur joie.

Cette obstination de leur part retardait sérieusement notre marche; chaque fois qu'ils se couchaient, ils dérangeaient leur charge; quelques-uns des plus entêtés se roulaient de côté et d'autre et renversaient les bagages. Les dix-sept hommes que nous avions s'occupaient à arranger les chameaux, de sorte que les ânes faisaient absolument ce que bon leur semblait. C'était bien une autre confusion quand le cri des hyènes retentissait dans le voisinage; les ânes épouvantés se relevaient aussitôt traînant entre les jambes les bagages dont ils avaient été chargés. De cette façon, tandis que l'on rechargeait les chameaux d'un côté du ravin, les ânes avaient à subir vis-à-vis la même opération. Pendant ce temps, les chameaux, tout stupides qu'ils fussent, avaient remarqué le stratagème de leurs compagnons de route; ils se couchaient donc aussi, et leurs fardeaux avaient à être remis en place. Je commandai alors aux femmes de se tenir près des chameaux afin de les empêcher de se coucher pendant qu'on rechargeait les ânes; mais ces malheureuses, ayant eu aussi à porter des fardeaux, étaient accablées de fatigue; elles se couchèrent à leur tour, et nous ne nous en aperçûmes qu'en entendant un cri affreux. Un des chameaux s'était étendu sur une femme placée pour le surveiller, mais qui s'était endormie elle-même. Ce fut à grand'peine que l'on fit relever l'animal, et que la femme fut retirée de dessous. Bref, tout le monde tombait de lassitude. J'avais travaillé comme un esclave pour aider mes gens et les encourager, j'étais fatigué aussi; la marche se continuait depuis quatre heures et demie du soir; il était maintenant une heure du matin; depuis huit heures donc nous luttions contre les difficultés du voyage le plus pénible. La lune avait disparu, et une obscurité complète rendait tout progrès impossible. En arrivant à un grand plateau de roche, je fis débarrasser les animaux, et chacun prit du repos. Mes gens n'avaient pas d'eau; je m'étais précautionné, pour Mme Baker et pour moi, d'un *girba* plein, qui était toujours pendu au pommeau de ma selle. Je n'ai jamais négligé ce soin.

Les hommes mouraient de faim. Avant de quitter Gondokoro, j'avais fait faire une quantité de *kisras* (gâteaux noirs) pour la marche; et ces *kisras* étaient emballés dans un panier sur le dos d'un des chameaux. Malheureusement le singe favori de Mme Baker avait été placé sur le même chameau, et il s'était amusé, pendant notre marche nocturne, à se festiner avec ces gâteaux, jetant le reste à droite et à gauche lorsque sa faim était satisfaite. Il ne restait pas dans le panier le moindre *kisra*. Tout le monde se coucha sans souper. Malgré la fatigue, je ne pus me reposer avant d'avoir adopté un plan pour le lendemain. Évidemment nous ne pouvions pas traverser un pays aussi sauvage avec des animaux surchargés; je résolus donc d'abandonner dans les fourrés tout ce dont nous pouvions nous dispenser, et de faire une nouvelle distribution de bagages.

A 4 heures du matin, j'étais sur pied, et, allumant une lampe, j'essayai en vain de réveiller un des hommes qui m'entouraient, étendus comme des cadavres et profondément endormis. Enfin Saat se leva, et, après s'être frotté les yeux pendant dix minutes, il se mit à faire bouillir du café. Pendant ce temps, je travaillai courageusement à alléger la caravane d'une partie de son lest. Je jetai de côté environ cent livres de sel; je distribua les grosses munitions de guerre plus également entre les animaux, j'abandonnai quantité de petits objets, qui, quoique très-utiles, pouvaient à la rigueur être négligés; et quand mes gens se réveillèrent, peu de temps avant le lever du soleil, j'avais tout terminé. Nous rechargeâmes les bêtes de somme, qui manifestèrent leur appréciation du service que je leur avais rendu, en trottant avec rapidité. Nous marchâmes de la sorte pendant trois heures d'un pas qui promettait de nous faire conserver une bonne avance sur les Turcs; et enfin nous atteignîmes le lit desséché d'un torrent, où les guides Latoukas nous dirent qu'en creusant nous trouverions de l'eau. Le fait était exact; mais il fallait creuser très-profondément, et plusieurs heures se passèrent avant que nous pussions être suffisamment pourvus pour tous les animaux. Le grand bain portatif que j'avais avec moi nous fut très-utile, car il formait un réservoir où toutes nos bêtes buvaient à l'aise.

Nous étions occupés ainsi, lorsque quelques naturels parurent apportant avec eux une hure de sanglier, dans un état affreux de décomposition, et pleine de vers. Arrivés à notre abreuvoir, ils allumèrent du feu, et se mirent à cuire leur morceau de gibier, qui était certainement de *très-haut goût*. Le crâne devenant trop chaud pour les hôtes qu'il contenait, des milliers d'asticots se précipitèrent *pêle-mêle* hors des oreilles et des naseaux, comme des gens qui s'échapperaient des portes d'une salle de spectacle incendiée. Les naturels se contentèrent de taper sur le crâne, avec un bâton, pour faciliter l'issue; puis ils terminèrent la cuisson, mangèrent toute la hure et sucèrent les os. Aucun degré de putridité ne semble affecter la santé de ces drôles-là.

Mes animaux ayant besoin de repos et de nourriture, je fus obligé, bien malgré moi, de m'arrêter jusqu'à 4 heures 30 de l'après-midi. Ayant terminé leur hure, les naturels offrirent de se joindre à nous, et conséquemment nous prîmes les devants, accompagnés de guides actifs, pendant que la caravane suivait à pas lents. Nous gravîmes à travers les fourrés l'espace d'un mille, ce qui nous amena à un monticule du haut duquel nous aperçûmes la vallée de Tollogo. Ce point est fort pittoresque; à l'est de la vallée s'élève un mur abrupte de granit gris d'environ mille pieds de hauteur. Plusieurs grands blocs étaient tombés de ce mur, couvrant la base de débris dont le diamètre variait de dix à quarante pieds; et, parmi ces forteresses naturelles de masses disjointes, on voyait plusieurs villages. Le fond de la vallée formait une prairie dans laquelle des figuiers énormes croissaient au bord d'un ruisseau, dont le cours était très-lent, et qui, par places, se changeait en eau stagnante. La vallée n'avait pas plus d'un demi-mille de largeur; à l'ouest, elle était défendue aussi par des montagnes, ce qui lui donnait l'air d'une grande rue.

Nous étions éloignés d'environ un mille du reste de la troupe; mais, accompagnés par nos deux guides Latoukas, nous descendîmes dans la vallée, et, traversant une gorge profonde, nous arrivâmes bientôt sous un grand figuier à l'autre extrémité. Notre visite ne fut pas plus tôt observée, que des troupes de nègres sortirent des nombreux villages entre les rochers, et vinrent nous examiner. Ils étaient tous armés d'arcs et de flèches, et parurent très-surpris en voyant les chevaux qui étaient pour eux des animaux jusqu'alors inconnus. Descendant de cheval, j'attachai nos montures à un buisson, et nous nous assîmes sur l'herbe à l'ombre d'un arbre.

Il y avait environ cinq ou six cents naturels du pays réunis autour de nous. Ils étaient très-bruyants, et criaient à tue-tête comme si nous étions sourds, parce que nous ne les comprenions pas. Voyant qu'ils se pressaient sur nous d'une manière grossière, je leur fis signe de reculer. Au même moment, un petit bossu, remarquablement laid, s'avance et m'adresse la parole en mauvais arabe. Enchanté de trouver un interprète, je le priai de faire éloigner la foule, et je demandai à voir le chef. Le petit bossu parlait très-peu d'arabe, et les naturels ne paraissaient pas faire attention à lui. Un d'entre eux déroba une lance qu'un de mes chefs Latoukas avait placée contre un arbre sous lequel nous étions assis. Tout cela commençait à prendre une apparence suspecte ; mais il n'était pas à craindre que l'on me volât mon *revolver* et ma carabine à deux coups que je tenais à la main.

Sur une question que je fis au bossu, il me demanda à son tour qui j'étais : « Voyageur. — C'est de l'ivoire qu'il vous faut ? — Non, je n'en ai pas besoin. — Ah ! bien ! des esclaves, alors ? — Je n'ai pas besoin d'esclaves non plus. » Là-dessus, il y eut un éclat de rire général dans la foule, et le petit bossu continua à me questionner : « Avez-vous beaucoup de vaches ? — Non, mais nous avons de la verroterie et du cuivre en quantité. — En quantité ? dites-vous ; où sont-ils ? — Pas très-loin ; mes hommes vont les apporter tout à l'heure. » En disant ces mots, je montrai du doigt la direction d'où devait venir le reste de la caravane. « De quel pays êtes-vous ? — Anglais. » Il n'avait jamais entendu parler de ce pays. « Vous êtes donc Turc. — C'est bien, je suis tout ce qu'il vous plaira. — Et voilà votre fils, n'est-ce pas ? (montrant du doigt Mme Baker). — Non, c'est ma femme. — Votre femme ! Peut-on mentir comme cela ! c'est un garçon. — Je vous dis que c'est ma femme, elle est venue avec moi pour voir les femmes du pays. — Quel mensonge ! répéta le petit bossu avec politesse, disant le mot arabe si expressif : *katab*.

Après cette charmante conversation faite avec tant de franchise, mon interlocuteur s'adressa à la foule, essayant, je présume, de leur faire comprendre que je cherchais à leur persuader qu'un garçon était une femme. Le costume de Mme Baker était le même que le mien : pantalons larges et guêtres, blouse et ceinturon ; la seule différence consistait en ce qu'elle avait de longues manches, tandis que mes bras étaient nus à partir de quelques pouces au-dessous de l'épaule. J'allais toujours bras nus, parce que j'étais ainsi plus au frais que si j'avais eu un habit à manches.

La curiosité de la foule se transformait en impertinence,

lorsque le chef parut enfin; il était temps. Mon étonnement fut grand lorsque je reconnus en lui un homme qui m'était souvent venu voir à Gondokoro, et auquel j'avais fait beaucoup de cadeaux sans savoir qui il était.

En quelques minutes, il dispersa toute la foule, criant et gesticulant comme s'il était grossièrement insulté. Puis appelant près de lui le petit bossu en guise d'interprète, il me fit des excuses sur le manque de savoir-vivre de ses sujets. Au même instant, je vis venir de loin le drapeau anglais guidant, du flanc de la montagne jusque dans la vallée, la caravane de chameaux et d'ânes; hommes et bagages arrivèrent bientôt après. Le chef m'apporta alors une grande citrouille creuse contenant environ un *gallon*[1] de *merissa* ou bière du pays, qui me rafraîchit beaucoup. Il me donna aussi une gourde pleine de miel, et une défense d'éléphant; je refusai ce dernier présent, n'ayant pas besoin d'ivoire.

Nous nous trouvions alors à moins de six milles de distance d'Ellyria, et, par l'entremise du bossu, j'expliquai à Tombé, ainsi se nommait le chef, que nous voulions partir le lendemain de grand matin, et que je prendrais à mon service le bossu comme interprète. L'affaire fut convenue, et j'avais alors l'espérance de traverser Ellyria avant l'approche des Turcs. Ma caravane étant arrivée, l'intérêt que les naturels avaient d'abord accordé aux chevaux en leur qualité de quadrupèdes inconnus, fut transféré aux chameaux. Tout le monde se pressait autour d'eux en disant que c'étaient *les girafes de notre pays*. La quantité de bagages que portait chaque animal causait la plus grande surprise, et plusieurs hommes aidèrent à détacher les bêtes de somme.

Je remarquai cependant que les curieux fourraient leurs doigts dans les colis, afin d'en reconnaître le contenu; ayant aperçu et distingué au bruit vingt paniers pleins de verroterie et de bracelets de cuivre, ils mirent à les décharger un empressement beaucoup trop vif; je dis donc au chef de commander à ses gens de reculer, tandis que j'ouvrais un sac plein de verroterie, afin de lui faire un cadeau. J'avais toujours en réserve un paquet contenant cette sorte d'articles, afin de m'épargner la peine de déballer en route un des grands paniers. Je fis donc le bonheur du

1. Quatre litres à peu près. (— M.)

chef, et le bossu, lui aussi, reçut une gratification. Une nouvelle cause de surprise s'offrit alors en la personne de mon singe, qui, étant de l'espèce rouge commune en Abyssinie[1], leur semblait tout à fait inconnu. Beaucoup plus civilisé que ces sauvages nus, Wallady ne paraissait pas apprécier le moins du monde les charmes de leur société; s'attaquant à leurs mollets, il les força bientôt à la retraite, et s'amusa à leur faire de loin des grimaces qui excitèrent chez eux un rire homérique. Ce singe m'a été souvent fort utile pour détourner de dessus moi une attention fatiguante. Il témoignait aussi de mes intentions pacifiques, car personne n'eût voyagé en compagnie d'un être pareil avec des dessins hostiles. Wallady était tout à fait apprivoisé, et ne pouvait vivre loin de Mme Baker; mais il se permettait, envers les nègres, de très-grandes libertés; il les détestait et les méprisait si cordialement, qu'à Exeter Hall, on lui aurait certainement cherché noise. Il ne comprenait pas qu'un nègre pût être un homme au même titre qu'un blanc.

Hommes et bêtes étaient si rompus de fatigue que cette nuit nous dormîmes du plus profond sommeil. Les naturels parurent s'en douter, et un d'eux fut pris, sur le fait, essayant de voler des bracelets de cuivre. Il s'était avancé à quatre pattes comme un chat vers l'endroit où le bagage se trouvait empilé, et la sentinelle assoupie ne l'avait pas aperçu.

Le tambour ayant été complétement brisé par le chameau, il n'y eut pas de rappel le lendemain matin; mais je réveillai mes gens de bonne heure, et leur dis de charger les bagages avec le plus grand soin, puisque nous devions traverser le défilé étroit qui conduit entre des rochers de Tollogo à Ellyria. Les Turcs, j'en étais sûr, ne se trouvaient pas fort en arrière, et j'étais impatient de les devancer en franchissant le défilé.

D'aspect et de langage, les naturels de Tollogo et d'Ellyria sont les mêmes que ceux de Bari, mais leur brutalité est extrême; et, lors de notre départ, ils se rassemblèrent en grand nombre avec des intentions qui n'avaient rien de pacifique. Beaucoup d'entre eux prirent les devants en hâte, probablement afin d'an-

1. Probablement le *Gelada Rupellii*. (—M.)

2. Allusion aux *meetings* qui se tiennent souvent à Exeter Hall, grande salle dans le Strand, à Londres. (—M.)

noncer notre arrivée à Ellyria. Trois hommes formaient mon avant-garde, tandis que cinq ou six fermaient la marche ; les autres conduisaient les bêtes de somme. Mme Baker et moi étions étions à cheval en tête. En arrivant à l'extrémité de l'étroite vallée, nous ne pûmes pénétrer qu'un à un dans le défilé. A notre gauche, la montagne d'Ellyria, de deux ou trois mille pieds de hauteur, s'élevait d'une façon très-abrupte; la base était entièrement couverte d'énormes quartiers de granit gris, qui, détachés des sommets, obstruaient le passage. Les chevaux mêmes avaient la plus grande difficulté à s'avancer le long de cette étroite avenue et, pour les chameaux chargés de bagages, le problème semblait insoluble. Non-seulement le sentier était ainsi barricadé, mais il se trouvait aussi coupé par des ravins très-profonds. Les torrents, qui, pendant la saison pluvieuse, se précipitent avec force du haut des montagnes, entraînant tout sur leur passage, nous opposaient d'autres difficultés. Pour surcroît d'embarras, un grand nombre d'arbres et de buissons croissaient dans les interstices des rochers, de sorte que, là où les longues jambes des chameaux auraient pu franchir l'obstacle sans beaucoup de peine, les bagages se trouvaient écrasés entre les arbres. La plupart de ces arbres étaient d'un bois très-dur, d'une espèce de *lignum vitæ*[1] que les Arabes appellent *babanousc*, et nos haches ne pouvaient les entamer. Si les naturels eussent été vraiment mal disposés contre nous, il leur aurait suffi de cinq minutes pour nous exterminer, en lançant sur nous du haut du passage des quartiers de rochers. Dans ce même endroit, l'année précédente, la caravane d'un marchand, composée de 126 hommes bien armés, avait été attaquée, et les malheureux avaient péri jusqu'au dernier.

Toute difficile que fût la marche, nous étions soutenu par l'espérance, car, nous disaient les Latoukas, une fois le défilé franchi, la route jusqu'à Latouka était unie et en bon état. La question vitale se réduisait pour nous à ces termes : traverser Ellyria avant les Turcs; mais, au moment même où tout dépendait de la célérité de notre marche, les aspérités de terrain augmentaient devant nous. Je résolus donc de prendre les devants, et je laissai les autres surmonter les obstacles en déchargeant les

1. *Guaiacum officinale*. Linn. (M.)

chameaux à chaque instant. Comme Ellyria n'était pas fort loin, je voulais faire une reconnaissance. Ma femme et moi nous partîmes donc accompagnés seulement d'un des Latoukas en qualité de guide. Après avoir tourné un angle fort aigu de la montagne, et laissé à gauche le rocher s'élevant au bord du chemin dans un direction presque perpendiculaire, nous descendîmes dans un ravin plus difficile qu'aucun de ceux qui nous avaient précédemment arrêtés, et nous eûmes à mettre pied à terre, afin de faire remonter à nos chevaux les rochers escarpés de l'autre paroi. En arrivant au sommet, nous jouîmes du coup d'œil le plus magnifique. A environ quatre cents pieds au-dessous de nous, la vallée d'Ellyria s'étendait l'espace d'un mille; de superbes montagnes de granit gris, de deux ou trois mille pieds de hauteur, formaient comme un mur de chaque côté; tandis qu'à environ cinquante ou soixante milles de distance, les montagnes bleues de Latouka bornaient les plaines et les forêts qui composaient le paysage. La montagne d'Ellyria était le commencement d'une chaîne, s'étendant indéfiniment jusqu'au sud. Nous nous trouvions en ce moment au milieu même de la passe de cette chaîne. Au-dessous de nous dans la vallée, je remarquai quelques arbres de très-grandes dimensions croissant sur les bords d'un *hor* (ou ravin) plein d'une eau courante; les flancs de la vallée au pied de la montagne, jonchés comme à l'ordinaire, d'une masse de débris d'immenses quartiers de rochers, offraient partout des villages entourés d'épaisses palissades de bambou. Le pays entier pouvait se comparer à une suite de forts naturels, habités par une nombreuse population.

Un coup d'œil jeté sur la scène qui s'offrait devant moi me suffit. Avec une poignée d'hommes, encombré comme je l'étais de bêtes de somme, je ne pouvais songer à m'ouvrir un passage de vive force à travers une vallée d'un quart de mille de largeur, encaissée entre de hautes montagnes chargées d'ennemis. Si les chameaux pouvaient seulement arriver, en vingt minutes je serais en Ellyria, je ferais au chef un magnifique cadeau, et je passerais outre sans m'arrêter, jusqu'à ce que nous fussions hors de la vallée. A tout prendre, j'étais en avance sur les Turcs, et notre marche forcée de la nuit précédente, toute fatigante qu'elle eût été, avait réussi. Le ravin que je venais de traverser formait maintenant le nœud du problème, et menaçait de retarder longtemps la marche de la caravane.

Attachant nos chevaux à des buissons, nous nous assîmes sur un rocher à l'ombre d'un arbuste à moins de dix pas du sentier, et nous nous consultâmes sur le meilleur parti à prendre. Je n'osai guère me risquer seul à Ellyria avant l'arrivée de toute notre troupe, pensant à la manière grossière dont les natifs de Tollogo nous avaient reçus la veille. D'un autre côté, il pourrait être, me disais-je, d'une bonne politique, d'aller seul à Ellyria et d'aborder hardiment le chef. Somme toute, nous résolûmes d'attendre que la caravane eut surmonté les dernières difficultés du passage et de faire alors tous ensemble notre entrée dans Ellyria. Pendant longtemps nous contemplâmes devant nous la vallée qui recélait le secret de notre destin, et nous nous sentions pleins de reconnaissance d'avoir ainsi déjoué les plans de ces sauvages de Turcs. Pas le moindre bruit, cependant, annonçant l'approche des chameaux; le délai devenait intolérable, surtout en songeant que nous avions traversé, nous deux, plus d'un endroit difficile, dont chacun devait entraver d'une manière sérieuse la marche de nos bêtes de somme.

Enfin nous les entendons dans le lointain; le son de la voix humaine arrive distinctement jusqu'à nous, et nous nous réjouissons de ce qu'ils soient si près du dernier obstacle; une fois ce ravin traversé, tout sera comparativement facile. J'entends le bruit des pierres sous leurs pas, et regardant le ravin, je vois à moins de cinquante verges de distance sortir de dessous le sombre feuillage des arbres — *le drapeau rouge et le croissant*, ce drapeau détesté, *à la tête de la caravane des Turcs!* Nous étions distancés!

Les insolents vauriens défilent un à un à quelques pas de nous, leurs regards expriment la férocité; ils ne nous font point le *salcam* habituel, et se bornent à menacer de tirer sur le guide Latouka qui les avait autrefois accompagnés.

Leur troupe consistait en cent quarante hommes armés de fusils; un nombre double de Latoukas les accompagnaient en manière de porteurs chargés de verroterie, de munitions et des bagages de la caravane. Nous étions donc absolument battus.

Je résolus pourtant d'avancer à tout hasard aussitôt que mes gens seraient arrivés; si les Turcs excitaient les naturels d'Ellyria à nous attaquer, et qu'une bataille survînt, je comptais bien tirer mon premier coup sur le chef de la troupe. Il était intolérable de se voir ainsi battu au dernier moment. Pendant que ces misérables défilaient devant moi, nous regardant comme si nous eussions été des chiens, j'avais peine à contenir mon indignation. Je brûlais d'agir, quelque petite que fût la chance en ma faveur. Enfin le chef Ibrahim paraît, conduisant l'arrière garde. Il s'avance le dernier sur son âne, immédiatement derrière l'étendard qui ferme la marche.

Jamais je n'ai vu de figure plus atroce. Né d'un père turc et d'une mère arabe, il portait sur ses traits élégants les mauvaises qualités de deux races. Nez délié, pointu, aquilin; larges narrines; menton proéminent; pommettes assez saillantes, épais sourcils au-dessus de deux immenses yeux noirs exprimant tout ce qu'il y a de mauvais. Comme il s'approchait, il affecta de ne pas nous accorder la moindre attention, mais regarda droit devant lui avec l'air de l'insolence la plus déterminée.

A ce moment critique ce fut Mme Baker qui sauva notre expédition. Elle me conjura de l'appeler, d'insister sur une explication complète, et de lui offrir un présent, capable de lui faire conclure avec nous un arrangement amiable. Je ne pouvais me résoudre à adresser la parole à ce bandit. Il était sur le point de passer, et le succès dépendait de cet instant. Mme Baker l'appela elle-même. D'abord il ne fit aucune attention, mais lorsque j'eus à mon tour prononcé son nom d'une voix plus forte, il tourna son âne vers nous et mit pied à terre. Je lui dis d'approcher, car ses gens étaient fort en avant, et nous nous trouvions seuls.

Après les formules de salutation en usage chez les Arabes, le dialogue suivant s'établit: «Ibrahim, lui dis-je, pourquoi serions-nous ennemis au milieu de ces peuplades hostiles? Nous croyons au même Dieu; pourquoi nous disputerions-nous dans un pays de païens qui ne croient à aucun dieu? Vous avez votre tâche à remplir, j'ai la mienne. Vous êtes à la recherche de l'ivoire, je suis un simple voyageur; quel motif d'animosité existe-t-il entre nous? Si on m'offrait tout l'ivoire qu'il y a dans ces régions, je n'accepterais pas une seule défense, je ne me mêlerais en aucune façon de vos affaires. Faites votre commerce, sans me gêner; il y a ici assez de place pour nous deux. Mon objet est d'atteindre un grand lac, la source du Nil. Ce but, je veux y parvenir et *j'y parviendrai avec l'aide de Dieu!* (*Inschallah*). Il n'y a puissance qui m'en empêche. Si vous m'êtes hostile, je vous ferai jeter en prison à Khartoum; si, au contraire, vous voulez m'aider, la récompense que je vous donnerai dépassera toutes celles que vous avez jamais reçues. Si je suis tué dans ce pays, on vous soupçonnera, et vous savez ce qui s'en suivra : sur le soupçon seul, le gouvernement vous enverra à la potence. D'un autre côté, soyez mon ami, et j'emploierai toute mon influence dans le pays que je découvrirai pour vous procurer de l'ivoire à cause de votre maître Kourshid qui s'est montré généreux envers Grant et Speke, et qui m'a témoigné de la bonté. Si vous m'êtes hostile, j'en rendrai votre maître responsable; aidez-moi, et je vous rendrai service à tous deux. Décidez-vous franchement comme un homme : — ami ou ennemi! »

Avant qu'il eût le temps de répondre, Mme Baker lui adressa la parole à son tour, confirmant à peu près ce que je venais de lui dire. « Il ne connaissait pas les Anglais, lui dit-elle, rien ne pouvait les faire reculer. Leur gouvernement veillait sur eux de loin comme de près et un sujet britannique n'était jamais impunément outragé. Je ne voulais pas le tromper, je ne faisais pas le commerce, je pouvais lui être de la plus grande utilité en découvrant de nouveaux pays riches en ivoire; et une conduite honorable envers moi ne pourrait que lui profiter, à lui personnellement. »

Il parut confus et hésita. Comme arrhes de ce que je lui donnerais plus tard, je lui promis un fusil à deux coups tout neuf, et de l'or dès que ma troupe serait arrivée.

« Il ne voulait pas, me répondit-il, m'être lui-même hostile; mais toutes les caravanes de trafiquants, sans exception, étaient furieuses contre moi; chacun était convaincu que, consul déguisé, je me proposais de faire aux autorités de Khartoum un rapport sur les entreprises des marchands. » Il continua : « je vous crois, mais mes gens ne vous croient pas ; ce pays est un pays de menteurs, de telle sorte qu'on n'ajoute pas foi même aux personnes qui disent la vérité. Cependant, ajouta-t-il, ne vous joignez pas à ma troupe qui pourrait vous insulter; mais prenez possession de ce grand arbre (m'en indiquant un dans la vallée d'Ellyria) pour vous et les vôtres; je viendrai m'y entretenir avec vous. Je vais maintenant rejoindre mes gens, car je ne veux pas qu'ils sachent que je vous ai parlé. » Il fit alors un salaam, remonta sur son âne et partit.

Je l'avais gagné. Je connaissais si bien le caractère arabe que l'arbre en question était, j'en avais la conviction, le rendez-vous fixé dans son esprit, pour la réception du fusil et de l'or que je lui avais promis.

Sans attendre l'arrivée de nos hommes, nous remontâmes à cheval et suivîmes les flancs de la colline avec plus de gaieté que jamais. J'attribuai à ma femme toute la gloire de la ruse. Si j'avais été seul, ma fierté m'aurait empêché de rechercher l'amitié d'Ibrahim, et le moment dont le succès dépendait aurait été perdu.

En arrivant à la plaine fertile au pied de la montagne, nous vîmes un grand nombre de bandits de la caravane du marchand se disputant l'ombre projetée par quelques grands arbres qui croissaient sur le bord du ruisseau. Nous mîmes donc pied à terre, et laissant nos chevaux paître en liberté, nous allâmes un peu plus loin prendre possession d'un arbre à l'ombre duquel plusieurs Latoukas étaient déjà assis. Peu soucieux de leur compagnie nous nous assîmes à notre tour, pour attendre l'arrivée de nos compagnons. La vallée d'Ellyria est un site charmant au milieu même des montagnes. Tout auprès de l'endroit où nous étions, on voyait de grands quartiers de rochers dispersés çà et là, et en les examinant je vis qu'ils étaient de la plus belle qualité de granit gris, le feldspath qu'il contient en cristaux considérables étant aussi dur que le silex, sa surface ne s'écaille pas comme le granit le fait d'ordinaire.

La troupe du marchand ne fut pas plutôt arrivée que des quantités de naturels sortirent des villages palissadés sur la montagne, et descendant dans la plaine, vinrent ajouter à la confusion générale. Le bagage était empilé sous un arbre, et un factionnaire chargé de le garder. Comme les Baris, ces naturels étaient entièrement nus. Leur chef, Leggé, qui se trouvait parmi eux, reçut d'Ibrahim une longue chemise de cotonnade rouge dont il s'affubla avec l'air de la plus grande importance. Ibrahim lui ayant expliqué qui j'étais, il vint me demander le droit d'entrée sur lequel il comptait. De toutes les physionomies repoussantes que j'ai jamais vues, celle de Leggé était sans contredit la plus hideuse. Férocité, avarice et sensualité composaient l'ensemble de sa figure; je le priai de m'accorder sur-le-champ une séance, et de poser pour son portrait; au bout d'environ dix minutes j'eus le plaisir de mettre dans mon porte-

Leggé, chef d'Ellyria.

feuille la ressemblance du plus grand vaurien qui existe — même dans l'Afrique centrale — et c'est beaucoup dire.

J'eus alors la satisfaction de voir ma caravane descendre doucement et en bon ordre le flanc de la montagne après avoir surmonté toutes les difficultés.

En arrivant, mes gens furent stupéfaits de nous voir si près de l'autre caravane; ils le furent encore plus, quand j'envoyai dire à Ibrahim de venir à l'arbre du rendez-vous, où je lui donnai quelques souverains anglais et un fusil à deux coups. Rien ne peut échapper à la curiosité de ces Arabes; des deux côtés on ne tarda pas à s'apercevoir que j'avais conclu avec Ibrahim un traité d'alliance dont ils ne pouvaient se rendre compte. Je vis passer de main en main l'arme dont je venais de lui faire présent, et ce changement soudain de disposition surprit mon *vakill* et ses hommes.

Ce fut alors au tour du chef d'Ellyria de venir inspecter mon bagage. Il me demanda quinze grands bracelets de cuivre et une ample provision de verroterie. Les bracelets les plus en vogue sont de simples anneaux de cuivre de l'épaisseur d'environ cinq huitièmes de pouce et pesant près d'une livre. Ceux de moindre dimension ne sont pas également appréciés. Je lui donnai quinze de ces anneaux, et à peu près dix livres pesant de perles ou verroterie de différentes espèces. La porcelaine rouge imitant le ecorail lui plut surtout. Leggé cependant n'était pas satisfait, tant s'en fallait. « Son ventre était fort gros, me disait-il, et demandait à être rempli. » Métaphore élégante signifiant qu'il avait de vastes désirs et que je devais les satisfaire. Je lui donnai donc par surcroît quelques autres anneaux de cuivre. Soudain une odeur de spiritueux lui arrive; une des rares bouteilles où j'avais mis de l'alcool s'était cassée dans mon coffre à médicaments. Ibrahim me prie d'en donner un flacon au chef afin de le mettre de bonne humeur, car il il n'aimait rien tant que l'arak; je lui remets, en conséquence, une pinte du plus fort esprit de vin. A ma grande surprise, il casse le goulot de la bouteille, puis se renversant en arrière, il laisse couler toute la liqueur dans son gosier sans plus de façons que si c'eût été de l'eau claire. Il y était tout à fait accoutumé, car, chaque saison, les trafiquants avaient l'habitude de lui apporter des présents d'arak. La liqueur, me dit-il, était excellente; il lui en fallait une seconde bouteille. Au moment même où il me faisait cette demande, survint un orage affreux de tonnerre et de pluie qui tomba sur nous avec la violence bien connue sous les tropiques. La pluie avait toute la furie d'une véritable trombe. Chacun s'enfuit immédiatement en quête d'un abri. La force de l'orage était telle qu'on ne pouvait plus voir personne; les uns s'étaient réfugiés sous les rochers, les autres dans leurs villages.

Les gens d'Ibrahim commencèrent une fusillade, déchargeant leurs armes de peur qu'elles ne se rouillassent, et ne fissent ensuite long feu. Je ne pouvais m'empêcher de remarquer combien ils étaient à la merci des naturels, si ceux-ci avaient voulu les attaquer. Ils étaient tous couchés sur leurs lits de peau de bœuf non tannée, avec leurs fusils déchargés à la main. Chacun de mes hommes avait un morceau de mackintosh servant à protéger contre l'humidité la platine de son fusil. Pendant la durée de la tempête, nous nous couchâmes sur un *angarep* à l'abri d'une peau de taureau. Le tonnerre avait des effets magnifiques, éclatant sur le sommet de la montagne au pied de laquelle nous

nous trouvions ; au bout d'un quart d'heure les torrents se précipitaient avec furie le long des ravins rocheux — suite de l'orage qui s'était dissipé aussi rapidement qu'il avait commencé.

Aussitôt que le calme se fut rétabli, les naturels arrivèrent de nouveau en foule. Encore une fois le chef, Leggé, me demanda de lui donner tout ce que nous avions. Quoique les nègres fussent avides de verroterie, ils ne voulaient rien nous apporter en échange, et nous ne pûmes trafiquer avec eux qu'au moyen de *molotes*. Ces houes de fer se confectionnent principalement dans ce pays, il était donc singulier qu'on nous les demandât. Leggé fait un grand commerce de ces houes ; il les expédie à l'est, dans les districts des Bérris et des Gallas, avec de la verroterie et des bracelets de cuivre, et les échange contre de l'ivoire. Quoiqu'il y ait très-peu d'éléphants dans le voisinage d'Ellyria, l'ivoire s'y trouve en quantités immenses, car le chef, grand commerçant, l'emmagasine pour le troquer avec les Turcs contre du bétail. Il le vend à haut prix : vingt vaches pour une grosse défense ; et pourtant cette station est très-fréquentée des marchands, car elle n'est pas loin de Gondokoro et par conséquent l'embarquement de l'ivoire n'offre aucune difficulté.

J'avais livré à Leggé tout ce qu'il me demandait, néanmoins il refusa de me donner quoi que ce fût en échange ; il ne voulut me vendre non plus ni chèvres, ni volaille. Nous ne pûmes nous procurer en fait de provisions que du miel dont huit livres me coûtèrent une houe. Mes gens étaient affamés, et n'ayant rien d'autre à leur distribuer, je me vis obligé de leur servir du riz de mon fonds de réserve. Ils le firent bouillir, le mêlèrent avec du miel, et bientôt je les vis s'asseoir autour d'une immense jatte de ce brouet, se régalant de bon cœur, mais grommelant comme d'habitude. Leggé, ce chef robuste et glouton, n'avait rien voulu donner ni vendre à mes gens pour les empêcher de mourir de faim ; toutefois, aussitôt qu'il les vit à leur repas improvisé, il s'assit au milieu d'eux avec le plus grand sang froid, et faillit s'étrangler en engouffrant par poignées le riz brûlant et le miel dans sa bouche béante comme celle d'un hippopotame. Mes gens n'approuvaient en aucune façon ce procédé, mais ce serait parmi les Arabes le dernier degré de grossièreté que de repousser un hôte lorsqu'il s'est invité au repas commun ; on le laissa donc s'approprier la part de trois personnes.

Leggé est plus mauvais que le reste de sa tribu ; cependant sa tête offre la même conformation. Les Bérris, ainsi que les natifs de Tollogo et d'Ellyria ont généralement le crâne en forme de boulets, le front déprimé, la tête lourde derrière les oreilles et au-dessus de la nuque : en somme, leur apparence est excessivement brutale; leurs armes sont des arcs de six pieds de long avec des flèches à crochet terribles à voir, et empoisonnées.

CHAPITRE V.

DÉPART D'ELLYRIA. — LE LATOUKA.

Quoique Ellyria soit un pays riche et puissant, il nous avait été impossible de nous y ravitailler ; les naturels ne voulaient rien nous vendre, et leur conduite en général prouvait qu'ils eussent été pour nous des ennemis féroces, si les Turcs les avaient excités à nous attaquer. Heureusement nous avions une bonne provision de vivres préparés avant notre départ de Gondokoro, de telle sorte que nous n'étions pas réduits à mourir de faim. J'avais aussi pour nos bêtes un sac de blé, précaution nécessaire, car dans cette saison pas un brin d'herbe ne se faisait voir, tout ayant été brûlé par la chaleur au bord de la route.

Nous partîmes le 30 mars à 7 heures 30 minutes du matin, et en quittant Ellyria, nous nous trouvâmes dans un pays tout à fait plat, émaillé de bouquets d'arbres. Après une heure de marche nous fîmes halte au bord d'un petit ruisseau dont l'eau ne valait rien. Notre déjeuner consistait en *kisras* et en miel ; mais comme de plusieurs jours je n'avais goûté de la viande, je parcourus la forêt, mon fusil sous le bras, en quête de gibier. Au bout d'une heure, je revins sans avoir tiré un seul coup. J'avais trouvé de fraîches traces de Tétel (antilope-cama) et de pintades, mais ces animaux étaient évidemment venus seulement pour se désaltérer au ruisseau, et en étaient repartis pour l'intérieur du pays. Si le gibier manquait, en revanche il y avait du fruit en abondance; Richarn et moi nous étions chargés de prunes jaunes grosses comme un œuf, qui croissent en quantité sur des arbres de belle taille. Au-dessous de ces arbres la terre était jaune des fruits qui étaient tombés; ces fruits sont très-doux avec une légère nuance d'acidité, fort juteux, et d'une excellente saveur.

A onze heures vingt-cinq minutes, nous repartons pour une longue traite, direction Est. Le sol, entièrement plat, et non entrecoupé de ravins, est admirablement commode pour les animaux. Nous nous avançons donc d'un pas rapide, mais la chaleur intense du soleil pendant les heures les plus accablantes de la journée rend le voyage très-fatigant excepté pour les chameaux. Ceux-ci, excellents animaux dans leur genre, avaient maintenant un fort grand avantage sur les autres bêtes de somme, car ils marchaient sans difficulté malgré un poids de 600 livres de bagage dont chacun d'eux était chargé.

Ma caravane s'avançait derrière celle du trafiquant, mais le sol étant favorable, nous nous approchâmes au petit galop de l'étendard qui ouvrait la marche. Cette troupe bariolée défilant un à un et couvrant environ un demi-mille, offrait un singulier coup d'œil; les uns à âne, les autres montés sur des bœufs, la plupart à pied, y compris soixante femmes esclaves. Ces malheureuses portaient toutes des fardeaux pesants, et plusieurs d'entre elles avaient en outre des enfants attachés sur leur dos avec des courroies. Après une marche de quatre où cinq heures par une chaleur intense, beaucoup de ces femmes surchargées, se sentirent épuisées et leurs pieds meurtris; le gazon récemment brûlé était réduit à des brins de paille sèche fort pénibles pour des piétons dont les sandales avaient besoin d'être raccommodées. Les maîtres impitoyables faisaient avancer ces pauvres négresses à coups de fouet; une d'entre-elles, dans un état de grossesse fort avancé, s'arrêta, ne pouvant faire un pas de plus; sur ce, le sauvage à qui elle appartenait l'accabla de coups de bâton, et ne pouvant la pousser devant lui, il la jeta à terre et la piétina avec fureur; Les pieds de la femme étaient déchirés, et tout en sang; mais un peu plus tard dans la journée je la vis marcher à grand'peine, appuyée sur un bambou.

Les commerçants ont une caravane régulièrement organisée: d'abord un drapeau gardé par huit ou dix hommes, tandis qu'un des naturels porte pour leur usage, en cas d'attaque, une caisse de cinquante cartouches. Ensuite viennent un à un les porteurs avec le bagage, des soldats étant placés à intervalle pour les empêcher de prendre la fuite; tout fuyard serait immédiatement abattu d'un coup de fusil. Les munitions de guerre sont ordinairement au centre, portées par environ quinze nègres sous une forte escorte. L'arrière-garde est terminée par un second porte-drapeau, et aucun traînard ne doit rester plus loin. Ce porte-drapeau a aussi pour sa défense un détachement de six ou huit hommes avec une réserve de cartouches. Grâce à ces dispositions, la caravane est toujours prête à soutenir une attaque.

Ibrahim, mon nouvel allié, ouvrait maintenant la marche, ayant devant lui sur sa selle son enfant, fort jolie petite fille d'un an et demi; la mère de celle-ci, jeune femme Bari, également très-jolie, et une des nombreuses épouses d'Ibrahim, était derrière, montée sur un bœuf. Nous entrâmes en conversation, quelques morceaux de sucre donnés par Mme Baker à la fille et à la mère, ayant servi de préface; Ibrahim me dit alors de me méfier de mes gens qui, savait-il, se proposaient de m'abandonner. Il n'appartenaient pas à la même tribu que ses compagnons; ils se joindraient aux Chenoudas, et me quitteraient dès notre arrivée à leur station de Latouka. Tout me confirmait ce que j'avais appris avant notre départ de Gondokoro; je voyais donc une émeute en perspective. J'avais remarqué que depuis ma jonction avec Ibrahim, mes vauriens étaient plus maussades même que d'habitude. Cependant, je réussis à le convaincre que son alliance avec moi lui serait d'un si grand avantage, qu'il me dit franchement que je n'aurais à craindre aucune opposition de la part de ses hommes. Tout avait donc réussi au delà de mes plus grandes espérances. Nous étions véritablement en route pour le but de mon voyage, et comme nous nous trouvions au milieu d'un pays désert, j'étais résolu à écraser l'émeute avec une main de fer, si les misérables essayaient de mettre à exécution leurs projets meurtriers. Deux ou trois hommes semblaient animés d'assez bonnes dispositions, mais Bellaal, leur chef, ne voulait absolument rien faire, pas même aider à charger les animaux; il se donnait les airs de la dernière insolence.

Après une marche fatigante de huit heures dix minutes à travers un pays tout à fait plat et parsemé d'arbres, nous fîmes halte près d'un petit puits d'une eau détestable, à sept heures trente-cinq du soir. Les chevaux avaient tellement l'avance que le gros de la troupe n'arriva qu'à onze heures, rompu de fatigue. La nuit étant magnifique, nous nous reposâmes sur un monticule de sable à quelques verges du puits, heureux de nous trouver loin des moustiques de Gondokoro.

Le lendemain matin nous partîmes au lever du soleil, et deux heures d'une marche rapide nous conduisirent sur les bords de la rivière Kanieti. Quoiqu'il n'y eût pas eu de pluies, le courant était très-fort, et, au gué même, s'élevait jusqu'à la sous-ventrière des chevaux. Des bords très-abruptes et d'environ quinze pieds de profondeur, encaissent la rivière dans un lit de quarante ou cinquante verges de largeur; ce torrent emporte donc pendant la saison des pluies un volume d'eau fort considérable jusqu'à la rivière Sobat dans laquelle se fait tout l'écoulement des eaux du pays incliné à l'Est. La chaîne de montagnes qui, partant d'Ellyria se dirige vers le Sud, est à la ligne de partage entre les eaux coulant à l'Est, et celles allant à l'Ouest; le Sobat reçoit les premières, et le Nil Blanc les autres; le Nil proprement dit reçoit le tout par l'entremise du Sobat, à 9° 22' de latitude, comme je l'ai déjà dit.

Ayant gravi le banc escarpé du Kaneiti, nous traversâmes un grand champ de *dourra*, et nous arrivâmes au village de Wakkala. Ce village (*ville*, si on l'aime mieux) se compose d'environ sept cents maisons fortement défendues par un système de palissades faites du bois dur que l'on nomme *babanouse*. Outre ce moyen de protection, les palissades elles-mêmes sont assurées par une haie de plantes épineuses à travers lesquelles il serait impossible de pénétrer, et qui atteignent une hauteur d'environ vingt pieds. L'entrée de ce fort est une voûte très-singulière, d'environ vingt pieds de profondeur, formée de palissades de bois de fer avec un angle aigu à droite et à gauche faisant un zigzag. Tout le village ainsi fortifié est bâti au milieu d'une forêt magnifique. Les habitants sont de la même race que ceux d'Ellyria, mais ont un chef indépendant. Ce sont de grands chasseurs, et lors de notre arrivée, je remarquai plusieurs troupes revenant de la forêt avec des quartiers de sangliers et de buffles.

Depuis Gondokoro jusqu'ici, je n'avais pas vu une seule tête de gibier, tandis que le voisinage immédiat de Wakkala était couvert d'éléphants, de girafes, de buffles, de rhinocéros, et de plusieurs grandes espèces d'antilopes.

Ayant fait une reconnaissance du village, j'ordonnai à mes gens de décharger les animaux dans la forêt, à environ un quart de mille de l'entrée. Le sol est très-gras, et comme les grands arbres protégent l'herbe contre les rayons du soleil, elle est d'une excellente qualité et très-abondante ; ce qui explique la présence du gibier. De bons pâturages, de vaste forêts et des cours d'eau y attirent naturellement des bêtes fauves en grand nombre.

Au bout de quelques minutes mes chevaux et mes ânes qui n'avaient pas goûté de fourrage depuis quelques jours, se régalaient d'herbe délicieuse; les chameaux broutaient le feuillage des mimosas d'un vert sombre; les hommes ayant trouvé en route un buffle pris dans un piége où un lion l'avait ensuite tué, en avaient tiré quelque peu de venaison et chacun se régalait. Nous nous étions fait une espèce de berceau le plus charmant réduit, en éclaicissant à coups de sabre une masse de plantes grimpantes; nous y festoyâmes, grâces à deux volailles rôties que les naturels nous avaient données en échange de quelques verroteries. Je n'avais pas goûté de viande depuis notre départ de Gondokoro.

A 4 heures 10 du soir, nous quittons ce site délicieux, et nous nous remettons en route. En sortant de la forêt, nous voyons s'étendre devant nous une belle plaine couverte d'excellente herbe et bordée à droite par un épais fourré. La fraîcheur du soir amène ici du gibier de toute espèce, buffles, zèbres, antilopes de toutes variétés. Les voir courir çà et là sur la vaste plaine et s'enfuir à notre approche était un spectacle charmant; mais la caravane est nombreuse, et les trois drapeaux rouges qui flottent dans la brise ne nous permettent pas d'abattre une seule tête de gibier.

La tentation me vint de passer quelques jours dans ce paradis terrestre pour jouir du plaisir de la chasse; mais je sentais trop l'importance de gagner du terrain pour songer à m'amuser; tout ce que j'accordai à ma nature de chasseur fut de régaler mes yeux du spectacle de ces superbes troupes de bêtes fauves qui prenaient leurs ébats devant moi.

A 7 heures et quart nous bivouaquâmes dans un fourré épais. Au milieu de la nuit, pendant que les feux de garde flambaient encore, je suis éveillé par un grand bruit; arrivant au lieu d'où il partait, je vois un nomble considérable de Turcs portant des torches, cherchant à terre, et ramassant des verroteries et des bracelets de cuivre dont le sol était couvert. Les porteurs de Latouka avaient ouvert les sacs et les paniers où se trouvaient plusieurs quintaux de ces objets, et avaient formé le projet de s'enfuir chargés de ce butin; mais les factionnaires découvrirent ce plan et les soldats les arrêtèrent. Ces gueux de Latoukas n'avaient pas fait preuve de plus de circonspection que des singes, en pillant les bagages, pendant que les soldats montaient la garde. Quelques-uns, pris sur le fait, furent garottés par les Turcs et condamnés sur-le-champ à être fusillés; on fit coucher les autres par terre, et on leur administra une punition salutaire de coups de fouet. Je demandai une commutation de la peine capitale en celle de la schlague; d'abord ma requête fut rejetée, mais je fis remarquer que si on tuait les porteurs, il n'y aurait plus personne pour se charger du bagage. Cet argument pratique sauva la vie de nos voleurs; on leur administra une bonne correction, on les garotta, et on les mit pour le reste de la nuit sous la surveillance d'une forte escorte.

Départ le lendemain matin à 5 heures 25. Pendant quelques heures, nous traversons un fourré très-épais, dans lequel nous apercevons de loin en loin des antilopes. Enfin nous arrivons à une grande plaine marécageuse, où, dans l'éloignement, nous remarquons quantité de ces animaux. N'ayant rien à manger, je résolus d'aller à la chasse, d'autant plus que nous ne nous trouvions pas, selon les apparences, loin de l'endroit où nous devions bivouaquer pour la journée.

Je laissai donc Mme Baker avec mon cheval et une carabine de rechange, tandis que la caravane continuait sa marche. Je me proposais de faire un circuit dans le fourré, et d'attendre l'arrivée du troupeau d'antilopes que ma femme devait simplement chasser devant elle, en chevauchant à travers la plaine et en conduisant mon cheval; si je tirais un coup de fusil, elle devait m'amener ma monture. Après avoir marché la distance d'un mille environ dans le fourré parallèle à la plaine, je vis un troupeau d'à peu près deux cents *Tétels*[1] se dirigeant au grand galop de la plaine dans le fourré; ils avaient été effrayés par les Turcs et les drapeaux rouges qui traversaient le marais. Ces animaux étaient si timides qu'il fallait renoncer à s'en approcher. Je remarquai toutefois plusieurs chevreuils au milieu même du marais, et deux ou trois arbres me présentaient l'occasion de me mettre à l'affût. Ayant le vent en ma faveur, je réussis à atteindre un arbre situé à moins de 250 verges du plus gros chevreuil; et, me mettant à plat ventre dans une espèce de fossé, qui devient un ruisseau pendant la saison des pluies, je m'avançai en rampant jusqu'à un bouquet de gazon élevé qui devait être mon dernier affût. Au moment où je me relevais doucement, je vis le chevreuil qui m'observait avec la plus grande attention. Je tirai ma petite carabine n° 24, mais sans résultat; j'avais visé trop haut. Le chevreuil ne parut pas même s'apercevoir de mon coup de fusil, le premier probablement qu'il eût entendu de sa vie. Il était exactement en face de moi, position toujours la plus défavorable pour un chasseur. Voyant qu'il ne paraissait pas disposé à changer de place, je rechargeai le canon de droite sans tirer celui de gauche. Je calculai la portée d'après ce qui m'était précédemment arrivé; un moment après, l'animal sauta en l'air, puis il retomba à genoux, et enfin s'enfuit galopant sur trois pattes, une des jambes de devant étant brisée. J'avais entendu le son sec de la balle, mais le résultat n'était pas fort satisfaisant. Me retournant pour chercher mon cheval, je vis Mme Baker arriver au galop, m'amenant Filfil, tandis que Richarn courait par derrière aussi vite que possible.

Dès qu'elle fut arrivée, je montai Filfil, cheval d'une allure très-vive, et, ayant à la main ma petite carabine n° 24, je m'avançai lentement vers le chevreuil blessé, qui se tenait debout à environ un quart de mille, en nous regardant. Je ne m'étais pas approché de lui de cent verges, qu'il partit au grand galop. Hâtant graduellement le pas, je donnai enfin toute liberté à Filfil, car le chevreuil, quoiqu'ayant l'usage seulement de trois pattes, avait de beaucoup l'avance sur nous. Le terrain était raboteux, marécageux et semé de trous faits par les bêtes

1. Le Tétel, ou Hartebeest est le *Damalis lunatus*, de la famille des Antilopes. (M.)

fauves, le soleil l'avait desséché et rendu très-inégal, mauvais pour les chevaux et les antilopes, mais surtout pour les premiers. Cependant après une course d'environ un mille, voyant que je gagnais rapidement sur l'animal, — car j'étais à sa gauche à moins de trois verges de distance, — je tirai ma carabine comme un pistolet, et le tuai d'un coup visé dans l'épaule. Cette petite carabine à deux coups est excessivement commode; elle est du travail le plus fini et a été confectionnée pour moi, il y a environ neuf ans, par Thomas Fletcher, armurier à Gloucester. Je m'en suis servi pour tuer toute sorte de gros gibier; quoique le calibre soit seulement du n° 24, elle m'a servi à abattre rhinocéros, hippopotames, lions, buffles, enfin toute sorte de gros gibier, excepté des girafes et des éléphants; il ne m'est jamais arrivé même de l'essayer sur ces derniers animaux. Elle ne pèse que huit livres et trois quarts; on peut donc s'en servir très-commodément à cheval, et, quoiqu'il me soit arrivé bon nombre d'accidents par suite des chutes de mon cheval s'abattant en plein galop, la monture de cette carabine est encore aujourd'hui parfaitement solide. La meilleure preuve de l'excellence du travail, c'est que, pendant le eours dc plusieurs années de service continuel, elle n'a jamais eu besoin de réparation; jamais elle n'a été entre les mains de l'armurier.

Je ne pris pas beaucoup de temps pour couper le chevreuil en quartiers et l'envelopper ensuite, en cet état, dans un morceau de sa propre peau. Avec l'aide de Richarn, je l'attachai sur ma selle, et conduisis vers le sentier mon cheval ainsi pesamment chargé. J'eus quelques difficultés à traverser certains endroits creux et boueux du marais, qui, ailleurs, était desséché; mais nous réussîmes enfin à retrouver les traces de nos compagnons, qui étaient bien en avant.

Nous nous étions dirigés d'Ellyria vers l'est, sur le pic élevé du Gebel Lafeit, qui domine exactement une des villes principales du Latouka. Avec ce point de repère immédiatement devant nous, Il n'y avait pas le moindre embarras à trouver le chemin. Le pays ouvert était d'un sol sablonneux, parsemé d'arbres de l'espèce du *hegleek*, qui lui donnaient l'apparence d'un immense verger de grands poiriers. Le *hegleek* contient tant de potasse que même les cendres du charbon fait avec cet arbre cautérisent la langue. Le fruit est de la dimension et de la forme d'une datte; la saveur en est très-douce et aromatique; il est également si riche en potasse qu'on s'en sert comme de savon.

Après une heure de marche sur la trace de nos compagnons, nous vîmes dans l'éloignement une grande bourgade Latouka, et, en nous approchant, nous aperçûmes, à l'ombre de deux arbres, un rassemblement très-nombreux. Bientôt, il y eut une salve de mousqueterie, les tambours battirent, et nous distinguâmes une troupe d'environ cent hommes, s'avançant à la suite des étendards turcs; en s'approchant de nous, ils nous firent le salut ordinaire, chaque homme tirant coup sur coup des cartouches à balle. Mes gens avaient déjà rejoint cette horde de bandits avec laquelle ils s'étaient entendus par une sorte de complot. Ils marchaient vers moi pour m'honorer d'un salut; enfin, lorsqu'ils se trouvèrent tout près, ils terminèrent en renversant le canon de leurs carabines, et tirant une salve presque entre mes jambes. Je compris sur-le-champ le motif de cette réception; ils avaient déjà appris de l'autre caravane des nouvelles exagérées des cadeaux que j'avais faits à Ibrahim, et ils étaient jaloux de me voir accorder ma confiance à leurs rivaux. Le *vakil* de Chenouda était l'homme même qui avait, dès le principe, excité mes gens à se révolter et à se réunir à lui; dans ce moment, il était escorté par deux des scélérats qui avaient déserté d'auprès de moi à Gondokoro. Il était convenu que le reste de ma troupe se révolterait à l'endroit où nous étions, et m'abandonnerait *avec armes et munitions*. Nous nous trouvions au point fixé pour l'émeute; cette réception, pleine de cordialité, n'avait d'autre but que d'endormir mes soupçons.

Je me renfermai dans les limites d'une froide politesse, et, les suppliant de ne pas dépenser inutilement leur poudre, j'allai m'asseoir avec Mme Baker à l'ombre d'un grand arbre, où nous fûmes bientôt entourés de nègres du pays et de gens de la caravane. Mohammed Her m'envoya immédiatement un bœuf gras pour mes gens, et, afin de ne pas être en reste avec lui, je lui fis sur-le-champ cadeau d'un fusil à deux coups. Le bœuf fut abattu aussitôt, et, comme mes gens préféraient le bœuf au gibier, je distribuai les quartiers du chevreuil aux portefaix de la troupe d'Ibrahim. De cette façon, tous les râteliers eurent de l'ouvrage. Ibrahim, avec sa caravane, se reposait à l'ombre d'un autre arbre à environ 150 verges de là.

Laomé (tel est le nom de la ville) l'une des principales places du pays de Latouka, est fortement palissadée, comme Wakkala. Sans y entrer, je me contentai de m'asseoir sous mon arbre et de rédiger mon journal d'après les notes que j'avais prises. Bientôt une dispute très-vive s'élève entre les gens d'Ibrahim et ceux de Mohammed Her. Celui-ci déclare que personne n'a le droit de traverser ce pays qui lui appartient d'après la coutume du Nil Blanc; il ne permettra pas aux gens d'Ibrahim d'aller plus loin, et, s'ils persistent, il les repoussera par la force. On s'injurie; Ibrahim ne craint rien, car sa caravane compte 140 hommes contre 105; les gros mots s'échangent libéralement, et les naturels se groupent autour des disputants, ravis de ce qui se passe. Enfin Mohammed Her devenant très-violent, il est saisi à la gorge par Sulieman, vigoureux *choush* ou sergent du parti d'Ibrahim, qui l'envoie rouler au loin. Une grande confusion en résulte, et les deux caravanes, après s'être préparées pour un combat, finissent par rester tranquilles. Tout ce fracas n'aboutit à rien. Je remarque cependant que mes gens prennent tous parti contre Ibrahim; ils font partie, en effet, de la tribu de Mohammed Her.

Le soir arrivé, mon *vakil*, avec son astuce ordinaire, me demande si je compte repartir le lendemain. — Les environs, me dit-il, abondent en gibier, et, comme le camp d'Ibrahim n'est pas à plus de cinq heures de marche, je pourrai m'y rendre sans difficulté, si je le juge à propos. — Un grand nombre de mes gens sont là, de fort mauvaise humeur, attendant ma réponse. Je leur dis que nous partirons de conserve avec Ibrahim. Ils me tournent immédiatement le dos, et se dirigent vers la ville de la manière la plus insolente, murmurant quelques paroles que je ne puis saisir. J'ordonne de suite que pas un ne couche en ville, mais qu'ils soient tous à leur poste près du bagage sous l'arbre où je me trouvais. A la brune, plusieurs hommes sont absents, et le *vakil* a de la peine à les ramener. Les caravanes rivales passent la nuit entière à se chamailler et à se battre. A 5 heures 30 du matin, les gens d'Ibrahim se rassemblent au son du tambour avec la plus grande vivacité, les portefaix sont réunis, on se prépare à partir; où est mon *vakil?* Point de *vakil.* Mes hommes sont nonchalamment étendus dans les endroits où ils ont dormi, et, excepté Richarn et Saat, pas un n'obéit à l'ordre que j'ai donné de se mettre en route. Nouveau commandement de se lever et de charger les animaux; personne ne bouge, excepté deux ou trois hommes qui se lèvent lentement, et restent là appuyés sur leurs fusils. Cependant Richarn et Saat amènent les chameaux, qu'ils font mettre à genoux pour les charger. Saat évidemment s'attendait à une bagarre, et quoiqu'il fût occupé avec les négresses à disposer les bagages, il ne me perdait pas de vue.

Je remarquai tout près de moi, à ma droite, et en avant des hommes qui venaient de se lever, le nommé Bellaal qui me toisait de la tête aux pieds avec la dernière insolence. Il avait son fusil à la main, et faisait du regard des signes aux coquins qui se trouvaient près de lui, tandis que pas un des autres ne songeait à se remuer, quoiqu'ils fussent, pour ainsi dire, à mes pieds. Feignant de ne pas remarquer ce drôle, qui, comme je l'avais bien pensé, était encore une fois le chef de l'émeute, je commandai pour la troisième fois aux hommes de se lever de suite, et de charger les bêtes de somme. Aucun d'eux ne bougea ; mais cet impudent Bellaal vint à moi, et, me regardant en face, frappa la terre de la crosse de sa carabine d'un air de défi, et donna le signal de l'émeute. « Personne n'ira avec vous ! » s'écria-t-il. « Allez où il vous plaira avec Ibrahim, mais nous ne vous suivrons pas; nous ne bougerons pas d'un pouce. Les hommes ne chargeront pas les chameaux ; donnez cette besogne aux nègres; nous n'en voulons pas. »

Pendant un instant, je regardai mon drôle. La conspiration avait éclaté, et je me ressouvins des menaces et de l'insolence qu'il m'avait fallu endurer à cause de l'expédition. « Armes bas! » m'écriai-je d'une voix de tonnerre, « et chargez les chameaux! » — « Je n'en ferai rien, » répondit-il. — « Reste donc là ! » lui dis-je, lui assénant sur la mâchoire avec ma main droite, un coup aussi prompt que l'éclair.

Il roula à terre d'un côté, son fusil de l'autre, et le misérable resta étendu sans connaissance au milieu du bagage, tandis que quelques-uns de ses camarades coururent remplir envers lui les devoirs du bon Samaritain. Profitant de la terreur panique que je venais de répandre, je me précipitai la carabine à la main au milieu des hommes qui hésitaient encore, et, les prenant l'un après l'autre par la gorge, je les entraînai vers les chameaux que je leur ordonnai de charger sans mot dire. Tous obéirent, excepté trois qui soignaient leur chef. Richarn et Saat leur crièrent de se hâter, et le *vakil*, qui arrivait en ce moment, voyant où en étaient les choses, nous aida lui-même et persuada aux hommes d'obéir. La caravane d'Ibrahim était en route. Nos bêtes furent bientôt chargées, et, les laissant sous la surveillance du *vakil*, nous nous mîmes au galop pour rejoindre Ibrahim. J'avais réprimé l'émeute et donné un tel exemple, que les mécontents devaient désormais avoir de la peine à trouver un chef pour une nouvelle conspiration. Ainsi finit le fameux complot dont Richarn et Saat m'avaient informé lors de notre départ de Gondokoro ; voilà où tout avait abouti, malgré la menace de tirer ensemble sur moi, et d'abandonner ma femme dans le désert. Dans ces pays sauvages, le succès dépend souvent d'un moment précis. Selon ce que vous faites à cet instant critique, vous pouvez triompher ou succomber sans retour. Nous nous félicitâmes de l'issue de cette affaire, qui, je l'espérais, serait la dernière de toutes les tentatives d'émeutes.

Le pays devenait charmant. Nous étions au pied du mont Lafeit, qui s'élevait abruptement sur notre gauche à une hauteur d'environ 3000 pieds ; c'est le pic le plus considérable de la chaîne orientale qui enclot la large vallée de Latouka. Celle-ci du S.-E. au N.-O. court pendant quarante milles sur dix-huit de largeur ; paysage varié : bois, fourrés épais, plaines ouvertes et les éternels *hegleeks*, qui, en quelques endroits, ont l'air de forêts. L'extrémité sud de la vallée est bornée par une chaîne de hautes montagnes s'élevant de six à sept mille pieds au-dessus du niveau moyen de la vallée tandis qu'au point extrême l'issue se trouve presque fermée par un superbe pic isolé, d'environ 5000 pieds de hauteur.

Notre chemin passait au pied de la chaîne du Lafeit ; le sol sablonneux mais compact, était formé de morceaux de granit que les pluies torrentielles précipitaient du haut des montagnes. Nous nous avancions rapidement sur une route naturelle égalant la meilleure grande route d'Angleterre.

Nous rattrapâmes bientôt Ibrahim et sa caravane, et nous leur donnâmes le récit de la fameuse rébellion. Toute la file de portefaix se groupa promptement, car nous étions dans le voisinage d'une ville de Latouka qui est hostile aux Turcs et aux voyageurs en général. Soudain un des porteurs jette au loin son fardeau et s'élance vers le village en courant de toute sa force à travers la plaine. Il avait presque la vitesse d'une antilope. Une demi-douzaine de Turcs s'élancent à sa poursuite. « Tuez-le ! Tirez sur lui ! Abattez-le ! » s'écrient les gens de la caravane, et vingt hommes couchent en joue le fuyard qui distançait ses ennemis comme un cheval le ferait d'un bœuf.

Afin de sauver ce pauvre diable, je me mis à sa poursuite, monté sur Filfil, et ayant soin de me tenir entre les Turcs et lui, de telle sorte qu'on ne pût tirer. Après quelques instants de course je le joignis, mais il continua de courir, et ne s'arrêta pas même lorsque je le saisis. Il se borna à jeter sa lance à terre. Comme je ne pouvais parler sa langue, je lui fis signe de se tenir à la crinière de mon cheval, et que personne ne lui ferait de mal. Se cramponnant alors des deux mains aux crins de Filfil, le malheureux se jeta presque sous mes genoux pour y chercher un refuge protecteur. Les Turcs arrivèrent hors d'haleine, et le malheureux nègre parut aussi épouvanté que le serait un lièvre au moment où il est saisi par le lévrier. « Tuez-le ! » s'écrièrent-ils tous à la fois, « à la bonne heure, *Hawaga* (monsieur) ! vous l'avez joliment pourchassé ! Sans votre cheval jamais nous n'eussions pu le rattraper. Allons, poussez-nous le ! Nous allons le fusiller comme un exemple pour les autres. » J'expliquai qu'il m'appartenait, puisque je l'avais saisi, de sorte que je ne pouvais permettre qu'on le tuât. « Eh bien ! » reprirent-ils, « nous allons lui donner 500 coups de courbache ! » Je repoussai de même cette offre généreuse, et j'insistai pour qu'il m'accompagnât jusqu'auprès d'Ibrahim entre les mains duquel je voulais le remettre. De cette façon, le pauvre diable revint se cramponnant toujours à la crinière de mon cheval, et toute la caravane le reçut avec des cris de dérision.

Je priai Ibrahim de lui pardonner cette fois, s'il promettait de porter sa part des fardeaux jusqu'à la fin du voyage. Sans se le faire répéter, le nègre ramassa son pesant bagage de même que si c'eût été une plume, et reprit sa place dans la file comme si rien n'était arrivé.

Ce petit événement peut sembler trivial, mais il me fut du plus grand service, car il me recommanda aux Turcs et aux naturels du pays. J'entendais les premiers se parler entre eux, louant la vitesse de mon cheval, et se félicitant de ce que les porteurs ne pourraient plus s'enfuir, maintenant qu'ils savaient la facilité avec laquelle ils seraient rattrapés. « Wah Illahi, » disait un d'eux, « je ne me soucierais guères d'être si près d'un nègre, ayant sa lance à la main. Je croyais qu'il allait se retourner et la jeter à travers le corps du *Hawaga.* » Les Turcs me regardaient donc comme leur allié ; en même temps les Latoukas me tenaient pour un ami puisque j'avais arraché un des leurs à la mort ; ils témoignèrent leurs approbations par des grimaces sur le sens desquelles on ne pouvait se tromper, pendant que je parcourais le front de la ligne, et en criant : « morrté, morrté, mattat ! » (salut, salut, ô chef !)

En arrivant à une bourgade assez grande, nommée Kattaga, nous nous assîmes à l'ombre d'un immense tamarinier. Aucun signe de mes hommes ou de mes animaux ; je commençai à craindre quelque mésaventure. Nous les attendîmes deux heures. Gravissant une petite élévation de terrain, je les vis enfin paraître ; tous mes gaillards excepté Richarn étaient montés sur mes ânes, quoique ces pauvres bêtes fussent déjà surchargées par des fardeaux de 150 livres chacune. A ma vue, ils mirent tous pied à terre. Lorsqu'ils arrivèrent près de moi, je vis que trois d'entre eux, y compris Bellaal, s'étaient esquivés pour rejoindre la caravane de Mohammed Her, emportant avec eux mes fusils et mes munitions. Deux autres avaient déjà déserté auparavant ; cinq de mes hommes étaient donc maintenant au service des chasseurs d'esclaves, et je me doutais bien que les autres suivraient leur exemple.

Mon petit *vakil* me dit en arrivant, en présence de ses compagnons, que tandis que les uns avaient déserté, les autres s'étaient refusés absolument à l'aider à les désarmer ; aussi mes fusils et mes munitions avaient été emportés de force. Je tançai vertement le petit *vakil* et les autres hommes ; quant aux rebelles qui avaient passé du côté des chasseurs d'esclaves, « Inshallah, m'écriai-je, les vautours se repaîtront de leurs os ! »

Mes hommes et les Turcs n'oublièrent jamais ce vœu charitable exprimé par moi avec le plus vif sentiment de haine. Comme ils croient fermement aux sortilèges, leurs craintes superstitieuses furent immédiatement éveillées.

Poursuivant notre marche à travers un pays du même caractère que celui que nous venions de parcourir, nous arrivâmes bientôt en vue de Tarrangollé, chef-lieu du Latouka. C'était là que se trouvait la station d'Ibrahim. Nous étions à 13 mille de Latomé, station de Mohammed Her, où la désertion de mes gens avait eu lieu, et suivant l'estime nous devions nous trouver à 101 milles de Gondokoro.

Près de la ville croissaient quelques arbres superbes; nous campâmes à l'ombre, jusqu'à ce que les naturels eussent préparé une tente pour notre réception. Une foule compacte nous environna bientôt; les chameaux, la femme blanche étaient pour eux des objets de curiosité. Quant à moi, devenu presque aussi brun qu'un Arabe, ils ne me regardaient pas avec surprise.

Les Latoukas sont les plus beaux sauvages que j'aie jamais vus. Je pris la mesure de plusieurs d'entre eux lorsqu'ils vinrent sous ma tente, et en déduisant deux pouces pour l'épaisseur de leurs casques en feutre, je trouvai que leur hauteur moyenne était de 5 pieds 11 pouces et demi (mesure anglaise = 1m. 82c.). Ils ne sont pas seulement de belle taille, mais bien formés, ayant des bras et des jambes admirablement proportionnés; quoique très-forts, ils ne pèchent pas par la corpulence. Par la conformation de la tête et la physionomie en général, ils diffèrent tout à fait des autres tribus du voisinage du Nil Blanc. Fronts hauts, grands yeux, pommettes assez saillantes, bouche bien faite, pas trop grande, lèvres assez épaisses. Ils ont tous une physionomie fort agréable, et leurs manières polies forment le contraste le plus frappant avec celles des autres tribus. Somme toute, leur ensemble annonce une origine Galla, et il est probable que la tribu des Latoukas a pour origine quelque très-ancienne invasion de ce pays par des Gallas.

Une des principales branches, peut-être le courant principal de la rivière Sobat, n'est qu'à quatre journées de marche (50 milles) à l'est de Latouka, et les naturels lui donnent le nom de Chol. Le bord Est de cette rivière est occupé par les Gallas qui ont souvent envahi le pays des Latoukas. Ce qu'il y a d'intéressant, c'est que les Gallas étaient toujours, dit-on, montés sur des *mulets*. Les tribus du Nil Blanc ne connaissent ni chevaux, ni chameaux, ni autres bêtes de sommes; l'existence de mulets à l'orient du Chol est donc un trait caractéristique. Comme l'Abyssinie et le pays des Gallas sont fort renommés pour une excellente race de ces animaux, nous avons la présomption la plus forte que la tribu Akkara des bords du Chol consiste en véritables Gallas ; et les Latoukas peuvent être de la même origine et provenir de colonisations faites après la conquête.

Moy, le grand chef des Latoukas, m'assura que ses gens ne pouvaient résister à la cavalerie des Akkaras, quoique leur propre infanterie fût supérieure à celles de toutes les autres tribus.

J'ai entendu les marchands de Khartoum soutenir qu'ils peuvent distinguer l'une de l'autre toutes les tribus du Nil Blanc par leur type respectif. C'est, je l'avoue, ce que je ne saurais faire. En vain ai-je essayé de déterminer une différence notable ; la seule que je puisse constater dépend de la manière de s'arranger les cheveux ou de se parer. Cette différence est fort embarrassante et peut induire en erreur un observateur superficiel ; mais depuis le commencement des tribus nègres au 12° degré de latitude Nord, jusqu'à 4° 30′ de latitude dans l'Ellyria, je n'ai trouvé aucune différence spécifique. Le changement a lieu soudain quand on arrive au Latouka, et s'explique par le mélange avec les Gallas.

Les Latoukas sont beaux, francs et braves. Loin d'avoir l'air sombre des peuplades que j'avais traversées jusqu'alors, ils étaient très-gais, et toujours disposés à rire ou à se battre. La ville de Tarrangollé consistait en trois mille maisons environ. Non-seulement des palissades de bois de fer environnaient la ville, mais chaque maison était défendue par une petite cour fortifiée. Les bestiaux, parqués dans de vaste kraals situés à différents endroits, sont traités avec le plus grand soin. Pendant la nuit, de grands feux allumés les protégent contre les mouches ; de hautes estrades à trois étages sont élevées de distance en distance, et on y place nuit et jour des sentinelles qui donnent l'alarme en cas de danger. Le bétail forme la richesse du pays, et les Latoukas en ont tant que dans chaque ville importante on compte de dix à douze mille bœufs. Aussi les habitants sont-ils toujours sur le qui vive, craignant les attaques des tribus voisines.

Quelques-unes des maisons ont la forme de cloches ; les autres ressemblent exactement à de grands éteignoirs de vingt-cinq pieds de hauteur. Les toits, généralement en chaume, sont construits à un angle de 75° environ sur un mur circulaire d'à peu près quatre pieds de haut; chaque toiture est donc une espèce de bonnet descendant à moins de deux pieds et demi du sol. La porte n'ayant que deux pieds deux pouces de hauteur, on ne peut y entrer qu'à quatre pattes. L'intérieur est très-propre mais sombre, car les architectes de la localité ne savent pas ce que c'est qu'une fenêtre. Chose singulière, la forme circulaire est la seule adoptée pour la construction des huttes parmi toutes les tribus de l'Afrique centrale, aussi bien que par les Arabes de la haute Égypte; et quoique la forme du toit présente des différences plus ou moins notables, nulle part on n'est encore parvenu à faire une fenêtre. La ville de Tarrangollé a plusieurs portes en forme de voûtes, ménagées sous les palissades; à la nuit tombante on ferme ces portes au moyen de grandes branches d'une sorte de mimosa à fortes épines. La principale rue est large; mais toutes les autres sont construites exprès pour n'admettre qu'une seule vache de front entre de hautes barrières. De la sorte, en cas d'attaque, ces passages étroits peuvent être facilement défendus, et il serait difficile de chasser les nombreux troupeaux de bœufs excepté par la grande rue. Les vastes kraals à bestiaux sont tous disposés de manière à communiquer avec cette voie, et l'entrée de chaque kraal est une petite porte voûtée pratiquée dans la palissade de bois de fer et assez étroite pour ne laisser passer qu'un bœuf à la fois. Suspendue à la clef de voûte se trouve une cloche faite de la coque du fruit du palmier Dolape, et, en entrant, chaque animal donne forcément du dos ou des cornes contre cette cloche. Chaque tintement annonce le passage d'un bœuf, et par ce moyen on compte les troupeaux le soir, lorsqu'ils reviennent des pâturages.

Pendant notre marche depuis Latomé, j'avais remarqué dans le voisinage des différentes villes des amas de débris humains. Os et crânes formaient un véritable Golgotha à moins d'un quart de mille des habitations. Les uns étaient dans des pots de terre généralement cassés; les autres dispersés çà et là; un petit amas placé au milieu montrait qu'une certaine régularité avait présidé dans l'origine à l'arrangement de ces débris. Cette circonstance me fut expliquée par une coutume singulière que les

Latoukas observent rigoureusement. Quand un homme meurt sur le champ de bataille, on laisse son cadavre au lieu où il a été frappé, pour être dévoré par les vautours et les hyènes; mais s'il meurt de mort naturelle, son corps est enterré dans une fosse de peu de profondeur, à quelques pieds de sa porte, dans la petite cour qui entoure chaque habitation : on exécute alors pendant plusieurs semaines des danses funèbres en honneur du défunt; puis quand le cadavre est suffisamment décomposé, on l'exhume. Les os sont alors nettoyés, mis dans un pot de terre et placés dans un endroit qui sert de cimetière. Ce cimetière, je le remarquai, n'est pas tenu pour spécialement sacré; car on y voit des ordures déposées même sur les os, ce qui, dans des pays civilisés, serait regardé comme un outrage.

La description de la toilette des naturels n'offre pas de difficultés; celle des hommes est très-simple, se réduisant à ce qui couvre la tête; le reste du corps est entièrement nu. Il est curieux de remarquer la vanité que toutes ces tribus déploient dans leur coiffure; chacune a sa mode différente et invariable, et les détails en sont si compliqués que la coiffure est là une véritable science. Les dames Européennes seraient étonnées d'apprendre que huit ou dix ans suffisent à peine pour terminer l'agencement de la chevelure d'un Latouka. L'opération doit être ennuyeuse, mais le résultat est parfait. Les Latoukas portent des casques du travail le plus exquis, entièrement faits de leurs propres cheveux, et par conséquent fixés sur la tête. Au premier abord, on ne le croirait jamais; mais un examen très-minutieux prouve avec quelle persévérance le travail des années a dû se prolonger afin de produire un résultat incommode. Les cheveux épais et crépus sont entrelacés avec une espèce de ficelle faite de l'écorce d'un arbre, le tout formant un épais réseau de fourrure. A mesure que les cheveux poussent à travers cette sorte de natte, ils sont arrangés de la même façon jusqu'à ce que, au bout d'un certain nombre d'années, le sommet de la tête se trouve surmonté d'une substance compacte ressemblant à un feutre, d'environ un pouce et demi d'épaisseur et de la forme d'un casque. On fabrique un rebord solide, de deux pouces en cousant les cheveux avec du fil; puis le devant du casque est protégé par un morceau de cuivre poli, tandis qu'une seconde pièce du même métal, ressemblant à la moitié d'une mitre

Commoro, chef de guerre des Latoukas.

d'évêque et longue d'environ un pied, forme le haut. Quand le casque est ainsi terminé, il reste à l'embellir de verroteries, si le propriétaire de la tête est assez riche pour se passer cette fantaisie. Les perles les plus recherchées sont les porcelaines rouges et bleues grosses comme des petits pois. On les coud sur la surface du feutre et on les arrange si bien en sections alternatives bleues et rouges que le casque entier semble fait de perles, et le morceau de cuivre poli surmonté d'une plume d'autruche donne à cette coiffure laborieuse l'air le plus digne et le plus martial. Aucun casque ne passe pour complet s'il ne porte pas un rang de coquilles de cauris cousues autour de l'extrémité de manière à former un rebord solide.

Les Latoukas n'ont ni arcs ni flèches; leurs armes consistent en une lance, une terrible massue à tête de fer, un couteau ou un sabre à longue lame, et en un affreux bracelet de fer garni de lames de couteaux d'environ quatre pouces de long sur un demi-pouce de large. Les hommes se servent de ce bracelet pour frapper lorsqu'ils sont désarmés, et pour déchirer la chair de leurs ennemis lorsqu'une lutte s'engage. Leurs boucliers sont faits de cuir de buffle ou de peau de girafe; cette dernière est fort prisée comme très-dure quoique légère, réunissant ainsi les deux qualités requises pour un bon bouclier. Ces armes défensives ont généralement quatre pieds six pouces de long sur deux pieds de large, et sont les plus grandes que j'aie vues. Somme toute, les Latoukas sont parfaitement préparés pour le combat.

Quoique les hommes mettent tant de peine à se coiffer, les femmes sont fort simples. Il est assez singulier que, tandis que leurs maris sont remarquables par leur beauté, elles le sont, elles, par leur laideur. Ce sont d'immenses créatures avec des membres gigantesques, et généralement d'une taille de cinq pieds sept pouces. La supériorité de leur force musculaire, comparée à celle des femmes des autres tribus, peut s'apprécier par les dimensions des jarres d'eau qu'elles ont à porter; ces ustensiles ont une capacité double de celle des vases que j'ai vus ailleurs, et contiennent en moyenne dix gallons; les femmes les remplissent d'eau à une source située à environ un mille de la ville. Elles portent de très-longues queues, comme celles des chevaux, faites de cordes très-fines, puis enduites d'ocre rouge et de graisse. Ces appendices leur sont fort utiles lorsqu'elles rampent à quatre pattes dans leurs chaumières. Elles sont parées, en outre, par devant, d'un tablier de cuir. Si jamais je retourne dans ce pays, je ne manquerai pas d'apporter avec moi des tabliers de francs-maçons pour ces pauvres créatures; je suis sûr qu'ils feraient fureur. Les seules vraiment jolies femmes que je vis dans le pays de Latouka, étaient Bokké, femme du chef, et sa fille. Elles se ressemblaient comme deux gouttes d'eau, l'une ayant pourtant l'avantage d'être la seconde édition de l'autre. Hommes et femmes témoignaient beaucoup d'avidité pour les perles de tout genre; les plus recherchées étant la porcelaine rouge et bleue, et une grande perle jouant l'opale et ayant la dimension d'une bille d'enfant.

Le jour après mon arrivée à Latouka, le chef me donna une hutte au milieu d'une cour fort propre et cimentée avec de l'argile, des cendres et de la fiente de vache. Comme je n'appréciais pas les avantages d'une porte de deux pieds de haut, je plantai ma tente dans la cour, et me servis de la hutte pour serrer mon bagage. Tout étant arrangé, je fis déployer un grand tapis de Perse par terre, et reçus le chef avec les honneurs dus à son rang. Ibrahim me le présenta et je pus faire usage de son interprète. Je commençai la conversation en faisant étaler sur le tapis plusieurs colliers de verroterie de choix, des barres de cuivre et des mouchoirs de poche en coton de couleur. Il était amusant de voir la joie que manifesta Sa Majesté en apercevant un collier de cinquante petits *berrets* (perles en opale de la grosseur d'une bille). C'était la première fois qu'il y en avait dans le pays, et, par conséquent, elles paraissaient du plus grand prix. Il ne les eut pas plutôt contemplées avec une satisfaction évidente qu'il me demanda un second collier pour sa femme. Sans cela, elle serait de très-mauvaise humeur. J'ajoutai donc pour la dame un cadeau au tas de verroterie déjà assez considérable, qui se trouvait sur le tapis devant lui. Il examina ses trésors avec un véritable orgueil, puis soupira profondément, et, se tournant vers l'interprète: « Quel tapage, » dit-il, « il va y avoir dans ma maison, lorsque mes autres femmes verront Bokké (sa principale épouse) parée de tout ceci. Dites au *mattat* que s'il ne donne pas aussi des colliers à mes autres femmes, elles se battront, pour sûr! » Je lui demandai quel était le nombre de ces dames qui lui inspiraient tant d'inquiétude. Il se mit délibérément à compter

Bokké, femme du chef des Latoukas.

sur ses doigts, et, ayant fini ceux d'une main, il allait passer à la seconde, lorsque je fis un compromis avec lui, et, le priant de ne pas passer la revue de toute sa famille, je lui donnai trois livres de perles de diverses espèces, à distribuer entre les femmes. Il parut au comble de la joie, et déclara qu'il enverrait son sérail tout entier faire visite à Mme Baker. Perspective terrible, car chaque personne compterait sans doute recevoir un cadeau, et, de plus, amènerait probablement avec elle un enfant ou un ami pour qui la même faveur serait réclamée. Je lui dis donc que la chaleur était trop grande pour que nous pussions recevoir dans la tente une aussi nombreuse compagnie; mais que si Bokké, sa sultane favorite, voulait prendre la peine de venir, nous serions charmés de la voir. Il repartit, et, bientôt après, nous fûmes honorés de la visite promise. Bokké et sa fille furent annoncées, et je n'ai jamais vu deux plus jolies *sauvagesses*. Elles étaient très-propres; leurs cheveux coupés court, comme c'est l'habitude pour toutes les femmes du pays, étaient enduits d'ocre rouge et de graisse pour leur donner un teint de vermillon; leurs joues et leurs tempes étaient légèrement tatouées. Elles s'assirent avec la plus grande surprise sur le tapis aux nombreuses couleurs, et s'extasièrent devant les premiers blancs qu'elles eussent encore vus. Nous leur donnâmes à toutes deux une quantité de colliers de perles bleues et rouges, et je fis un portrait fort ressemblant de Bokké. Elle nous dit que les gens de Mohammed Her étaient fort mauvais; ils avaient brûlé et pillé un de ses villages, et un des Latoukas venait de mourir des suites d'un coup de feu, qu'il avait reçu dans la bataille; on devait exécuter pour lui la danse funèbre le lendemain, et elle serait charmée de nous y voir assister. Elle me fit ensuite beaucoup de questions. Combien avais-je de femmes? Grande fut sa surprise lorsqu'elle apprit qu'une seule me suffisait; cette idée parut l'amuser beaucoup, et elle en rit aux éclats avec sa fille. Elle me dit que Mme Baker aurait bien meilleur air, si elle voulait se faire arracher les quatre dents de devant de la mâchoire inférieure, et se couper les cheveux suivant la mode du pays; pourquoi ne consentirait-elle pas à se faire percer la lèvre de dessous, et à y porter le long morceau de cristal pointu de la grandeur d'un crayon, qui est regardé par les Latoukas comme si distingué? Aucune femme latouka, ayant la moindre prétention au *bon genre*, ne voudrait vivre sans cet ornement; et, un de mes thermomètres étant brisé, je cassai le tube en trois morceaux qui formèrent aussitôt des cadeaux de la plus haute valeur, destinés à parer ainsi la lèvre inférieure de ces dames. Pour empêcher le morceau de verre de tomber, on le fixe au moyen d'un peu de ficelle attachée dans l'extrémité intérieure, et, comme cette extrémité s'avance dans l'espace vide formé par l'extraction des quatre dents, la langue la met en mouvement, ce qui produit l'effet le plus ridicule durant la conversation.

Je n'ai pu comprendre pourquoi les tribus du Nil Blanc se font toutes arracher les quatre dents de devant de la mâchoire inférieure. Si la viande était tendre, la perte ne tirerait pas à conséquence; mais je me suis convaincu par une longue expérience combien le râtelier le plus solide a de la peine à fonctionner sur un beefsteak latouka. Il est difficile de définir la véritable beauté; ce qui est un défaut ici est un charme plus loin; en Europe, on regarde les cicatrices sur la figure comme une imperfection, ici, au contraire, et aussi chez les Arabes, il n'est pas de beauté parfaite si les tempes et les joues ne sont pas lacérées de blessures. Les Arabes se font à la joue trois blessures qu'ils frottent avec du sel et une espèce de pâte (*asida*), afin de produire de véritables bourgeons charnus; toutes les esclaves femelles, prises par les chasseurs d'hommes, sont ainsi défigurées pour qu'elles puissent être reconnues et aussi pour augmenter leurs charmes. La position et la forme de la cicatrice varient suivant les tribus.

Les Latoukas font subir la même opération au front et aux tempes de leurs femmes, mais ils ne cherchent pas à produire ces excroissances que les Arabes aiment tant.

La polygamie, comme de raison, est la coutume générale; le nombre des femmes est en proportion de la richesse de chaque individu, exactement de même que la quantité de chevaux en Angleterre. Il n'existe rien ici qui rappelle l'amour; le sentiment n'existe pas, il ne se comprendrait pas dans le sens que nous y attachons nous-mêmes. Tout ici est essentiellement pratique; rien de romanesque. Les femmes sont appréciées à raison de leur valeur comme animaux d'exploitation. Elles préparent la farine, vont chercher l'eau, ramassent le bois de chauffage, cimentent le plancher de la chaumière, font la cuisine et propagent l'espèce ; mais ce sont de véritables esclaves, et c'est à ce titre qu'elles ont du prix. Une jeune femme vigoureuse, de bonne mine, capable de porter une lourde cruche d'eau, vaut dix vaches ; ainsi un homme riche en bétail peut se procurer une grande quantité de bonheur domestique, puisqu'il a les moyens d'acheter un grand nombre de femmes. Quelque charmante que soit une nombreuse famille de filles en Angleterre, ce sont des trésors coûteux ; dans le Latouka, au contraire, et les autres pays sauvages, les filles sont des sources de gros bénéfices. D'après la règle des proportions, il est clair que, si une fille vaut dix vaches, dix filles en valent cent ; donc, une nombreuse famille est une source de richesses. Les filles amènent les vaches et les garçons sont chargés de les traire. Comme la nudité est complète, les frais de toilette sont nuls, et les enfants servent de bergers comme au temps des patriarches. La multiplicité des femmes, en augmentant la famille, augmente, de la sorte, la richesse. C'est un résultat pratique, qui entravera, pour longtemps, je le crains, l'œuvre des missions.

Un sauvage tient à ses vaches et à ses femmes, mais surtout à ses vaches. Dans une bataille, il résistera rarement pour défendre les premières, mais il fera tout au monde afin de conserver les autres. J'avais, en ce moment, devant mes yeux, un exemple frappant de cette théorie.

Un jour, à environ trois heures de l'après-midi, les gens d'Ibrahim partirent pour quelque expédition mystérieuse, et revinrent vers minuit avec le même mystère. J'appris le lendemain qu'ils avaient voulu attaquer un poste sur les montagnes, mais, trouvant que l'entreprise présentait de trop grandes difficultés, ils étaient revenus sans rien faire. Le surlendemain, j'appris qu'il y avait eu quelque désastre, et que toute la troupe de Mohammed Her avait été massacrée. Les naturels semblaient fort inquiets, et messager sur messager arrivait confirmant la nouvelle que Mohammed Her avait attaqué le village même dont les gens d'Ibrahim voulaient se rendre maîtres, et que la troupe entière était exterminée.

Le lendemain matin, j'envoyai à Latomé aux enquêtes dix de mes gens avec un détachement de ceux d'Ibrahim. Ils revinrent dans l'après-midi du jour suivant, ramenant deux blessés. Il paraît que Mohammed Her avait commandé à ses 110 soldats, renforcés de 300 nègres, de faire, dans un certain village de la montagne, une razzia d'esclaves et de bétail. Ils avaient réussi à brûler un hameau et à saisir un grand nombre de captives. Ayant traversé le défilé, un des naturels leur indiqua un chemin qui devait les conduire vers un troupeau considérable que personne n'avait encore découvert. Ils remontèrent donc la montagne par un sentier différent, arrivèrent au kraal, et se mirent à chasser les bestiaux devant eux. Les Latoukas n'avaient pas fait le moindre effort pour défendre leurs femmes et leurs enfants que l'on emmenait en esclavage; mais ils bravèrent courageusement le feu de la mousqueterie pour protéger les bestiaux, chargèrent les Turcs et les repoussèrent hors du défilé.

En vain les Turcs continuèrent le combat. Chaque balle frappait un rocher derrière lequel se mouvait un Latouka. Mais ceux-ci lançaient directement de toute part sur leurs ennemis, des quartiers de roc, des pierres, des dards. La retraite fut indispensable. Elle dégénéra en terreur panique et en fuite précipitée. Entourés et au milieu d'une pluie de traits et de pierres qu'on leur lançait du haut de la montagne, les Turcs s'enfuirent pêle-mêle à travers les ravins et les précipices. Se trompant de chemin, ils arrivent à un gouffre où toute retraite est impossible. Les sauvages se pressent autour d'eux en poussant des cris, des hurlements terribles. Inutile de combattre; les Turcs ne peuvent atteindre les Latoukas derrière les anfractuosités des rochers, tandis que la troupe de ces sauvages les rejette avec de grands cris au bord même d'un précipice affreux de cinq cents pieds de profondeur. Ils y tombent tous; quelques-uns vendent chèrement leur vie, mais ils périssent enfin jusqu'au dernier, — juste récompense de leurs atrocités.

Mes hommes semblaient tout à fait abattus, et un sentiment d'horreur s'était emparé de toute la troupe. Les Latoukas n'avaient fait quartier à personne, et plus de 200 naturels, qui s'étaient réunis aux chasseurs d'esclaves, avaient péri avec leurs alliés. Mohammed Her et mon émeutier Bellaal, étaient restés dans le camp; heureusement pour celui-ci la punition que je lui avais infligée l'empêchait encore de prendre part au combat. La terreur rendait mes gredins entièrement verts. Je leur demandai d'un ton solennel : « Où sont les hommes qui m'ont abandonné? » Sans répondre un seul mot, ils mirent deux fusils à mes pieds. Ces armes étaient couvertes de sang caillé et de sable, qui s'étaient durcis comme un ciment sur la platine et sur différentes parties du canon. Nos fusils avaient tous une marque particulière; je regardai les chiffres gravés sur la crosse et prononçai à haute voix les noms de ceux à qui ils avaient appartenu. « Sont-ils tous morts, demandai-je. — Tous, répondirent les hommes. — *Nourriture pour les vautours?* continuai-je. » Mon *vakil* balbutia : « On ne peut retrouver aucun des cadavres ; les deux fusils ont été apportés par des naturels qui ont réussi à s'échapper, et qui ont vu les hommes tomber. Ils sont tous morts. » — « Il eût été mieux pour eux de rester avec moi et de faire leur devoir, remarquai-je, la main de Dieu est pesante. » Mes gens se retirèrent honteux, laissant à terre les témoins sanglants de la défaite et de la mort de ces coquins. J'appelai Saat et lui commandai de donner les deux fusils à Richarn pour qu'il les nettoyât.

Tous les compagnons d'Ibrahim, ainsi que les miens, étaient persuadés que j'avais eu quelque mystérieuse influence sur le sort des rebelles. Ils se rappelaient ma sombre prophétie : « Les vautours rongeront leurs os, » et cette terrible catastrophe ayant eu lieu si tôt après avait frappé leurs esprits superstitieux. Pendant que je traversais le camp, les hommes me disaient d'une voix grave : « Wah illahi hawaga ! (Mon Dieu ! maître.). » A quoi je répondais simplement : « Robiné fe ! (Il y a un Dieu !). » Dès ce moment, je remarquai un changement extraordinaire de manières, tant chez les miens que chez les compagnons d'Ibrahim. Tous me témoignèrent le plus grand respect.

Malheureusement des dispositions toutes nouvelles s'étaient manifestées aussi chez les Latoukas. La ville entière était dans la plus grande agitation ; le tambour battait, la trompette sonnait de tous côtés, et la défaite de la troupe de Mohammed Her causait une réjouissance universelle. Les naturels ne tenaient plus aucun compte de la puissance supérieure des armes à feu ; dans un combat corps à corps l'avantage leur était resté, et ils n'avaient pas assez d'intelligence pour comprendre la différence qu'il y a entre une lutte dans les défilés d'une montagne, et une bataille en plaine. Ibrahim redoutait une attaque de la part des Latoukas.

Les circonstances étaient difficiles, car il lui fallait retourner à Gondokoro chercher une grande quantité de munitions, qu'il avait laissées là lors de son départ pour l'intérieur du pays, faute de porteurs. Considérant l'extrême agitation qui régnait à présent dans le voisinage, une très-forte escorte était indispensable pour marcher vers Gondokoro et défendre les munitions ; de la sorte, nous qui restions, nous allions nous trouver en très-petit nombre, et les Latoukas pourraient profiter de cette circonstance pour nous attaquer. Il lui fallait cependant partir. Je lui prêtai deux ânes afin de transporter sa poudre, en cas qu'il ne pût pas trouver de portefaix.

Après le départ d'Ibrahim, le détachement resté à Tarrangollé n'était plus que de trente-cinq hommes, sous les ordres du lieutenant Suleiman. C'était peu de chose en cas d'une attaque, surtout quand on songe qu'ils n'avaient pas de camp distinct, mais qu'ils étaient dispersés à travers la ville dans des huttes séparées les unes des autres, et, par conséquent, à la merci des naturels, si quelque surprise avait lieu. La brutalité était tellement une seconde nature chez les Turcs, qu'ils insultaient sans cesse les femmes du pays, et l'humeur guerrière des Latoukas avait atteint un degré si extraordinaire que les hostilités, j'en avais le pressentiment, ne tarderaient pas à éclater. Comme le ruisseau est à un mille de distance, l'eau ne se procurait pas facilement. Les Turcs étant trop paresseux pour en chercher eux-mêmes, ils saisissaient les jarres des femmes lorsqu'elles revenaient chargées, et les battaient sans pitié si elles refusaient de les leur donner gratis. Je n'eus aucune peine à engager une femme à m'apporter une provision journalière, en lui donnant une quantité régulière de verroterie. Il y avait toujours entre les Turcs et les naturels des échanges pour des vivres ; les nègres étaient invariablement dupés, et, s'ils se plaignaient, on les assommait de coups de bâton. Je sentais qu'une telle conduite amènerait nécessairement des disputes, et peut-être même une bataille en règle ; si quelque conflit survenait, je savais que j'y serais impliqué, quoique je fusse parfaitement innocent, et que je n'eusse rien à démêler avec les Turcs.

Mon quartier dans la ville se trouvait près d'un espace quadrangulaire d'environ quatre-vingts verges carrées, fermé de toutes parts, mais ayant, sur la rue principale, une ouverture étroite. Les Turcs, dispersés dans les ruelles voisines, passaient leur temps à boire du *merissa*, à se disputer avec les habitants, et à se quereller entre eux.

Le jour après le départ d'Ibrahim, les Turcs saisirent de force les jarres d'eau que quelques femmes rapportaient de la rivière. Une querelle s'ensuivit, une des malheureuses fut abominablement maltraitée, tandis qu'un Latouka, qui était venu à son secours, reçut des coups de bâton. Cette échauffourée me fut racontée. Je fis appeler Suleiman, et lui dis que, s'il autorisait des esclandres de ce genre, il en résulterait, avec les naturels, un combat auquel je ne permettrais pas à mes hommes de prendre part; j'avais défendu que l'on prît aux Latoukas quoique ce fût sans un payement convenable; ainsi, si une rixe survenait par la faute de ses compagnons, ils auraient à s'en tirer comme bon leur semblerait.

La défaite des compagnons de Mohammed Her avait déjà créé beaucoup de malveillance entre les naturels et les gens d'Ibrahim; pour éviter une collision, il fallait user des plus grands ménagements, et la moindre imprudence amènerait une bataille.

Nouvelles attaques sur les femmes, à la brune. Un des soldats d'Ibrahim menaça de son bâton une vigoureuse amazone parce qu'elle refusait de lui donner une jarre d'eau qu'elle avait apportée d'un mille de distance pour ses propres besoins. A cette vue, ma jolie amie Bokké, la femme du chef, saisit le soldat à la gorge et lui arracha son bâton, tandis qu'une autre femme s'empara de son fusil. D'autres arrivèrent ensuite et traitèrent mon gaillard de la façon la plus ignominieuse. Elles remplirent de boue le canon du fusil, et en enduisirent la platine et la détente.

Je contemplais avec satisfaction la déconfiture du Turc. La nouvelle se répandit bientôt; et comme vengeance, ses camarades battirent quelques femmes qui se trouvaient éloignées du camp. J'entends des cris, des huées, un bruit confus; en sortant de la ville, j'aperçois un grand nombre de naturels se rassemblant de tous côtés armés de lances et de boucliers. Je suis sûr que nous allons être compris dans une insurrection générale. Cependant les Turcs battent la caisse, et rassemblent leurs hommes, de sorte qu'en quelques minutes tout le monde est réuni.

Il était très-désagréable pour moi de me voir impliqué dans

une affaire de ce genre par la faute de ces misérables trafiquants avec lesquels je n'avais aucun rapport, et qui montreraient toute leur lâcheté en cas d'une bataille. Les Latoukas ne feraient aucune distinction entre eux et moi, et si un engagement avait lieu, ils comprendraient très-naturellement tous les étrangers dans la catégorie des Turcs qu'ils détestaient.

Il était alors environ 5 heures du soir; une heure avant le coucher du soleil. La femme qui nous apportait notre provision ordinaire d'eau vint comme d'habitude, mais disparut sans balayer la cour, ce qu'elle faisait toujours. Ses enfants qui jouaient habituellement dans l'enclos, avaient disparu aussi. Je visitai sa hutte qui était dans un coin de la cour; ils étaient tous partis, emportant jusqu'à la meule qui servait à moudre le grain. Je soupçonne que quelque chose se prépare, et j'envoie mes deux domestiques noirs Karka et Gaddum Her pour reconnaître dans les différentes huttes du voisinage si les propriétaires s'y trouvaient, et si les femmes y étaient encore. On n'en rencontre pas une. Dans toute la grande ville de Tarrangollé il ne reste pas une femme, pas un enfant. Silence extraordinaire, là où naguère tout était bruit ou bavardage. Femmes et enfants ont été reconduits à deux milles de là, vers les montagnes, avec tant de promptitude et de tranquillité que j'ai peine à le croire.

J'envoyai sur-le-champ prier le chef de venir me parler. Il y avait deux chefs, deux frères; Moy était le premier par son rang, mais Commoro jouissait de plus d'autorité sur les habitants. Je fus donc enchanté de le voir arriver.

Je fais venir un interprète Turc, et par son canal je demande à Commoro pourquoi on a fait éloigner les femmes et les enfants. « Les Turcs, » me répondit-il, « sont si brutaux que je ne puis persuader à mon peuple de les endurer plus longtemps; les femmes se voient trompées et battues; les mauvais traitements sont si universels que j'ai perdu toute autorité sur mes gens, et j'ai à souffrir le reproche d'avoir introduit les Turcs à Latouka. » Je lui demande si aucun de mes compagnons s'était mal conduit. Je lui explique que je ferai fouetter le premier qui volera la moindre chose, ou qui insultera une des femmes. Tous mes hommes sont habillés en uniformes brun foncé. « Personne ne se plaint, » répond Commoro, « des hommes habillés en brun-foncé ; mais la conduite des Turcs a causé chez mes sujets une horreur de tous les étrangers, et je ne réponds pas de ce qui en résultera. » Les habitants de Tarrangollé étaient partagés d'opinion ; les uns voulaient combattre et traiter les Turcs comme les gens de Latouka avaient traité la caravane de Mohammed Her ; les autres étaient de son avis, et consentaient à rester tranquilles.

Je demandai ensuite si Moy, le second chef, voulait la paix ou la guerre. Il me répondit que Bokké l'avait irrité violemment contre les Turcs en lui racontant la manière dont les femmes étaient maltraitées.

Tout ceci ne me rassurait guère. Commoro me quitta, avouant franchement que les naturels, fort agités, voulaient commencer l'attaque, mais qu'il ferait tout au monde pour les retenir.

Ainsi les coquins de marchands mettent en feu par leur conduite brutale tous les districts où ils passent, et ils rendent les voyages d'exploration impossibles, excepté sous la protection d'une escorte armée très-considérable.

Le soleil se couchait, et selon l'ordinaire sous le ciel des tropiques, au bout d'une demi-heure, l'obscurité était complète. Pas une femme n'est revenue à la ville, pas une voix d'homme ne se fait entendre. Les naturels ont abandonné entièrement le quartier de la ville où je suis cantonné avec les Turcs. Nuit parfaitement calme, ciel si serein, si couvert d'étoiles, que je relève la latitude : 4° 30′.

Le silence de la mort règne partout. Les Turcs même, ordinairement si tapageurs, sont tranquilles, mes gens ne disent rien, mais il est clair que les mêmes pensées nous occupent tous, et que nous nous attendons à une attaque.

Il est environ neuf heures, et le calme est devenu presque pénible, on n'entend pas le cri d'un seul oiseau, ni le rugissement d'une hyène ; les chameaux sont endormis, mais les hommes sont éveillés et les sentinelles à leur poste. Nous écoutions presque ce silence surnaturel, si je puis ainsi décrire le calme parfait qui existait, quand tout à coup le son grave et profond du grand tambour de guerre ou *nogara* nous fait tressaillir. Trois coups distincts, à intervalles éloignés, retentissent dans la ville apparemment déserte, et sont répétés par les échos des montagnes voisines. C'est le signal ! Au bout de quelques minutes, les trois coups retentissent encore comme un écho lointain qui arrive du Nord. Est-ce bien un écho ? non. Les mêmes sons nous viennent ensuite du Sud, portés sur la brise. Le signal se répète coup sur coup à tous les points de l'horizon ; le pays entier retentit de ces trois notes si pleines de solennité et de menace. Une fois encore, à quelques centaines de pieds seulement de notre cantonnement, le grand *nogara* de Tarrangollé donne l'alarme, comme il l'a donnée d'abord. Tout le pays est debout.

Plus d'hésitation possible. Les Turcs savent parfaitement que ces trois coups de tambour sont le signal de guerre des Latoukas.

Je fais immédiatement appeler Suleiman. Il était indispensable d'agir de concert. Je lui commande de faire battre la caisse pendant quelques minutes, comme réponse au *nogara*. Les hommes étaient dispersés dans divers petits enclos. Je les réunis dans la cour carrée ; je place le bagage au milieu avec le drapeau anglais ; tandis que les Turcs plantent leur étendard quelques pas plus loin. Je mets des factionnaires aux quatre coins et des patrouilles dans la grande rue. Dans l'intervalle, Mme Baker a disposé sur un paillasson plusieurs centaines de cartouches à chevrotines, des poires à poudre, des bourres ; elle a ouvert des boîtes à capsules que je tenais en réserve ; une longue file de fusils de première classe et de carabines est préparée. Saat est d'une humeur belliqueuse ; il met son ceinturon, dispose sa giberne, et se place parmi les combattants.

Je commandai à mes hommes, en cas d'une attaque, de mettre le feu à toutes les huttes qui entouraient la place : il serait alors impossible à un nombreux détachement de s'approcher de nous, et comme les huttes étaient de paille, toute la ville ne serait bientôt qu'un incendie.

J'avais tout disposé de façon que cinq minutes après l'appel du *nogara* nous étions en mesure de repousser la force par la force.

Les patrouilles nous annoncèrent bientôt que de nombreux rassemblements se formaient hors de la ville. Le grand *nogara* retentit de nouveau, et toujours par intervalles les tambours des villages voisins, lui répondaient. Mais toutes les fois que le *nogara* se faisait entendre, les Turcs, à leur tour exécutaient comme réponse un roulement prolongé. Au lieu du silence profond qui nous avait été si pénible, le bourdonnement des voix dans l'éloignement annonçait distinctement la réunion de grandes masses d'hommes. Cependant nous étions bien fortifiés, et les Latoukas le savaient. Nous occupions le poste qu'ils avaient construit eux-mêmes pour la défense de leur ville ; et comme cet enclos carré était environné de palissades de bois de fer, avec une seule entrée très-étroite, il était imprenable, défendu par cinquante hommes pourvus de fusils contre une foule dont les seules armes étaient des lances. J'envoyai les hommes de veille à leurs postes ; ceux-ci avaient environ vingt-cinq pieds de hauteur, et par une nuit très-claire on pouvait de là saisir exactement les moindres mouvements de cette masse noire de naturels qui continuait à s'amasser hors de la ville à une distance de deux cents verges. Le roulement des tambours turcs répondait sans cesse au bruit du *nogara*, et il semblait comme si l'attaque projetée dût finir par une bataille à coups de tambour, bruyante mais sans danger.

Quelques heures se passèrent dans cette incertitude ; vers minuit le chef Commoro s'approcha bravement de la patrouille, et fut admis dans notre enclos. Il parut grandement frappé de nos préparatifs de défense ; le *nogara*, dit-il, avait été battu sans ses ordres, et le pays entier était conséquemment sur pied ; mais il avait expliqué à ses gens que je n'avais aucune intention hostile, et que tout s'arrangerait s'ils voulaient seulement rester tranquilles. Les habitants, continua-t-il, s'étaient certainement préparés pour nous attaquer, mais la réponse immédiate des tambours turcs au *nogara* leur prouvait que nous ne nous laisserions pas surprendre, et ces dispositions de notre part les avaient entièrement étonnés. Il ajouta qu'il ne dormirait pas de la nuit, mais qu'il veillerait à ce que rien de fâcheux n'arrivât. Je lui déclarai que je veillerais, moi aussi ; au premier son du *nogara*, je ferais mettre le feu à la ville, parce que je ne voulais pas souffrir que les habitants nous menaçassent de la sorte impunément. Je consentis à user de toute mon influence pour maintenir l'ordre parmi les Turcs ; mais les naturels ne devaient pas me rendre responsable de leurs méfaits, car je n'étais pas leur compatriote, et n'avais rien à démêler avec eux.

J'expliquai que lors de son retour de Gondokoro, Ibrahim qui était le capitaine des Turcs, pourrait sans doute faire observer la discipline à ses gens, et qu'alors tout s'arrangerait. Commoro repartit, et à environ deux heures du matin les masses compactes de nègres qui s'étaient formées hors de la ville, commencèrent à se dissiper.

A l'aube les hommes étaient encore sous les armes, mais toute inquiétude avait disparu. Les femmes revinrent avec leurs jarres pleines d'eau, comme d'habitude; mais cette fois les Turcs ne les maltraitèrent pas; car ayant passé la nuit dans l'attente continuelle d'une attaque, ils étaient fort pacifiques. Malgré cela je les entendais se dire les uns aux autres. « Qu'Ibrahim revienne avec des renforts et des munitions, et nous ferons payer cher aux Latoukas ce qui s'est passé cette nuit. »

La ville se remplit de nouveau, et les habitants se conduisirent comme si rien n'était arrivé; mais quand on leur faisait des questions, ils avouaient avec beaucoup de sang-froid qu'ils avaient formé le plan de nous surprendre, mais qu'ils nous avaient trouvés trop « *éveillés*. » Il est extraordinaire que ces drôles soient assez stupides pour battre le *nogara* avant une attaque, car le bruit naturellement donne l'alarme et rend toute surprise impossible; néanmoins le son du tambour de guerre est le préambule indispensable de toute attaque.

Je résolus d'établir mon camp hors de la ville, de façon à n'être mêlé avec les Turcs en aucune manière; car la compagnie des gens d'Ibrahim ne pouvait manquer de m'attirer des sentiments d'hostilité. J'engageai donc un certain nombre de naturels pour abattre des épines et me faire un *zareeba* ou camp à environ quatre cents verges de l'entrée principale de la ville sur la route qui conduisait à la rivière. En peu de jours le travail fut terminé; J'élevai des abris pour mes hommes, et deux bonnes huttes pour nous. Ayant une provision considérable de graines de plantes potagères, je disposai quelques plates-bandes que je semai d'oignons, de choux, de radis. Mon camp avait quatre-vingts verges de long sur quarante de large. Mes chevaux étaient attachés dans deux des quatre angles, tandis que les autres étaient occupés par les ânes et les chameaux. De la sorte nous nous trouvions tout à fait indépendants.

J'avais des provisions en quantité, et je résolus de me diriger vers le sud-ouest aussitôt que possible, afin de regagner le chemin que je m'étais d'abord proposé pour mon voyage vers le sud. Ce qui m'arrêtait surtout maintenant, c'était le manque d'interprète. Les Turcs en avaient plusieurs, et je gardais l'espoir que, lorsque Ibrahim serait revenu de Gondokoro, je pourrais lui persuader de me prêter, moyennant finance, un jeune Bari.

Pour le moment, toutes les fois que j'avais besoin d'un drogman, il me fallait en emprunter un au camp turc, ce qui était ennuyeux et fort coûteux.

Quoique je fusse toujours prêt à troquer contre toutes sortes de provisions des perles ou des bracelets de cuivre, il m'était impossible de me procurer de la viande. Les naturels ne voulaient me vendre ni bœufs ni chèvres. C'était le supplice de Tantale, car chaque matin, dix mille têtes de bétail passaient devant mon camp pour aller aux pâturages. Toute cette masse de viande de boucherie défilait en vain, je ne pouvais me régaler d'un seul beefsteak! Lait en abondance et à bon marché; volaille rare; blé abondant; pas de légumes; les Latoukas ne cultivent pas même les potirons.

Heureusement, il y avait beaucoup de petit gibier: canards sauvages, pigeons, tourterelles; sans compter une grande variété d'autres oiseaux : hérons, grues, spatules, etc. Les voyageurs devraient toujours se munir d'une provision de plomb aussi forte que possible. J'en avais quatre cents livres pesant, plus une quantité prodigieuse de poudre et de capsules; ainsi je pouvais toujours tuer assez de gibier pour nous et pour nos gens. Il y avait une suite de petits étangs marécageux à travers le pays près de la rivière qui traverse la vallée; c'étaient des lieux de rendez-vous pour des nuées de palpimèdes, et j'y faisais d'excellentes chasses.

La ville de Tarrangollé est située au pied de la montagne, à environ un mille de la rivière dont la largeur est de quatre-vingts verges. La profondeur est peu considérable. Pendant la saison sèche, on se procure de l'eau en creusant des puits dans son lit sablonneux; pendant la pluie, ce n'est qu'un torrent qui ne dépasse pas trois pieds de profondeur. Le fond étant de sable, les élévations laissées à sec par les nombreuses sinuosités du courant, sont des endroits de prédilection pour les canards;

Canard musqué du Nil Blanc.

aussi, je n'avais qu'à les attendre sous un arbre pour en abattre

Oie à tête écarlate du Nil Blanc.

trente ou quarante dans le cours d'une matinée, tandis qu'ils descendaient le courant. J'en trouvai deux variétés : l'une petite et d'un plumage brun avec une tête grise[1] ; l'autre magnifique, aussi grande que le canard de Russie, dos et ailes d'une couleur chatoyante cuivre et blanc ; tête et cou blancs, mais tachetés.

Ce canard a sur le bec une protubérance charnue environ aussi grande qu'une demi-couronne. Elle ressemble à une crête de coq.

Ces deux variétés de canards sont un délicieux manger. Il y avait aussi deux espèces d'oies, les deux seules que j'ai jamais vues sur le Nil Blanc : l'oie égyptienne grise ordinaire[2], et une très-grande espèce blanche et noire, tête et cou écarlates, avec une protubérance rouge et jaune, de la nature d'une corne, au sommet de la tête[3]. Cette variété a sur l'aile un éperon pointu très-fort d'un pouce de longueur ; cet éperon, qui rappelle celui du pluvier, sert d'arme défensive à l'oiseau.

Il m'est arrivé souvent de tuer, avant déjeuner, dix ou douze canards et autant de grues, entre autres des individus de la belle espèce à aigrette que les Arabes nomment *garranook*[4]. La tête de cette grue, de la couleur du velours noir, entourée d'une aigrette jaune d'or, était fort recherchée des Latoukas, qui en faisaient un ornement pour le cimier de leur casque. Un plumassier aurait fait fortune aux environs de mon camp ; le sol y était exactement couvert de plumes et de duvet. Chaque matin, j'étais accompagné par une quantité de petits garçons Latoukas, fins chasseurs par nature, et qui revenaient tous les jours au camp chargés de canards et d'oies. Nous n'étions pas plus tôt arrivés qu'une troupe de gamins se présentaient pour plumer la volaille, afin de se procurer les grandes aigrettes, dont ils ornaient sur-le-champ leur tête crépue. Parés de la dépouille des grues et des canards sauvages, ils ressemblaient assez à des choux-fleurs. Il semble généralement reçu tant chez les nations policées que chez les

1. *Anas Torrida*. Gmel. (— M.)

2. *Chenalopex Ægyptiacus*. C'est l'oiseau dont parlent Hérodote (II, 72), Aristophane (Oiseaux, 1295 ; — Lysistrate, 956), Athénée (Deipn. II, 6), et Aristote (Hist. anim. VIII. 3) (— M.)

3. Probablement l'*Anas Gambensis* de Linnée. (— M.)

4. *Balearica pavoina*. (— M.)

sauvages, que les plumes d'oiseaux sont spécialement destinées à embellir la tête de l'homme.

Il est heureux que la nature ait abondamment pourvu le Latouka de gibier, car il est impossible de s'y procurer d'autre nourriture. Non-seulement les canards et les oies étaient pour moi ce que furent les cailles pour les Israélites dans le désert, mais ces oiseaux me servirent à faire aux naturels des cadeaux qui les assuraient de nos bonnes intentions à leur égard.

Les Latoukas étaient, sans aucun doute, mieux disposés que les autres tribus par où j'avais passé; toutefois, ils n'étaient pas irréprochables, tant s'en faut. Ils ne croyaient jamais à la sincérité de ma bienveillance, mais ils attribuaient celle-ci à de la faiblesse. Une fois, un des chefs nommé Adda, vint me prier d'aller avec lui attaquer un village pour se procurer des *molotes* (houes de fer): « Venez avec moi, dit-il; amenez vos hommes et vos fusils; nous attaquerons un village près d'ici, et nous prendrons leurs *molotes* et leurs bestiaux. Vous garderez les bestiaux; moi, je garderai les *molotes*. » Je lui demandai si ce village était un pays ennemi. « Oh! non! répondit-il, c'est tout près d'ici; mais les habitants sont un peu rebelles; ça leur fera du bien d'en tuer quelques-uns, et de prendre leurs *molotes*. Si vous avez peur, n'importe, je dirai aux Turcs de m'aider. » Ainsi, on taxait mon refus de faiblesse, et il était difficile de prouver qu'il était fondé sur un sentiment de justice. Adda me proposait froidement de piller un de ses propres villages, dont les *opinions* étaient trop libérales. Rien n'est plus décourageant que de se voir ainsi méconnu, et le sens moral des sauvages est si perverti, que je n'ai jamais pu leur faire comprendre l'existence d'un bon principe. La puissance est la seule idée qu'ils connaissent: la force qui peut se procurer tout, la violence qui triomphe de la faiblesse. J'ai souvent écrit de dégoût, mes réflexions du moment dans mon journal, et j'en extrais un passage comme spécimen:

« 10 avril 1863, Latouka. Je voudrais que les négrophiles de l'Angleterre pussent voir comme moi le cœur de l'Afrique; leurs sympathies disparaîtraient. La nature humaine, vue dans son état primitif chez les sauvages de ce continent, ne s'élève pas au-dessus du niveau de la brute, et ne peut se comparer avec la noblesse du chien. Ces nègres ne savent pasqueee c'est que la reconnaissance, la pitié, l'amour, le dévouement; ils n'ont aucune idée de devoir ou de religion; l'avarice, l'ingratitude, l'égoïsme et la cruauté sont leurs qualités distinctives. Ils sont tous voleurs, paresseux, envieux, et prêts à piller leurs voisins plus faibles qu'eux, ou à les réduire en esclavage. »

CHAPITRE VI.

LA DANSE FUNÈBRE.

Les tambours battent, la trompette sonne, tout le monde court dans la même direction : il s'agit de la danse funèbre; je me mêle à la foule, et me trouve bientôt au milieu de la cérémonie. Les danseurs sont habillés d'un costume tout à fait original. Environ douze grandes plumes d'autruche ornent leurs casques; à leurs épaules sont suspendues des peaux, soit de léopard, soit de singes noirs et blancs; et un ceinturon de cuivre, attaché autour des reins, recouvre une grande cloche de fer qui est fixée sur les reins de chaque danseur, comme ces articles périmés de toilette féminine, que l'on appelait des *polissons*. Pendant la danse, les exécutants font retentir ces cloches en remuant leurs *postérieurs* de la manière la plus absurde. C'était parmi la foule nombreuse un brouhaha incroyable, augmenté par le son des cors et le bruit de sept *nogâras*, rendant chacun une note différente. Les danseurs ont autour du cou une trompe en corne d'antilope, dont ils donnent souvent lorsque leur agitation est au comble. Le son de ces instruments tient à la fois du braiement de l'âne et du sinistre *hululement* de l'effraie. Les hommes en grand nombre exécutent une espèce de galop infernal, brandissent leurs lances et leurs massues, formant une ligne assez régulière de cinq ou six de profondeur, suivant leur chef qui dirige leurs mouvements, en dansant à reculons. Les femmes sont au dehors de la ligne, s'agitant avec lenteur et d'une façon assez stupide, tout en

Danse funèbre chez les Latoukas.

poussant des cris plaintifs et discords; plus loin, une longue file de jeunes enfants et de jeunes filles, la tête et le cou enduits d'ocre rouge et de graisse, les reins ornés, avec assez de goût, de cordons de perles, battent la mesure avec leurs pieds, et font résonner les nombreux anneaux de fer qu'elles portent aux jambes, de manière à correspondre au bruit des tambours. Une des femmes ne cessait de courir à travers la foule des danseurs avec une gourde pleine de cendres de charbon de bois; elle leur en saupoudrait la tête; je n'ai pas pu savoir pourquoi. La première danseuse était beaucoup moins jeune que chargée de graisse mais, malgré sa corpulence, elle ne voulut pas abandonner la partie, et se trémoussa vigoureusement jusqu'à la fin, se souciant peu de l'effet qu'elle produisait, et entièrement absorbée par le plaisir de la danse.

Cette fête devait se continuer en l'honneur des morts, et comme beaucoup de malheureux avaient été récemment tués, la musique et la danse devaient rester pendant quelques semaines à l'ordre du jour.

Il y avait dans la troupe d'Ibrahim, un excellent interprète : un jeune Bari d'environ dix-huit ans. Au service des Turcs depuis plusieurs années il avait appris l'arabe, qu'il parlait très-couramment, quoique avec un accent particulier, à cause des quatre dents de devant qui lui manquaient, selon l'habitude du pays. Il était très-important pour moi d'obtenir la confiance de Loggo (tel était son nom), car le succès de mon expédition dépendait beaucoup des renseignements que je réussirais à obtenir des naturels; aussi, toutes les fois que je l'envoyais chercher pour m'entretenir avec les habitants, je ne manquais pas, lorsqu'il s'en allait, de lui donner un petit cadeau. De la sorte, il venait toujours avec le plus grand empressement, sachant que l'entrevue se terminerait par un *backshich* (présent). J'avais ainsi réussi à gagner sa confiance, et souvent il se rendait spontanément à ma tente afin de causer avec moi sur toutes sortes de sujets. Le dialecte latouka diffère de celui des Baris, et un second interprète devenait nécessaire; ce dernier, du même âge que son camarade, était un garçon fort intelligent; mais la conversation à travers le médium du bari et du latouka devenait parfois bien fatigante.

Le chef Commoro (le Lion) était un des sauvages les plus

habiles et les plus sensés que j'eusse vus dans ce pays ; et la tribu respectait ses ordres beaucoup plus que ceux de son frère Moy, quoique celui-ci fût d'un rang supérieur.

Un jour, après que les danses funèbres eurent été terminées, j'envoyai chercher Commoro, et, par le moyen de mes deux interprètes, j'eus avec lui un long entretien sur les coutumes du pays. Je voulais, autant que possible, découvrir l'origine de la mode extraordinaire qui faisait exhumer les cadavres après leur sépulture ; peut-être, pensais-je, cet acte tient-il à une croyance en la résurrection.

Ainsi que tous ses sujets, Commoro était de fort grande taille. Lorsqu'il entra dans ma tente, il s'assit par terre, car les Latoukas ne font pas, comme les autres tribus du Nil Blanc, usage de tabourets. J'entamai la conversation en lui faisant des compliments sur la manière parfaite avec laquelle ses femmes et ses filles s'étaient acquittées de la danse, ainsi que sur son agilité, à lui. Puis je lui demandai en honneur de qui la cérémonie avait eu lieu.

Il me répondit que c'était pour un homme qui avait été récemment tué, mais qui n'était pas de grande importance. La même cérémonie s'observait toujours pour toute personne, sans distinction.

Je lui demandai pourquoi on laissait sans sépulture les corps des guerriers tués sur le champ de bataille. — C'était une coutume qui avait toujours existé, mais il ne pouvait pas m'en expliquer le motif.

« Mais, répliquai-je, pourquoi déranger les os de ceux qui ont déjà été enterrés, et les exposer hors de la ville ? — C'était l'usage de nos aïeux, et nous l'avons conservé, » répondit-il.

« — Ne croyez-vous pas à une autre existence après la mort ? Et cette croyance n'est-elle pas exprimée par l'acte de déterrer les os, après que la chair est tombée en pourriture ?

Commoro. « Existence après la mort ! est-ce possible ? Un homme tué peut-il sortir de son tombeau, si nous ne le déterrons pas nous-mêmes ? »

Moi. « Croyez-vous qu'un homme est comme une bête brute, pour laquelle tout est fini après la mort ?

Commoro. « Sans doute ; un bœuf est plus fort qu'un homme, mais il meurt et ses os durent plus longtemps ; ils sont plus gros. Les os d'un homme se brisent promptement ; il est faible.

Moi. « Un homme n'est-il pas supérieur en intelligence à un bœuf? N'a-t-il pas une raison pour guider ses actions? »

Commoro. « Beaucoup d'hommes ne sont pas aussi intelligents qu'un bœuf. L'homme est obligé de semer du blé pour se procurer de la nourriture; le bœuf et les bêtes sauvages l'obtiennent sans semer. »

Moi. « Ne savez-vous pas qu'il y a en vous un principe spirituel différent de votre corps? Pendant votre sommeil, ne rêvez-vous pas? Ne voyagez-vous pas par la pensée dans des lieux éloignés? Cependant votre corps est toujours au même lieu. Comment expliquez-vous cela? »

Commoro (riant). « Eh! bien! comment expliquez-vous cela, *vous?* C'est une chose que je ne comprends pas, quoiqu'elle m'arrive chaque nuit. »

Moi. « L'esprit est indépendant du corps, le corps peut être garrotté, non l'esprit; le corps mourra et sera réduit en poussière ou mangé par les vautours; l'esprit vivra pour toujours. »

« *Commoro.* Où? »

Moi. « Où le feu vit-il? Ne pouvez-vous pas allumer du feu en frottant deux morceaux de bois l'un contre l'autre[1]; pourtant vous ne *voyez* pas le feu dans le bois. Cette flamme, qui est sans force et invisible dans le bois, n'est-elle pas capable de consumer le pays entier? Quel est le plus fort, le petit bâton qui produit le feu, ou le feu lui-même? L'esprit est l'élément qui existe dans le corps, de même que le feu est l'élément qui existe dans le bois; l'élément est supérieur à la substance où il se trouve. »

Commoro. « Ah! Pouvez-vous m'expliquer ce que nous voyons souvent la nuit, lorsque nous sommes perdus dans le désert? Je me suis égaré, et, errant dans l'obscurité, j'ai vu un feu au loin; en m'approchant, le feu a disparu; je n'ai pu en savoir la cause, ni retrouver l'endroit où j'ai cru voir le feu. »

Moi. « N'avez-vous aucune idée de l'existence d'esprits supérieurs à l'homme ou aux animaux? Ne craignez-vous aucun mal hors celui qui provient de causes physiques? »

Commoro. « Je crains les éléphants et les autres animaux quand je me trouve de nuit dans un fourré; mais voilà tout! »

Moi. « Alors vous ne croyez à rien, ni à un bon, ni à un mau-

1. C'est toujours ainsi que les nègres se procurent du feu.

vais esprit! Vous croyez qu'à la mort, l'esprit périt de même que le corps; que vous êtes absolument comme les autres animaux, et qu'il n'y a aucune distinction entre l'homme et la bête. Tous deux disparaissent, et la mort les anéantit également ? »

Commoro. « Sans doute. »

Moi. « Ne voyez-vous aucune différence entre les bonnes et les mauvaises actions? »

Commoro. « Si. Chez les hommes et chez les bêtes, il y a les bons et les mauvais. »

Moi. « Croyez-vous que les hommes bons ou mauvais ont le même sort? qu'ils meurent les uns et les autres, et que c'en est fait d'eux pour toujours? »

Commoro. « Oui; que peuvent-ils faire? Comment peuvent-ils s'empêcher de mourir? Nous mourons tous, bons et mauvais. »

Moi. « Les corps périssent, mais les esprits subsistent: les bons dans le bonheur, les mauvais dans la peine. Si vous ne croyez pas en la vie à venir, pourquoi un homme serait-il bon? Pourquoi ne serait-il pas méchant, si sa méchanceté lui est une cause de prospérité? »

Commoro. « La plupart des hommes sont mauvais; s'ils sont forts, ils pillent les faibles. Les bons sont tous faibles; ils sont bons, parce qu'ils n'ont pas assez de force pour être méchants. »

Un peu de blé avait été tiré des sacs pour la nourriture des chevaux, et, comme il s'en trouvait quelques grains sur la terre, j'essayai de démontrer à Commoro la vie à venir, au moyen de la sublime métaphore dont saint Paul fait usage[1]. Creusant avec le doigt un petit trou dans la terre, j'y déposai un grain. « Ceci, dis-je, c'est vous, lorsque vous mourrez. » Puis, recouvrant le grain d'un peu de terre. « Ce grain, continuai-je, périra; mais de lui sortira la plante qui produira sa forme première.

Commoro. — Très-bien. Je comprends cela. Mais ce grain que vous avez enfoui ne reparaît pas; il se pourrit comme l'homme, et meurt. Le fruit produit n'est pas le grain qui a été enseveli, c'est le résultat de ce grain. Il en est ainsi de l'homme. Je meurs, je tombe en corruption, et tout est fini; mais mes enfants crois-

1. Première épitre aux Corint., chap. XV.

sent comme le fruit du grain. Quelques hommes n'ont pas d'enfants, et quelques grains périssent sans donner de fruits ; alors tout est fini.»

Je fus obligé de changer le sujet de la conversation. Ce sauvage n'avait pas même une seule idée superstitieuse sur laquelle je pusse enter un sentiment religieux. Il croyait à la matière, et son intelligence ne concevait rien qui ne fût matériel. Il était extraordinaire de voir une perception aussi claire unie à tant d'incapacité pour saisir l'idéal.

Abandonnant la discussion religieuse, qui n'avait abouti à rien, je résolus de faire des questions d'une nature plus pratique.

Les Turcs n'étaient arrivés à Latouka que l'année précédente; ils n'avaient pas introduit les coquilles de cauris, mais, comme tous les casques en portaient en manière d'ornements, je conclus que les coquilles en question venaient de Zanzibar.

En réponse à mes questions à ce sujet, Commoro m'indiqua du doigt le sud, d'où, me dit-il, les cauris arrivaient en son pays; mais, quant au point de départ, c'est ce qu'il ne pouvait m'expliquer. J'étais convaincu pourtant qu'on les expédiait de la côte orientale, car Speke et Grant avaient suivi les caravanes de marchands de Zanzibar jusqu'en Karagoué, par 2° de latitude sud.

Commoro ne comprenait rien au but que je me proposais en visitant le pays de Latouka; en vain, je le lui expliquai. « Supposons, me dit-il, que vous arriviez au grand lac, qu'en ferez-vous? A quoi bon? Si vous trouvez que la grande rivière en dérive, à quoi cela vous servira-t-il? »

Je pus seulement lui dire qu'en Angleterre nous connaissions parfaitement le monde entier, excepté l'intérieur de l'Afrique ; que notre but était de rendre service aux pays que nous découvrions par l'introduction d'un commerce légitime ; et que nous cherchions à exporter des articles de fabrique anglaise en échange de l'ivoire et d'autres marchandises. Il me répondit que les Turcs ne voudraient jamais trafiquer d'une façon loyale ; c'étaient de très-mauvaises gens, qui persisteraient à n'échanger que des bestiaux pour de l'ivoire, volant ces bestiaux, aux gens d'une tribu, pour les revendre à la tribu voisine.

Notre conversation se termina soudain par l'arrivée d'un de mes hommes, qui entra en courant dans ma tente, avec la mauvaise nouvelle qu'un de mes chameaux était tombé et se mourait. Le fait n'était que trop vrai. Il s'était empoisonné en mangeant une plante bien connue, et mourut au bout de quelques heures. Rien de plus bête qu'un chameau. La nature a donné aux autres animaux l'instinct de choisir la nourriture qui leur est la plus convenable, et d'éviter celle qui pourrait leur nuire; le chameau mange indistinctement tout ce qui est vert, de sorte que, dans un pays où abonde la plante que les Arabes connaissent sous le nom de « poison de chameau, » il est nécessaire de faire accompagner ces animaux par des gens qui les surveillent pendant qu'ils paissent. La plante la plus funeste pour eux est une liane, très-succulente, d'un si beau vert que son épais feuillage attire les stupides quadrupèdes d'une manière irrésistible. L'estomac du chameau est fort sujet aux inflammations, dont l'effet est rapidement fatal. Après plusieurs jours de marche forcée, je les ai souvent vus arriver dans un bon pâturage, y manger à l'excès, et mourir d'inflammation au bout de quelques heures. Il est étrange d'observer comment ils peuvent vivre de la nourriture la plus sèche, et apparemment la moins substantielle. Là où d'autres animaux mourraient de faim, le chameau vit très à son aise, mangeant des bouts de petites branches sans feuille, les tiges desséchées de certains arbustes, et la substance dure et sèche comme du papier, qui revêt le palmier *doum*, déjeuner aussi succulent que le serait un parapluie vert et un exemplaire du journal *le Times*. Quoique le chameau, dans des circonstances pénibles, soit un véritable anachorète pour la frugalité, il est très-gourmand de son naturel, et, placé au milieu d'un abondant pâturage, il fait preuve d'une grande voracité, recherchant toujours les plantes les plus vertes. L'arbuste à poison est alors un piége très-dangereux.

On ne connaît pas bien le chameau en Europe. Loin d'être docile et patient, comme on se le figure, il est fort rétif, et les mâles sont souvent dangereux. Leur entêtement est extraordinaire, et leur stupidité, comme je l'ai déjà dit, incroyable. Leur seule qualité est d'être admirablement adaptés aux grands déserts; sans eux, il serait impossible de traverser certains districts où l'eau manque absolument.

On a écrit bien des exagérations sur le temps pendant lequel un chameau peut se passer de boire. Ce temps dépend beaucoup de la saison, et de la nourriture que l'animal a prise. En Europe, les brebis et les moutons, nourris de navets, n'ont besoin que de très-peu d'eau; de même, les chameaux peuvent vivre presque sans boire pendant la saison pluvieuse, lorsqu'ils paissent des herbes succulentes et couvertes de rosée. Lors des grandes chaleurs, lorsqu'il n'y a plus d'herbe dans le pays, on mène les chameaux à l'abreuvoir tous les deux jours, de sorte qu'on suppose qu'ils boivent une fois en quarante-huit heures; lorsqu'ils sont en marche à travers les déserts où l'eau manque, on leur fait porter un fardeau de cinq ou six cents livres, et on les fait marcher pendant trois jours de suite sans boire, à raison de vingt-cinq milles par jour. Le quatrième jour, on leur donne à boire. Ainsi un chameau ayant bu la veille de son départ portera sa charge l'espace de cent milles, sans qu'il lui soit nécessaire de s'abreuver de nouveau; je ne dis pas qu'il n'ait pas soif. Durant les chaleurs étouffantes du simoun, le chameau devrait boire le troisième jour, si c'est possible; mais, à la rigueur, il peut attendre jusqu'au quatrième.

Cette constitution particulière permet au chameau de triompher d'obstacles naturels, qui, sans cela, seraient insurmontables. Non-seulement il peut voyager sur le sable brûlant des déserts, mais il ne recherche jamais l'ombre. Quand il est déchargé de son fardeau, il s'agenouille tout auprès dans le sable et semble goûter avec plaisir l'ardeur du soleil, qui force les autres animaux à rechercher l'ombre. La nature spongieuse de ses pieds rend sa marche très-sûre, quoiqu'on s'imagine généralement qu'il n'est propre qu'aux plaines unies et sablonneuses. J'ai voyagé sur des montagnes si abruptes que, de tous les animaux domestiques, le chameau seul aurait pu les traverser avec un fardeau. Cette particularité n'appartient pas à la race entière, mais à une variété que l'on rencontre chez les Arabes Hadendowa entre la mer Rouge et Taka. Il y a autant de variétés de chameaux qu'il y en a de chevaux. Ceux qu'on estime le plus dans le Soudan sont les *Bishareen;* ils n'ont pas la taille des autres, mais ils sont très-forts et très-endurants.

La valeur moyenne d'un chameau de bagage parmi les Arabes du Soudan est de quinze dollars; mais un bon *Hygeen* ou dromadaire de selle vaut de cinquante à cent cinquante dollars, selon sa force. Un *Hygeen* de première qualité doit marcher cinquante milles par jour, et continuer de la sorte pendant cinq jours, chargé seulement de son cavalier et d'une petite outre ou *girba* de cuir. Lorsque l'allure de l'animal est aisée, son trot allongé doit produire le mouvement que les nourrices adoptent lorsqu'elles bercent les enfants sur leurs genoux. Ce bercement est délicieux, et l'allure rapide et élastique d'un chameau de prix donne à celui qui le monte tant de vigueur, que, n'était l'ardeur du soleil, on aimerait à voyager sans cesse. La différence de la marche et du *confort* pour le voyageur entre un chameau ordinaire et un *Hygeen* de première classe, correspond à celle qui existe entre un cheval pur sang et un pesant cheval de charrette.

Cependant, malgré toutes ses qualités de *Bishareen*, mon meilleur chameau était mort. C'était pour moi une perte sérieuse. Tant que mes bêtes de somme se portaient bien, je me sentais indépendant, et la perte de ce chameau représentait un déficit de cinq quintaux de bagage. Mes hommes étaient si paresseux, qu'ils ne faisaient pas la moindre attention aux bêtes, et celui que j'avais chargé de surveiller les quatre chameaux s'était amusé à aller voir danser les Latoukas. Cette négligence avait causé la mort de mon *Bishareen*.

Les selles et les bâts avaient été si bien arrangés à Khartoum, qu'après une marche de sept jours avec d'énormes fardeaux, pas une des bêtes de somme n'était blessée au dos. Les ânes étaient frais et dispos, mais ils avaient acquis une dégoûtante habitude. Les villes des Latoukas sont fort propres, et on ne souffre aucune ordure à l'intérieur. Par contre, l'extérieur des palissades, surtout dans le voisinage des différentes entrées, est plein d'immondices; or, mes ânes s'en nourrissaient et s'engraissaient comme des porcs, tout en nettoyant la voie publique. Mon malheureux compagnon allemand, Johann Schmidt, me disait, je m'en souviens, qu'il se trouvait une fois à la chasse, dans le pays de Basé, où toute l'herbe était brûlée, et pas une trace de végétation ne se présentait. Comme il avait fait une excellente chasse, il nourrit son âne de chair d'antilopes que l'animal mangeait avidement, et dont il s'engraissa à vue d'œil. Il est singulier qu'en certaines circonstances, les ânes deviennent carnivores, tandis que les chevaux ne mangent jamais que du fourrage.

CHAPITRE V.

LE LATOUKA.

Dans le voisinage immédiat de Latouka, le sol était entièrement desséché, car il n'y avait pas eu de pluie de longtemps. Latitude, 4° 35'; longitude, 32° 55' est. Les pluies avaient commencé en hiver sur les montagnes au sud de la vallée à environ dix-huit milles de là. Chaque jour, on voyait une apparence d'orage; de sombres nuages s'amoncelaient autour du pic du Gebel Lafeit, qui domine la ville; mais ces nuages étaient toujours attirés par les montagnes plus hautes qui se trouvent au sud de la vallée; du côté opposé, et c'est là que l'orage éclatait vers trois heures de l'après-midi. De ce côté, les montagnes atteignaient une élévation d'environ 6000 pieds, et, vues de mon camp, elles offraient un coup d'œil magnifique. Rien d'intéressant comme de suivre de l'œil ces petits orages venant de Tarrangollé en décrivant un cercle, puis, éclatant sur la chaîne vis-à-vis de nous, tandis que les échos du tonnerre roulaient de roche en roche à travers la plaine.

Les Latoukas m'ayant assuré qu'au pied de ces montagnes, il y avait abondance d'éléphants et de girafes, je résolus de reconnaître le pays.

Le lendemain matin, je partis à cheval, accompagné de deux de mes hommes également montés, et d'un guide de l'endroit; je traversai la pittoresque vallée de Latouka pour gagner le bas de la montagne. Les premiers cinq ou six milles étaient entièrement mangés, pour ainsi dire, par les immenses troupeaux que l'on y conduisait tous les jours, puisque le voisinage immédiat de la ville n'offrait pas un brin d'herbe. La vallée, extrêmement fertile, était déserte et dans son état de nature; plaines, fourrés, bouquets de bois, ravins, qui, quoique desséchés alors, devaient être pleins d'eau pendant la saison pluvieuse. A huit milles de distance de la ville, nous aperçûmes des traces d'antilopes de la plus petite espèce; ces animaux sont très-faibles, et pourtant ils ne craignent pas de s'approcher des habitations. Quelques milles plus loin, nous trouvâmes des buffles et de grandes antilopes (*hartebeest*), et bientôt après nous arrivâmes sur des pistes de girafes. Juste en ce moment, les nuages couleur d'encre qui s'étaient amassés sur Tarrangollé, comme à l'ordinaire, nous environnèrent, formant un dais si épais qu'on eût dit une éclipse partielle du soleil. Le tonnerre grondait immédiatement au-dessus de nos têtes, tandis que les éclairs brillaient presqu'à nos pieds avec une force capable de nous aveugler. Un vent frais remplaça soudain le calme de l'atmosphère, signe certain, dans les climats chauds, d'une pluie prochaine, car l'air froid et pesant des nuages de pluie tombe dans le *stratum* plus léger et plus tiède de l'atmosphère inférieure. Quelle pluie! Des torrents tels que les habitants des tropiques peuvent seuls les comprendre. « Recouvrez les platines de vos fusils! » m'écriai-je, et sur-le-champ les petits morceaux de *mackintosh*, préparés pour cet usage, furent à leurs places. Maintenant, vive la pluie! Il est assez agréable d'être trempé dans ces pays où le thermomètre est rarement au-dessous de 92° Fahrenheit; je dis trempé, non pas d'une pitoyable petite pluie comme nous en avons en Angleterre, et qui vous fait frissonner de peur que votre paletot ne soit à l'épreuve de l'eau, mais d'une vigoureuse douche capable de défoncer un solide chapeau. Qu'il est agréable d'avoir frais en Afrique! J'étais délicieusement trempé; l'eau sortait de mes souliers, qui étaient pleins jusqu'au bord, le vent soufflait et s'engouffrait dans les ravins secs naguère, mais transformés maintenant en torrents; dix minutes avaient suffi à changer l'aspect du paysage. Nous n'étions plus sous les tropiques; je croyais me trouver dans le climat de la vieille Angleterre; l'air me refroidissait et je me sentais comme chez moi. « Charmant! répétai-je, me retournant pour voir ce que mes compagnons en pensaient. Hélas ! je pus à peine les reconnaître. Misérables au superlatif, ils ne paraissaient pas jouir le moins du monde du changement de température ; la tête baissée, ils cherchaient à éviter la fureur de l'orage, tandis que la pluie dégoûtait de leurs extrémités nasales. Ne songeant qu'à eux-mêmes dans cette scène de misère, ils avaient négligé la précaution d'abaisser le canon de leurs fusils, de sorte que mes belles carabines n° 10 étaient pleines d'eau. Quelle journée délicieuse ! répétai-je à mes compagnons mouillés et frissonnants, qui ressemblaient à des chats plongés dans une mare. Ils marmottèrent quelque chose qui pouvait s'interpréter ainsi : « Ce qui vous amuse, sera notre mort. » Je les consolai par l'assurance que nous étions en train de réaliser une journée en Angleterre au milieu de l'été. Si mes Arabes bien vêtus souffraient du froid, où en était mon guide nu. Ah ! le pauvre diable ! ses dents claquaient les unes contre les autres, ses genoux s'entre-choquaient, il était couché sous le refuge imaginaire d'un tamarinier. Ce n'était plus le nègre si propre qui était parti pour me servir de guide ; le froid et la pluie l'avaient transformé de noir en gris, et, comme il était naturellement maigre, il ressemblait à un crayon d'ardoise de dimension exagérée.

Ne voulant pas décourager mes hommes, je rebroussai chemin fort généreusement au moment même où je commençais à me divertir, et mes compagnons me regardaient comme nous autres Anglais nous regardons, dans notre jardin zoologique, le grand ours de la mer Glaciale, qui commence à s'estimer heureux dans le jour le plus mauvais d'un hiver de Londres.

Nous prîmes un autre chemin pour retourner chez nous, car l'orage avait effacé toutes les traces de notre première route. Il y avait çà et là des marques évidentes d'éléphants, et je résolus de faire une seconde visite dans cet endroit. Je me trouvais dans ma tente à 4 heures de l'après-midi, convaincu qu'il y avait moyen de se procurer du gibier.

A mon arrivée, je trouvai les naturels dans un état de grande agitation, à cause de la pluie qui était due, ils en avaient la conviction, aux incantations de leur chef. Ils étaient tous énergiquement occupés à préparer leurs *molotes* (houes de fer), y mettant de nouveaux manches, et disposant tout pour les semailles périodiques.

Les manches de *molotes* sont longs de sept à dix pieds; et, comme l'instrument a la forme d'une bêche de mineur (taillé en cœur), on l'emploie comme une houe hollandaise; excellent pour un sol déjà défriché, il ne peu servir à rien dans une vieille jachère. On trouve à la surface de la terre, dans toute l'étendue de ce pays, du fer de fort bonne qualité. Les Latookas, comme les Baris, sont de très-habiles forgerons; ils obtiennent des résultats qui surprendraient un ouvrier anglais, lorsque l'on songe à l'infériorité de leurs outils, qui consistent en un marteau, une enclume et des pinces; ces pinces sont faites d'une branche fourchue d'un bois vert, tandis que pour le marteau et l'enclume, ils font usage de pierres de différentes dimensions. Voici comment leurs soufflets sont faits: ils prennent deux pots d'environ un pied de profondeur; au fond de chacun est fixé un tube en terre d'environ deux pieds de long, dont l'extrémité est insérée dans un feu de charbon de bois. L'orifice de chaque pot est recouvert d'un cuir fort souple, lâche et bien enduit de graisse; au centre de chacun de ces morceaux de cuir se trouve un bâton de quatre pieds de long placé à angle droit, et l'ouvrier imprime aux deux bâtons un mouvement perpendiculaire très-rapide, produisant ainsi un fort courant d'air. Les naturels apportent un grand soin à la forme de leurs molotes, et les mettent toujours à l'épreuve en les balançant sur leurs têtes et en les frappant du doigt pour les faire sonner.

Les Latoukas étaient absorbés par les préparatifs de la culture; j'eus donc beaucoup de peine à organiser une battue; mes hommes détestaient l'idée d'une chasse à l'éléphant ou de quoique ce fût qui comportât du danger et de la fatigue. Cependant, je réussis à retenir les services d'Adda, le troisième chef de la tribu, et de plusieurs naturels qui devaient me servir de guides, et je pris mes mesures pour un jour fixé.

Le 17 avril, je partis à 5 heures du matin avec mes trois chevaux et deux chameaux, ces derniers portant de l'eau et des vivres. Après une marche de deux ou trois heures à travers la vallée de Latouka, dont le sol est varié de plaines et de fourrés, j'arrivai sur des pistes de rhinocéros, de girafes et d'éléphants, et je fis partir bientôt un rhinocéros; mais je ne pus le tirer à cause de l'épaisseur du fourré où il se trouvait, et où il disparut avant que j'eusse le temps de mettre pied à terre. Nous fîmes un

Forgerons Latoukas.

court circuit en quête de l'animal, ce qui nous amena jusque sur un grand troupeau de buffles, mais au même moment nous entendîmes un bruit d'éléphants au pied de la montagne. Ne voulant pas tirer de peur d'effrayer le principal gibier, je me contentai de donner la chasse aux buffles, accompagné par Adda qui était un excellent coureur; il allait presque aussi vite que mon cheval, lançant ses trois dards aux buffles, mais sans succès. J'avais laissé les chameaux dans une plaine ouverte, et en revenant de ma course après les buffles je vis les chameliers dans une grande agitation et me faisant des signes. Je trottai vers eux, et ils m'apprirent qu'une troupe d'éléphants mâles venait de traverser un espace découvert et de gagner un fourré un peu plus loin. Il y avait évidemment du gibier en abondance; rassemblant donc mes hommes, je leur ordonnai de se tenir près de moi avec les chevaux de rechange et les carabines, puis j'envoyai les Latoukas en avant pour faire lever les éléphants. Nous les suivimes de près.

Au bout d'environ dix minutes, je vois les Latoukas revenir en grande hâte vers nous, et presque immédiatement après aparaissent à environ cent verges de distance, deux énormes éléphants mâles, ornés de défenses magnifiques, ce sont probablement les chefs d'un troupeau qui s'approche. Le terrain est très-favorable, passablement dégagé, et pourtant avec assez de buissons pour nous mettre à couvert. Bientôt plusieurs éléphants se présentent et viennent se joindre aux deux premiers; le troupeau est certainement fort considérable, et je suis sur le point de mettre pied à terre pour tirer le premier coup de feu, lorsque les Latoukas, trop empressés, s'approchent. Leurs casques rouges et bleus attirent l'attention des animaux, et aussitôt la bande entière se réunit et prend la fuite avec un bruit terrible. « Suivez-moi! » criai-je à mes gens. Donnant de l'éperon à mon cheval, je voulais me précipiter au milieu du troupeau, mais juste en ce moment mon cheval glisse, s'abat, tombe sur ma jambe droite et me retient à terre. J'étais trop lourd pour lui. Je me relève, monte sur mon vieux cheval de chasse abyssin, *Tétel*, et suis la trace des éléphants au grand galop, accompagné par deux de mes Latoukas qui courent comme des levriers. Galopant à travers un fourré vert mais sans épines, j'arrive bientôt en vue d'un grand éléphant mâle qui file devant moi comme une machine à vapeur. Je donne des éperons, et me voilà à vingt mètres de lui ; mais le terrain est si mauvais, si plein de trous faits par les buffles, que je ne puis le dépasser. Au bout d'un quart d'heure d'une chasse difficile à travers les ornières et les profonds ravins cachés par le gazon épais, j'arrive à un endroit uni, où pouvant tirer devant moi je vise l'animal à l'épaule, avec ma carabine Reilly n° 10. Le coup a bien porté mais l'éléphant n'en court que plus vite, et comme le sol devient encore défavorable, il ne serait pas sage d'approcher l'animal de trop près. Cependant, à la première occasion, favorable, je le rejoins et tout en galopant à son côté je décharge sur lui le coup gauche de ma carabine. Il ralentit le pas, mais je ne puis faire halte pour recharger, de peur de le perdre de vue dans l'herbe épaisse et les buissons.

Il n'y avait pas un seul homme près de moi avec une carabine de rechange. Mes gens poltrons, quoique bien montés et fort légers de charges étaient partis, et les naturels se trouvaient distancés ainsi que Richarn qui, n'étant pas bon cavalier, avait préféré suivre à pied. En vain appelai-je mes compagnons ; je suivis l'éléphant pendant l'espace d'à peu près dix minutes avec une carabine déchargée ; enfin il se retourne toup à coup et le voilà vis-à-vis de moi dans un espace découvert au milieu d'un gazon de huit ou dix pieds de hauteur. *Tétel* était un excellent cheval pour la chasse aux éléphants ; sans la moindre peur, ne bronchant pas au bruit de la plus grosse décharge. Je commençais à recharger, lorsqu'un de mes hommes, Yaseen, arriva monté sur *Filfil*. Prenant une carabine de rechange, je m'avançai promptement sur l'éléphant, et m'arrêtant soudain, le blessai exactement derrière l'omoplate. L'éléplant pousse un cri aigu et se précipite sur moi avec la force d'une locomotive. Je donne des éperons. *Tétel* sait ce qu'il y a à faire, et il m'emporte à travers trous et ravines, l'herbe épaisse et desséchée sifflant à mes oreilles, tandis que l'éléphant furieux nous suit de près pendant l'espace d'environ deux cents verges. Il s'arrête alors, je me retourne, et recharge mon arme. Je croyais que l'animal se mourait, car il se tenait là avec sa trompe sans mouvement et ses oreilles pressées en arrière contre son cou. Au même moment j'entends le bruit d'éléphants qui s'avancent à travers les buissons vers le monticule situé au-dessus du creux où ma victime et moi nous nous regardions l'un l'autre. A la première charge, Yaseen s'était enfui, et je ne pouvais le voir. Bientôt le bruit augmente, et un bataillon serré d'environ dix-huit éléphants paraît, leurs têtes s'élevant au-dessus des broussailles; ils arrivent directement sur moi. La hauteur de l'herbe les empêche de m'apercevoir non plus que mon cheval. C'est un coup d'œil superbe : tous des éléphants mâles armés de défenses monstrueuses. J'attends qu'ils soient à vingt pas, puis je galope vers eux en poussant un cri qui les fait retourner. Ils remontent la colline avec tant de vitesse que je ne puis les poursuivre sur le terrain inégal, et je me vois entièrement distancé. *Tétel*, quoique excellent pour la chasse, est un cheval fort lent; en cette occasion il l'était encore plus qu'à l'ordinaire, et j'aurais pu le croire malade. Je suis trois éléphants détachés du troupeau principal, et prenant le chemin le plus court, je remarque un gaillard pourvu de défenses énormes; je vais droit à lui. Surpris par mon apparition il se précipite sur moi à son tour, et me donne la chasse si vite et si loin que j'ai de la peine à le dépasser. Lorsqu'il s'est retourné, je me remets à sa poursuite, mais il s'enfonce dans un épais fourré plein d'épines où aucun cheval ne saurait le suivre, et il m'est impossible de lui envoyer une seule balle.

Je cherchais un sentier à travers lequel je pusse pénétrer dans le fourré, lorsque j'entendis soudain des cris dans l'endroit où j'avais laissé l'éléphant blessé. Galopant dans cette direction, j'aperçois quelques-uns des nègres dispersés çà et là, et entre autres Adda. Après avoir crié pendant quelques minutes je vis enfin paraître Yaseen monté sur mon cheval *Filfil;* il avait pris la fuite, selon son habitude, en voyant s'avancer la troupe des éléphants, et il était impossible de savoir jusqu'où il avait cru prudent de battre en retraite. Malgré deux hommes à cheval portant des fusils, et cinq autres à pied, j'avais été complétement abandonné grâce à la couardise de mes gens. L'éléphant que j'avais laissé mourant était parti; mais un des Latoukas suivait sa trace et j'entendis bientôt ce drôle pousser des cris dans le lointain. Je le rejoignis et il me conduisit promptement sur la trace de l'animal, à travers d'épais buissons et une herbe fort haute. Au bout d'un quart d'heure environ je me trouve près de l'éléphant; il est là, dans le fourré, à cinquante mètres de distance; dès qu'il nous voit, il agite sa tête de la manière la plus menaçante, et se précipite sur nous avec résolution. Il était très-difficile de lui échapper, car les buissons qui arrêtaient la course du cheval n'opposaient pas plus de résistance à l'éléphant que des toiles d'araignée ; cependant en faisant tourner *Tétel* subitement autour d'un arbre, je réussis à m'esquiver après une poursuite d'environ cent cinquante verges. L'éléphant disparut dans le fourré où je le suivis. Le terrain était dur et tellement piétiné par les animaux, qu'il était difficile de retrouver la trace. Il n'y avait pas de sang répandu sur la terre ; on n'en voyait que çà et là sur les troncs des arbres, contre lesquels l'animal blessé s'était frotté pendant sa retraite. Après avoir ainsi passé près de deux heures à le poursuivre inutilement, tout à coup en débouchant du fourré, nous aperçûmes l'éléphant qui traversait sans se presser une grande plaine couverte de hautes herbes. De chaque côté le sol s'élevait graduellement en pente douce, mais la pente principale formait une série de sillions profonds, durcies, à travers lesquelles le cheval n'aurait pu s'avancer. Connaissant le caractère de maître éléphant, je poussai une reconnaissance sur la partie la plus élevée du terrain; elle était assez unie, et de beaucoup plus praticable que le fond. Mes deux compagnons à cheval m'avaient rejoint, et loin de jouir de notre *sport*, ils me parurent verts d'effroi lorsque je leur commandai de se tenir près de moi et de pousser en avant. Ce que je voulais c'est qu'ils attirassent l'attention de l'éléphant, pour me procurer la chance de lui envoyer un bon coup de fusil dans l'épaule. Chevauchant à travers la plaine, j'arrivai enfin à moins de cinquante pas de l'animal qui se retourna. Atteint aussitôt à l'épaule par une balle de ma carabine Reilly nº 10, le monstre tombe d'abord sur ses jambes, puis se relevant avec une vitesse surprenante, il se précipite sur moi. Heureusement j'avais reconnu le terrain avant d'attaquer, et je remontai la pente à ma droite, donnant de l'éperon de toute ma force, tandis que l'éléphant, hurlant de rage, *gagnait* du terrain sur moi. Mon cheval semblait fait de bois, et il prit le galop d'une vache, si je puis m'exprimer ainsi. En vain je jouais des éperons, en vain je l'excitais de la bride et de la voix ; je ne pouvais le faire aller plus vite ; il semblait tout à fait épuisé, et s'enfonçait dans les dépression du sol au lieu de les franchir. Hamed montait mon cheval *Souris*, qui allait trois fois plus vite que *Tétel* ; et au lieu de chercher à distraire

M. Baker chargé par un éléphant blessé.

l'éléphant, il galopait en avant, ne songeant qu'à se dérober au danger. Yaseen, monté sur *Filfil*, avait pris la fuite dans une autre direction, de telle sorte que je me voyais réduit au plaisir d'être pourchassé, sur un cheval fourbu et malade. Je me retournais de temps en temps, espérant que l'éléphant perdait ses forces, car la course avait déjà duré l'espace de près d'un demi-mille ; mais l'animal s'avançait si vite qu'il était déjà à moins de dix ou douze mètres de la queue de ma monture, la trompe étendue pour l'atteindre. Son cri aigu comme le sifflement d'une locomotive effraya fort heureusement mon cheval et accéléra tant bien que mal son allure; je lui fis soudain descendre la colline et rebrousser chemin comme un lièvre. L'éléphant remonta de son côté, et entra dans le fourré, abandonnant la poursuite, tandis que s'il m'eût suivi encore pendant cent verges, je ne pouvais lui échapper.

Dans ma longue carrière de chasseur d'éléphants, je ne me souviens pas d'avoir été poursuivi aussi longtemps. Le courage et la persévérance de *Tétel* étaient si notoires, qu'en le voyant fatigué et incapable, je fus convaincu qu'il avait quelque maladie soudaine. Je mis sur-le-champ pied à terre, et la pauvre bête se coucha, toute prête, comme je le croyais, à rendre le dernier soupir.

A force de siffler je rappelai enfin Hamed qui poursuivait sa fuite rapide sans même regarder derrière lui, quoique l'éléphant fût hors de vue. Yaseen, naturellement, n'était nulle part; pourtant il reparut après que j'eus passé un grand quart d'heure à crier et à siffler ; je montai sur *Filfil* et commandai que l'on reconduisît *Tétel* au camp.

Le soleil venait de se coucher, et les deux Latoukas qui m'avaient rejoint refusaient d'aller plus loin en quête de l'éléphant; l'animal, disait-il, mourrait infailliblement pendant la nuit, et ils le retrouveraient le lendemain matin. Nous nous trouvions alors à plus de dix milles du camp ; je tirai un coup de fusil pour rassembler mes hommes dispersés, et une demi-heure après, nous étions tous réunis excepté les chameaux et les chameliers que nous avions laissés loin derrière nous.

Personne n'avait mangé depuis la veille, ni bu une goutte d'eau, malgré l'intensité de la chaleur; je me procurai une petite quantité d'eau de pluie dans une mare, et nous nous acheminâmes vers le camp, où nous arrivâmes à huit heures et demie, fatigués de notre journée. Les chameaux rejoignirent environ une heure plus tard.

Mes hommes alors se trouvèrent soudain fort braves; chacun tenait à raconter quelque histoire des dangers auxquels il avait échappé; plusieurs eurent le front de dire que les éléphants leur avaient passé sur le corps, *heureusement sans les toucher*.

La nouvelle se répandit dans la ville que l'éléphant était tué, et bien avant l'aube de nombreux naturels s'étaient mis en route pour le fourré où ils trouvèrent le cadavre. Ils volèrent ses magnifiques défenses, et les transportèrent au village de Wakkala; ils avouèrent avoir dérobé la chair, mais imputèrent aux Wakkalites le vol de l'ivoire.

Impossible d'obtenir une réparation; les disputes sur le droit de chasse amènent toujours des résultats désagréables, et en ce moment il était nécessaire de ne pas faire attention à ce qui s'était passé. Les naturels me prièrent en conséquence d'aller leur tuer un autre éléphant; ils étaient prêts à m'accompagner dans une seconde expédition, si je voulais seulement leur abandonner la chair de l'animal.

Les défenses des éléphants de l'Afrique centrale sont infiniment supérieures à celles qu'on trouve en Abyssinie. J'avais tué un nombre considérable de ces pachydermes dans le pays de Basé sur la frontière Abyssinienne, et peu de défenses excédaient 30 livres pesant. Sur les bords du Nil Blanc le poids moyen est de 50 livres pour chaque défense d'éléphant mâle, et de 10 livres quand c'est une femelle. J'ai vu des défenses monstres de 160 livres, et un trafiquant, M. P., en avait une qui pesait 172 livres.

Il est rare que les deux défenses de la même paire soient semblables. De même qu'un homme se sert de la main droite de préférence à la gauche, ainsi chaque éléphant a sa défense favorite, que les trafiquants nomment *el Hădam* (le serviteur); cette défense étant plus employée que l'autre, pèse généralement près de 10 livres en moins; elle est souvent fracturée, car l'éléphant s'en sert pour déraciner les arbres, et pour déterrer les racines des différents arbustes dont il fait sa nourriture.

L'éléphant d'Afrique diffère de celui des Indes, non-seulement par ses habitudes, mais aussi par sa forme. Il y a entre eux trois points principaux de dissemblance. Le dos de l'éléphant d'Afrique est concave, son oreille énorme recouvre entièrement l'épaule lorsqu'elle est rejetée en arrière, et le devant de la tête est convexe, le haut du crâne fuyant en arrière à un angle très-aigu. Chez l'éléphant indien c'est tout le contraire; dos convexe, oreille relativement petite, tête à surface plate un peu au-dessus de la trompe. Les dimensions moyennes d'un éléphant d'Afrique sont plus grandes que celle des éléphants de l'île de Ceylan; cependant il m'est arrivé quelquefois de tuer dans ce dernier pays des gaillards égaux en taille au plus gros animaux que j'aie vus en Afrique. La hauteur moyenne des éléphants femelles de Ceylan est d'environ 7 pieds 10 pouces jusqu'à l'épaule, et celle des mâles exède parfois neuf pieds; en Afrique des mesures précises m'ont permis de déterminer une hauteur de 9 pieds pour les femelles, et de 10 pieds 6 pouces pour les mâles. Ainsi la taille des éléphants femelles en Afrique correspond à celle des mâles de l'île de Ceylan.

Les mœurs offrent aussi des différences notables. Dans l'île de Ceylan, l'éléphant recherche l'ombrage des épaisses forêts au lever du soleil, et s'y repose jusque vers 5 heures de l'après-midi. C'est alors qu'il erre à travers la plaine. En Afrique, comme le pays est généralement plus ouvert, l'éléphant passe sa journée soit sous un arbre solitaire, soit exposé au soleil dans les vastes savanes où l'herbe épaisse atteint une hauteur de neuf à douze pieds. L'éléphant d'Afrique se nourrit ordinairement du feuillage des arbres, surtout de celui des mimosas. Dans l'île de Ceylan, quoique plusieurs arbres servent de nourriture aux éléphants, cependant ils mangent surtout de l'herbe. La variété Africaine se repaissant presque exclusivement de branches d'arbres, a besoin de ses défenses pour se procurer sa nourriture. Beaucoup de mimosas ont environ trente pieds de haut, et le sommet plat contient la partie la plus succulente des feuillages; de sorte que l'éléphant ne pouvant y atteindre, est obligé de renverser l'arbre pour satisfaire son appétit.

Un troupeau d'éléphants d'Afrique fait dans une forêt de mimosas une destruction incroyable; j'ai vu des arbres déracinés dont la grosseur était telle que certes un seul éléphant n'aurait pu les abattre. J'ai vu des arbres de trois pieds six pouces de circonférence sur environ trente pieds de haut que des éléphants avaient renversés. Les naturels m'ont assuré que ces animaux s'aident les uns les autres, et que plusieurs se réunissent ensemble pour s'attaquer à de gros arbres. Aucun mimosa n'a de racines pivotantes, de sorte que les puissantes défenses d'éléphants, appliquées comme des leviers aux racines, tandis que quelques-uns des animaux tirent sur les branches avec leurs trompes, suffisent pour venir à bout d'un arbre que l'on aurait cru inébranlable. Comme l'éléphant de Ceylan n'est pas toujours pourvu de défenses, il ne saurait renverser un arbre plus gros que la cuisse d'un homme.

J'ai rarement rencontré à Ceylan de nombreuses troupes de vieux éléphants mâles ; ils vont le plus souvent un à un, ou deux à deux. En Afrique, au contraire, on trouve de nombreuses bandes formées exclusivement de mâles. J'en ai fréquemment rencontré seize ou vingt ensemble, offrant une masse d'ivoire bien tentante pour le chasseur. Les femelles, en Afrique, se réunissent en troupes de plusieurs centaines, tandis qu'à Ceylan le nombre moyen de femelles dans chaque troupeau dépasse rarement dix.

De tous les animaux, l'éléphant est le plus formidable, et l'espèce d'Afrique est beaucoup plus dangereuse que celle de Ceylan, car il est presque impossible de tuer l'animal en le visant au front. La tête est si étrangement construite, que la balle passe au-dessus de la cervelle, lorsqu'elle ne se loge pas dans les os et les cartilages si solides, où se trouvent les racines des défenses. J'ai mesuré certainement cent défenses d'éléphants mâles, et je les ai trouvées enracinées à une profondeur de vingt-quatre pouces dans la tête. Une défense de 7 ou 8 pouces de longueur et de 22 pouces de circonférence, était plongée jusqu'à une profondeur de 31 pouces. On peut se faire ainsi une idée de la grosseur énorme du crâne, et de la force nécessaire aux os et aux cartilages pour supporter un tel poids, et pour offrir un point de résistance assez solide, lorsque la défense est employée comme un levier pour déraciner les arbres.

La cervelle d'un éléphant d'Afrique repose sur un os plat situé immédiatement au-dessus de la racine des molaires supérieures ; elle est ainsi admirablement protégée contre un coup de fusil tiré de face, et elle est placée si bas que la balle passe par dessus quand l'animal lève la tête, ce qu'il fait toujours lorsqu'il est en colère, jusqu'à ce qu'il soit tout près de son ennemi.

Le caractère du pays modifie naturellement les habitudes; ainsi, l'Afrique étant une contrée beaucoup plus ouverte que Ceylan, l'éléphant y est naturellement plus actif, et ses mouvements sont plus vifs. Comme j'étais un chasseur émérite de l'île indienne, le problème de la diversité des espèces m'intéressait beaucoup, et j'avais toujours pensé qu'un coup de fusil tiré en plein front pourrait tuer aussi facilement l'éléphant d'Afrique que celui du Ceylan, pourvu que la charge de poudre fût en proportion de l'épaisseur plus grande du crâne. L'expérience m'a convaincu que je me trompais. Le hasard aidant, on peut tuer ainsi un éléphant d'Afrique, mais c'est l'exception et non la règle. Le danger de la chasse est donc beaucoup plus grand, car il est presque impossible de tuer un éléphant lorsqu'il se précipite sur vous de toute sa vitesse; la seule chance de salut est de lui faire volte-face par un feu roulant de fusils de gros calibre, ce qui n'est pas toujours praticable.

J'avais deux carabines n° 10, à plusieurs rainures très-fortes, de la fabrique de Reilly d'Oxford-street; elles pesaient 15 livres chacune, et portaient sept drachmes de poudre sans recul désagréable. La balle était un cône aplati, et long d'un diamètre et demi du calibre de l'arme; pour rendre le projectile plus dur, j'employais un mélange de 9/10 de plomb et d'un dixième de vif-argent. Ce mélange est le meilleur de tous, car il réunit la dureté au poids; on fait fondre le plomb dans un vase à part jusqu'à chaleur rouge; puis avec une cuiller de fer on en prend de quoi faire trois ou quatre balles et on y ajoute la proportion nécessaire de vif-argent, en remuant rapidement le mélange avec la cuiller. Si le vif-argent était soumis à une chaleur rouge dans le même vase que le plomb, il s'évaporerait. Je n'ai tiré au front d'un éléphant d'Afrique avec succès qu'une seule fois, c'était à mon entrée en Abyssinie sur le bord de la rivière Settite, et dans un fourré très-épais; une femelle d'éléphant se détacha du troupeau, et fondit sur nous avec tant de furie que, si elle n'avait pas été arrêtée, elle aurait tué un des chasseurs. Elle se trouvait à environ dix verges de l'extrémité du canon, lorsque je la tuai sur place d'un coup de carabine Reilly, avec une balle fondue suivant le procédé décrit plus haut; nous retrouvâmes la balle plus tard dans *les vertèbres du cou.*

Cette circonstance me fit supposer que je réussirais toujours ainsi que je l'avais fait à Ceylan, et j'ai souvent soutenu l'attaque d'un éléphant d'Afrique jusqu'à ce qu'il se trouvât tout près de moi, comptant toujours sur le résultat d'un coup de fusil tiré au front; mais mon attente a toujours été trompée, excepté dans le cas précédent. Il faut aussi se rappeler que l'éléphant ainsi tué, était une femelle, ayant une tête bien inférieure en solidité et en épaisseur à celle du mâle.

Dans l'Afrique, comme à Ceylan, une balle déchargée dans la tempe ou derrière les oreilles est également mortelle, pourvu que le chasseur puisse s'approcher à une distance de moins de dix ou douze verges; mais, somme toute, les difficultés de la chasse sont plus grandes en Afrique, parce que la nature du pays ne permet pas au chasseur de tirer d'assez près pour être sûr de son coup. Dans les forêts de Ceylan, on peut venir jusqu'à quelques pas d'un éléphant, et l'on tire rarement à plus de dix verges de distance, ce qui assure la justesse du coup. Mais, sur le terrain ouvert de l'Afrique, il est rare qu'un éléphant puisse être approché à moins de cinquante verges, et, s'il se précipite sur le chasseur, il est difficile d'échapper. Il ne m'est jamais arrivé de trouver des éléphants d'Afrique, dans un fourré, excepté une fois; alors j'en tuai cinq aussi promptement que j'eusse pu le faire à Ceylan.

Le caractère de la chasse doit varier selon celui du pays; il se peut donc que certaines parties de l'Afrique ne répondent pas à la description que je viens de faire. Je ne rapporte ici que le résultat de mon expérience.

Entre autres armes, j'avais une carabine extraordinaire, qui lançait un petit obus explosible d'une demi-livre. C'était un instrument de torture pour le chasseur; non par son poids qui ne dépassait pas vingt livres, mais avec une charge de dix drachmes de poudre, chassant une bombe d'une demi-livre, le recul était si terrible qu'il me faisait pivoter sur moi-même comme une girouette pendant l'orage. J'avais réellement peur de cette carabine, quoique, pendant nombre d'années, j'eusse été accoutumé à de fortes charges de poudre, et à des reculs assez rudes. Pas un de mes hommes ne pouvait la tirer; ils la regardaient avec une sorte de terreur, et les Arabes lui donnaient le sobriquet de *jenna el moutfah* (enfant du canon). Ce surnom trop long pour l'usage fut changé par moi contre celui de *Baby;* et la détonation de ce *Baby*, chargé d'un obus d'une demi-livre, annonçait toujours quelque chose de fatal. Je ne l'ai jamais employée en vain contre un gibier quelconque, mais vu sa brutalité je ne m'en suis pas servi vingt fois pendant le cours de plusieurs années, son emploi me tentait peu; mais il fallait pourtant la nettoyer, lorsqu'elle était restée chargée plusieurs mois de suite. Mes hommes avaient alors le plaisir de la tirer, et il en résultait toujours que celui qui la faisait partir, ainsi qu'un autre gaillard qui le soutenait, étaient projetés rudement sur leurs derrières, tandis que le *Baby* allait tomber à plusieurs verges de distance. Cette carabine est l'ouvrage de Holland, de Bondstreet; parfaitement à l'usage de Goliath de Gad, elle convient peu à des mortels de l'an de grâce 1866.

Les naturels de l'Afrique centrale chassent l'éléphant, en général, seulement pour s'en procurer la chair; et avant que les Arabes eussent ouvert le commerce du Nil Blanc, avant la découverte de la portion supérieure de ce fleuve jusqu'à 5° de latitude nord, par l'expédition de Mehemet-Ali, on regardait les défenses comme sans valeur, et on n'y attachait pas plus de prix qu'aux os ordinaires. La mort d'un éléphant est, pour les naturels, une affaire importante, car elle fournit de la viande à une multitude d'individus, et de la graisse que tous les sauvages recherchent avec passion, soit comme friandise, soit comme cosmétique. Il y a plusieurs manières de tuer ces animaux; les piéges constituent la plus ordinaire, mais les vieux mâles, pleins de sagacité, s'y laissent rarement prendre. La position choisie pour ces piéges est, presque sans exception, dans le voisinage de quelque abreuvoir naturel, et les natifs montrent beaucoup d'adresse, en renversant des arbres à travers le sentier ordinaire que les éléphants suivent, et quelquefois en y creusant un fossé, afin que ces obstacles obligent la victime à prendre la direction où les piéges l'attendent. Ce sont des fosses d'environ douze pieds de longueur sur trois de largeur et neuf de profondeur; elles sont ingénieusement faites et diminuent graduellement jusqu'à n'avoir plus, vers le fond, qu'un pied de largeur. Comme la route ordinaire que les éléphants prennent pour aller boire est barricadée, ils sont obligés de suivre celle qui est entrecoupée de piéges nombreux. Tous ces piéges sont soigneusement cachés au moyen de branchages et de paille; sur cette paille, on répand d'ordinaire de la fiente d'éléphant, afin de lui donner un air plus naturel.

Si un éléphant, pendant la nuit, tombe dans les embuches de ce sol perfide, et, plongé jusqu'aux épaules dans la fosse, il travaille en vain à s'en retirer, chaque effort qu'il fait pour recouvrer sa liberté ne faisant qu'aggraver sa position. Alors une panique saisit le reste du troupeau, et, dans leur fuite précipitée, il en tombe toujours un ou deux dans les piéges dont le voisinage est semé en tous sens. Les vieux mâles ne s'avancent jamais rapidement vers l'abreuvoir; ils prêtent l'oreille attentivement pour tâcher de reconnaître s'il y a du danger, puis ils marchent avec circonspection, étendant devant eux leur trompe, dont les nerfs délicats découvrent immédiatement le piége caché, s'il y en a. Les victimes des artifices des nègres sont de jeunes étourdis, qui, pressés de s'avancer, le font au hasard, et courent à leur perte, comme les actionnaires d'une entreprise véreuse. Une fois pris au piége et sans moyen d'en sortir, ils sont facilement tués à coups de lance.

La véritable saison pour la chasse est au mois de janvier, quand les hautes prairies desséchées n'offrent plus que de la paille. Si alors on découvre un grand troupeau d'éléphants, les habitants d'un district tout entier se réunissent parfois au nombre d'un millier, et, formant autour des animaux un grand cercle, ils mettent le feu au chaume à un signal donné. En quelques minutes, les éléphants sont, à leur insu, entourés d'un vaste cercle de feu, qui se rétrécit petit à petit, et doit finir par les atteindre. Les chasseurs s'avancent simultanément avec l'incendie, qui s'élève jusqu'à une hauteur de vingt à trente pieds. Enfin les animaux, effrayés par la fumée et les cris des chasseurs mêlés au sifflement de la flamme, essayent de s'échapper. De tous côtés, ils sont environnés; partout où ils se précipitent, une barrière infranchissable de flamme et de fumée étouffante les repousse. Cependant le cercle fatal se rétrécit. Buffles et antilopes, réservés aussi pour un destin affreux, s'assemblent, frappés de terreur, au centre, où le feu dévorant les atteint tous. Brûlés, aveuglés par le feu et la fumée, les animaux sont alors attaqués par la foule des chasseurs, que la position désespérée des malheureux éléphants excite au carnage, et qui les accablent de leurs lances. Cette méthode meurtrière de faire la chasse détruit le gibier dans cette partie de l'Afrique, et les antilopes y deviennent si rares que, pendant le cours d'une journée, on en voit à peine douze dans toute l'étendue de la savane.

L'autre méthode de chasser est moins blâmable. Si beaucoup d'éléphants se trouvent dans un district, les naturels mettent environ cent hommes en sentinelle sur autant de grands arbres ; ces hommes sont pourvus de lances spéciales et fort lourdes, ayant des fers de dix-huit pouces de long environ, sur trois de largeur. Les éléphants sont poussés par la multitude des traqueurs vers les arbres où les sentinelles sont placées, et ceux qui arrivent à une distance convenable sont frappés entre les épaules. Le fer introduit à une grande profondeur, occasionne une affreuse blessure, car sa lourde et forte hampe, heurtée à chaque instant par les branches des arbres, agit à la manière d'un levier dans la plaie, et l'effet produit est si terrible que l'animal ne tarde pas à mourir d'épuisement.

Les meilleurs, les seuls véritables chasseurs d'éléphants du Nil Blanc, sont les Arabes Bagaras, vers le 13e degré de latitude nord. Ils chassent à cheval et tuent les animaux à coups de lance après un combat loyal.

Leur lance, d'environ quatorze pieds, est taillée dans un bambou mâle; le fer a quatorze pouces de long sur près de trois pouces de largeur ; il coupe comme un rasoir. Deux hommes ainsi montés et armés constituent toute l'expédition. S'ils découvrent un troupeau d'éléphants, ils s'avancent vers celui dont les défenses sont les plus belles. L'un des cavaliers prend les devants, et l'animal se voyant pressé, s'élance de suite sur le cheval. Il faut beaucoup d'adresse au cavalier pour maintenir sa distance et s'arranger de façon à ce que le pachyderme ne perde pas un seul instant le cheval de vue, et soit entièrement absorbé par l'idée de s'en saisir. Pendant ce temps, l'autre chasseur, attaché pas à pas aux talons de l'animal, met pied à terre avec une adresse surprenante, pendant que son cheval est encore au galop, et plonge à deux mains sa lance dans l'abdomen de l'éléphant jusqu'à une profondeur d'environ huit pieds, et la retire de suite. S'il réussit dans son attaque, il remonte à cheval et prend la fuite, ou, s'il n'a pas le temps de se remettre en selle, il s'enfuit à pied de son mieux, car l'éléphant se retourne ordinairement et le poursuit. Son compagnon fait alors rebrousser chemin à son cheval, et, s'élançant vers sa victime, met pied à terre à son tour et enfonce sa lance profondément dans la première blessure.

Si celle-ci a été faite scientifiquement, les entrailles de l'éléphant s'échappent de manière qu'il est immédiatement hors de combat. Deux bons chasseurs tuent souvent plusieurs individus du même troupeau; mais, dans cette dangereuse lutte corps à corps, le chasseur est souvent la victime. Il est sans doute beaucoup moins dangereux de chasser l'éléphant à cheval qu'à pied; mais, quoique la vitesse du cheval soit supérieure, comme le terrain est ordinairement très-défavorable, il peut arriver au chasseur de tomber, et alors c'en est fait de lui et de sa monture.

Les instincts des Africains sont si sauvages qu'ils ne songent qu'à détruire les éléphants, jamais à en faire des animaux domestiques.

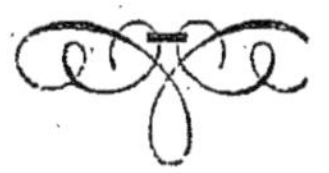

CHAPITRE VIII.

QUESTIONS NOIRES.

Ibrahim revint de Gondokoro, amenant avec lui une grande quantité de munitions. Un blessé des gens de Chenouda arriva aussi, seul survivant du combat avec les Latoukas. On l'avait laissé pour mort, mais il s'était rétabli, et jour et nuit avait erré à travers le pays, souffrant de la faim et de la soif, se dérobant comme une bête fauve aux regards des hommes, car sa conscience coupable lui représentait chaque Latouka comme un ennemi. Enfin quelques Latoukas l'avaient rencontré; et leurs femmes l'avaient non-seulement bien traité et nourri, mais reconduit au camp d'Ibrahim.

Le nègre est une singulière anomalie; en lui les bonnes et les mauvaises qualités de la nature humaine paraissent sans aucune régularité, comme les fleurs et les épines du désert où il habite. Toujours esclave du premier mouvement, jamais guidé par la réflexion, il nous étonne à cause de sa stupidité crasse, puis une explosion soudaine de sympathie de sa part nous cause une surprise aussi soudaine. Ma longue expérience des sauvages de l'Afrique m'a convaincu qu'il est également absurde de condamner les nègres *en bloc*, et de comparer leur capacité intellectuelle avec celle des blancs. Malheureusement on fait de cela une affaire de parti : les uns disent que le nègre est un être supérieur, les autres lui refusent jusqu'aux éléments de la raison. Il y a toujours eu une telle diversité d'opinion sur les mérites intrinsèques des nègres qu'on pourrait en déduire la preuve qu'ils forment une variété distincte de l'espèce humaine. Tant que l'on sera généralement d'avis que nègres et blancs doivent être gouvernés par les mêmes lois et soumis aux mêmes usages, le nègre sera une pierre d'achoppement dans toutes les sociétés dont il fera partie. Le même régime sera applicable au blanc et au nègre lorsque le cheval et l'âne pourront porter le même harnais. Ce qui a abaissé le caractère du nègre, ce qui l'a rendu un objet de mépris, c'est la grande erreur de vouloir appliquer le même niveau à deux choses tout à fait inégales.

Qu'est l'Africain dans ses déserts? mauvais, sans contredit, mais pas autant qu'un homme blanc le serait dans des circonstances semblables. Il est à la merci des mauvaises passions inhérentes à la nature humaine, mais il n'offre pas ces exagérations du vice que l'on trouve dans les pays civilisés. Le plus fort vole le plus faible, une tribu se bat contre la tribu voisine; — n'est-ce pas ce que nous faisons en Europe? Ce sont là les actes légitimes de peuplades indépendantes, sanctionnés par les chefs de ces peuplades. Ils se réduisent en esclavage les uns les autres. — Mais y a-t-il si longtemps que les Américains étaient propriétaires d'esclaves, que nous l'étions nous-mêmes? Le nègre est insensible et ingrat; — n'y a-t-il pas d'ingratitude en Angleterre? Il est naturellement artificieux et menteur. — Les Européens sont-ils tous remarquables par leur franchise et leur amour de la vérité? Pourquoi le nègre ne serait-il pas l'égal du blanc? Quant à la force du corps, elle est la même chez tous les deux; pourquoi n'en serait-il pas ainsi de la vigueur intellectuelle?

Je crois que pendant la période de l'enfance le nègre dépasse en intelligence l'enfant blanc du même âge; mais son esprit ne prend aucun développement; le fruit est là, il ne mûrit pas; le corps se fortifie, l'esprit reste stationnaire.

Un petit chien de trois mois est supérieur en intelligence à un petit enfant du même âge, mais l'esprit de l'enfant se développe, tandis que l'intelligence du chien en reste là. Aussitôt que le poussin a brisé sa coquille il a assez d'instinct et assez de vigueur pour aller de suite chercher sa nourriture; le jeune aiglon, au contraire, reste sans force dans son nid; avec le temps pourtant celui-ci dépasse celui-là. Nous voyons autour de nous des exemples singuliers de diversité dans toutes les espèces de la race humaine, du règne animal, du règne végétal. Hommes, bêtes et plantes appartiennent à des variétés distinctes ayant chacune ses qualités particulières, ses traits caractéristiques. De ce qu'il y a plusieurs centaines de variétés de chiens, il n'en est pas moins sûr qu'elles constituent toutes ensemble la grande race du chien ; lévrier, chien de chasse, mâtin, barbet et roquet. — Ils diffèrent entre eux par leurs instincts autant que les nombreuses variétés de l'espèce humaine. Les fleurs et les fruits reproduisent le même exemple ; le raisin sauvage que l'on trouve dans la forêt est du raisin, et il fait partie de la famille à laquelle appartient le raisin muscat, mais il n'a pas le goût délicieux de celui-ci. L'églantine est aussi de la même famille que la rose de nos jardins, combien pourtant ne lui est-elle pas inférieure !

Des fleurs et des fruits nous pourrions maintenant passer aux insectes, et examiner les milliers de variétés de la même espèce qui remplissent l'air, papillons et scarabées en quantités innombrables, les différents membres de chaque classe ayant chacun ses instincts spéciaux, ses particularités distinctives. Les poissons, et même les mollusques donnent lieu à des remarques analogues ; — chaque groupe est partagé en variétés différant toutes l'une de l'autre, et distinguées chacune par ses propres qualités ou ses propres défauts.

Dans ce grand système de la création qui a partagé les races et les a subdivisées suivant certaines lois mystérieuses, assignant à chacune des qualités spéciales, les variétés de la race humaine déploient de certains traits qui les rendent propres à des localités particulières. Le changement de résidence n'amènera pas un changement dans le caractère naturel de la race ; mais les instincts se développeront quel que soit le pays où elle habite. Ainsi les Anglais sont aussi Anglais en Australie, aux Indes et en Amérique, qu'ils le sont en Angleterre ; partout ils déploieront l'industrie et l'énergie qui les caractérisent comme race ; de même l'Africain restera nègre par ses instincts naturels en quelque lieu où il soit transplanté ; et ces instincts naturels étant l'amour de la paresse et la barbarie, il deviendra assurément paresseux et barbare à moins qu'on ne le gouverne d'une manière spéciale, et qu'on ne l'oblige à être industrieux.

L'histoire du nègre a prouvé la bonté de ma théorie. Une fois abandonné à lui-même il a toujours rétrogradé. Comme un cheval en liberté, il devient sauvage ; assujettissez-le au harnais, et aucun animal n'est plus utile. Cette conclusion est malheureusement contraire à l'opinion publique en Angleterre, où la *vox populi* assume le droit de décider en dernier ressort sur les choses et les hommes qu'elle ne connaît en aucune façon. Les Anglais veulent absolument que leur système de poids et mesures détermine l'excellence de l'espèce humaine ; et, par conséquent, la multitude qui ne connaît rien aux nègres, a décidé que le nègre est un frère maltraité, qu'il est un digne membre de la famille humaine réduit à une position inférieure par les préjugés et l'ignorance des blancs dont il devait être l'égal de toute façon.

Le nègre a été et est encore tout à fait méconnu. Quelque sévèrement que nous puissions condamner l'horrible système de l'esclavage, il n'en est pas moins avéré, d'après les résultats de l'émancipation, que le nègre n'apprécie pas les bienfaits de la liberté ; il ne montre pas le moindre signe de reconnaissance envers celui qui a brisé ses fers. Dans son intelligence bornée, il ne peut comprendre le sentiment de pure philanthropie qui détermina l'Angleterre à prendre l'initiative contre l'esclavage ; et il regarde le mouvement abolitioniste comme une preuve seulement de sa propre importance. Son horizon restreint ne renferme à ses propres yeux que lui, le nègre, et par conséquent sa vanité lui fait croire que le monde entier est aux prises à cause de la question nègre. Il en résulte qu'il se regarde comme le seul personnage d'importance en ce bas monde ; il est beaucoup trop distingué pour travailler. C'est sur ce point surtout qu'il laisse percer toute sa nature. Personne ne peut exercer aucune autorité sur lui ; une fois libre, son premier soin est de trancher de l'égal avec ceux qu'il servait encore naguère, et d'usurper une dignité, des prétentions qui dégoûtent invariablement une société blanche. De la sorte le mauvais vouloir, la haine et la jalousie s'engendrent de part et d'autre, sans compter les erreurs qu'un tel état de choses doit forcément produire. La question définitive se pose ainsi : Pourquoi le nègre a-t il été d'abord introduit dans nos colonies et en Amérique ?

Le *soleil* est ici le grand arbitre. Il y a des produits naturels nécessaires aux pays civilisés, mais qui ne peuvent croître que dans les climats des tropiques, où l'homme blanc ne saurait vivre s'il était exposé à travailler aux rayons du soleil. Ainsi, à défaut d'une population aborigène, dans des pays fertiles comme les Antilles, et certaines parties de l'Amérique, le nègre fut dans l'origine importé comme esclave pour travailler à la terre. Chez lui le nègre était sauvage, et réduisait son semblable en servitude : il devint ainsi la victime de son propre système — système de servitude qui a toujours été le trait caractéristique des tribus africaines, et qui ne leur a pas été, comme on le dit trop souvent, inculqué par les blancs.

Dans cet état d'esclavage le nègre se vit obligé de travailler, et par son travail tous les pays où il avait été introduit prospérèrent bientôt. Soudain on lui rendit sa liberté ; dès ce moment il refusa de travailler, et au lieu d'être un membre utile de la société humaine, il devint un fardeau nuisible, complotant et intrigant sans cesse, plein d'une haine mortelle contre l'homme blanc qui lui avait généreusement rendu l'indépendance.

Or, comme le nègre était importé dans l'origine pour travailler, et comme il refuse de faire maintenant quoi que ce soit, il est évident que le but n'a pas été atteint. De deux choses l'une : il faudra le contraindre au travail par les lois sévères contre le vagabondage ; ou il faudra abandonner à la ruine, sous le régime de l'abolitionisme et de la paresse libre des nègres, les pays magnifiques où régnait la prospérité lorsque le travail des noirs était forcé. Voyez Saint-Domingue !

Sous une direction spéciale et une contrainte particulière, le nègre peut devenir un être important et fort utile; traitez-le comme un Anglais, et il affectera, non les vertus, mais les vices de la civilisation ; en essayant de devenir un homme blanc, il perdra ses bonnes qualités naturelles.

Revenons à nos moutons noirs. — Il était amusant de voir le changement qui s'était accompli dans un esclave civilisé (?) par les chasseurs d'esclaves. Parmi ces diverses troupes plusieurs noirs avaient été pris, qui maintenant goûtaient avec délices la vie de chasseurs ; rien pour eux ne semblait aussi facile que d'obtenir de l'expérience en faisant des razzias de bestiaux et d'êtres humains ; le premier soin d'un *esclave était de se procurer un esclave pour lui-même!* Les meilleurs chasseurs, les coquins les plus hardis, les plus énergiques, étaient les nègres qui avaient autrefois été pris. Ils se donnaient des airs d'une importance ridicule. En marche ils consentaient rarement à porter leurs propres fusils; chacun était invariablement accompagné d'un petit négrillon qui se tenait près de lui, trottait à pied à ses côtés pendant une longue marche, et portait un fusil beaucoup plus grand que lui. Une femme se montrait ensuite chargée d'un panier avec une marmite, une gourde pleine d'eau et des provisions, tandis qu'un naturel loué pour cet usage portait l'habit de rechange du soldat, et la peau de bœuf qui lui servait de couche. Ainsi celui qui avait été fait prisonnier se passait cette fantaisie sur d'autres malheureux; l'esclave devenait maître, la seule différence entre l'Arabe et lui étant que le nègre avait une absurde idée de sa propre dignité. En vain j'essayais de raisonner avec eux contre les principes de l'esclavage; ils le regardaient comme un crime lorsqu'ils en souffraient eux-mêmes, toujours prêts à en profiter dès que la force était de leur côté.

Parmi ces gens d'Ibrahim se trouvait un noir nommé Ibrahimawa. Natif de Bornu, il avait été pris à l'âge de douze ans, et vendu à Constantinople. Il avait autrefois appartenu à Mehemet-Ali-Pacha; il connaissait Londres et Paris; et habitait Kertch lors de l'expédition de Crimée. C'était un grand voyageur, et son goût naturel pour la géographie et la botanique faisait de lui une exception brillante parmi le reste de la troupe. S'étant enfui de chez son maître en Égypte, il avait passé son temps à vagabonder à Khartoum, magnifiquement habillé, se persuadant (c'était bien d'un nègre!) que tout le monde l'admirait et le prenait pour un bey. Ayant bientôt dépensé son argent il s'engagea à Koorshid Aga pour le servir pendant son expédition au Nil Blanc. Personne ne prouvait mieux que lui que les instincts du nègre ne varient jamais. Il était sans doute de beaucoup supérieur à ses compagnons, mais son peu de connaissances se joignait à une telle vanité, qu'il m'amusait extrêmement, tandis que ses manières hautaines le faisaient détester des autres, Arabes et nègres. Ayant vu beaucoup de pays, il aimait à raconter ses aventures, sur lesquelles il répandait un vernis d'exagération et de poésie tel qu'il aurait pu passer pour le matelot Sindbad en personne. Il avait vraiment un talent extraordinaire pour la géographie; souvent il me faisait visite, et passait des heures à tracer avec un bâton sur le sable des cartes des pays qu'il avait visités, surtout du bassin de la Méditerranée et du parcours depuis l'Égypte et Constantinople jusqu'en Angleterre. Malheureusement il rattachait toujours quelque longue histoire aux stations principales de son voyage. Les descriptions qui m'intéressaient le plus avaient rapport au rivage occidental du Nil Blanc; car pendant un service de plusieurs années auprès des marchands d'ivoire, il avait eu occasion de visiter une tribu de cannibales, les Makkarikas, à environ deux cents milles à l'ouest de Gondokoro. Lui et beaucoup d'autres individus de la troupe d'Ibrahim avaient été temoins de nombreux actes de cannibalisme durant leur résidence chez les Makkarikas. C'étaient, me disait-il, d'excellentes gens, mais avec un goût très-prononcé pour les chiens et la chair humaine. Ils accompagnaient les Arabes dans leurs razzias, et ne manquaient jamais de dévorer les morts. Les marchands se plaignaient d'eux comme de mauvais associés, car ils persistaient toujours à tuer et à manger les enfants dont les autres voulaient faire des esclaves. Leur habitude était de saisir un enfant par la cheville, et de lui briser le crâne contre terre : ils lui ouvraient ensuite l'abdomen, et enlevaient l'estomac et les intestins; puis lui attachant ensemble les chevilles et le cou, ils le transportaient ainsi jusqu'au camp où ils le partageaient en quartiers et le faisaient bouillir dans une grande marmite. Un autre homme à mon service avait été témoin à Gondokoro même de l'acte de cannibalisme le plus horrible.

Les marchands venaient d'arriver des régions de l'Ouest avec leur ivoire et un grand nombre d'esclaves; les porteurs d'ivoire étaient Makkarikas. Une des esclaves femelles ayant essayé de s'échapper, son propriétaire lui tira un coup de fusil qui l'atteignit dans le côté. Elle tomba blessée. Elle était fort grasse, et de sa blessure sortait une grande quantité de graisse jaunâtre. Les Makkarikas ne l'ont pas plutôt vue dans cet état qu'ils se précipitent sur elle en foule, arrachant par poignées de sa blessure cette graisse palpitante de vie, et se disputant cette horrible proie. D'autres la tuent à coups de lance, et se la partagent, en lui coupant la tête et lui dépeçant le corps avec leurs armes, dont ils se servent comme de couteaux, en faisant des sections longitudinales à partir de l'entre-jambes, le long de l'épine dorsale jusqu'au cou.

Beaucoup de femmes esclaves et d'enfants témoins de la scène prennent la fuite et se réfugient parmi les arbres. Les Makkarikas leur font la chasse, et arrachant les enfants de leur abri entre les branches, ils en tuent plusieurs ; bientôt un festin gigantesque en résulte pour la troupe. Mon serviteur Mohammed, témoin oculaire de cette aventure affreuse, me déclara que de trois jours le dégoût l'avait empêché de manger son dîner.

Quoique mon camp fût entièrement séparé de celui d'Ibrahim, j'étais terriblement ennuyé par ses gens, qui, sachant que j'étais abondamment pourvu de beaucoup de choses qui leur manquaient, venaient tous les jours mendier à la porte de ma tente depuis le matin jusqu'au soir. Les repousser eût été les insulter, et comme malheureusement le succès de mon exploration exigeait que je restasse en de bons termes avec les marchands, j'étais obligé de me montrer froidement poli, et de ne leur rien refuser. Presque tous les jours on m'apportait des fusils brisés à raccommoder; j'avais obtenu comme armurier une réputation considérable; de plus je possédais les outils nécessaires, de sorte que je n'étais jamais sûr d'un instant de repos, et presque toujours je me voyais à l'ouvrage.

Un jour Ibrahim fut saisi d'une fièvre dangereuse dont on crut qu'il allait mourir. Encore une fois on eut recours à moi. Voyant qu'il était dans un état d'affaissement partiel, et que le mouvement du cœur ne se faisait plus avec régularité, — symptôme si souvent fatal dans cette période de la maladie, — je le rétablis au moyen d'un très-fort stimulant. De cette façon, j'obtins comme médecin une réputation qui, bien qu'utile, me procura beaucoup d'ennuis, car tous les jours j'étais accablé de malades qui espéraient des cures miraculeuses dans les maladies les plus incurables.

Par ce moyen j'obtins sur les Arabes une fort grande influence; mais j'étais continuellement exposé à des désagréments et à des tracasseries de tout genre à cause de leur conduite envers les Latoukas. Ceux-ci, faibles comme tous les êtres insouciants et irréfléchis, prenaient la mouche très-facilement. Les Turcs de leur côté, au nombre de cent quarante hommes, ne craignaient personne, et selon toute probabilité les hostilités ne devaient pas tarder à éclater. J'étais occupé à construire les huttes et à fortifier mon camp : quoique j'offrisse un salaire très-considérable, je ne pouvais pas obtenir des naturels de travailler régulièrement. Ils insistaient toujours pour recevoir leurs verroteries avant de se mettre à l'ouvrage, et à peu d'exceptions près, ils disparaissaient dès que je les avais payés.

Un jour, un nègre s'étant conduit de la sorte avec un Turc, fut saisi, et on le battit sans miséricorde. Une demi-heure après, le *nogara* se fit entendre, et les tambours des villages voisins y répondirent. Au bout d'une heure environ, plusieurs milliers d'hommes, armés de lances et de boucliers, étaient réunis à moins d'un demi-mille du camp turc, pour venger l'insulte faite à leur compatriote. Cependant, les Turcs battirent la caisse à leur tour, et s'assemblèrent en armes autour de leur drapeau, en dehors de leur *zareeba*, offrant une ligne de gens bien résolus à se défendre. J'extrais le paragraphe suivant de mon journal : « Ces Turcs sont de charmants voisins ; ils vont, à coup sûr, causer une querelle dans laquelle je serai obligé de prendre part à mon corps défendant ; car, en cas de tumulte, les naturels ne feront aucune différence entre les Turcs et moi, quoique, lorsque nous sommes en paix, ils me distinguent d'avec ceux-ci d'une manière très-favorable. Pas un nègre n'étant venu aujourd'hui travailler aux huttes, j'ai envoyé chercher les deux chefs Commoro et Moy, et me suis entretenu longtemps avec eux. Ils me dirent qu'aucun Latouka ne serait châtié impunément comme un vaurien par les gens des trafiquants ; que, quant à moi, j'étais un grand chef, et qu'ils ne murmureraient pas, si jamais il me plaisait de les battre. Je leur conseillai de se tenir tranquilles, et de ne pas se chamailler pour des bagatelles ; car, si un combat avait lieu, les Turcs détruiraient sans faute le pays entier.

« Je leur dis en même temps qu'ils ne me traitaient pas d'une façon convenable ; lorsqu'ils étaient embarrassés, ils venaient toujours réclamer mes services comme médiateur, et pourtant ils ne voulaient me donner aucune provision, quoiqu'ils sussent que je payais régulièrement ce que j'achetais ; leurs troupeaux étaient immenses, et cependant je me voyais obligé de vivre tous les jours de gibier ; quant à terminer mon camp, c'est ce que je ne pouvais faire, parce qu'il m'était impossible de me procurer, soit des ouvriers, soit des matériaux. Le résultat de notre conversation fut qu'ils me fourniraient tout ce dont j'aurais besoin, et qu'ils empêcheraient le combat d'avoir lieu. Le soir, en effet, on m'amena une chèvre, et bon nombre d'hommes arrivèrent avec du gazon et du bois qu'ils proposèrent de me vendre pour la construction de mes huttes. »

Le lendemain, quelques-uns de mes gens allèrent à un village voisin pour acheter du blé, mais les habitants les insultèrent, et refusèrent de leur rien vendre, disant qu'il fallait que nous mourrions de faim, car tout le monde était bien résolu de ne nous vendre ou nous donner quoi que ce fût. « Cette conduite ne peut manquer de soulever des hostilités, car les Turcs sont trop fiers pour se laisser insulter. Je crains que quelque expédition n'amène le départ de toute la caravane turque; et, en ce cas, les Latoukas saisiront peut-être l'occasion d'attaquer mes compagnons, tout innocents qu'ils soient. Ceux-ci sont tellement obéissants à l'ordre que je leur ai donné : « Tu ne voleras ni esclaves, ni bestiaux; tu ne tireras pas un seul coup de fusil, excepté pour te défendre, » qu'ils se résignent au sort ignoble de soigner les ânes et de garder le camp.

Latouka est dans un fort grand état d'agitation, et le mécontentement des naturels augmente tous les jours. Deux de mes gens étaient allés dans la ville pour acheter de l'herbe ; sans la moindre provocation de leur part, les naturels les environnèrent; l'un perdit son fusil, l'autre, après une lutte dans laquelle il se vit arracher sa baguette, dut battre en retraite. Bientôt un grand nombre de soldats s'assemblèrent, et j'envoyai au chef pour redemander le fusil qui me fut rendu dans la soirée. Je ne pouvais pas me procurer la moindre chose sans les plus grands ennuis et la plus grande difficulté.

Par la rébellion et la désertion de mes hommes à Gondokoro, mon expédition, si bien concertée, était réduite à une poignée de soldats, qui dépendaient du bon plaisir d'une troupe de voleurs pour pénétrer dans l'intérieur du pays. Au lieu de voyager, ainsi que je l'avais arrangé, à la tête d'une compagnie de quarante-cinq hommes bien armés, j'avais sous mes ordres quinze abominables poltrons, employés à conduire des bêtes de somme; de la sorte, ils n'auraient absolument aucune ressource, si on les attaquait en route. Je résolus donc d'établir un dépôt à Latouka, et de ne voyager qu'avec douze ânes et le plus petit bagage possible. Il me fallait mettre un terme à un état de choses dont mon orgueil souffrait continuellement. Il était facile d'abandonner l'expédition, dont la réussite semblait presque impossible, et ne pouvait avoir lieu que grâce à la plus grande patience, à une persévérance indomptable et à des ménagements de toute espèce. J'en étais donc réduit à la triste ressource de me joindre à cette troupe de marchands qui me haïssaient du fond du cœur, et ne me toléraient qu'en vue des cadeaux que je leur donnais.

Un jour, dans l'après-midi, quelques naturels arrivèrent tout à coup d'un pays nommé Obbo; ils apportaient, de la part de leur chef, des présents pour les Turcs et aussi pour moi. Ibrahim reçut plusieurs défenses; quant à moi, une houe de fer (molote) m'échut en partage; car on avait déjà entendu dire dans ce pays, « qu'il se trouvait à Latouka un homme blanc qui ne se souciait ni d'esclaves ni d'ivoire. » Les naturels nous dirent que leur pays abondait en ivoire; Ibrahim résolut donc de s'y rendre avec une poignée d'hommes, puisque les habitants passaient pour être de mœurs très-douces. Je demandai au chef de l'expédition de me montrer dans quelle direction se trouvait Obbo, et il m'indiqua le sud-ouest. C'était précisément de ce côté que j'avais voulu me mettre en route; ainsi une occasion favorable se présentant, je résolus de partir sans tarder. Le 2 mai 1863, à 9 heures du matin, nous sortîmes de Latouka, charmés de quitter ce théâtre d'inaction. Je laissai mon camp et mes bagages sous la surveillance de cinq hommes à la sûreté desquels je priai Commoro de pourvoir. Je lui dis en même temps que je n'avais pas la moindre hésitation à lui confier tout ce que j'avais. Si vous faites appel aux sentiments d'honneur d'un sauvage, il vous trompera rarement; c'est là une des plus belles exceptions à leurs défauts, et une des nombreuses anomalies qu'on peut signaler dans le caractère des Africains.

Après avoir suivi, l'espace de dix-huit milles, la pittoresque vallée de Latouka, nous arrivâmes au pied de la chaîne des montagnes. Pas d'autre sentier que celui auquel les naturels sont habitués, sur une rangée de rocs de granit formant une chaîne de quatre cents pieds environ de hauteur. C'était avec la plus grande difficulté qu'on pouvait faire gravir aux ânes, chargés de bagages, cette sorte d'escalier inégal formé par les nombreux blocs de granit; on eût dit les rampes de la grande pyramide. Cependant, à force de les tirer en avant par les oreilles et de les pousser par derrière, nous réussîmes à leur faire tous gagner le sommet, à l'exception d'un qu'il fallut bien abandonner.

Nous nous trouvions alors au milieu des montagnes; devant nous s'étendait une vallée magnifique, bien boisée, et d'environ six milles de largeur; cette vallée forme le bassin de la rivière Kanieti, que nous avions déjà traversée à Wakkala, entre Ellyria et Latouka.

Passant cette rivière à gué dans un courant rapide, nous arrivâmes à l'autre bord non sans difficulté, et les ânes mouillèrent tout ce qu'ils portaient. Ce dernier incident ne tirait pas à conséquence, car nous fûmes surpris par un violent orage, qui nous trempa tous comme le bagage l'avait déjà été. Quelques plantains sauvages nous fournirent des feuilles, dont nous cherchâmes à faire usage comme d'écrans, mais les gouttes de pluie étaient trop pesantes pour une protection aussi faible. Nous résolûmes d'établir un bivouac à moins d'un mille de la rivière, car le soir était survenu, et, par un temps pareil, il fallait renoncer à s'avancer. Notre tente étant restée à Latouka, nous fûmes obligés de nous contenter de notre position sur un rocher d'un acre[1] d'étendue. Nous y allumâmes un feu énorme, et nous nous assîmes frissonnants tout autour. On ne coupa pas d'herbe pour les animaux, car les hommes avaient été trop occupés à rassembler assez de bois pour entretenir le feu pendant toute la nuit. Quelques volailles apportées de Latouka ayant été noyées par la pluie, les mahométans refusèrent de les manger, parce qu'elles n'avaient pas été égorgées; n'ayant pas les mêmes scrupules, Mme Baker et moi, et, de plus, étant très-affamés, nous en fîmes une espèce de fricassée, puis, trempés jusqu'aux os et fatigués, nous nous retirâmes jusqu'au lendemain matin sous notre abri de cuir de bœuf non préparé. Ces peaux de bœuf ne sont pas à l'épreuve de l'eau, sans doute, mais elles peuvent jusqu'à un certain point garantir d'une trop grande humidité; lorsqu'elles sont trempées d'outre en outre, elles offrent les mêmes *comforts* que toute autre espèce de cuir mouillé; elles ont, de

1. 40 ares, 4,671. (— M.)

plus, une odeur *sui generis* des plus désagréables, mais fort attractive pour les hyènes. Pour ce motif, la nuit étant fort noire, plusieurs hommes perdirent leurs sacs de cuir qu'ils avaient laissés sur le rocher.

A 6 heures du matin, après une fort mauvaise nuit, nous nous remîmes en route, et, au bout d'une marche de deux milles, je commençai à être fort inquiet sur le sort de mes ânes; car nous devions, me dit-on, gravir une montagne de granit fort abrupte, d'au moins sept cents pieds de hauteur, qui était exactement devant nous, et sur le sommet de laquelle était perché un grand village. Nous n'avions point de porteurs à espérer; ce fut avec la plus grande difficulté que nous fîmes avancer nos chevaux; heureusement, ils n'avaient jamais été ferrés, et leurs sabots se tenaient fermes là où le métal eût glissé; enfin, au bout d'une ascension très-longue et très-pénible, nous nous trouvâmes tous réunis sur le plateau. De ce point élevé, nous eûmes une vue magnifique du pays environnant, et je relevai, au moyen de la boussole, la montagne de Latouka, le Gebel-Lafeet, au nord 45° E. Comme les naturels du pays n'avaient à vendre que quelques haricots, nous repartîmes sur-le-champ pour descendre la pente opposée, dont, à 2 heures 40, nous atteignîmes la base, les ânes et chevaux ayant eu la plus grande peine à s'avancer sur les grands blocs de pierres. La contrée, au delà, est assez bien boisée, quoiqu'elle manque de hautes futaies. L'herbe a deux pieds de haut, et croît rapidement, tandis que dans le Latouka tout est stérile. Arrivés à 5 heures 20 de l'après-midi sur les bords d'un petit ruisseau, tributaire du Kanieti, nous eûmes une nuit calme, nous dormîmes bien, et, le lendemain à 6 heures du matin, nous commençâmes la marche la plus délicieuse que j'aie jamais faite en Afrique. Nous nous avancions en serpentant au milieu même des montagnes couvertes de forêts, et dont les pics nus s'élevaient au-dessus de toute végétation à une hauteur d'environ cinq mille pieds; puis, nous poursuivîmes notre marche à travers une suite de vallées étroites, bordées par des crêtes abruptes variant entre quinze cents et deux mille pieds de haut. Sur chaque crête se trouve un village, bâti, sans nul doute, sur ces points inaccessibles pour des raisons de sûreté. Enfin, tentant l'ascension principale, nous gravîmes, pendant l'espace de deux heures, un défilé tortueux et très-escarpé. L'air était fort salubre, la route était embellie de magnifiques fleurs sauvages, dont quelques-unes ont un parfum exquis et d'innombrables tiges de vigne forment des festons d'un arbre à l'autre. Nous sommes maintenant sur la haute chaîne de montagnes qui sépare les basses terres du Latouka des *highlands* d'Obbo. Arrivés au sommet de ce défilé, nous nous trouvons au-dessus de la vallée de Latouka. Outre les fleurs sauvages, nous voyons diverses espèces de fruits, tous bons; surtout une variété de pomme, et une prune jaune d'un goût délicieux. Les raisins promettent beaucoup, mais ne sont pas mûrs. Le paysage est superbe; à l'est et au sud-est se groupent de hautes montagnes, pendant qu'à l'ouest et au sud se déroule une grande étendue de pays, plantée comme un parc, et d'un vert très-foncé. Sur ce plateau élevé, la saison est beaucoup plus avancée que dans le Latouka. Ces montagnes étaient le siége des orages que j'avais observés de la plaine; la saison pluvieuse durait ici depuis bien des mois, tandis qu'à Latouka tout mourait de sécheresse. A l'ouest du défilé, l'herbe atteignait six pieds de haut. Quoique l'ascension eût duré deux heures, nous ne mîmes pas plus de quinze minutes à descendre sur un plateau élevé qui forme la ligne de partage des eaux entre l'est et l'ouest.

Après une marche d'environ douze milles depuis le sommet du défilé, nous arrivâmes au village principal d'Obbo. La pluie tombait à torrents; et, trempés jusqu'aux os, nous entrâmes dans une cabane fort sale. Ce village est à 40 milles S. O. de Tarrangollé, mon quartier général du Latouka.

Les naturels d'Obbo diffèrent entièrement de ceux de Latouka, pour le dialecte et l'apparence. Ils ne sont pas entièrement nus, excepté lorsqu'ils vont à la guerre; ils se tatouent alors le corps avec des raies rouges et jaunes; leur costume habituel est la peau d'une antilope ou d'une chèvre, jetée sur leurs épaules comme un manteau. Leurs traits sont bien formés, surtout le nez. La coiffure des Obbos est très-propre; ils se tressent les cheveux et en forment, au moyen de fil, une queue plate qui ressemble à celle d'un castor, et qu'ils bordent avec une lanière très-déliée de cuir non travaillé pour lui conserver sa forme. Cette coiffure, comme celle des Latoukas, exige plusieurs années pour arriver à sa perfection.

Depuis Obbo, vers le sud-est, ce ne sont que montagnes, les

points les plus élevés atteignant une hauteur de quatre ou cinq mille pieds au-dessus du niveau général du pays ; au sud, quoiqu'il n'y ait pas de montagnes proprement dites, mais seulement quelques collines isolées, le pays ne cesse pas de s'élever. La direction des eaux est sans exception et très-visiblement vers l'ouest et le nord-ouest. La végétation d'Obbo et de tout le versant ouest de la montagne diffère de celle du versant opposé ; le sol, très-fertile, produit en abondance l'herbe de Guinée, dont toutes les plaines sont couvertes. Ce pays donne neuf espèces d'ignames, et quelques-unes croissent dans les forêts à l'état sauvage. Une espèce singulière, que je n'ai jamais vue ailleurs,

Coiffure et types des Obbos.

est appelée par les naturels Collolollo. Elle présente plusieurs tubercules sur la racine et sur la tige ; elle ne s'étend pas à terre comme la plupart des plantes de cette famille, mais elle s'accroche aux arbres partout où ses vrilles peuvent trouver prise. De chaque bourgeon de la tige s'élève une bulbe de la forme d'un rognon ; cette bulbe grossit, et, lorsqu'elle est mûre, elle est de la grosseur d'une pomme de terre. Cette plante est si féconde qu'un seul individu produit environ cent cinquante tubercules ; ils sont couverts d'une belle pellicule d'un brun verdâtre, et ont à peu près le goût de la pomme de terre, mais plus fade.

Il y a plusieurs excellents fruits sauvages, un entre autres très-semblable à une noix verte; la chair en est d'un goût particulièrement agréable, et le noyau ressemble exactement par sa taille et sa couleur d'un acajou brillant au marron d'Inde; on le fait rôtir, puis on le réduit en farine que l'on fait bouillir. Alors on voit flotter à la surface de l'eau une espèce de beurre ou de graisse, que les naturels aiment beaucoup; ils s'en servent pour se frotter le corps, car ils la regardent comme la meilleure de toutes les substances du même genre pour la peau. On la mange également.

Parmi les meilleurs fruits sauvages s'en trouve un qui ressemble au raisin. Il croît en grappes sur un arbre élevé. J'ai remarqué aussi un fruit d'un jaune brillant, aussi gros qu'un raisin muscat, et différentes espèces de prunes. Pas un de ces fruits ne vient à Latouka. Les pistaches de terre abondent dans les forêts; elles ne ressemblent pas à celles que l'on trouve sur la côte occidentale de l'Afrique, mais elles sont renfermées dans une coque très-dure. On voit à l'état sauvage une belle qualité de chanvre; mais les cordes, dont les naturels se servent ordinairement, sont faites de la fibre d'une espèce d'aloès. Le tabac atteint ici une grandeur extraordinaire, et on le prépare d'après les mêmes procédés qu'à Ellyria. Quand il est mûr, on écrase et on réduit les feuilles en pâte dans un mortier; cette masse se met ensuite dans un moule en bois de forme conique, où on lui fait subir une autre pression. Laissée dans ce moule jusqu'à parfaite dessiccation, elle offre alors l'aspect d'un pain de sucre fort dur. Le tabac d'Ellyria est confectionné en forme de fromages, et souvent vicié par un mélange de fiente de vache. Jamais je n'avais fumé avant mon arrivée à Obbo, mais, comme je souffrais alors beaucoup de la fièvre, et que je me trouvais dans un pays fort humide, je fis mon apprentissage avec des pipes et du tabac du pays.

Chaque tribu affecte un modèle spécial pour ses pipes; celles des Baris ont une embouchure comme celle d'une trompette; chez les Latoukas, elles sont longues et étroites; celles des Obbos sont plus petites et très-élégantes. Tous leurs ustensiles en poterie sont mal cuits et très-fragiles lorsqu'ils sont humides. La forme des jarres d'eau est très-belle, quoiqu'on ne connaisse pas l'usage de la roue à potier; c'est avec la main seule qu'ils obtiennent la forme circulaire. Parmi les tribus du Nil Blanc, on ne fait en terre que des pipes et des jarres; tous les autres ustensiles sont en bois ou en calebasses.

Je fixai la latitude de mon camp à Obbo par 4° 02′ N. Long. E. 32° 31′; l'élévation générale du pays étant de 3674 pieds au-dessus du niveau de la mer et la température d'environ 76° Farenheit. Comme Latouka se trouve à peu près à 2236 pieds au-dessus du niveau de la mer, nous étions, à Obbo, sur un plateau élevé de 1438 pieds au-dessus du niveau général du pays à l'Est de la chaîne de montagnes. Le climat serait sain, si la population était assez nombreuse pour lutter avantageusement contre la nature; mais les pluies durent pendant dix mois de l'année, depuis février jusqu'à la fin de novembre, et comme le pays est très-fertile, la végétation croît trop rapidement, et la population trop-faible, est pour ainsi dire, étouffée par la surabondance des plantes herbacées. Cette masse de feuillage, ces herbes de dix pieds de haut entrelacées de lianes et de vignes sauvages sont impénétrables à l'homme, et forment un fourré immense, habité par des éléphants, des rhinocéros et des buffles, animaux que leur force et leur poids rendent seuls capables de s'y frayer un passage. Il y a peu d'antilopes; ces animaux détestent les fourrés, où ils ne trouvent aucune protection contre les lions et les léopards qui peuvent les approcher à l'improviste. Au mois de janvier l'herbe est assez sèche pour qu'on puisse la brûler; mais même à cette époque il y a une quantité de jeunes pousses qui s'élèvent entre les tiges desséchées; de la sorte, quand les prairies sont en feu, il n'en résulte pas que le sol soit tout à fait débarrassé; les herbes sèches seules périssent, et il reste une nappe de tiges charbonnées, si endurcies par le feu qu'il est impossible au chevaux d'y pénétrer sans s'écorcher les jambes. Somme toute, le pays n'offre aucun intérêt, car on ne saurait le traverser qu'en suivant les sentiers étroits tracés par les naturels.

Le chef obbo vint nous voir accompagné de plusieurs des principaux de sa tribu. C'était un homme d'une figure extraordinaire, de cinquante-huit ou soixante ans d'âge; mais loin d'avoir la gravité qui sied à la vieillesse, il fit le bouffon pour nous amuser, et aurait pu jouer le rôle de *clown* dans une pantomime [1].

1. Allusion aux pièces-féeries qui se jouent tous les ans en Angleterre à l'approche de Noël, et où l'on retrouve les personnages classiques de la vieille comédie italienne. Le *clown* y représente *Pantalon*. (— M.)

L'orage s'étant dispersé, le son du *Nogara* se fit entendre, et notre nouvel ami résolut d'improviser une danse en notre honneur. Chalumeaux et flûtes se rassemblèrent de tous côtés, on entendit *braire* les trompes, et des foules compactes d'individus des deux sexes arrivèrent, tandis que Katchiba, le vieux chef, grandement agité, donnait ses ordres pour la fête.

Environ cent hommes se réunissent en cercle; chacun tient à la main gauche un petit tambour de bois en forme de tasse creusé d'un côté seulement, l'autre étant recouvert de la peau d'une oreille d'éléphant très-tendue. Au centre du cercle est le *premier sujet*, portant attaché à ses épaules un immense tambour, recouvert comme les autres. On commence : d'abord c'est un chant exécuté en chœur sur un air sauvage mais agréable, le grand tambour marquant la mesure, tandis que les autres battent à certains intervalles avec tant de précision qu'on dirait un seul instrument. La danse est très-animée, et l'emporte de beaucoup sur ce que j'ai vu en ce genre soit chez les Arabes, soit chez les sauvages; les figures varient sans cesse, et se terminent par un grand galop exécuté par deux cercles concentriques de danseurs courant avec la plus grande vitesse et en sens contraire l'un de l'autre. L'effet en est excellent. Quoique les hommes d'Obbo portent une peau rejetée sur les épaules et sur les seins, les femmes sont presque nues; au lieu de *se draper* du tablier de cuir et de la queue en usage chez les Latoukas, elles se contentent d'une petite frange de rognures de cuir d'environ quatre pouces de long sur deux de large, attachée par une ceinture. Les filles sont entièrement nues; mais si leurs moyens pécuniaires le permettent, elles portent comme jupon trois ou quatre rangs de petites perles blanches formant un ensemble d'environ trois pouces de longueur.

Les dames âgées sont de vieilles Èves vêtues autour des reins d'une ficelle à laquelle est suspendu un bouquet de feuilles vertes avec les tiges en haut. J'ai vu peu de jeunes filles porter ce bouquet de feuilles par pruderie; elles l'adoptaient faute de mieux, car ce n'était pas une parure à la mode. L'avantage du costume-feuille est qu'il est toujours frais et propre; le buisson le plus voisin (s'il n'est pas épineux) fournit l'étoffe. Lorsque je me trouvai dans la société de ces Èves au costume simple et à la contenance *toujours modeste*, je ne pouvais m'empêcher

Une jeune fille de la tribu des Obbos.

de penser à la description que fait Moïse de nos premiers parents: « Et ils cousirent ensemble des feuilles de figuier [1]. »

Quelques-unes des femmes Obbos sont très-jolies. Leur physionomie diffère entièrement de celle des Latoukas, et leur nez aux formes délicates me faisait songer à certaines tribus des Somauli. Impossible de découvrir l'origine de ces gens-là, car ils n'ont ni traditions ni idées de leur histoire passée.

Le langage est le Madi. Il y a trois idiomes distincts, le bari, le latouka, et le madi; ce dernier pays s'étendant au sud d'Obbo. J'en donnerai un spécimen par la transcription de quelques mots de l'usage le plus commun.

	Obbo.	Latouka.	Bari.
Eau.	Fee.	Cāri.	Feeum.
Feu.	Mīte.	Nyemé.	Keemang.
Le Soleil.	T'seān.	Narlong.	Karlong.
Vache.	Dēeăng.	Nyĕtĕn.	Kittān.
Chèvre.	Dĕcăn.	Nyĕnĕ.	Eddeen.
Lait.	T'sarck.	Nāllé.	Lé.
Volaille.	Gwéno.	Năkōmé.	Chōkŏré.

Les naturels d'Obbo formaient avec ceux du Latouka un contraste très-agréable, car ils ne demandaient jamais de cadeaux. Quoique le vieux chef, Katchîba, se conduisît plus en bouffon qu'en roi, ses sujets le respectaient beaucoup. Son autorité est celle d'un faiseur de pluie et d'un sorcier. Si un de ses sujets lui déplaît, ou refuse de lui faire un petit don, il maudit ses poulets et ses chèvres, et menace de faire dessécher ses récoltes. La crainte de ces calamités réduit les mécontents. Il n'y a pas de taxe spécifique, mais de temps en temps le roi fait au peuple un appel pour un certain nombre de chèvres et d'autres provisions. Chacun s'exécute volontiers, car Katchiba est fin diplomate, et il demande ce dont il a besoin en temps convenable. Par exemple, lors des semailles, si la pluie est trop abondante ou si la sécheresse se prolonge, il convoque ses sujets, et leur dit que c'est avec le plus grand regret qu'il s'est vu forcé de leur envoyer un mauvais temps, mais que c'est entièrement leur faute. S'ils sont assez avares ou assez gourmands pour négliger

1. Genèse, chap. III, 7.

de lui assigner un budget convenable, comment peuvent-ils s'attendre à ce qu'il s'occupe de leurs intérêts? Il lui faut des chèvres et du blé. « Point de chèvres, point de pluie, » dit Katchiba : « vous savez, mes enfants, que tels sont les termes du contrat. Je puis attendre, et j'espère que vous le pouvez aussi. » Ses sujets se plaignent-ils de trop de pluie? il les menace d'orages et d'éclairs *à perpétuité*, s'ils ne lui donnent pas quelques centaines de paniers de blé. C'est ainsi qu'il conserve son empire.

Personne ne songerait à se mettre en route sans la bénédiction du vieux chef, et on regarde comme indispensable de recevoir de ses mains magiques une espèce de formule qui préservera le voyageur contre toute attaque des bêtes sauvages. En cas de maladie, on l'envoie chercher, en sa qualité de docteur, non pas en médecine mais en magie; et il gratifie tout à la fois la cabane et le malade de charmes avec ces chances aléatoires de succès contre la mort, qui accompagnent toute opération, même celles de la sorcellerie. Ses sujets ont la plus grande confiance en son pouvoir; telle est même sa réputation, que des tribus éloignées le consultent, et sollicitent son secours comme magicien. De cette manière le vieux Katchiba conserve son pouvoir sur un peuple sauvage mais crédule. A force d'en imposer au public, je crois qu'il s'en impose à lui-même, et que malgré des *fiascos* très-fréquents, il se croit vraiment un sorcier émérite. Afin de se le rendre propice, ses sujets lui donnent souvent les plus jolies de leurs filles; de cette façon le cercle de sa famille se développe tellement qu'il a été obligé de multiplier ses foyers pour prévenir toute querelle domestique parmi ces dames. Voici comment il s'y prend : il distribue dans tous ses villages un certain nombre de ses épouses; de sorte qu'en quelque endroit de son territoire qu'il se trouve, il est toujours chez lui. Cette multiplicité de femmes a eu les plus heureux résultats; Katchiba a en ce moment *cent seize enfants* tous bien portants. Autre preuve de sorcellerie, à ce que disent ses sujets. Une de ses femmes, qui n'avait pas eu de rejeton, vint me demander de la médecine afin de corriger quelque pernicieuse influence qui la rabaissait dans l'estime de son mari. La pauvre femme était dans la plus grande affliction; elle se plaignait de ce que Katchiba la traitait cruellement, parce qu'elle n'avait pas pu apporter jusque-là sa part contributive à sa famille. Mais elle était persuadée que j'avais des sortiléges qui la rétabliraient dans sa dignité. Pour me débarrasser d'elle, je fus obligé de lui donner la première pilule qui me tomba sous la main en ouvrant ma pharmacie portative; elle s'en retourna satisfaite.

Katchiba est tellement affermi dans le pays non-seulement comme sorcier, mais comme *père de famille*, que chaque village est gouverné par un de ses fils. Ainsi l'administration entière est essentiellement domestique. Les fils, comme de raison, croient aux talents magiques de leur père. Quoique les habitants n'aient pas la moindre idée d'un Être suprême, ils se prosternent tous devant la sorcellerie. Quelle singulière distinction entre la foi et la crédulité! Ces sauvages qui ne croient pas en Dieu, qui n'ont pas même une trace de ce qu'on appelle superstition, croyaient fermement que les affaires de la vie et le contrôle des forces de la nature étaient entre les mains de leur vieux chef; ils ne le servaient ni par affection ni par religion, mais par un instinct matériel qui guide toujours les sauvages; ils se le rendaient propice en vue de ce qu'ils croyaient pouvoir obtenir de lui. Ce qui rend la conversion des nègres au christianisme si difficile, c'est précisément ce sentiment invincible dont ils sont toujours possédés; le sauvage ne croit à rien qu'à ce qui peut lui rendre un service précis et immédiat.

La force et *la blague*[1] sont les seules puissances capables de gouverner les sauvages; c'est donc exclusivement par ces deux principes que leurs chefs sont guidés. Là où la force fait défaut, on se sert de *la blague* comme d'un pis aller. Katchiba n'avait aucune force physique, mais il avait recours à la ruse, et la sorcellerie lui servait à tenir en respect ses incultes sujets. Il est singulier que ces habitants barbares de l'Afrique centrale croient à la magie, tandis qu'ils n'admettent pas la religion, et qu'ils attribuent à l'homme une puissance surnaturelle, tandis qu'ils ne reconnaissent aucun être au-dessus de l'homme.

Le sauvage n'apprécie la magie qu'en ce qu'elle a de pratique, et ne se soucie pas des côtés plus relevés de cet art mystérieux. Ainsi les tables tournantes et les médiums sont particuliers à l'Europe civilisée qui voudrait convertir les nègres de l'Afrique. Malgré sa sorcellerie, Katchiba était un brave homme, et la vi-

1. *Humbug* en anglais. (— M.)

site que je lui fis le rendit très-fier. Il me donna beaucoup de détails sur le pays, me disant que je ne pourrais de plusieurs mois me diriger vers le Sud, car il était tout à fait impossible de traverser la rivière Asua pendant la saison des pluies. Il me proposa donc de camper à Obbo jusqu'à la fin de cette saison. Nous étions au mois de mai; ainsi je me voyais obligé d'ajourner mon voyage jusqu'en décembre.

Je résolus de pousser une reconnaissance au sud vers ce terri-

Le fils aîné de Katchiba.

ble Asua, ou Achua, suivant la prononciation obbo, et puis de revenir à mon camp. Je m'arrangeai donc de manière à laisser Mme Baker avec le bagage sous une garde de huit hommes; quant à moi je voulais partir n'emportant que des habits de rechange et une marmite. Katchiba me promit de prendre le plus grand soin de ma femme, et de lui fournir tout ce dont elle aurait besoin; il offrit de se rendre personnellement responsable pour sa santé, et il convint de placer un talisman magique au-dessus de la porte de notre cabane, afin qu'aucun mal n'y survînt pendant mon absence. Cette cabane était une petite résidence fort commode, d'environ neuf pieds de diamètre et tout à fait circulaire. Le sol bien cimenté d'argile et de fiente de vache; les murs d'environ quatre pieds six pouces de hauteur, formés de boue et de branchages recouverts aussi de fiente de vache. La porte d'entrée, élargie, offrait maintenant un coup d'œil imposant; elle avait à peu près quatre pieds de haut, et le tout formait un contraste frappant avec les chenils dont nous étions environnés, accessibles seulement par un trou de deux pieds de haut.

Le 7 mai, je partis avec trois hommes, et me dirigeant vers le sud, je traversai parallèlement à la chaîne de montagnes du Madi, et à environ cinq milles de leur base, un charmant pays couvert de belles fleurs, surtout d'orchidées; semé de clairières comme un parc, mais généralement revêtu d'herbes d'environ six pieds de haut. Après une traite d'à peu près quatorze milles, un guide revint m'apprendre qu'il y avait des éléphants sur la route un peu en avant de nous. Un de nos compagnons montés offrit de venir avec moi, en cas que je voulusse leur donner la chasse; je n'avais aucune confiance en lui, mais je m'avançai et découvris bientôt un troupeau de dix éléphants mâles se tenant ensemble à environ soixante verges du sentier. L'herbe était haute, mais je m'y enfonçai et arrivai à quarante verges avant d'être aperçu. Ils s'enfuirent aussitôt, et je les suivis au trot pendant un mille; mais le sol était si plein de trous et encombré d'arbres abattus cachés dans les herbes que je crus prudent de rester à distance, jusqu'à ce que j'eusse atteint un endroit plus favorable. Enfin je dépassai au grand galop un énorme éléphant dont les défenses se projetaient de cinq pieds au delà de ses mâchoires, et m'arrêtant tout à coup, je lui tirai un coup de ma carabine Reilly, n° 10, dans l'épaule. Au bruit, il se précipita sur moi. Mon cheval Filfil n'était d'aucun usage à la chasse, et le bruit du fusil le rendait tout à fait fou; en cette occasion il se leva sur ses jambes de derrière; le poids, le recul de la carabine et le mouvement soudain du cheval combinés, me désarçonnèrent; je tombai, carabine en main, par-dessus la croupe de Filfil au moment même où l'éléphant furieux se précipitait vers lui. Filfil décampa, me laissant dans la position la plus honteuse;

heureusement, comme l'herbe était fort haute, l'éléphant me perdit de vue, il poursuivit le cheval, au lieu de m'honorer de son attention.

Mon cheval était perdu, et mon compagnon, au lieu d'être près de moi, s'était tenu en arrière dès le commencement de la chasse. Ayant été obligé de courir pendant quelque temps de l'endroit où j'avais été désarçonné, avant que je susse que le cheval était poursuivi par l'éléphant, j'avais égaré ma carabine et ma boussole qui était tombée de ma carnassière. Après avoir beaucoup crié et sifflé, je réussis à faire approcher mon compagnon; lui faisant mettre pied à terre je montai sur son petit cheval *souris*, et regagnai le sentier. Cependant Filfil était perdu. Règle générale : ne chassez jamais quand vous êtes en marche. Mon imprudence me coûtait cher.

J'atteignis la rivière Atabbi à environ dix-huit milles d'Obbo. C'est un beau cours d'eau qui ne se dessèche pas, et qui, des montagnes Madi, coule à l'ouest vers l'Asua. Je trouvai un bon gué avec un fond solide de sable et de roc; les chevaux traversèrent, partie en nageant, partie en marchant. Il y avait des traces fraîches d'immenses troupeaux d'éléphants; le pays en abonde, et j'entendais de loin le bruit de leurs pas. Gravissant une éminence dans une prairie parfaitement ouverte de l'autre côté de l'Atabbi, je vis, à environ un mille de distance, un troupeau serré d'environ deux cents éléphants, marchant lentement à travers l'herbe épaisse. Au moment où je m'avançai le long du sentier suivant les mouvements du troupeau, un Tétel (hartebeest) s'élança hors du fourré où il était resté caché, et partit au galop, fort heureusement, à travers un petit espace ouvert où l'herbe avait été détruite par les éléphants. Un coup de ma petite carabine Fletcher n° 24, le blessa, mais il disparut aussitôt et nous allions le perdre, lorsqu'un second coup du canon de gauche lui cassa les roins, à la grande satisfaction de mes compagnons. Nous bivouaquâmes pour la nuit, et bientôt de grands feux furent allumés sur un plateau de granit de soixante-dix pieds carrés que j'avais choisi comme lieu de halte. Dans les creux de ce rocher se trouvait une eau excellente laissée par la pluie de la veille; de sorte que nous avions tout ce que nous pouvions désirer—feu, viande, poisson. Je me servais rarement de lit excepté lorsque j'étais dans un camp; de la sorte, j'eus bientôt fait mes préparatifs pour dormir, mettant sur le rocher quelques branches vertes, puis par-dessus une peau de bœuf sur laquelle j'étendis mon *plaid* écossais. Mon bonnet me servait d'oreiller; près de moi ma petite carabine Fletcher et mon couteau de chasse: deux amis fidèles que je tenais à ma portée jour et nuit.

Le bonnet était un vrai morceau d'architecture, comme on peut le supposer, puisqu'il était assez solide pour me tenir lieu de traversin et résister à ce genre de service. Il avait été fait à Khartoum, d'après mes dessins, par une femme arabe. Les matériaux consistaient en feuilles de palmier d'environ un demi-pouce d'épaisseur, entrelacées et cousues ensemble avec beaucoup d'adresse. Sommet plat, projection ou visière devant et derrière; le tout recouvert de cuir tanné, tandis qu'un voile de la même substance me protége la nuque contre l'ardeur du soleil. Une forte courroie retient le bonnet sur la tête et le tout ensemble est à l'épreuve du soleil. Bien des personnes auraient pu trouver à redire au poids, mais je n'y voyais aucun inconvénient, et, comme le bonnet était tout à fait imperméable à l'eau, le soir, lorsque je le transformais en oreiller, j'y mettais mon ceinturon et ma giberne. L'arrangement était excellent, car, en cas d'alarme, je me levais armé, coiffé, et pourvu de mon ceinturon en fort peu d'instants.

Le lendemain matin, je poursuivis ma marche au point du jour, et, après environ treize milles de course, dans un pays de la même nature que celui que nous avions traversé la veille, nous atteignîmes le district de Farajoke, et la base d'une colline au haut de laquelle était un grand village. Le chef et les principaux du pays vinrent à ma rencontre, m'amenant une chèvre, dont ils me firent présent, et qu'ils tuèrent de suite comme une offrande, presque sous les pieds de mon cheval. Le chef portait un poulet la tête en bas; s'approchant de mon cheval, il lui frotta les pieds de devant avec ce poulet, puis marcha en cercle autour de lui en traînant la volaille à terre; mes pieds furent ensuite soumis à la même opération, enfin le chef me pria de me baisser afin qu'il pût agiter le malheureux poulet au-dessus de ma tête. Même cérémonie pour mon cheval, qui montra combien il appréciait toutes ces honnêtetés en ruant d'une manière terrible, à la grande surprise des naturels. Le poule ne semblait pas fort à son aise pendant cette opération, mais une lame de couteau le délivra bientôt de tous ses malheurs, car la cérémonie de présentation étant terminée, la volaille fut tuée et offerte à mon principal compagnon. On me conduisit ensuite au village, défendu par une grande palissade de bambou. Affreusement sale, il était bien différent des habitations proprettes des Baris et des Latoukas. La colline sur laquelle le village est construit, s'élève à environ 80 pieds au-dessus du niveau moyen du pays d'alentour, et on a de là une belle vue.

A l'est, s'étend la chaîne des monts Madi, dont la base est boisée; au sud, sont de beaux pâturages couverts d'herbes savoureuses d'environ un pied de hauteur, et d'une qualité tout à fait différente des herbages épais que nous avions traversés. Le pays présente une surface onduleuse, dont chaque éminence est surmontée d'un village. Quoique le nom du district soit Farajoke, il est compris dans le pays étendu de Souli, habité par les tribus Shoggo et Madi; chaque ville étant sous l'autorité d'un chef de peu d'importance.

Élévation générale du pays : 3966 pieds au-dessus du niveau de la mer, c'est-à-dire 292 pieds plus haut qu'Obbo.

Le chef de Farajoke, me voyant occupé à prendre des relevés avec ma boussole, désira savoir ce que je faisais. Lorsque je le lui eus expliqué, il me donna toutes sortes de renseignements sur la contrée. Il regardait comme impossible, de traverser l'Asua pendant la saison des pluies; c'est alors un torrent impétueux se précipitant avec tant de violence sur son lit de rochers que personne n'oserait s'y aventurer à la nage. Il n'y avait rien à faire dans cette saison, et, malgré mon impatience, force était de me résigner.

Farajoke était à moins de trois jours de bonne marche de Fa'oro, station de Debono où j'avais, dès le principe, résolu de fixer mon quartier général; ainsi, j'étais bien avancé sur la route que je me proposais de suivre, et, si la saison avait été favorable, j'aurais pu continuer avec mes bêtes de somme sans la moindre difficulté.

La perte de mon cheval *Filfil* m'était pénible dans ce pays sauvage, où les bêtes de somme sont inconnues; j'avais peu d'espoir de le recouvrer, car le pays, entre Obbo et Farajoke, abonde en lions; pourtant j'offris une récompense de verroterie et de bracelets, et le chef envoya nombre de ses sujets pour battre les fourrés.

Il était inutile de rester à Farajoke; je retournai donc à Obbo avec mes hommes et mes ânes, faisant, en un jour, une traite de trente milles. J'étais fort inquiet pour Mme Baker, qui, durant mon absence, représentait seule mon expédition à Obbo.

Lorsque je m'approchai à travers la forêt, mon coup de sifflet bien connu amena immédiatement Saat, qui, sans s'arrêter pour me souhaiter le bonjour, retourna sur-le-champ annoncer mon arrivée.

Je trouvai ma femme en très-bonne santé, et tout à fait installée chez elle. Plusieurs moutons gras étaient attachés par les jambes à des piquets devant la cabane; des poules se disputaient du grain autour de la porte, et Mme Baker m'attendait sur le seuil avec une grande calebasse contenant environ un gallon de bière du pays. Quoique mon *dulce domum* ne fût qu'une hutte d'argile, la bienvenue me la rendait plus précieuse qu'un palais, et, après un voyage de trente milles sous le soleil brûlant, avec quelles délices j'avalai cette bière ou cette bouillie fermentée, comme on voudra l'appeler. Moutons et poulets avaient l'air aussi fort réjouis. Mais, hélas! mon arrivée, qui causait la joie de tant de créatures, frappa un mouton de mort; au bout de quelques instants, le plus gras fut tué en l'honneur du retour du maître, et mes compagnons s'employèrent activement aux préparatifs d'un festin général.

Beaucoup de personnes accoururent autour de moi; d'abord le vieux Katchiba, dont la physionomie satisfaite témoignait qu'il avait rempli sa promesse en veillant sur Mme Baker pendant mon absence. Ma femme lui rendit le témoignage le plus flatteur; il avait eu le plus grand soin d'elle, et l'avait pourvue de toutes ces petites délicatesses, qui m'avaient tellement frappé lors de mon retour. Il sentait si vivement le poids de sa responsabilité, que, jour et nuit, quelques-uns de ses fils montaient la garde à la porte de la hutte.

Je lui fis en retour cadeau de quantité de verroterie et de bracelets, sans compter plusieurs babioles qui le mirent au comble de la joie; ses yeux étaient faibles, et, ce qu'il apprécia le plus, ce fut une paire de conserves que j'ajustai sur sa tête à sa grande satisfaction; je lui fis voir l'effet qu'elle produisait en le plaçant devant un miroir que je lui donnai aussi. Je remarquai qu'il marchait avec peine; il avait, me dit-il, fait pendant mon absence une chute dont ma femme m'expliqua la cause. Il était venu lui dire qu'il voulait lui procurer des poulets d'un village voisin ; « mais, continua-t-il, mes sujets ne sont pas très-bons, et peut-être diront-ils que les poulets leur manquent. Prêtez-moi un cheval, et je produirai sur eux de cette manière un tel effet, qu'ils n'oseront pas me refuser. » Or, il faut dire que Katchiba ne pouvait pas très-bien marcher, et sa façon ordinaire de voyager était sur le dos d'un *sujet* vigoureux. Il marchait en général accompagné de deux hommes *de rechange*, qui servaient alternativement de guides et de montures, et une de ses femmes portait une jarre de bière, dont il buvait si copieusement que, s'il faut en croire la chronique, il lui était souvent nécessaire d'être transporté par deux hommes au lieu d'un. Bref, Katchiba était, ce jour-là, prêt à partir accompagné d'une Hébé avec une jarre de bière. Sachant qu'il traversait sans difficulté le pays à dos d'homme, il crut qu'il n'aurait pas plus d'embarras à cheval. En vain, ma femme fit des objections, et lui dit que malheur s'ensuivrait. Sa résolution était prise.

On fait donc venir *Tétel*, et on y place Katchiba. Le cheval, voyant à qui il a affaire, ne bouge pas. « Allons, s'écrie Katchiba, en route ! » Mais *Tétel*, qui ne comprend pas la langue obbo, ne sait probablement pas ce que le cavalier désire. « Pourquoi ne veut-il pas aller ? » demande Katchiba. — « Touchez-le de votre bâton, » s'écrie un de mes hommes ; là-dessus, Katchiba applique un coup vigoureux. *Tétel*, peu accoutumé à des excentricités de ce genre, donne une terrible ruade qui transforme mon sorcier en une aigle aux ailes éployées, et l'envoie tomber lourdement à terre au milieu des éclats du rire de nos gens ; Mme Baker, j'en ai bien peur, partageant l'hilarité générale. On aide Katchiba à se relever ; se sentant un peu étourdi, il se met à contempler le cheval d'un air étonné. Son instinct lui fit demander de la bière, et, après une copieuse libation, il conclut que le cheval était trop haut, et qu'il y avait trop loin de dessus son dos jusqu'à la terre. Il demanda donc qu'on lui prêtât un des *petits chevaux* (les ânes) ; monté derechef, et accompagné de deux hommes qui se tenaient à ses côtés, il partit de suite sans encombre et très-fier de sa position.

Le roi Katchiba et sa monture.

De retour le lendemain, il dit que les habitants de village n'avaient fait aucune difficulté de lui donner des poulets, parce qu'il leur avait affirmé que trente Turcs qui lui rendaient visite menaçaient de tout ravager s'ils n'obtenaient pas les provisions en question. Il regardait ce mensonge comme un coup de maître en fait de diplomatie.

Six jours après la perte de mon cheval, je fus enchanté de le voir revenir sain et sauf conduit par les naturels du pays. Ils lui avaient donné une longue chasse, et l'avaient trouvé paissant fort tranquillement. C'était un cheval très-vicieux, et les nègres craignaient de le toucher; ils l'avaient donc conduit devant eux jusqu'à ce qu'ils eussent gagné le sentier, qu'il suivit de plein gré. Ma selle était en place, mais mon sabre avait disparu.

Pluies terribles. les matinées sont belles; mais, bientôt après midi, les nuages se rassemblent autour des montagnes, et finissent par amener un vrai déluge. Ne pouvant m'avancer plus au Sud, je me détermine à retourner à Latouka, mon quartier général, pour y attendre la saison sèche. J'avais poussé une reconnaissance jusqu'à Farajoke, latitude 3° 32', et je me sentais à l'aise pour l'avenir, pourvu que mes animaux conservassent leur santé. Le 21 mai, nous partîmes donc pour Latouka, accompagné d'Ibrahim et de ses gens que le climat d'Obbo avait tout à fait dégoûtés.

Avant le départ, Katchiba devait faire une cérémonie. Son frère allait être notre guide, et il fallait l'investir du pouvoir de contrôler les éléments en qualité d'aide-magicien, de peur que les orages ne nous arrêtassent, et que nous ne fussions hors d'état de traverser les torrents.

Katchiba détache donc, avec beaucoup de solennité, une branche d'arbre, et crache sur les feuilles en divers endroits. Cette branche, ainsi consacrée d'eau bénite, est placée sur la terre, et le chef traîne un poulet tout autour. Un des chevaux subit ensuite la même opération, comme à Farajoke. La cérémonie terminée, Katchiba remit la branche magique à son frère, notre guide, qui la reçut très-gravement, puis il lui passa au cou une corne d'antilope, dans laquelle il siffla. Tous les naturels portent des sifflets du même genre, au moyen desquels ils se croient capables d'évoquer ou de repousser la pluie, à leur choix. Pour clore la conjuration, ils se mirent tous à siffler de concert, et, au milieu de ce bruit, nous partîmes, promettant à Katchiba de revenir bientôt. Comme j'avais à Latouka abondance de munitions, je laissai à Katchiba environ deux cents livres pesant de plomb et de balles ; ainsi les ânes n'ayant que peu de bagage, nous voyageâmes rapidement.

Ce jour-là, nous bivouaquâmes, à environ cinq heures et demie, au pied de la pente Est du défilé. Ibrahimawa, le Bornouen dont j'ai déjà parlé comme d'un botaniste-amateur, était devenu mon aide principal pour la recherche de tout ce qui était curieux et intéressant. Fier de sa connaissance en plantes sauvages, il se mit, aussitôt le bivouac établi, à chercher, parmi les fourrés, quelque chose de bon à manger. Nous étions dans une gorge profonde, sur un monticule élevé, bordé par un ravin perpendiculaire de soixante pieds au fond duquel coulait un torrent. Excellent poste pour un camp, qui, ainsi protégé par la nature, n'avait pas besoin de garde. Sur le bord du ravin se trouvaient nombre de beaux arbres entourés d'une espèce de liane, dont les feuilles ressemblaient à celles de l'igname. Ibrahimawa déclara sur-le-champ que la Providence intervenait en notre faveur, et, au bout de quelques instants, il apporta un panier plein d'ignames d'une belle apparence. Cette nourriture amena sur-le-champ une troupe de gens affamés : ceux d'Ibrahim et les miens. N'étant pas botanistes, ils avaient laissé à Ibrahimawa le soin de cueillir ces fruits, mais ils voulaient partager les profits avec lui ; le panier est immédiatement vidé ; mon ange noir, Saat, je le dis à regret, se distingue parmi les pillards, et, saisissant trois ou quatre des fruits les plus gros, il les jette dans une marmite, et les fait cuire avec aussi peu de cérémonie que s'il eût été le botaniste à qui il les devait. Il arrive si souvent que des étrangers profitent des labeurs de celui qui a dépensé sa vie à faire d'utiles découvertes ! Ibrahimawa, qui avait tant fait pour se procurer un panier d'ignames, n'en avait pas une seule pour lui ! Les pots bouillent de tous côtés, et un festin copieux va restaurer les hommes qui ont fait, à jeun, une traite de vingt milles depuis le matin. Les ignames étaient cuites, mais la couleur ne me plaisait pas, et je résolus d'en garder quelques-unes pour notre usage, si l'essai réussissait. Les hommes les dévorèrent. Cependant dix minutes ne s'étaient pas écoulées depuis le festin, que je les vis tous disparaître l'un après l'autre, et, de loin, j'entendis cette triste rumeur, trop connue à bord des paquebots, humiliant effet de la mer sur des passagers novices. Saat bientôt montra de tristes symptômes et s'évada; bref, tous les festoyeurs s'étaient administré un vomi-purgatif très-puissant, sous forme d'ignames. Les génies, qui veillent sur les jours des savants, avaient protégé Ibrahimawa. Je me réjouis d'avoir acquis tant d'expérience à si bon marché. Plusieurs variétés d'ignames sont vénéneuses; il y en a, par exemple, une que l'on aime beaucoup à Obbo, mais dont les effets sont mortels, si on ne lui fait subir certaines préparations avant de la manger. On commence par l'éplucher, puis on la trempe pendant quinze jours dans une eau courante. On la coupe alors en tranches minces, et on la fait sécher au soleil jusqu'à ce qu'elle soit tout à fait croquante, alors elle n'est pas dangereuse. On garde les tranches desséchées, que l'on réduit en poudre dans une espèce de mortier, pour en faire de la pâte.

L'indisposition de mes Épicuriens dura environ une heure; pendant ce temps on accabla Ibrahimawa d'opprobres, et on déclara que sa botanique n'était qu'une *immense blague*. A partir de là ses longs récits d'histoire naturelle perdirent beaucoup de leur entrain.

Le lendemain matin nous traversâmes la dernière chaîne de montagnes, et descendîmes dans la vallée de Latouka. Jusque-là, point de gibier; mais nous étions maintenant arrivés dans un pays où les bêtes fauves abondent, et bientôt après notre descente nous vîmes un troupeau d'environ vingt *Tétels* (hartebeest). Malheureusement au moment même où je mettais pied à terre pour leur faire la chasse, les drapeaux rouges des Turcs attirèrent l'attention d'une grande troupe de babouins assis sur les rochers, et ils poussèrent de suite un cri d'alarme qui effraya les *Tétels*.

Poussé par la vengeance, un des hommes tira un coup de fusil à un gros singe accroupi solitaire au sommet d'un rocher; par hasard la balle frappa l'animal à la tête. C'était un énorme spécimen du genre Cynocéphale, grand comme un boule-dogue, mais avec une crinière brune comme celle du lion. Cette crinière est fort estimée des naturels qui en font un ornement. On écorcha le singe sur-le-champ, et la peau fut découpée en longues lanières d'environ trois pouces de largeur, et terminée par une portion de crinière comme par une frange; le tout se porte en écharpe, et chaque peau produit huit ou dix de ces ornements.

J'envoyai mes hommes au camp, et accompagné de Richarn monté sur mon cheval *Souris*, je me mis en quête de gibier à travers ce parc naturel. Les antilopes, y compris des individus de l'espèce si belle et si rare que l'on nomme *Maharif*, abondaient, mais ce sol est si découvert et les animaux sont si sauvages que je ne pus en ajuster un seul. Désappointement d'autant plus contrariant que le *Maharif* est une espèce jusqu'ici non décrite, à ce que je crois. J'avais maintes fois échoué en leur donnant la chasse, car bien que les ayant souvent remarqués sur la frontière sud-ouest de l'Abyssinie, je n'avais jamais pu en tuer un. Ce sont des animaux fort timides; de plus ils habitent toujours des plaines où le chasseur ne peut se mettre à l'affût. Les ayant à plusieurs reprises examinés au télescope, je connaissais très-bien toutes leurs particularités. Le *Maharif* ressemble beaucoup à l'antilope de l'Afrique méridionale, mais il est d'une couleur gris de souris avec des raies blanches et noires sur le museau. Les cornes sont exactement celles de l'antilope dont je viens de parler, très-massives, ridées, et recourbées en arrière sur les épaules. Le garrot est très-élevé, ce qui donne aux épaules un air assez gauche, rendu encore plus extraordinaire par une épaisse crinière noire. J'ai une paire de cornes que je me suis procurée par l'entremise d'un lion qui tua un *Maharif* près de ma tente pendant que ce pauvre animal *se désaltérait dans le courant;* malheureusement la peau était en mille pièces, et il ne restait d'entier que le crâne avec les cornes.

Impossible comme à l'ordinaire de trouver une occasion de tirer à coup sûr; je fais donc un long circuit, et bientôt après je remarque les têtes élevées d'un troupeau de girafes dominant les mimosas. Il n'est point d'animal aussi pittoresque dans sa terre natale. Il se nourrit de feuilles d'arbres, préférant certaines espèces, surtout les différentes variétés de mimosas, et comme cet arbre est de petite taille, la girafe peut porter ses regards à une grande distance. Aussi n'aime-t-elle pas les hautes forêts. Sa grande taille lui donne cet avantage précieux qu'elle peut voir de très-loin, et se tenir ainsi sur ses gardes contre ses deux ennemis l'homme et le lion. Il n'y a pas d'animal plus difficile à chasser, et la méthode la plus sûre est celle que sui-

Chasse aux girafes.

vent les Arabes Hamran sur la frontière d'Abyssinie. Ils le poursuivent à cheval, au galop et lui coupent le jarret avec leurs sabres. Les chevaux doivent être de bonne qualité, car quoique l'allure d'une girafe paraisse très-gauche à cause du mouvement particulier de ses jambes, sa marche est très-rapide par suite de ses grandes enjambées, et son trot mettrait au défi le meilleur cheval.

Le sabot est aussi élégamment proportionné que celui de la plus petite gazelle, la longueur de ses jambes et son dos court lui assurent la rapidité et la force. Lorsqu'on chasse la girafe à cheval, il y a une règle qu'on ne doit pas manquer d'observer. Dès que l'animal est parti, il faut le presser avec rapidité; la vitesse est ici ce qu'il importe surtout d'obtenir, donnez de l'éperon sur-le-champ, et lancez votre cheval à fond de train; dès l'abord il s'agit de l'emporter en rapidité, et si vous permettez à la girafe de prendre cinq minutes d'avance, vous serez forcé d'abandonner la partie.

Je montais *Filfil*, mon cheval le plus rapide, mais complétement inutile lorsqu'il s'agissait d'armes à feu. Je passai au pommeau de ma selle un sabre ordinaire au lieu du grand sabre arabe que j'avais perdu à Obbo; et partant au grand galop en même temps que les girafes, nous traversâmes ce magnifique parc naturel. Malheureusement Richarn était mauvais cavalier, et gêné comme je l'étais par ma carabine, je ne pouvais faire usage de mon sabre. Mon intention était bien de tirer les girafes dès que je les verrais fatiguées, mais je sentais en même temps que mon cheval rendait ce projet fort incertain. Le vent nous grondait dans les oreilles pendant que nous galopions à travers la plaine. Le gazon n'avait pas plus d'un pied de haut, et le sol était très-sec; à environ quatre cents verges devant moi couraient les girafes en soulevant des tourbillons de poussière; car de ce côté de la montagne il n'était pas tombé de pluie. *Filfil* était un cheval étrange; il aimait la chasse et ne redoutait aucun animal sauvage; mais le bruit d'un coup de fusil le mettait hors de lui. A la vue de ce magnifique troupeau d'environ quinze girafes, le voilà qui s'anime et n'a pas besoin d'éperon! Le voilà descendant une légère inclinaison du terrain, volant pour ainsi dire par-dessus les sillons creusés par les buffles; tantôt c'est un torrent desséché qu'il traverse, tantôt il remonte le bord opposé et bondit sur le terrain uni; la poussière qui nous aveugle me prouve que nous gagnons sur les girafes; tout à coup, miséricorde! un fourré se présente devant nous, les girafes s'y jettent, et au milieu d'un véritable nuage de poussière, nous volons à leur suite au milieu des buissons épineux, à moins de cent verges de notre gibier. En une minute ou deux j'étais tout près, et une magnifique girafe mâle fuyait à mes côtés, comme une haute locomotive, écartant les mimosas dans sa course et courbant les branches que leur élasticité repoussait ensuite avec une force prodigieuse. Si je ne m'étais pas tenu à distance convenable, mon cheval et moi nous en eussions été renversés. Le fourré semblait vivant, rempli qu'il était de ces animaux au pelage d'un rouge-orange, et le troupeau m'environnait tandis que je pressais le mâle fuyant devant moi. Que n'étais-je dans une plaine ouverte! je ne pouvais attaquer, et j'avais à prendre les plus grandes précautions pour ne pas ralentir ma course au milieu de ces épais mimosas où je pouvais à chaque instant me heurter contre les troncs ou les branches. Le fourré devenait plus épais, et quoique au centre de la bande et à dix mètres au plus de plusieurs girafes, il me fut impossible d'en tirer une seule. Les animaux disparurent au milieu d'une véritable forêt d'épines entrelacées, et la course si ardemment poursuivie prit fin devant cette barrière. J'étais battu.

N'importe, la chasse avait été curieuse; mais où était mon camp? Il faisait presque nuit et je pouvais à peine distinguer dans le lointain le défilé par lequel nous avions descendu la montagne; je savais bien dans quelle direction je me trouvais, mais nous avions fait une traite de trois milles, et il serait nuit noire avant mon retour. Je remontai pourtant les traces fraîches des girafes. Quoique j'eusse été battu à la course et que je fusse désappointé, je me dis que tout était pour le mieux. Si j'avais tué une girafe à cette heure et à cette distance du camp, à quoi cela m'aurait-il servi? J'étais seul, car Richarn avait disparu, et ainsi qui aurait pu trouver ma proie pendant la nuit? Avant le lendemain matin elle aurait été dévorée par les lions ou les hyènes. Quel crime que de tuer pour rien ces belles et innocentes créatures! Avec ces réflexions consolantes et pratiques je continuais ma route, quand une branche d'épine crochue me saisissant par le nez interrompit le cours de mes pensées, et me prouva en même temps que j'avais perdu mon chemin. Il faisait très-sombre, et je ne pouvais distinguer ni la trace des girafes, ni la position des montagnes. Je tirai donc un coup de carabine comme signal; bientôt après un second coup se fit entendre au loin en manière de réponse, et soudain la flamme d'un feu de bivouac s'éleva sur la pente de la montagne. A l'aide de ce phare je regagnai l'endroit où mes gens étaient campés; ils avaient allumé le signal sur un rocher élevé de cinquante pieds environ au-dessus du niveau de la plaine, et quoiqu'ils eussent fait vingt ou trente feux du même genre, je n'avais pu les apercevoir dans l'épaisseur du fourré. Je trouvai ma femme et mes gens discutant sur la convenance qu'il y avait de ma part à rester seul si tard dans les bois. D'un autre côté, le dîner était prêt, et les *angareps* confortablement disposés près d'un feu splendide; un coup d'œil jeté vers le ciel étoilé me donna la certitude d'une belle nuit. Ma femme, la bienvenue, la nourriture, le feu et le beau temps — que pouvais-je désirer de plus?

Un bivouac au désert a ses charmes; indépendance absolue; les sentinelles sont à leur poste; les bêtes de somme bien repues sont attachées, et autour de la caravane il y a un cercle de feu, les factionnaires seuls veillent en dehors. Il y a une espèce de bois de fer très-combustible, et comme c'est une plante oléagineuse, elle brûle comme une torche. On trouvait abondance de ce bois dans le voisinage du camp, et les feux nombreux alimentés par lui égayaient le bivouac d'une flamme continuelle. Mes hommes étaient activement occupés à faire cuire du pain. Dans des circonstances semblables, on se passe de four. Pendant que la pâte se pétrit, on allume une fournaise terrible: la pâte bien trempée se façonne en galettes de deux pieds de diamètre environ, mais jamais de plus de deux pouces d'épaisseur. Quand le feu est à l'état de cendre rouge, on fait au milieu un grand trou dans lequel on place la galette recouverte de braise; ainsi ensevelie elle est cuite au bout de vingt minutes; mais si elle n'a pas été suffisamment mouillée, elle tourne à l'état de cendres.

Le lendemain nous arrivâmes à Latouka; tout était en bon ordre au dépôt, et les légumes d'Europe que j'avais semés s'élevaient déjà au-dessus du sol. Commoro, suivi d'un grand nombre de ses sujets, vint à notre rencontre. Depuis notre départ il avait plu très-peu à Latouka, quoique les averses journalières eussent été très-fortes à Obbo; le sol sablonneux qui environne la ville était tel qu'au moment de notre départ, et il fallait mener paître les animaux fort loin.

Le lendemain de mon arrivée *Filfil* tomba malade et mourut en peu d'heures. Depuis le jour où pendant la chasse aux éléphants il avait fait une chute, *Tétel* lui aussi était devenu invalide, et maintenant il refusait toute nourriture. La maladie se répandit promptement parmi mes animaux; cinq ânes succombèrent en quelques jours; les autres dépérissaient. Deux de nos chameaux moururent soudain pour avoir mangé le poison végétal dont j'ai parlé plus haut. Peu de jours après ce désastre la mort emporta mon bon vieux cheval de chasse *Tétel*, qui avait été mon compagnon pendant toutes mes excursions dans le pays des Basés. Ces terribles catastrophes réjouissaient les Latoukas qui mangeaient nos bêtes de somme dès qu'elles mouraient. C'était à qui d'eux ou des vautours seraient les premiers à profiter de mes pertes.

Non-seulement les animaux étaient malades, mais ma femme fut frappée d'une violente attaque de fièvre gastrique, et moi-même je souffrais tous les jours de fièvres intermittentes. La petite vérole se déclara parmi les Turcs et emporta plusieurs d'entre eux. Et pour empirer les choses, les survivants s'entêtaient à recourir à l'inoculation pour eux et leurs esclaves; de cette façon tout le camp fut infesté de cette horrible maladie.

Heureusement mon bivouac était à l'écart et au vent. Je défendis sévèrement à mes gens de faire inoculer, et pas un cas de la petite vérole ne se déclara parmi eux quoique tous les environs fussent frappés. La petite vérole est un véritable fléau dans l'Afrique centrale; de temps en temps elle ravage le pays et décime la population.

Parmi les natifs d'Obbo qui nous avaient accompagnés à Latouka, se trouvait un homme du nom de Wani, qui avait autrefois voyagé fort loin vers le Sud; ayant offert à Ibrahim de le conduire dans un district riche en ivoire et où aucun voyageur ne s'était encore aventuré, il avait été retenu par lui en qualité de guide et d'interprète. En faisant des questions à Wani je trouvai que les coquilles de cauris arrivaient d'un endroit nommé Magungo. J'avais déjà entendu des naturels prononcer ce nom, mais je ne savais pas où Magungo était situé. Il était de la dernière importance que je découvrisse la route exacte par laquelle les petits cauris arrivaient du Sud, car ce renseignement pouvait me servir de guide pour ma propre expédition. Les détails que Wani me donna à Latouka étaient excessivement vagues, et cependant ces données bien imparfaites servirent de bases à des conclusions que mes découvertes ultérieures devaient étrangement justifier. Je transcris donc, mot pour mot, les notes consignées sur mon journal à Latouka le 26 mai 1863 lorsque j'obtins le premier renseignement sur la position de l'Albert N'yanza.

« J'ai eu une longue conférence avec Wani, le guide et l'interprète, au sujet du pays de Magungo. Loggo, l'interprète Bari, a toujours décrit Magungo comme placé sur une grande rivière que je croyais être l'Asoua; mais de nouvelles questions m'ont prouvé qu'il avait fait usage du mot *Bahr* qui signifie en arabe rivière ou mer, au lieu de *Birké* qui veut dire lac. La découverte de cette importante erreur jette un nouveau jour sur la géographie du pays. Selon la description de Wani, Magungo est situé sur un lac si étendu qu'on n'en connaît pas les limites. De grands bateaux arrivent à Magungo de pays inconnus et lointains, apportant des cauris et des perles en échange de l'ivoire. On a vu des blancs à bord de ces vaisseaux. Toutes les coquilles de cauris en usage à Latouka et dans les districts voisins sont fournies par ces vaisseaux, mais depuis deux ans il n'en est arrivé aucun.

« Les distances données placent Magungo vers le deuxième degré de latitude nord. Ce lac ne peut être que le N'yanza, qui s'étend plus loin au nord que Speke ne l'avait cru; si la position de Magungo est correcte, les blancs dont il est question doivent être des Arabes qui transportent les cauris de Zanzibar. Je m'imagine que ce pays appartient au frère de Kamrasi, car le roi du pays, me dit Wani, a un frère, chef d'une tribu puissante sur le bord occidental du Nil; mais ces deux frères sont toujours en guerre l'un contre l'autre.

« J'ai questionné un autre naturel qui s'était rendu à Magungo pour acheter du *simbi* (coquilles de cauris). Il me dit qu'autrefois un homme blanc venait là tous les ans amenant avec lui un âne dans un bateau ; une fois débarqué, il parcourait le pays sur son baudet, et commerçait avec les naturels au moyen de cauris et de bracelets de cuivre. Cet homme n'avait pas d'armes à feu, mais seulement un sabre. Le roi de Magungo se nommait *Cherrybambi.* »

Les détails que je viens de transcrire me mirent pour la première fois sur la trace des faits que j'ai ensuite établis ; et l'arrivée des blancs (Arabes) à Magungo me fut confirmée par les naturels de Magungo même un an après les vagues informations recueillies à Latouka.

Les Arabes, étant bruns, sont appelés blancs par les nègres. Comme distinction on disait de moi que j'étais un homme *très-blanc;* cependant le soleil avait basané mes traits, et j'ai eu souvent à entr'ouvrir ma chemise pour montrer la différence de carnation existant entre mes compagnons et moi.

CHAPITRE IX.

ATTAQUE DE KAYALA PAR LES TURCS.

Le 30 mai, environ une heure avant l'aube, je fus éveillé par un feu roulant de mousqueterie, qui se prolongea ensuite en volées irrégulières, puis en coups de feu détachés, mais bien soutenus. Je m'élance hors de ma hutte; je vois le camp de Konrschid presque vide, et mes hommes grimpés sur le toit de leurs huttes pour tâcher de découvrir ce qui se passe vers l'ouest. On ne peut rien voir, quoique le feu se soutienne à environ un mille de distance, et apparemment de l'autre côté d'un bouquet d'arbres. J'apprends que les gens de Kourshid sont partis ce matin entre trois et quatre heures, à la requête de Commoro, pour attaquer une ville voisine dont les habitants ont fait preuve de rébellion. Le feu dure deux heures, puis cesse tout à coup; bientôt après, à l'aide d'une lunette d'approche, j'aperçois le drapeau rouge des Turcs sortant de la forêt, et j'entends le roulement du tambour mêlé au bêlement des moutons et au mugissement des bœufs. Ils s'approchent; je remarque alors un corps considérable, puis un grand troupeau mené par des Latoukas, tandis qu'un gros de Turcs portent dans leurs bras quelque chose de lourd. Ils arrivent avec environ deux mille têtes de bétail, mais le combat leur a coûté un de leurs hommes, et c'est lui qu'ils rapportent afin de l'ensevelir. Cet homme était le meilleur de la troupe, de très-bonnes manières, et, quoique voleur, d'un commerce fort agréable.

Poussés par Commoro, les Turcs avaient attaqué la ville de Kayala, mais les habitants s'étaient si bien défendus, que leurs ennemis durent abandonner leur projet; Kayala, selon l'usage du pays, est entourée de palissades de bois de fer contre lesquelles les balles s'aplatissaient. Non-seulement les Latoukas se défendirent bravement, mais les femmes protégèrent l'entrée de la ville à coups de pierres. Elles avaient brisé leurs meules pour en assommer les Turcs. Ces amazones vigoureuses blessèrent plusieurs des assaillants, et lançaient leurs projectiles avec tant de force que les canons des fusils en étaient bosselés. Ces misérables Turcs avaient tué plusieurs de ces braves femmes, et une d'elles était sur le point d'être entraînée captive, lorsqu'un des naturels, s'élançant à son secours, perça d'un coup de lance la poitrine de l'*aimable ravisseur*, et le tua sur la place. Malheureusement pour les Latoukas quelques-uns de leurs troupeaux étaient partis pour les pâturages avant le commencement de l'attaque : les Turcs s'en emparèrent, mais pas un ennemi ne pénétra dans la ville. . . . .

Le lendemain la troupe fut activement occupée à faire le partage du butin, un tiers formait le bénéfice des soldats, et le reste revenait à la masse du marchand, ou au *méri* (gouvernement), comme ils appellent le propriétaire. Cette portion devait être dirigée sur Obbo comme en un lieu sûr et offrant de bons pâturages; pendant que la bande tenterait d'autres razzias dans le Latouka, et chercherait à réunir une grande quantité de bestiaux qui, emmenés vers le sud, y seraient échangés contre de l'ivoire. Le camp de Kourshid était en proie à des disputes continuelles, tous les hommes se querellant au sujet de la répartition du butin. . . . .

Journal. — *2 juin.* — Les Turcs sont occupés à vendre et à acheter, chacun disposant suivant ses besoins de sa part du butin volé. L'un troque une vache contre du blé et de la viande; l'autre abat un bœuf et le vend en détail pour de la bière (*merissa*), de la volaille, etc. Les naturels se pressent autour du camp comme des vautours qui sentiraient la chair fraîche. Quelques Turcs réservent leurs bestiaux pour l'achat de jeunes négresses, que sous le nom de femmes, ils emmèneront plus tard à Khartoum pour les y revendre à raison de vingt ou trente dollars chacune. Mes gens contemplent avec tristesse le bonheur

Combat entre les Turcs et les indigènes de Kayala.

de leurs voisins, « comme une Péri pleurant, inconsolée, à la porte de l'Éden[1], » ils contemplent le paradis où s'étale de la viande à profusion et rendue plus agréable par sa provenance — le vol. Hélas ! leur maître cruel ne leur permet pas ces innocentes jouissances.

Au moyen de payements en bestiaux on peut tout obtenir dans ce pays. Les naturels sont maintenant occupés à construire des *zareebas* (kraals) pour les troupeaux qu'on a volés à leur tribu même ou à leurs voisins immédiats; le prix de ce travail est de deux ou trois bœufs à partager entre plus de cent hommes. Ils ne méritent aucune sympathie; ils sont plus endurcis que des vautours, car l'harmonie ne règne pas même entre les membres de la même tribu. Les chefs n'ont aucun contrôle réel, et chaque petit groupe de quatre ou cinq villes complote le pillage du district voisin. Il n'est pas étonnant que les marchands d'esclaves du Nil tournent à leur profit cet esprit de discorde, et qu'ils s'allient à un chef pour piller les autres, quitte ensuite à tomber sur leur confédéré. L'attaque de Kayala, me disent les naturels, a coûté la vie à soixante-cinq individus, tant hommes que femmes. Les Latoukas regardent comme abominable que les Turcs aient tué celles-ci. Chez toutes les tribus, de Gondokoro à Obbo, les femmes sont respectées, même en temps de guerre. Pour cette raison on les emploie comme espions, et espions très-dangereux. Malgré cela il est de règle qu'on ne les met pas à mort. La rareté de ces nymphes est, je pense, l'origine d'une coutume aussi humaine. Là où la polygamie existe, il en coûte trop de tuer une femme; comme le prix d'une jeune personne varie de cinq à dix vaches, sa mort représenterait une perte fort considérable.

Heureusement, pour mes gens qui ne volaient pas les bestiaux, j'avais toujours du gibier en abondance, et je pouvais toujours me nourrir, mes compagnons et moi, de canards et d'oies sauvages d'un goût délicieux. Nous n'étions jamais fatigués de ce mets délicat, grâce à la variété apportée dans sa préparation. Quelquefois je réussissais à me procurer une chèvre, et il en résultait, un plat des plus fins : l'estomac de l'animal farci à la manière d'un *haggis* écossais, de foies et

1. Voy. le poëme de Thomas Moore, *Lallah Rookh*. (— M.)

de la chair de volailles sauvages hachée menu, et garnie des ingrédients ordinaires. Mon jardin était en fort bon état; oignons, haricots, melons, ignames, laitues et radis en quantité, que plusieurs averses rafraîchissantes avaient fait rapidement pousser. La température était de 85° à l'ombre pendant les plus fortes chaleurs du jour, de 72° pendant la nuit.

On ne peut se procurer de sel à Latouka; les naturels en font rarement usage, car il est très-difficile de l'obtenir par l'un ou l'autre des procédés en usage. Le meilleur sel se tire du crottin de chèvre réduit en cendres et bien saturé d'eau; on filtre et on évapore. L'autre qualité s'extrait d'une herbe spéciale à tige épaisse et charnue à peu près comme celle de la canne à sucre; les cendres de cette tige produisent un sel qui est fort mélangé. Je vis un jour le chef de Latouka manger avidement une poignée de sel que je lui donnais, et le sel me servait plus facilement même que la verroterie à me rocurer ce dont j'avais besoin.

Le 4 juin, Ibrahim et quatre-vingt-cinq hommes partent pour Obbo avec environ quatre cents vaches et mille chèvres. Bientôt après un violent orage, accompagné de torrents de pluie, enfle la rivière de Latouka et les mares où le gibier se tient d'habitude. Je me prépare à une bonne chasse pour le lendemain, car, à la suite d'un orage, on voit toujours arriver bon nombre de canards.

Le lendemain, 5, je sors de bonne heure, et en très-peu de temps j'abats huit palpimèdes, canards ou oies. A environ un demi-mille de mon camp se trouve une mare entourée d'un petit marais, et là les oiseaux sauvages arrivent en grandes bandes. Deux arbres *hegleeks* qui se trouvent là me servent d'affût.

Je venais de commencer ma chasse de bon cœur, lorsque j'entendis dans le camp des Turcs, un coup de feu suivi de cris perçants, et je vis une troupe de Latoukas s'enfuir du camp vers la ville. Bientôt le tambour turc se fait entendre, les hommes courent de côté et d'autre, et les nègres des environs se rassemblent, armés de lances et de boucliers comme pour une bataille. Je n'avais emmené que deux hommes avec moi, et me trouvant à près d'un demi-mille du camp, je crus prudent de retourner le plus vite possible, de peur que quelque contretemps ne survînt en mon absence. J'arrive bientôt, et je trouve ma femme, dans la crainte d'une émeute, plaçant tous les hommes à leur poste. Ils m'avaient vu venir. Je me dirige vers le camp des Turcs, mes proches voisins, et je demande la cause de cette alarme.

Jamais je n'ai été plus révolté. Déjà les vautours s'abattaient en cercle sur un objet gisant hors du camp. Il paraît qu'un habitant de Kayala (la ville récemment attaquée par les Turcs) s'était rendu à Tarrangollé pour obtenir des nouvelles d'une vache qu'il avait perdue. Les chefs Moy et Commoro l'amenèrent au camp turc pour attester qu'il n'avait aucun mauvais dessein. Les Turcs apprennent que ce malheureux est natif de Kayala, l'accusent immédiatement d'espionnage, et le condamnent à être fusillé. Les deux chefs Moy et Commoro, se sentant compromis par le danger où, à leur insu ils ont mis ce pauvre homme, se jettent au-devant de lui, déclarant qu'il leur appartient, et qu'ils ne souffriront pas qu'il lui soit fait aucun mal. Il leur est arraché, malgré leurs protestations, par les efforts combinés de plusieurs Turcs, on le garrotte, et on le mène à la mort. Le cri : « Tuez l'espion! » n'est pas plus tôt prononcé, qu'un misérable s'approche et décharge à bout portant son fusil dans la poitrine du Kayalais qui tombe ainsi lâchement assassiné de sang-froid. Les nègres s'enfuient de suite, croyant qu'un massacre général va s'ensuivre. On traîne le cadavre par les talons à quelques verges hors du camp ; il n'est pas refroidi que les vautours s'en repaissent.

J'eus peine à retenir mon indignation devant un fait aussi révoltant. Je sentais que la brutalité des trafiquants me compromettrait, au moment où je m'y attendrais le moins, dans quelque sérieuse révolte des naturels. Déjà on disait qu'il était peu sûr de s'aventurer à la chasse sans une escorte de dix ou douze hommes armés.

Aussi lâches que brutaux, tous ces soi-disants marchands furent bientôt saisis de crainte en apprenant, d'après le bruit général que, les habitants de Kayala avaient le projet de se joindre à ceux de Tarrangollé pour attaquer le camp turc. Je fortifiai ma position en construisant une tour en palissades qui dominait toutes les approches de mon *zareeba*.

Latouka était déjà ruiné par les Turcs ; on se procurait difficilement de la farine et du lait en échange de verroterie, car, depuis l'attaque sur Kayala, les gens d'Ibrahim s'étaient mis à acheter toutes leurs provisions, soit avec des chèvres, soit avec des bœufs; deux articles d'échange volés, et par conséquent économiques. J'étais riche en verroterie et en cuivre, mais en réalité je me trouvais pauvre, car je ne pouvais rien obtenir. Je donnai donc à mes gens deux livres de verroterie par mois, et ils allaient aux villages éloignés pour acheter leurs provisions comme ils l'entendaient.

Le 11 juin, à sept heures vingt du matin, j'observai un phénomène curieux. Le ciel était parfaitement serein, mais nous fûmes surpris par un bruit semblable à l'explosion soudaine d'une mine ou d'une batterie d'artillerie, bruit presque immédiatement répété. Il semblait venir des montagnes à environ seize milles sud du camp. Je ne pus m'expliquer ce fait qu'en supposant qu'un immense bloc de granit s'était détaché des montagnes, et qu'en tombant dans la vallée il avait rebondi sur une saillie de roc et produit ainsi un double bruit.

13 *juin*. Je tuai dix oies ou canards avant déjeuner, y compris une grande oie blanche et noire avec le cou et la tête de couleur cramoisi. Son poids était exactement de onze livres. Cette oie porte sur l'articulation de chaque aile un éperon aigu d'un pouce de long.

Pendant ma promenade du matin j'ai rencontré des centaines de nègres fort animés, armés de lances et de boucliers, et courant vers le village d'Adda; ils se proposent d'aller quatre milles plus loin voler du bétail; il en résultera donc une bataille avant la fin du jour. La rivière de Latouka est maintenant en crue, et elle ressemble à un fleuve permanent, portant au Sobat un volume d'eau considérable.

Ce matin, pendant ma chasse au canard, j'ai rencontré deux larrons : l'un était un *aigle*, l'autre un *nègre*. On peut généralement voir le bel aigle à cou blanc perché sur une branche près de la rivière, à l'affut de toute proie passant à sa portée. Je venais de tirer deux canards qui descendaient le cours du torrent. L'un tomba mort dans l'eau, mais l'autre mal ajusté, voltigea pendant quelque temps à sa surface, puis fut immédiatement poursuivi et saisi par un aigle qui, sans respect pour mon fusil, suivait attentivement la chasse du sommet d'un grand arbre, avec le désir évident de s'en approprier le fruit. Mes gens qui ne se souciaient guère de se voir privés de leur déjeuner, se mirent à sa poursuite criant à tue-tête afin de l'effrayer; l'un d'eux, ayant un fusil chargé à chevrotines, tira, et le bruit du coup détermina l'aigle à lâcher le canard, dont mes compagnons s'emparèrent triomphalement.

L'autre larron était un nègre. J'avais tiré de loin sur un canard; cet oiseau s'envola à une distance considérable et alla tomber à environ un quart de mille de là. Un Latouka qui bêchait la terre tout près de l'endroit où s'abattit l'oiseau, le ramassa et le cacha dans un buisson; à notre arrivée il continua de travailler comme si de rien n'était, et déclara positivement qu'il ne pouvait nous donner aucune nouvelle de notre gibier, quoique je l'eusse vu le ramasser. Je le pris par l'oreille et le conduisis vers le buisson où nous trouvâmes le canard soigneusement caché.

14 *juin*. Les naturels ayant perdu un homme dans le combat d'hier, la nuit s'est passée en chants et en danses. Le pays se dessèche. Quoique la rivière soit pleine, il n'est pas tombé une goutte de pluie dans tout le Latouka; l'eau qui coule dans le torrent vient des montagnes d'Obbo où il pleut tous les jours.

Ibrahimawa, le natif de Bornou, autrement dit Sinbad le matelot, m'amuse et m'ennuie tour à tour par les récits merveilleux et interminables qu'il me fait de ses voyages. Les extraits suivants permettront au lecteur d'apprécier le caractère de ses relations. « Il y avait près du Bornou un pays dont le roi était si gros qu'il lui était impossible de marcher. Enfin les médecins s'avisèrent de lui ouvrir le ventre et d'en retirer toute la graisse, opération qu'ils répétèrent ensuite tous les ans ! »

Un autre pays, suivant lui, était un paradis. Personne ne s'y abaissait à boire de l'eau. La richesse était telle que les plus pauvres s'abreuvaient de *merissa* (bière). L'ivrognerie y était si générale, qu'après trois heures de l'après-midi, tout le monde était gris ; et que les vaches, les chèvres et les poules se grisaient aussi en allant boire la bière laissée dans les coupes de leurs propriétaires endormis.

Ayant été domestique à bord d'une frégate turque, qui avait été envoyée à Gravesend, il connaissait parfaitement l'Angleterre. Il me décrivit, avec beaucoup d'entrain, une soirée à laquelle il avait assisté. Il avait été à un bal chez un *pacha anglais* dans le *Blackwall*[1], et avait fait la conquête de plusieurs charmantes dames anglaises très-décolletées, qui, le prenant pour un pacha, s'étaient enamourées de lui.

Telles sont les impressions de voyage d'Ibrahimawa le Bornouen.

Le 16 juin, les gens de Kourshid revinrent d'Obbo. Ibrahim était resté là avec quelques-uns de ses hommes; et, comme il se méfiait du caractère belliqueux des Latoukas, il avait donné ordre à toute la caravane de quitter Tarrangollé, se déterminant à établir une station dans le pays plus tranquille des Obbos. Un passage de mon journal exprime l'effet que cette résolution soudaine produisit sur moi : « C'est fort ennuyeux; j'avais disposé mon camp, mon jardin, etc., pour la saison pluvieuse, et me voilà maintenant contraint de tout abandonner, car il me serait impossible de rester seul dans le pays avec ma petite troupe. Depuis la razzia faite sur leurs bestiaux, les naturels sont devenus si mal disposés, que, même pour aller chercher de l'eau à la rivière, il faut absolument être accompagné d'une escorte considérable. Il est *très-agréable* de voyager en compagnie des trafiquants; ils transforment en guêpier tous les pays qu'ils traversent. Ils n'ont ni détermination ni plan bien arrêté; et comme je suis malheureusement obligé de me guider d'après leurs mouvements, je ressemble moins à un voyageur qu'à un âne que l'on selle et que l'on emmène au moment où il s'y attend le moins. » Environ soixante hommes d'Obbo accompagnaient les gens d'Ibrahim pour porter les bagages. Il me fallait au moins cinquante porteurs, car un grand nombre de mes bêtes de somme avait succombé. Rien ne peut peindre la paresse et l'indolence obstinée de mes hommes. Il ne m'en reste que quatre sur lesquels je puisse compter : Richarn, Hamed, Sali et Taher.

Dans les deux camps, l'ordre de partir excitait le plus grand mécontentement, car les hommes s'étaient installés de manière à passer confortablement la saison pluvieuse à Latouka. Les deux chefs Moy et Commoro comptant sur la protection des Turcs pour l'avenir, s'étaient alliés à eux afin de détruire la ville voisine, et se trouvaient dans une fausse position; Mainte-

1. Blackwall est un des faubourgs de Londres les plus mal habités. On n'y voit que des matelots et des ouvriers. (— M.)

nant ils allaient être réduits à leurs propres ressources, et se sentaient peu capables de résister à leurs ennemis.

Quelques extraits de mon journal termineront le récit de mon séjour à Latouka.

« 18 *juin.* — Les fourmis blanches sont la peste de ce pays. Tous les jours, nous balayons la hutte et nous détruisons leurs galeries; mais ces animaux remettent tout en état pendant la nuit, gravissant les poutres qui maintiennent la toiture, et pénétrant à travers le chaume. Ils dévorent d'abord tout ce qui est cuir ou laine. La rapidité avec laquelle ils réparent leurs galeries est vraiment merveilleuse; le travail qu'ils font est soigneusement cimenté; ils avalent de la terre qui se mêle dans leur canal intestinal avec une matière glutineuse qu'ils déposent ensuite comme les abeilles font la cire. La pluie fait tomber en ruine l'argile, dont on se sert ici pour bâtir; mais les constructions des fourmis blanches sont solides et imperméables à l'eau, grâce à la glu, dont elles sont cimentées. J'ai vu trois variétés de fourmis blanches : la première a environ la grosseur d'une petite guêpe; elle ne s'attaque pas aux habitations, mais vit sur les arbres abattus. La seconde, d'une dimension inférieure, s'aventure rarement aussi dans les maisons. La troisième est une véritable peste, c'est la plus petite de toutes, mais épaisse et glutineuse; la terre en est infestée, et, à Latouka, on ne saurait trouver un pied carré de sol qui ne soit pas couvert de ces insectes.

« 19 *juin.* — J'ai eu hier une attaque de fièvre. Depuis quelques jours, je m'en sentais menacé. Tout le bagage est prêt, je l'ai distribué en paquets de cinquante livres chacun, pour que les naturels puissent le transporter.

« 20 *juin.* — Nous fabriquons de nouveaux cordages avec l'écorce du mimosa; comme nous partons après-demain, tout le monde est à l'ouvrage. Ma perte en bêtes de somme représente une différence de vingt-trois porteurs. Il faut que je retienne quarante naturels, car le mauvais état des routes m'oblige à ne charger les ânes que très-légèrement. Je n'ai plus que quatorze ânes, mais ils sont en bonne santé, et tout irait bien, si les oiseaux ne les tourmentaient pas continuellement en leur déchirant le dos à coups de bec. Les attaques seules de ces oiseaux m'ont tué deux roussins; j'ai couvert le seul chameau qui me reste et quelques-uns des ânes avec des espèces de housses faites de toile à tente.

« 21 *juin*. — Rien d'important.

« 22 *juin*. — La nuit dernière, nous avons été éveillés par une sentinelle qui nous informa que les naturels erraient autour du camp. Je fais placer trois autres factionnaires un peu avant deux heures du matin ; un coup de feu se fait entendre, immédiatement suivi de deux autres, et d'un bruit de pas comme si des fuyards passaient rapidement devant l'entrée du camp. En un instant, je suis debout, et mes gens prennent les armes ; le tambour turc bat, et leur camp, qui est près du mien, est tout agitation, mais l'obscurité régne encore. J'allume ma lanterne sourde, toujours tenue en bon état, et je m'avance vers l'endroit où le coup a été tiré. Les naturels avaient cherché à voler les bestiaux dans le kraal des Turcs, et, favorisés par la nuit, ils s'étaient mis à creuser la terre afin de déraciner les épines qui formaient le mur de défense. Malheureusement pour les voleurs, ils ne se doutaient pas qu'il y eût des gens de garde dans le kraal aussi bien qu'au camp ; la nuit était fort noire, et on ne pouvait rien distinguer ; mais l'agitation des chèvres, témoignant qu'il se passait quelque chose d'extraordinaire, avait excité l'attention d'une des sentinelles. Cet homme avait alors aperçu tout près de lui, de l'autre côté de la haie, un être noir accroupi, d'autres debout; il avait aussi entendu le bruit suspect des épines remuées comme si l'on cherchait à les arracher. Sur-le-champ, il avait tiré un coup de feu, et, entendant des hommes s'enfuir, il avait lâché un second coup, tandis que son camarade de faction déchargeait aussi sa carabine. Avec l'aide de la lanterne, nous nous mettons en quête, et nous découvrons le corps d'un nègre étendu près de la haie, au-dessus d'un trou creusé sous les épines, dont la racine était enfoncée dans le sol, et déjà assez grand pour donner accès dans le kraal. Le nègre avait commencé sa tranchée immédiatement vis-à-vis de la sentinelle, et le coup, chargé à balle, l'avait frappé presqu'à bout portant. Il avait tenté la fortune et mérité son sort; cependant on ne pouvait voir sans dégoût la brutalité des Turcs, qui, attachant des cordes aux chevilles du malheureux, tirèrent son cadavre vers l'entrée du camp. Là, ils voulaient, en manière de passe-temps, lui larder la poitrine à coups de baïonnette.

Il n'était pas tout à fait mort; un coup de feu lui avait enlevé un œil, et, comme il était pelotonné à terre lorsqu'il avait été atteint, il avait les cuisses, la figure et la poitrine également criblées. Je ne voulus pas permettre qu'on le mutilât, et, après quelques instants d'agonie, il rendit le dernier soupir. Les gens de la caravane lui coupèrent immédiatement les poignets, afin de s'emparer de ses bracelets de cuivre; d'autres lui enlevèrent son casque de verroterie, et enfin on transporta le cadavre jusqu'à l'entrée de mon camp.

22 *juin.* — Voyant que ces ignobles Turcs avaient mis le cadavre presqu'à ma porte, je le fis éloigner à environ deux cents verges au-dessous du vent. Tous les oiseaux de proie s'assemblèrent sur-le-champ : buses, vautours, corbeaux, marabouts. Je remarquai un grand vautour, qui réussit presque à retourner le cadavre en arrachant la chair du bras opposé au côté où il se trouvait. Les oiseaux de proie commencent invariablement leur attaque sur les yeux, la partie intérieure des cuisses et des aisselles, avant de dévorer les portions plus résistantes. En quelques heures, il ne resta plus du Latouka qu'un squelette proprement dépecé. »

Nous devions partir le lendemain. Ma femme était dangereusement malade d'une fièvre bilieuse, et ne pouvait se tenir debout. J'essayai en vain de persuader aux gens de la caravane d'ajourner leur départ. Ils ne voulaient pas en entendre parler. Ils avaient tellement irrité les Latoukas, qu'ils craignaient une attaque, et leur capitaine ou *vakil*, Ibrahim, leur avait ordonné d'évacuer le pays sur-le-champ. Que faire? Les marchands avaient soulevé l'hostilité du pays, et j'en souffrirais si je restais seul en arrière. Sans eux, je ne pourrais me procurer de portefaix, car les naturels ne consentiraient pas à accompagner ma petite troupe, surtout comme je n'avais à leur offrir en payement que de la verroterie ou du cuivre. Depuis quelques jours, les pluies avaient commencé dans le Latouka, et, jusqu'à Obbo, nous allions avoir à essuyer des orages continuels. Nous devions prendre un long circuit afin d'éviter les défilés dans les montagnes. Vu la disposition actuelle du pays, ces défilés seraient dangereux, surtout à cause des nombreux troupeaux dont la caravane était accompagnée. Le voyage devait durer cinq jours, programme menaçant pour moi, ma femme étant presque mourante. Cependant je me mis à l'ouvrage et je fabriquai, pour un de mes *angareps*, un système de cerceaux formant d'un bout jusqu'à l'autre, une espèce de carcasse comme la couverture d'une charrette. Sur ces cerceaux, j'étendis deux peaux tannées d'Abyssinie à l'épreuve de l'eau, et, attachant deux pieux fort longs parallèlement aux côtés de l'*angarep*, j'obtins, de la sorte, un excellent palanquin. Nous y plaçâmes Mme Baker, et nous partîmes le 23 juin.

Nous comptions réunis environ trois cents hommes. En arrivant au pied de la chaîne de montagnes, nous la longeâmes vers le nord-ouest au lieu de la traverser comme nous l'avions fait auparavant, puis, faisant un circuit à travers une brèche naturelle, nous remontâmes peu à peu vers le Sud.

Le cinquième jour, à 5 heures du soir, nous trouvant à moins de douze milles d'Obbo, nous bivouaquons sur un immense plateau de granit, formant un plan incliné d'environ un acre d'étendue sur la pente d'une colline. Les naturels qui nous accompagnent reçoivent l'ordre d'enlever l'herbe de dedans les interstices des rochers, et, à peine ont-ils commencé, qu'un bruit suspect parmi les pierres, atteste la présence de quelque chose d'extraordinaire. En ce moment, les soldats attroupés lancent des dards et des cailloux, et, en m'approchant je vois le monstre le plus affreux que j'aie jamais aperçu. Je lui transperce immédiatement la tête, que je détache d'un seul coup de mon couteau de chasse, en ébréchant contre le granit mon arme favorite. C'était une vipère de la plus grande taille. Tirant de ma carnassière mon ruban à mesurer, que j'avais toujours à ma portée, je reconnus que cet animal avait cinq pieds quatre pouces de longueur et un peu plus de quinze pouces de tour. La queue est très-obtuse comme d'habitude chez les serpents venimoux, et la tête tout à fait plate, d'environ deux pouces et demi de largeur. Malheureusement pendant ma courte absence, les nègres l'avaient écrasée sous un bloc de granit. Elle était donc sans valeur comme échantillon, et trois des dents avaient été brisées, mais je comptai huit de celles-ci, et je m'emparai de cinq crochets venimeux, les deux plus saillants ayant près d'un pouce de longueur. Un caprice diabolique de la nature a fait de ces crochets mortifères des tubes pointus par lesquels le poison est injecté jusqu'au fond de la blessure. La pointe extrême du crochet est solide et si fine, que, sous un fort microscope, elle paraît tout à fait lisse, tandis que la pointe de la meilleure aiguille offre des aspérités. Un peu au-dessous de l'extrémité solide du crochet l'ouverture du canal paraît coupée en biseau comme une plume lorsqu'on lui donne le premier coup de canif; c'est par cette ouverture que le poison est injecté.

J'avais à peine détaché les crochets, qu'un violent coup de tonnerre retentit dans les montagnes, qui s'élevaient abruptement, à moins d'un mille, sur notre gauche. L'éclair brille, et presque aussitôt un second coup éclate dans le nuage épaissi sur nos têtes, tandis que j'étais agenouillé, me préparant à écorcher le monstre. Sa tête plate, ses froids petits yeux gris et sa peau écailleuse, lui donnaient un air tellement satanique, à la lueur de l'éclair, au fracas du tonnerre, qu'il me rappela la légende de saint Dunstan et du Diable, et je l'écorchai. Les nègres et mes hommes étaient également saisis d'horreur, car ils n'auraient pas voulu toucher de la main une partie quelconque de ce serpent. Ils croyaient que la peau même avait des propriétés nuisibles.

Je n'ai jamais vu pleuvoir d'une manière plus violente que cette nuit-là. Heureusement Mme Baker dans son palanquin était comme un colimaçon dans sa coquille, mais je n'avais d'autre abri qu'une peau de bœuf. Je me jetai sur mon *angarep*, et tirai cette couverture sur moi. Les nègres avaient déjà allumé des feux immenses et se groupaient autour de la flamme; mais, dans un orage pareil, qu'eût été même le grand incendie de Londres? En une demi-heure, tout était éteint; le déluge était tel, que le ravin, sec lorsque nous avions établi notre bivac, était devenu un torrent infranchissable. Ma peau de bœuf était devenue une chose sans nom, et mon *angarep*, recouvert d'une natte, se trouvait à quelques pouces sous l'eau. Je rejetai la natte, l'eau s'en échappa comme d'un tamis, et me laissa détrempé. La pluie tomba toute la nuit sans relâche. Depuis notre départ de Latouka, nous avions été mouillés tous les jours, mais les nuits avaient été belles. Notre détresse était maintenant au comble. Enfin la pluie cessa, l'aube parut. Nous ne pouvions nous procurer de feu, car tout était saturé d'eau, et nous dûmes repartir à travers les forêts et les hautes herbes chargées de pluie. La route que nous suivions nous permit d'éviter tous les défilés, car, à l'ouest de la chaîne de montagnes, le sol s'élève rapidement, mais régulièrement jusqu'à Obbo.

En arrivant à mon ancienne cabane, je trouvai un grand changement : l'herbe avait atteint au moins dix pieds de haut, et mon petit camp était caché au milieu de cette abondante végétation. Le vieux Katchiba vint nous voir, mais ne nous apporta rien, disant que les Turcs avaient dévoré le pays. La misère de notre position est décrite dans l'extrait suivant de mon journal :

« Ce pays d'Obbo est maintenant une terre de famine. Les naturels refusent la verroterie, et ne veulent rien nous fournir, si nous ne leur donnons pas de bétail. Telle est la malédiction que les Turcs ont amenée sur le pays en volant les bestiaux, puis en les distribuant à profusion. Nous n'avons, strictement parlant, à manger que du *tullaboun*, petite céréale amère, dont les naturels font usage au lieu de blé ; il n'y a pas de gibier, et s'il y en avait, il serait impossible d'aller à la chasse, car l'herbe est impénétrable. J'apprends que les Turcs se proposent de faire une razzia dans le pays de Shoggo près Farajoke ; s'il en est ainsi, ils créeront des embarras pour moi partout où je passerai, et ma petite caravane ne pourra ni s'avancer seule, ni même séjourner paisiblement ici. Je serai vraiment heureux de quitter cette terre abominable ; jamais je n'ai vu des coquins plus mauvais que ceux de l'Afrique, de cette partie du Soudan surtout. Il est impossible d'engager comme domestique aucun de ces drôles ; leur apathie et leur impertinence, jointes à leur saleté, dépassent toute description, et leur horreur de tout ce qui ressemble à la discipline ajoute aux sentiments de haine que les Européens leur inspirent. Je n'ai pas un seul homme avec moi qui mérite le nom de serviteur. Les bêtes de somme sont négligées et meurent en conséquence. Si je venais à mourir moi-même, ils seraient au comble de la joie, car ils se réuniraient sur-le-champ aux gens de Kourshid pour faire la chasse aux bestiaux et aux esclaves. De charmants compagnons dans les moments de danger !.... Ils empoisonnent toutes les joies du voyage et en aggravent les fatigues. On ne saurait s'imaginer les ennuis, les embarras auxquels nous sommes exposés, sans compter l'ignoble désagrément de dépendre jusqu'à un certain point d'une bande de voleurs. Mon *vakil* est tout à fait responsable de cette situation. Si ma première escorte était demeurée fidèle, je me trouvais indépendant, et, avec mes bêtes de somme, j'aurais pu pénétrer dans le sud avant le commencement de la saison pluvieuse. Je suis bien dégoûté de cette expédition ; je continuerai pourtant avec persévérance ; Dieu seul sait comment cela finira. Que je serai reconnaissant si je puis revoir un jour la vieille Angleterre ! »

Ma femme et moi nous étions très-malades d'une fièvre bilieuse, et nous ne pouvions nous entr'aider. Le vieux chef Katchiba, apprenant nos souffrances, vint nous *charmer* avec ses cérémonies magiques. Nous jugeant sans ressource, il détacha immédiatement une branche d'arbre, puis se remplissant la bouche d'eau, il en arrosa les feuilles puis le sol de la cabane. Il agita ensuite la branche au faîte de la tête de ma femme et au-dessus de la mienne, et termina la cérémonie en fixant cette branche dans le chaume au-dessus de la porte. Il me dit alors que nous nous porterions mieux, et il repartit très-satisfait. La cabane était infestée de rats et de fourmis blanches ; pendant la nuit, les premiers nous couraient sur le corps, et, faisant des trous dans le sol, remplissaient notre unique chambre de petits monticules comme des taupinières. J'avais beau boucher les trous, d'autres les remplaçaient sans trêve ni relâche. Ayant une provision d'arsenic, je résolus de donner aux rats un dîner, dont les résultats furent aussi désagréables pour nous que pour eux. Ils mouraient dans leurs trous, ce qui causait une puanteur horrible, et de nouvelles troupes prenaient la place des défunts. Quelquefois aussi, on pouvait voir, se glissant à travers le chaume, un serpent qui cherchait un abri contre la pluie.

Le pays était ravagé par la petite vérole, et les nègres périssaient comme des mouches. Le pays était très-malsain, car la pluie tombant sans cesse, les hautes herbes empêchaient l'air de circuler librement, et l'extrême humidité amenait la fièvre. La température se maintenait à 65° Fahr. pendant la nuit, à 72° pendant le jour ; des nuages épais masquaient constamment le soleil, et l'air était chargé d'humidité. Le soir il fallait toujours entretenir dans la cabane un feu extraordinaire, car le sol et les murailles étaient fort humides.

L'herbe mouillée ne valait rien pour mes bêtes de somme. D'innombrables mouches survinrent[1], y compris la *tsetzé*, et en peu de semaines les ânes ne conservèrent pas un crin sur les oreilles et sur les jambes. En vain je bâtis des hangars et j'allumai des feux ; rien ne pouvait les protéger contre les insectes. Dès que le feu était allumé les animaux se jetaient dans la fumée comme s'ils eussent été fous; rien ne pouvait les en arracher, et ils passaient les journées dans ce nuage plus ou moins protecteur, refusant toute nourriture. Le 16 juillet, *Souris*, mon dernier cheval, mourut; il avait une très-longue queue, en échange de laquelle je me procurai une vache. Rien n'est aussi estimé qu'une queue de cheval. On se sert des crins pour enfiler des perles et pour faire des espèces de houppes que l'on se suspend aux coudes comme ornement. Il est de très-bon goût à Obbo de porter de ces houppes faites de queues de vaches. Il est aussi de fort bon ton de se passer au cou, au risque de s'étrangler, six ou huit anneaux de fer poli qui ressemblent à ces colliers qu'on met au cou des chiens.

Le 18 juillet les nègres eurent une grande délibération qui se termina par une danse guerrière. Ils étaient tous peints d'ocre rouge et de terre de pipe formant des dessins de modèles variés. La tête ornée élégamment d'une parure faite de cauris et de panaches de plumes d'autruches qui retombent sur la nuque. Après la danse le vieux chef leur fait un discours très-long et très-énergique, d'autres orateurs, tous fort éloquents, prennent ensuite la parole, et on décide enfin que « les *nogaras* battront, et que les gens de la tribu se réuniront aux Turcs pour faire une razzia dans le pays de Madi. »

Ibrahim part avec 120 hommes armés et une multitude d'Obbos pour la maraude en question.

Le lendemain Katchiba vint nous voir, nous apportant un cadeau de farine. Je lui donnai à mon tour une assiette d'étain, une cuillère de bois, la dernière de nos tasses à thé, et plusieurs boutons de chemise en nacre de perle fixés sur un papier de clinquant. Ce dernier objet lui plut tellement qu'il pria ma femme de le lui suspendre au cou comme une médaille. C'était vraiment un brave vieillard que ce Katchiba, le meilleur que j'aie vu en Afrique. Il se méfiait beaucoup des Turcs qui, disait-il, finiraient par causer sa ruine ; car en attaquant les Madis ils les exciteraient contre lui, et après le départ des Turcs les Madis à leur tour envahiraient les districts obbos. Les bestiaux étaient

Danse de guerre des Obbos.

de peu d'utilité dans son pays, car les mouches les tuaient; il avait épuisé sans succès toutes les ressources de la sorcellerie contre les insectes, et mes ânes mourraient infailliblement. Il ajoutait que les Turcs avaient infligé aux diverses tribus des pertes sérieuses, car les principaux moyens de subsistance de la contrée avaient disparu. Sans bestiaux, les natifs ne pouvaient pas se procurer de femmes; le lait dont ils se nourrissaient surtout, leur manquait; bref, ils étaient réduits au désespoir. Aussi ils se battraient pour défendre leurs troupeaux, bien qu'ils eussent laissé emmener en captivité leurs femmes et leurs enfants. Avec des bestiaux, en effet, ils pourraient toujours se procurer une autre famille, tandis que si les troupeaux étaient enlevés, il n'y avait pas de remède. Ainsi se plaignait Kachiba.

Des moustiques pendant la journée, des rats et des punaises innombrables pendant la nuit; de fortes rosées, des pluies continuelles et des herbages impénétrables faisaient, pour nous, de l'Obbo la prison la plus intolérable.

Je n'infligerai pas à mon lecteur la fastidieuse description de tous les ennuis subis pendant de longs mois d'inaction; quelques extraits de mon journal serviront à caractériser la situation d'une manière générale.

« 2 *août*. — Plusieurs de mes gens ont la fièvre. Saat, à qui je donne une prise de calomel, me demande s'il doit aussi avaler le papier qui contient la médecine? Ce n'est pas la première fois que l'on me fait des questions de ce genre. Saat souffre de la maladie d'Obbo, — l'ennui, et ne sait pas comment s'amuser; il se passe donc des fantaisies scientifiques, et en essayant de se rendre compte du mécanisme de deux de mes montres, il les a brisées. Je me trouve réduit à une de quatre que j'avais. Ayant commencé sa carrière comme tambour, Saat ne peut oublier la perte de sa caisse que le chameau a défoncée; afin de ne pas perdre l'habitude de son art, il s'exerce sur tout ce qui est susceptible de cet usage; il tambourine sur le fond de la bouilloire jusqu'à ce qu'elle ne puisse plus contenir de liquide; quelquefois il s'en prend à une tasse d'étain qu'il finit par défoncer.

« Saat et notre servante noire ne frayent pas bien ensemble, malheureusement; et la tranquillité de la maison est souvent interrompue par une bataille entre mon domestique et son irascible antagoniste Gaddum Her. L'autre jour, celle-ci a appris à ses dépens que Saat prend de la force, car je l'ai trouvée étendue par terre égratignant de ses ongles crasseux les grosses joues de Saat; tandis que lui, assis sur l'estomac de la négresse, lui pochait les yeux à beaux coups de poing. Il est juste de dire que c'est toujours Gaddum Her qui commence.

« Rien n'est absurde comme l'air de suffisance des bandits qui forment la troupe de Kourshid; ils sont trop distingués pour servir comme des soldats, et on les voit se pavaner de côté et d'autre accompagnés de négrillons qui portent leurs fusils. J'ai souvent comparé le sort des pauvres honteux en Angleterre, avec celui de ces vauriens dont le courage consiste à piller et à assassiner les nègres sans défense, tandis qu'ils vivent en voleurs des produits de ce pillage. Je suis très-anxieux de savoir si le gouvernement anglais s'occupera enfin du commerce du Nil Blanc, ou si tous les efforts de la diplomatie se borneront à des protestations et à des lettres, auxquelles le gouvernement égyptien répondra uniquement par la promesse de faire cesser les atrocités qui se commettent aujourd'hui. Les autorités du Caire promettront, et, comme c'est l'habitude chez les Turcs, ne feront rien. D'un autre côté les nègres sont foncièrement pervertis. Une tribu accueille les Turcs comme alliés contre la tribu voisine, et pourvu que le résultat soit du bétail, on ne tient aucun compte des moyens par lesquels ce bétail est obtenu. Il en résulte une anarchie générale.

« 6 *août*. — Il est très-difficile de se procurer des vivres. Voici la seule manière d'avoir de la farine. Les naturels ne veulent prendre en échange que de la viande. Pour acheter un bœuf il me faut des *molotes* (houes); pour avoir des *molotes*, je suis obligé de vendre mes habits et mes souliers aux gens de la caravane. On conduit alors le bœuf à un village voisin où il est abattu et découpé en près de cent morceaux. Mes hommes s'asseyent ensuite à terre avec trois grands paniers dans lesquels les naturels viennent vider de très-petites corbeilles de farine, à raison d'une corbeille pour chaque morceau de viande. Ce procédé ennuyeux est un exemple des difficultés qu'on éprouve dans l'Afrique centrale pour se procurer quelque chose d'aussi simple qu'un peu de farine. Par un grand nombre de détails de mœurs les naturels d'Obbo ressemblent aux Baris. J'ai eu la plus grande peine à faire renoncer l'homme qui trait mon bétail à la dégoûtante habitude de laver les jattes à lait avec de l'urine de vache, et même de mêler un peu de ce liquide avec le lait. Il affirme que s'il ne se lave pas les mains dans de l'urine avant de traire les vaches, celles-ci perdront leur lait. On ne sait d'où vient cette coutume repoussante. Les Obbos se rincent la bouche avec leur propre urine; cela tient peut-être à ce qu'il n'y a pas de sel dans le pays. Au contraire les Latoukas sont fort propres, et on peut sans crainte acheter du lait dans leurs propres jattes.

« 8 *août*. — J'ai tué un bœuf gras, et mes hommes sont occupés à en faire bouillir la graisse. On doit avoir soin de répandre quelques gouttes d'eau sur cette matière en pleine ébullition ; si l'eau produit le même sifflement que quand elle est versée sur du plomb fondu, on peut être sûr que la graisse est en bon état ; sinon, elle n'est pas assez bouillie, et ne se conservera pas.

« Trois femmes esclaves ont été arrêtées ce matin par les gens de Kourshid au moment où elles essayaient de s'enfuir, et deux d'entre elles ont été traitées d'une manière brutale. En général ces malheureuses sont bien soignées tant qu'elles sont jeunes, mais on les assomme sans pitié dès que leur première fraîcheur est passée.

11 *août*. — En cette saison d'immenses scarabées se mettent à l'ouvrage, emportant deçà, delà, de la fiente de toute espèce. Ils en font des pelotes de la grosseur d'une petite pomme, et les roulent au moyen de leurs jambes de derrière, marchant à reculons à l'aide des jambes de devant. Si une de ces pelotes tombe dans un pli du sol, j'ai souvent vu un second scarabée venir au secours du propriétaire du butin, l'aider à retirer sa proie, puis la lui disputer quand elle a été ramenée sur le terrain uni.

« Cette espèce de scarabée est celle que les anciens Égyptiens regardaient comme sacrée ; elle se montre dès le commencement de la saison pluvieuse, et continue ses travaux jusqu'à la fin de celle-ci. Alors elle se retire. Si les anciens l'adoraient, n'est-ce pas parce que cet animal annonçait la crue du Nil ? Comme l'existence même de la Basse-Égypte dépendait des inondations annuelles, on observait la crue avec la plus vive inquiétude. Ce scarabée remarquable en ce qu'il apparaissait au commencement de cette crue, et aussi par ses grandes dimensions et par son activité extraordinaire à débarrasser la terre de toute espèce d'ordure, n'a-t-il pas pu naturellement inspirer aux anciens l'idée qu'il existait quelque rapport entre lui et le fleuve ; et de là à lui attribuer un caractère sacré, lié au débordement des eaux, il n'y avait pas loin.

« Il y a dans ce pays un haricot sauvage dont la fleur a le parfum exquis de la violette. Je regrette de ne pas avoir de provision de papier pour réunir des échantillons de plantes, car au commencement de la saison des pluies, on voit éclore de toute part de fort belles fleurs. Par contre il y a peu d'épines et point de gomme ; contraste frappant avec les arbres et les arbustes du Soudan qui sont presque tous protégés par une armature naturelle.

« 13 *août*. — J'ai fait subir un long examen à une femme esclave nommée Bachita, appartenant à un des hommes de Kourshid. Il y a deux ans, le roi Kamrasi l'avait envoyée en qualité d'espionne parmi les trafiquants ; elle était chargée de les attirer dans le pays si leurs dispositions semblaient favorables, mais de revenir simplement faire son rapport s'il en était autrement.

« Dès son arrivée à Faloro, elle fut prise par les gens de Debono, puis vendue à son maître actuel. Elle parle la langue arabe qu'elle a apprise des gens de la caravane. Elle me dit que Magungo, ce lieu dont j'ai tant entendu parler, n'est qu'à quatre jours de marche forcée (pour un nègre), en droite ligne de Faloro ; les Turcs mettraient huit jours à faire le voyage. La ville est à égale distance de Faloro et de la capitale de Kamrasi dans l'Ounyoro. Elle a entendu, sur le Luta N'Zigé, des récits concordant avec ceux de Speke, mais elle ne le connaît que sous le nom de Kara-Woutan-N'Zigé. Elle m'a confirmé les rapports relatifs à de grands bâtiments arrivant à Magungo avec des équipages arabes, et elle décrit le lac comme une nappe blanche s'étendant à perte de vue. C'est, me dit-elle, une eau particulière, car si on dépose une jarre sur le rivage, cette eau s'avancera, emportera la jarre et la brisera. Cette description indique, à ce que j'imagine, le mouvement des vagues. Elle ajoute que le *Gondokoro*, ou Nil Blanc, après être entré dans le lac, ne tarde pas à en ressortir, et elle me parle d'une masse d'eau qui semble tomber du ciel avec un grand bruit.

« J'espère réussir à atteindre ce lac ; sans cela j'aurai perdu mon temps, ma peine et mon argent, car j'ai renoncé au plaisir de la chasse pour mener à bien mon expédition. Si j'avais préféré chasser, j'aurais pu m'en donner à cœur joie pendant la saison sèche sur les bords de l'Atabbi, et sur le Kanieti, dans le voisinage de Wakkala ; mais j'ai dû négliger tout pour atteindre le but de mon voyage, il faut que je m'avance vers la capitale de Kamrasi, et de là vers le lac. Ce qui m'inquiète, c'est la conduite des gens de Kourshid ; s'ils font des razzias vers le sud, ils feront avorter mes plans, car mes compagnons craindront de s'aventurer à travers un pays soulevé. Je suis obligé de rester dans de bons rapports avec le chef de ces bandits, car je dépends de lui pour mon interprète et mes portefaix.

« Je voudrais persuader à Ibrahim de remplacer par un commerce légitime d'ivoire, dans le pays de Kamrasi, l'atroce système de vols et de meurtres qui prévaut maintenant. J'aime Kourshid, si voleur effronté qu'il soit, car il n'est pas un hypocrite comme les autres négociants des Khartoum ; c'est le seul homme qui se soit conduit civilement envers moi ; je serais donc charmé de lui rendre service en établissant un commerce légal entre lui et Kamrasi ; en même temps, j'aurais l'avantage d'être escorté par ses gens dans mon voyage vers le pays où je désire aller. Commercialement parlant, voici où en sont les choses :

« L'Ounyoro, le pays de Kamrasi, est une espèce de sol vierge, la verroterie y est à peine connue ; le roi y règne despotiquement, et sa parole a force de loi. Le commerce se ferait par son canal exclusivement ; il fournirait des défenses d'éléphant, tandis que Kourshid, en retour, lui enverrait tous les ans de la verroterie et d'autres articles. Ainsi, d'après les coutumes du Nil Blanc, Kourshid seul ferait le commerce avec Kamrasi, et l'abominable système du vol des bestiaux disparaîtrait.

« Le défaut de moyens de transport est généralement la grande difficulté commerciale dans les pays éloignés ; chaque tribu étant ordinairement ennemie de la tribu voisine, craint d'envoyer des porteurs au delà de ses propres frontières. Si je réussis à prouver que le lac Luta N'Zigé est une source du Nil avec une jonction navigable, j'aurai détruit la difficulté principale, et ouvert pour le commerce de Kourshid, une route directe. Le lac est dans le pays de Kamrasi ; de la sorte, il ne craindra pas d'envoyer des porteurs remettre les cargaisons d'ivoire dans un dépôt qui pourra être établi soit sur les bords du lac, ou à sa jonction avec le Nil. Il faudrait construire sur le lac un bâtiment pour faire le commerce avec les riverains, et transporter l'ivoire au dépôt central. Ce navire redescendrait ensuite le Nil jusqu'aux cataractes, là on formerait un camp, et de ce point, en quelques jours de marche, l'ivoire serait transféré à Gondokoro. Un très-grand commerce s'organiserait ainsi ; car non-seulement on obtiendrait l'ivoire de l'Ounyoro, mais encore au moyen du lac, les navigateurs pourraient parvenir jusqu'au cœur de l'Afrique. Il y aurait aussi un grand avantage à traiter seulement avec Kamrasi ; ce n'est pas, en effet, un sauvage avide uniquement de verroterie et de bracelets ; il recevrait des cotonnades et des articles de différentes espèces, de telle sorte que l'ivoire s'obtiendrait pour une valeur presque nominale. Le dépôt sur le Luta N'Zigé serait un magasin général, d'où les marchandises arrivant de Gondokoro seraient ensuite distribuées par d'autres vaisseaux parmi les tribus qui bordent le lac.

« La seule difficulté capable d'entraver ce commerce légitime est la répulsion des habitants de Khartoum pour tout ce qui est honnête. Le prestige des razzias de bestiaux et de la chasse aux esclaves, joint aux attraits du meurtre, réunissent tous les bandits dans les expéditions du Nil Blanc, et si un commerce honorablement conduit était le seul objet des marchands d'ivoire, je crains qu'il ne fût difficile de recruter le nombre de soldats nécessaire pour la sûreté des caravanes.

« Je crois que même à Obbo on pourrait se procurer de l'ivoire au moyen de calicots imprimés, de chemises de laine rouge, de couvertures, etc. Ce pays étant élevé de 3600 pieds au-dessus du niveau environnant, les nuits y sont froides, et même les journées, pendant la saison pluvieuse ; des vêtements y sont donc nécessaires. C'est ce que nous voyons par les peaux d'animaux dont les naturels se couvrent. Depuis le pays de Schillouk (lat. 10°) jusqu'à la latitude où je me trouve (4° 02), les Obbos sont les seuls riverains du Nil Blanc qui possèdent un rudiment d'habits. Les sujets de Kamrasi sont bien vêtus ; plus au sud, vers Zanzibar, tous les nègres le sont plus ou moins ; ainsi, Obbo est la limite où le climat a forcé les nègres à se vêtir ; dans les basses terres où la chaleur est plus grande, ils vont nus. Là où des articles d'habillement sont indispensables, les manufactures anglaises trouveraient facilement un débouché contre de l'ivoire; et on pourrait organiser un commerce légal.

« Tarajoke, dans le pays de Souli (lat. 3° 33'), limite sud de mes explorations jusqu'à ce jour, est à environ neuf ou dix jours de marche du lac, en ligne directe; mais cette route est impossible parce que le pays intermédiaire est occupé par les gens de Debono; et les lois des trafiquants interdisent à un tiers de passer sur le terrain qu'ils se sont attribué. Les gens de Kourshid refuseraient de prendre ce chemin; les miens, s'ils sont seuls, craindront de voyager, et trouveront quelque motif pour battre en retraite. Dès le commencement ils ont été pour moi un fardeau intolérable; ils reçoivent chaque mois deux livres de verroterie par tête pour ne faire absolument rien, après avoir privé mon expédition de toute liberté de mouvement par leur révolte à Gondokoro.

« 23 *août*. — Mon dernier chameau est mort aujourd'hui; ainsi, tous mes chevaux, tous mes chamaux ont péri, et de vingt et un ânes que j'avais, il ne m'en reste que huit. Encore la plupart de ceux-ci mourront, sinon tous. La principale cause de leurs maladies est sans doute l'excessive humidité de la nourriture, causée par les rosées et les pluies. Les chevaux, les chameaux et les ânes du Soudan se portent à merveille dans le climat sec de leur pays natal, tandis que le climat humide où ils se trouvent maintenant leur est mortel.

« Si j'avais été dépourvu de bêtes de somme, je n'aurais pu quitter Gondokoro, où il m'était impossible de me procurer des portefaix. J'avais bien fait entrer dans mes prévisions la mort de mes animaux, mais j'espérais qu'ils m'accompagneraient jusqu'à l'équateur; et c'est ce qu'ils auraient fait pendant les deux mois comparativement secs qui suivirent mon arrivée à Goudokoro, si la révolte n'avait pas dérouté tous mes plans en me rejetant dans la saison pluvieuse. Mes bêtes de somme m'ont conduit à Obbo, et sont mortes dans l'inaction, au lieu de tomber exténuées sur la route. Si j'avais pu partir directement de Gondokoro, comme je me le proposais, je serais arrivé dans le pays de Kamrasi avant la saison des grandes pluies.

« Il y a à Obbo une espèce de gourde excellente; elle est de la forme d'une poire, longue d'environ dix pouces, avec un diamètre de sept; son écorce blanche a des rugosités sur la surface; c'est la plus délicate et la plus agréable que j'aie jamais mangée.

« Il y a dans ce pays deux variétés de ricin; l'une a une tige pourpre, des feuilles d'un rouge brillant; c'est une plante très-belle. On trouve aussi un bananier sauvage, dont la feuille a une tige cramoisie; il n'atteint pas la hauteur ordinaire des plantes de cette famille, mais ressemble à un bouquet de feuilles sortant immédiatement de terre.

« 30 *août*. — Mme Baker et moi nous avons fait ce matin une visite au vieux chef Katchiba, sur sa demande expresse. La cour de sa cabane, propre et bien battue, d'environ cent pieds de diamètre, était entourée de palissades le long desquelles croissaient des gourdes et l'igname grimpante que l'on appelle collololo. Dans l'enclos se trouvent plusieurs huttes appartenant à ses femmes. Il nous reçut très-poliment et nous pria d'entrer dans sa demeure principale qui était simplement arrangée. C'est la hutte circulaire ordinaire, mais le diamètre en est de vingt-cinq pieds environ. Nous traînant à quatre pattes à travers l'entrée, nous nous trouvons en présence d'une de ses femmes qui prépare de la *merissa*. L'ameublement a un caractère pratique et révèle le goût du vieux chef, car la chambre sent la brasserie. On y voit plusieurs immenses jarres d'une capacité d'environ trente gallons; les unes sont destinées à la bière; dans les autres se trouvent les petits cadeaux qu'il a reçus soit des Turcs, soit de nous, y compris une chemise de flanelle rouge à laquelle il attache le plus grand prix. Ces objets recherchés sont empaquetés dans une jarre dont l'embouchure est fermée par un autre vase afin d'empêcher les rats et les fourmis blanches d'y pénétrer. Deux ou trois peaux de bœufs bien préparées sont étendues par terre; Katchiba prie Mme Baker de s'asseoir à sa droite, tandis que je me place à gauche, il demande ensuite de la *merissa* que sa femme lui apporte de suite dans une immense calebasse; Mme Baker et moi nous en buvons un peu, puis il finit le reste. Cet aimable vieux sorcier, ayant résolu de nous divertir, envoie chercher son *rababa*; c'est une espèce de harpe formée d'une base creuse ajustée à un manche de bois qui s'élève perpendiculairement et auquel sont attachées huit cordes. Il passe quelques instants à accorder l'instrument, puis me demande s'il doit chanter. Préparés à entendre quelque chose de comique, nous le prions de commencer. Il chante un air très-plaintif, très-sauvage, mais fort agréable, en s'accompagnant à merveille sur sa harpe, et nous donnant le meilleur spécimen de musique que j'aie entendue en Afrique. Bref, la musique et la danse sont ce que le vieux Karchiba aime le plus, surtout quand de copieuses boissons s'y joignent. Ayant fini de chanter, il se lève et disparaît, mais revient bientôt, amenant au bout d'une corde un mouton qu'il nous prie d'accepter. Je le remercie, mais lui dis que nous n'étions pas venus le voir afin de recevoir des cadeaux; nous lui faisions une visite d'amis, et par conséquent nous ne saurions songer à rien recevoir de lui. Là-dessus, il remet le mouton à sa femme, et bientôt après nous nous levons pour prendre congé de lui. Étant sorti à quatre pattes, il nous reconduit par la main de la façon la plus cordiale à une distance d'environ cent verges; puis, nous souhaite le bonjour, espérant que nous reviendrons souvent le voir. De retour chez nous, nous trouvons le mouton qui nous attendait. Déterminé à nous faire un présent, Katchiba l'avait envoyé en avant. Je lui expédiai sur-le-champ un collier splendide de la plus belle verroterie, et donnai au nègre qui avait amené le mouton un présent pour lui-même et pour sa femme. Ainsi tout le monde est content, et le mouton figure à notre dîner.

« Le lendemain matin Katchiba paraît à ma porte avec un drapeau rouge fait d'un morceau de cotonnade que les Turcs lui ont donné. Il est accompagné de deux hommes battant la caisse, tandis qu'un troisième joue d'une espèce de clarinette. C'était en imitation des Turcs. Katchiba est de très-bonne humeur et mon collier l'enchante.

« 6 *octobre*. — Je viens d'inspecter le seul âne qui me reste. Quel tableau de misère ! L'humeur lui coule des yeux et des naseaux ; son pelage a disparu ; il est sur le point de rejoindre ses défunts camarades ; ses préparatifs sont faits pour son dernier voyage. Avec sa peau nue sur un squelette épuisé, il ressemble au lion britannique qui orne l'écusson placé au-dessus de la porte du consulat de Khartoum. Dans cet écusson, le roi des animaux paraît aussi étiolé que mon pauvre âne. Peut-être l'artiste a-t-il voulu représenter par cette maigreur celle du traitement que reçoit le consul. « Voyez ma misère ! » semble dire le lion : « cent cinquante livres par an ! »

« Toutes les fois que je regarde mon âne agonisant, de poétiques idées s'emparent de moi ; je songe aux vers de Thomas Moore : « je n'ai jamais aimé une tendre gazelle, » etc., mais la question pratique : « qui se chargera de mon porte-manteau ? » reste sans réponse. Je ne crois pas que les Turcs aient l'intention de se rendre dans le pays de Kamrasi ; ils ont peur, car ils ont entendu dire que c'est un chef puissant, et ils craignent les restrictions qu'il apporterait à leurs habitudes de bandits. En ce cas j'irai sans eux, mais ils m'ont trompé en emportant cent soixante-cinq livres de verroterie qu'ils ne peuvent me rembourser, ce qui me met dans l'embarras. Selon le dire des nègres, l'Asoua est encore infranchissable, ce qui empêchera toute marche générale vers le sud. Si les pluies cessent, le niveau de la rivière tombera rapidement, et je me mettrai en route pour sortir de cette prison d'herbe épaisse et d'inaction.

11 *oct.* — Les lions rugissent toutes les nuits, mais on ne les voit pas. Je fais construire par mes hommes un camp fortifié : un parallélogramme de palissades flanqué aux angles opposés de deux *avancées* destinées à dominer toute approche. Ces paresseux ouvriers n'en sont que de plus mauvaise humeur. Ils passent la journée à boire de la *merissa*, à dormir et à pincer du *rababà*, tandis que les négresses se querellent, l'une disant à l'autre par manière d'insulte qu'elle est aussi noire que la marmite, et lui recommandant de manger du poison.

17 *oct.* — Je m'attends à une attaque de fièvre demain ou le jour suivant, car une expérience constante et pénible m'a familiarisé avec tous les degrés de cette maladie. Pendant quelques jours on ressent un malaise général indéfinissable ; point de symptômes spéciaux, excepté un ou deux jours avant la crise ; alors il survient une grande lassitude avec une envie irrésistible de dormir. Douleurs rhumatismales dans le côté, le dos et les articulations, accompagnées d'une sensation de très-grande faiblesse. Frisson si terrible qu'il affecte immédiatement l'estomac. Vomissements pénibles, les yeux sont fatigués et douloureux ; chaleurs et maux de tête. Extrémités pâles et froides, pouls très-faible et ne donnant que cinquante-six pulsations à la minute ; l'action du cœur est très-imparfaite et la prostration générale. Les frissons et les vomissements continuent pendant deux heures environ, avec une grande difficulté de respirer. Puis survient la fièvre ; les

envies de vomir avec respiration difficile, une faiblesse extrême, un malaise général subsistent pendant environ une heure et demie. Alors, si les remèdes ont réussi, viennent des sueurs abondantes et sommeil. La crise cesse, mais l'estomac demeure très-faible.

La fièvre est intermittente; chaque crise survenant à la même heure, de deux jours l'un, le malade est bientôt réduit à l'état de squelette, l'estomac n'agit pas et la mort s'ensuit. Tout violent effort de l'esprit, tout mouvement de chagrin ou de colère est presque à coup sûr suivi de fièvre dans ce pays. Il ne me reste plus que quelques grains de quinine, et ma tâche est à peine commencée. Tous nos animaux sont morts; de fréquents accès de fièvre nous ont affaiblis tous deux, et pourtant il va falloir continuer notre voyage à pied.

CHAPITRE IX.

NOTRE VIE A OBBO.

Pendant plusieurs mois nous traînâmes à Obbo une misérable existence, tourmentés par la fièvre; faute de quinine dont la provision était épuisée, la maladie, devenue intermittente, me conduisit presque aux portes du tombeau. Heureusement ma femme ne souffrait pas autant que moi. Cependant, j'avais fait mes préparatifs pour notre voyage vers le sud, et comme, vu notre faiblesse, il nous eût été impossible d'aller à pied, j'avais acheté trois bœufs pour nous tenir lieu de chevaux. Leurs noms étaient *bœuf*, *côtelette*, et *graisse*. *Bœuf* était un animal superbe, mais les piqûres des mouches le changèrent tellement que je lui donnai le nom d'*os*. Nous étions prêts à partir, et les naturels nous disaient qu'au commencement du mois de janvier on pourrait passer l'Asoua à gué. J'avais fait un marché en vertu duquel Ibrahim devait me fournir des porteurs contre une certaine valeur de bracelets de cuivre; il devait, en outre, m'accompagner avec cent hommes jusqu'à l'Ounyoro, royaume de Kamrasi, à condition qu'aucun dégât ne se serait commis par ses gens, qui, de plus, seraient absolument sous mes ordres. Nous étions au mois de décembre, et pendant les neuf mois qui s'étaient écoulés j'avais acquis sur toute cette troupe une influence extraordinaire. Quoique mon camp fût à environ trois quarts de mille de leur *Zariba*, ils n'avaient cessé journellement, pendant plusieurs mois, de quémander auprès de moi tout ce dont ils avaient besoin; ils regardaient mon camp comme un magasin inépuisable de provisions de toute espèce. Je leur donnais de bonne grâce ce que j'avais, et ainsi j'avais réussi à m'attirer la considération de ces bandits, surtout parce que ma boîte à médicaments me faisait passer à leurs yeux pour un médecin du premier mérite. J'avais eu du succès auprès de mes malades, et comme les drogues dont je me servais étaient celles qui produisent l'effet le plus signalé, Turcs et nègres avaient en elles la plus grande confiance. On pouvait sans difficulté prédire le résultat d'un émétique ; c'était donc une médecine favorite que chacun voulait prendre. Une dose de trois grains enchantait le malade qui, d'ordinaire, faisait retentir l'air de mes louanges, disant : « il m'a annoncé que j'aurais mal au cœur, et, par Allah ! il ne s'est pas trompé ! » En conséquence l'émétique était fort recherché. Un grand nombre des gens du camp de Debono étaient morts, y compris plusieurs de mes déserteurs qui s'y étaient réfugiés. On apporta la nouvelle que dans trois échauffoaurées avec les négres, mes mutins avaient été tués, et mes hommes, aussi bien que ceux d'Ibrahim, affirmaient sans hésitation qu'ils reconnaissaient là la main de Dieu. Depuis notre départ de Latoûka, au contraire, pas un des compagnons d'Ibrahim n'avait péri. J'avais guéri un de ses soldats blessé sérieusement d'un coup dans l'abdomen; et les gens de la caravane qui jadis m'eussent exterminé avec plaisir disaient maintenant : « Que ferons-nous, lorsque le *Sowar* (voyageur) quittera le pays ? » Mme Baker avait été très-bienveillante pour les femmes et pour les enfants des Turcs aussi bien que des nègres ; bref, nous avions acquis une si grande influence que dans toutes les disputes on s'en rapportait à notre arbitrage. Mes hommes, à moi, quoique fort paresseux, étaient tellement disciplinés qu'ils n'eussent pas osé désobéir à un de mes ordres ; ils pensaient à leur actes de rebellion passée, à leur insolente audace, avec un sentiment de surprise, et disaient qu'ils craignaient de retourner à Khartoum parce qu'ils étaient sûrs que je ne leur pardonnerais pas leur inconduite.

J'avais promis à Ibrahim de faire mon possible pour obtenir pour lui du roi d'Ounyoro le monopole de l'ivoire ; j'avais une abondante provision de verroterie dont Ibrahim manquait absolument ; de sorte qu'il était pour ainsi dire à ma disposition. Tout s'annonçait bien, et si j'avais été en bonne santé, j'aurais contemplé avec plaisir la perspective qui s'ouvrait devant moi; mais j'étais faible et presque incapable de quoi que ce fût; je craignais surtout de mourir et de laisser ma femme isolée dans ce pays perdu.

Les pluies avaient cessé, et les nègres nous apportaient en échange de notre verroterie des raisins sauvages alors en pleine maturité. C'étaient de très-grosses grappes, aux grains noirs, de bonnes dimensions, mais peu juteux; la saveur en était bonne, néanmoins; ils me rafraîchissaient et hâtèrent, sans contredit, le retour de ma santé. J'en écrasai environ deux cents livres pesant dans mon bain portatif, mais je ne pus réussir à faire du vin, car le peu de jus produit était trop épais. Cette liqueur ayant fermenté, nous la bûmes; mais ce n'était pas du vin. Un jour, j'entendis un grand bruit de voix et de cris dans la direction de la hutte de Katchiba, et j'envoyai demander ce dont il s'agissait. Le vieux chef lui-même parut fort animé, fort en colère. Ses sujets, me dit-il, se conduisaient fort mal envers lui; ils voulaient faire leurs semailles de *tallaboum*, et lui cherchaient noise parce qu'il ne leur avait pas envoyé quelques ondées. Il y avait quinze jours qu'il n'était pas tombé d'eau.

« Eh bien, » répondis-je; « vous faites la pluie et le beau temps; pourquoi ne donnez-vous pas de pluie à ces malheureux? « Leur donner de la pluie! » me dit-il, « quand il me refusent des chèvres! Vous ne connaissez pas ces gueux-là! si j'étais assez sot pour leur envoyer une ondée d'avance, ils me laisseraient mourir de faim. Non, non! qu'ils attendent! s'ils ne m'apportent pas des provisions de blé, de chèvres, de volailles, d'ignames, de *merissa* et de tout ce dont j'ai besoin, il ne tombera jamais une seule goutte de pluie à Obbo! mes sujets sont d'impertinentes brutes!... vous ne le croiriez jamais; ils ont positivement menacé de me tuer si je ne leur donne pas d'eau! ils n'en auront pas une goutte! je détruirai les récoltes, et j'appellerai la peste sur leurs troupeaux! j'apprendrai à ces misérables ce qu'il en coûte de m'insulter! »

Malgré toutes ces menaces je crois que le vieux Katchiba ne savait que faire. Il aurait donné tout au monde pour une averse, mais il ne savait comment se tirer de cette difficulté. C'est une habitude assez commune dans toutes ces tribus de sacrifier leur faiseur de pluie, s'il ne réussit pas. Soudain il change de ton. « Avez-vous de la pluie dans votre pays? » me demande-t-il. — Oui, de temps en temps. — Comment vous la procurez-vous? Êtes-vous faiseur de pluie, vous? » Je lui répondis que chez nous on ne croyait pas aux faiseurs de pluie, mais que nous savions mettre les éclairs en bouteille (l'électricité). « Je ne mets pas mes éclairs en bouteille, » répondit Katchiba fort tranquillement; « j'ai une maison pleine de tonnerre et d'éclairs. Mais si vous pouvez mettre les éclairs en bouteille, vous devez savoir faire de la pluie. Que pensez-vous du temps aujourd'hui? » Je vis de suite où ce vieux rusé de Katchiba voulait en venir; ce qu'il lui fallait, c'était un bon conseil d'un homme du métier. Je lui répondis qu'en sa qualité professionnelle de faiseur de pluie, il savait beaucoup mieux que moi quel temps il allait faire. — « Sans doute, mais je voudrais avoir votre avis. » — Eh bien, lui dis-je, je ne crois pas que nous ayons une pluie prolongée, mais dans trois ou quatre jours je pense qu'il surviendra des averses (j'avais pendant plusieurs après-midi remarqué des nuages qui s'accumulaient à l'horizon). » C'est justement mon avis! « s'écria Katchiba, enchanté. » Dans trois ou quatre jours je compte leur envoyer une averse — une seule! oui; je m'en vais dire à ces vauriens que s'ils veulent m'apporter des chèvres ce soir et du blé demain matin, d'ici à quatre ou cinq jours ils peuvent compter sur une seule averse. » Pour donner du poids à cette déclaration il siffla deux ou trois fois dans un sifflet magique. « Vous servez-vous de sifflets dans votre pays? » me demanda Katchiba. En manière de réponse je me mis les doigts dans la bouche et fis entendre un bruit si perçant que Katchiba se boucha les oreilles; puis avec un sourire d'admiration il s'avança sur le seuil et regarda vers le ciel pour voir si quelque effet se produisait. « Encore un coup, » me dit-il. Je recommençai comme le sifflet d'une locomotive. « C'est bien, nous aurons de la pluie sans nul doute. » Puis le vieux faiseur de pluie, fier d'avoir obtenu l'avis d'un confrère, alla retrouver ses sujets impatients.

Au bout de quelques jours un orage soudain et violent mêlé de tonnerre et de pluie vint ajouter au renom de Katchiba, et après l'averse on sonna de la trompe et on battit les *nogaras* en l'honneur du chef. Entre nous, mon sifflet fut regardé comme infaillible.

Les naturels étaient activement occupés à la nouvelle semaille tandis que la précédente mûrissait. Il ne semblait pas qu'ils dussent faire une abondante moisson, car les éléphants, connaissant à merveille le retour des saisons, venaient toutes les nuits visiter leurs semailles dont ils dévoraient et foulaient aux pieds la plus grande partie. J'avais été trop malade pour songer à la chasse, le seul et vrai moyen qu'il y ait de surveiller pendant la nuit les champs de *tullaboon*, les épaisses savanes qui servent de refuge aux éléphants étant impénétrables. Me sentant un peu mieux, je menai mes gens dans un champ situé à environ un mille du village, et je creusai un trou où je me proposais de faire le guet.

Une nuit j'emmenai Richarn avec moi, et nous nous assîmes tous deux dans cette fosse étroite. Pas un bruit ne se faisait entendre. J'étais bien enveloppé dans un *plaid* écossais, et pourtant je frisonnais comme si j'eusse été en Laponie, car une attaque de fièvre était survenue. J'avais avec moi plusieurs carabines, entre autres le *baby* qui portait un petit obus d'une demi-livre. A environ quatre heures du matin, j'entendis dans le lointain le bruit de trompette que produit la trompe de l'éléphant, et j'ordonnai sur le champ à Richarn de faire le guet, et de m'avertir lorsqu'il verrait ces animaux s'approcher. Il faisait nuit noire; mais bientôt Richarn se baissa lentement et me dit: les voici!

Le *baby* en main, je me relève, et prêtant l'oreille attentivement, je puis distinctement entendre les éléphants abattant les épis du *tullaboon* qu'ils broient ensuite. Je puis distinguer à environ trente pas de moi les silhouettes du troupeau, mais pas assez clairement pour risquer un coup de feu. Je me tins tranquille, mes coudes appuyés sur les bords de la fosse, ma petite carabine en position, attendant une occasion favorable. J'avais un point de mire en papier expressément préparé pour les chasses nocturnes, et plusieurs fois, mais en vain, j'avais essayé de l'aligner avec l'épaule d'un éléphant. Je voyais bien le point de mire, mais je ne voyais pas la bête. Pendant que j'étais aux aguets, j'entends un ronflement tout près de moi à ma gauche, et j'aperçois un éléphant qui s'avance à grands pas vers la fosse. Je le couche en joue et j'attends qu'il soit à environ douze pas; alors je donne un coup de sifflet; il s'arrête, et en voulant rebrousser chemin, me présente le flanc. Ajustant alors la jambe de devant je tire à l'épaule. La lumière et la fumée produites par dix drachmes de poudre m'aveuglent, et l'obscurité de la nuit semble redoublée par le contraste. J'entends une lourde chute, et au bout de quelques instants le bruissement de l'herbe m'annonce que le troupeau d'éléphants a battu en retraite vers les fourrés. Richarn affirme que l'éléphant est tombé, mais j'entends encore du bruit à quatre-vingts verges de moi, et comme ce bruit se continue, j'en conclus que l'animal est grièvement blessé et qu'il ne peut pas bouger; impossible d'ailleurs de s'en assurer.

Enfin les oiseaux commencent à gazouiller, et le *forgeron* m'annonce que l'aube s'approche. (J'ai donné ce nom à un oiseau des plus matineux, et dont la voix claire ressemble à s'y méprendre au bruit d'un marteau sur l'enclume.) L'horizon blanchissait à peine que j'entends des voix humaines; voici madame Baker qui s'avance à travers champs avec un détachement de nègres du village, tous pourvus de haches et de couteaux. Elle a entendu le bruit de la carabine; reconnaissant la voix de *Baby*, et en sachant les conséquences, elle regarde l'éléphant comme tué et comme nous appartenant. Les nègres ont, eux aussi, entendu le coup de feu, et de tous côtés on commence à s'assembler dans l'espoir d'une abondante provende. L'éléphant n'est pas mort, il est debout au milieu de l'herbe à environ dix verges de là, mais bientôt sa chute pesante annonce que c'en est fait de lui, et la foule se précipite. C'est un mâle superbe, et avant qu'on ne le taille en pièces je prends sa mesure :

	Pieds.	Pouces.
De l'extrémité de la trompe jusqu'à l'extrémité charnue de la queue	26	1/2
Hauteur perpendiculaire depuis l'épaule jusqu'au pied de devant	10	6 1/2
Pourtour du pied de devant	4	10 1/4
Longueur d'une défense (dans la courbure)	6	6
Longueur de l'autre défense (*El Hadam*, le serviteur)	5	11
Poids des défenses, 80 livr. + 69 liv. = 149 liv.		

Les récits ridicules où l'on attribue aux éléphants une hauteur de *quinze pieds* témoignent de la plus grande ignorance. La différence d'un pied dans la taille d'un éléphant est énorme, et le fait paraître comme un géant au milieu de ses congénères. Comparez un cheval de seize mains de hauteur et un *poney* de treize mains, vous vous rendrez compte immédiatement de l'effet produit par un pied de plus ou de moins lorsqu'il s'agit de la taille d'un éléphant.

A un signal donné la foule se jette sur le pachyderme, et trois cents hommes l'attaquent avec leurs lances et leurs couteaux. Une douzaine d'entre eux travaillent *à l'intérieur* comme dans un tunnel. C'est un poste recherché à cause de la graisse qui est fort convoitée.

Quelques jours après j'essayai de mettre le feu au fourré d'herbe, mais sans réussite; le feu n'eut d'autre résultat que de durcir les tiges charbonnées qui ne brûlaient pas entièrement.

Le lendemain soir j'allai me promener, en quête de gibier, à travers cette prairie calcinée. Point d'éléphants, mais comme je poursuivais mon chemin sans m'attendre à rien, un sanglier accompagné de sa laie s'élance de l'entrée d'un grand trou habité par un individu de l'espèce du *manis* ou fourmilier à écailles. A ma vue subite, le sanglier fond sur moi très-imprudemment, et je l'abats roide mort du premier coup de ma petite carabine Flechther, tandis que le coup de gauche passe par-dessus sa compagne qui disparaît dans les herbes. Cependant il y avait du porc pour ceux qui voulaient s'en passer l'envie; j'allai au camp et envoyai des nègres chercher l'animal que j'avais tué. Les gens d'Obbo furent enchantés, car c'était leur mets favori; pas un de mes compagnons, au contraire, n'eût voulu toucher à un animal de cette espèce. Les sangliers de ce pays vivent sous terre; ils s'emparent des trous faits par les *manis*, et les aggrandissent de manière à s'en faire des retraites fraîches et sûres.

Une attaque de fièvre me retint chez moi jusqu'au 31 décembre. Le 1er janvier 1864, je pouvais à peine me tenir debout, et ma santé et mes forces me faisaient défaut lorsqu'elles m'étaient nécessaires, pour reprendre dans quelques jours la route du sud.

Ma provision de quinine était épuisée, mais j'avais réservé dix grains pour être en état de partir si la fièvre me surprenait au moment de me mettre en route. J'avalai donc ma dernière dose, et le 3 janvier, j'écrivis ce qui suit dans mon journal : « Tout est prêt pour notre départ de demain. J'espère que l'année 1864 m'amènera plus de bonheur que la dernière qui a été la plus fastidieuse que j'aie jamais passée, sans compter les accès de fièvre. J'espère maintenant atteindre le pays de Kamrasi d'ici à quinze jours, et me procurer par le moyen de ce chef des guides qui me conduiront au lac. Mes gens de Latouka que j'ai si bien traités, se sont enfuis. Tous les sauvages se ressemblent. Ont-ils faim, ils vous flattent; sont-ils repus, ils vous abandonnent. Dix ans de résidence dans le Soudan et ici corrompraient un ange, et endurcirait le cœur le plus teudre. »

Vu la difficulté de se passer de portefaix, je laisse tous me effets au camp sous la garde de deux de mes gens; j'ai résolu de voyager avec très-peu de bagages, sans la tente, et de n'emporter que peu de choses outre des munitions et les ustensiles les plus indispensables de la cuisine. Ibrahim laisse quarante-cinq hommes dans son Zariba, et nous partons le 5 janvier. Mme Baker monte son bœuf, mais comme le mien n'est pas dressé, je commande qu'on le conduise avec les autres l'espace d'à peu près un mille, pour l'habituer à la foule. L'expédition lui déplaît très-probablement, car il s'enfuit dans l'herbe épaisse avec ma selle anglaise et oncques ne l'ai revu depuis. Malgré ma faiblesse me voilà obligé de marcher. Nous n'étions pas fort loin, lorsqu'une grosse mouche s'attacha à la croupe du bœuf de Mme Baker, ce qui le fit ruer si brusquement que ma femme fut jetée à terre et assez grièvement blessée; elle changea donc de monture, et se plaça sur un bœuf magnifique qu'Ibrahim lui prêta fort galamment. J'eus à gagner à pied l'Attabi à environ dix-huit milles de là; c'est une promenade agréable, quand on est en bonne santé, mais qui me fatigua cruellement. Nous bivouaquâmes sur le bord sud de l'Attabi.

Le lendemain matin, après une marche d'environ huit milles, j'achetai à un Turc le meilleur bœuf que j'aie jamais monté; je donnai en échange un fusil à deux coups; grand soulagement pour moi, car il m'eût été impossible de poursuivre le voyage à pied.

A 4 h. 30 m. de l'après-midi, nous arrivâmes à un des villages du Farajoke. Le caractère du pays avait tout à fait changé. Au lieu de la végétation excessive d'Obbo, nous étions dans une superbe campagne ouverte, naturellement débarrassée des pluies par sa pente douce, et offrant des pâturages magnifiques. Dans chaque village il y a de nombreux troupeaux, mais on les a tous conduits dans des cachettes au seul bruit de l'approche des Turcs. Le pays est fort peuplé, mais les habitants paraissent très-méfiants. Les Turcs se mettent immédiatement à piller les prairies, à déterrer les ignames, et à se servir comme s'ils étaient chez eux. J'établis pour la nuit un bivouac sur une pelouse verte à mi-côte d'une colline en pente douce.

En trois jours de marche, à travers le plus beau paysage, nous arrivons aux bords de la rivière Asoua. Depuis Farajoke nous avions descendu une pente de plus en plus rapide, et je trouvai que ce point de la rivière Asoua (lat. N. 3° 12′) était à 2875 pieds au-dessus du niveau de la mer, 1091 pieds plus bas que Fara-

Antilope Méhédeset.

joke. La rivière a 120 pas de largeur, avec des berges taillées à pic d'environ 15 pieds de hauteur.

Dans cette saison le lit du fleuve est presqu'à sec, et un courant étroit de six à huit pouces de profondeur marque la place de son thalweg épuisé. Le lit est obstrué par de nombreux rochers et la pente est si rapide que je conçois parfaitement qu'on ne puisse le traverser pendant la saison pluvieuse. C'est le grand canal d'irrigation du pays, dont toutes les eaux tombent dans le Nil, mais lors des mois de sécheresse, il est réduit à rien. Le pays entre Farajoke et l'Asoua est charmant, mais la population est peu nombreuse, et les seuls villages que j'aperçoive sont bâtis sur de petites collines de granit, composées de fragments entassés pêle-mêle les uns sur les autres.

En arrivant au bord du fleuve, tandis que mes gens se lavent dans le courant, je prends ma carabine et tente une promenade; bientôt je remarque un troupeau d'élégantes antilopes *Méhedéset* paissant l'herbe sur un banc de sable au milieu de la rivière. J'en étais encore éloigné de cent vingt pas, quand ces animaux m'aperçoivent et cessent de brouter. Je me trouvais parmi les broussailles, sur le rivage escarpé; je vise immédiatement le plus près de la bande; je tire, mais manque mon but. Tous prennent la fuite, excepté celui sur lequel j'ai tiré; il reste là pendant quelques instants, comme ne sachant ce qu'il doit faire; un second coup de ma carabine Fletcher n° 24, l'atteint et le renverse. Au bruit des deux coups tirés l'un sur l'autre, mes gens arrivent, accompagnés d'un grand nombre de naturels du pays, et cette abondance de viande fraîche leur cause une joie indicible; l'antilope pesait bien cinq cents livres; copieux dîner pour toute la troupe. Le mehedézet a environ treize mains de haut, pelage brun et rude comme celui du cerf Samber des Grandes-Indes.

Nous nous établîmes pour la nuit dans le lit sec et rocheux de la rivière, au bord du clair filet d'eau qui courait sans profondeur sur une surface raboteuse. Quelques beaux tamarins nous donnaient une ombre des plus agréables; bref, le bivouac était charmant. Dans Obbo l'herbe était trop humide pour brûler, mais ici elle était réduite aux proportions d'une paille très-mince : je mis immédiatement le feu aux prairies. Le vent était fort, et au bout de quelques instants nous eûmes un incendie terrible; la flamme s'élançait avec bruit jusqu'à une hauteur de trente pieds, et avec une telle furie, qu'en moins d'une heure le pays entier était comme une longue nappe de feu. Nulle trace de végétation ne demeura derrière. On eût dit que le sol était recouvert d'un manteau de velours noir. De retour de ma besogne, je trouvai mon camp en bon ordre, lits préparés, excellent menu, composé d'un potage à l'antilope et de côtelettes.

A mon réveil le lendemain, les Turcs avaient tous disparus pendant la nuit et j'étais seul avec mes gens. Il paraît qu'ils étaient partis pour attaquer un village voisin, guidés par des naturels qui les avaient accompagnés de Farâjoke.

Je repris ma carabine et suivi de deux de mes porteurs je me mis en chasse, le long des bords de la rivière. Quoique le pays soit bien boisé, comme un parc naturel, et traversé d'un cours d'eau dans son milieu, il y avait peu de bêtes fauves. Enfin au moment où je franchissais un ravin qui avait arrêté le progrès de l'incendie, une antilope d'eau (*water-buck*) sort d'un creux, et s'élançant à travers l'herbe épaisse, se montre un moment au sommet d'un monticule dépourvu d'arbres. Je la frappe à la hanche d'un coup de ma petite carabine Fletcher. Quoique grièvement blessé, l'animal était trop alerte pour les naturels, qui lui donnèrent la chasse avec leurs lances l'espace d'un quart de mille. Nos gaillards le poursuivaient admirablement; enfin nous le trouvâmes caché dans une mare profonde creusée par la rivière, et nous le tuâmes.

Après une longue promenade durant laquelle je ne trouvai pas d'autre occasion de tirer, je revins au camp, et rafraîchi par un bain pris dans l'Asoua, je dormis aussi profondément que dans le meilleur lit d'Angleterre. Le lendemain je partis de bonne heure, et tirai une antilope d'une petite espèce; bientôt après mon retour pour le déjeuner, les Turcs revinrent amenant avec eux environ trois cents têtes de bétail qu'ils avaient pris à une tribu de Madis. Ils ne paraissaient pas de très-bonne humeur, et j'appris qu'ils avaient perdu leur porte-drapeau, tué dans la bataille. Le drapeau lui-même s'était trouvé en danger, et n'avait été sauvé que par le courage d'un jeune esclave Bari. Le porte-drapeau, isolé du reste de la troupe avait été attaqué par quatre nègres qui l'ayant tué avaient emporté son étendard, que ressaisit le jeune Bari, en abattant d'un coup de pistolet le nègre le plus rapproché de lui. Une troupe de Turcs survenant alors, les nègres n'avaient pas jugé à propos de recommencer le combat. Beaucoup de prisonniers avaient été emmenés, entre autres plusieurs jeunes enfants dont un était tout en bas âge. Les malheureuses captives étaient attachées par le cou ainsi que leurs enfants, exepté le plus petit, par une longue courroie, et formaient une chaîne vivante gardée par un détachement de soldats. Les Baris feraient d'exellentes troupes, et ils sont beaucoup plus courageux que les autres nègres. Les meilleurs hommes de la caravane d'Ibrahim sont des Baris, parmi eux est un jeune garçon nommé Arnout; il est tambour, et a sauvé une fois la vie à son maître en présentant à plusieurs nègres une de ses baguettes comme si c'eût été un pistolet. Les nègres voyant l'attitude résolue de l'enfant, et prenant ce qu'il tenait pour une arme à feu, jugèrent à propos de s'enfuir.

Partis le 13 janvier dès l'aube, et ne cessant de monter pendant toute la route nous atteignîmes Shoua, par la latitude de 3°,4. Le pays traversé a l'apparence d'un parc; entrecoupé çà et là de collines de granit empilées en blocs énormes, selon le caractère de cette roche.

Shoua est un site charmant. Une belle montagne de granit d'un seul bloc s'élève perpendiculairement à la hauteur d'environ huit cents pieds, tout à fait à pic du côté de l'est, tandis que ses autres flancs sont couverts de beaux arbres, et parsemés de villages. Ce pays est un parc naturel, bien arrosé de nombreux cours d'eau, orné d'arbres superbes, et par places, de hauts rochers de granit qui ont l'air de châteaux en ruines.

Le pâturage est du même genre que celui de Farajoke, mais d'une qualité supérieure. Le pays ondulé, présente dans chaque creux un petit filet d'eau résultant d'un drainage naturel. Les points les plus élevés sont donc très-secs et très-salubres. En arrivant au pied de la montagne, nous campons sous un arbre immense, du genre ficus, qui nous donne une ombre charmante; de ce point élevé nous dominons une vaste étendue du pays environnant, et nous apercevons le camp de Debono à environ vingt-cinq milles dans l'ouest par le nord, au pied des monts Faloro.

Le thermomètre de Casella me donne la hauteur de Shoua : 3877 pieds : 1002 au-dessus de l'Asoua, 89 pieds plus bas que Farajoke. Les observations s'accordent avec l'aspect général du pays, l'Asoua drainant une profonde vallée où quantité de petits ruisseaux amènent les eaux du nord et du sud. L'Asoua reçoit donc l'Attali qui recueille les eaux du versant occidental des montagnes du Madi, et de plus toutes les sources du pays de Madi et de Shoua, puis celles de districts fort étendus à l'est de ce dernier, y compris les fleuves Chombi et Udat qui viennent de Lira et d'Umiro; de cette façon, tant que la saison pluvieuse dure, l'Asoua est un gros torrent qui déverse dans le Nil un volume d'eau très-considérable. Mais l'inclinaison de tous ces pays étant vers le nord-ouest par une pente rapide, le lit de l'Asoua suit la même direction, et se vide si promptement après la cessation des pluies qu'il perd absolument alors le caractère de rivière. Plusieurs observations m'ont donné pour la latitude de Shoua 3° 04', et pour la longitude 32° 04' E. Nous sommes maintenant à environ douze milles sud de Faloro, poste avancé de Debono. Tout le pays de Shoua est considéré comme appartenant à Mohammed Vak-el-Mek, le *Vakil* de Debono, et nous avons passé près des cendres de plusieurs villages que ses gens ont brûlés entre Farajoke et le point où nous nous trouvons. Le pays entier a été saccagé.

Il n'y a pas de grand chef à Shoua; chaque village a un souverain. Autrefois la population occupait les basses terres, mais depuis que les Turcs se sont établis à Faloro, et qu'ils ont pillé les tribus voisines, les naturels ont abandonné leurs villages, et se sont réfugiés dans les montagnes pour plus de sûreté. Ibrahim avait l'intention de violer les règlements acceptés par les commerçants du Nil blanc; il voulait s'établir à Shoua, revendiqué par les gens de Debono, mais qui eût formé un excellent point d'appui pour ses opérations vers le sud.

Le Shoua était un pays « ruisselant de lait et de miel[1]; » volaille, beurre, chèvres y abondaient et à un bon marché absurde; la verroterie y avait une grande valeur, car on n'en avait vu que fort peu encore. Les femmes venaient en foule voir Mme Baker, lui apportant des cadeaux de lait et de farine, pour recevoir en échange des perles et des bracelets. Hors le langage et l'extérieur, les naturels ressemblent exactement à ceux d'Obbo et de Farajoke. De mœurs fort douces, ils semblaient on ne peut plus désireux d'être en bons rapports avec nous.

Leur agriculture est supérieure à tout ce que j'avais vu en ce genre, en venant du nord; ils sèment et récoltent de grandes quantités de sésame, qu'ils empilent, au moment de la moisson, en meules oblongues d'environ vingt pieds sur douze. Elles ont, du faîte à la base, une inclinaison de près de 60°, et tous les épis étant symétriquement rangés la pointe en dehors, elles ont l'apparence d'énormes brosses. Ainsi, toute la récolte sèche parfaitement avant d'être serrée dans ce qui tient lieu de greniers, et dont il y a deux espèces : 1° une cage en osier, enduite de bouze de vache, supportée par quatre pieux et recouverte d'un toit de chaume; 2° une combinaison plus simple encore, dont la base est un mât grossier, d'une vingtaine de pieds de long et perpen-

Village et Nègres de la tribu de Madi.

diculairement fiché en terre. A quatre pieds du sol on fixe à ce mât un revêtement de roseaux longs et solides que l'on entrelace ensuite avec des cercles d'osier de manière à donner au tout la forme d'un parapluie renversé et à demi déployé. Cette sorte de coupe étant remplie de grains, on la surmonte d'une autre toute pareille et ainsi de suite jusqu'à quelque distance du sommet du mât; le tout est ensuite recouvert de roseaux fortement attachés ensemble; et l'aspect général de ce *granarium* est celui d'un grand cigare démesurément enflé par le milieu.

Deux jours après notre arrivée à Shoua, tous nos porteurs d'Obbo prirent la fuite; ils avaient appris que nous nous dirigions vers le pays de Kamrasi, et ayant reçu des naturels de Shoua des rapports exagérés de la puissance de ce chef, ils avaient résolu de battre en retraite; il nous devenait donc impossible d'avancer, si nous ne pouvions nous procurer des porteurs à Shoua même. C'était fort difficile, car ici on savait à quoi s'en tenir sur Kamrasi et on ne l'aimait pas. Son pays était connu sous le nom de *Quanda*, appellation dans laquelle je reconnus de suite une corruption de l'*Ouganda* de Speke. Bachita, la femme esclave, qui naguère nous avait donné tant de renseignements sur le pays de Kamrasi, devait nous servir d'interprète. Je fus assez heureux, de plus, pour découvrir un garçon que Mohammed avait autrefois employé à Faloro, lequel parlait le dialecte de Quanda, et avait appris quelques mots d'arabe. Il se trouva que Bachita avait autrefois été au service d'un chef nommé Sali, mis à mort par Kamrasi. Sali était ami de Rionga, le plus grand adversaire de Kamrasi, et Speke m'avait recommandé de ne pas mettre le pied sur le territoire de Rionga, où serait arrêté quiconque se dirigerait vers l'Ounyoro. Je vis clairement que Bachita, comme amie de feu Sali, dont elle avait eu deux enfants, inclinait pour Rionga; par conséquent, suivant toute probabilité, elle devait influencer notre guide, qui au lieu de nous conduire vers Kamrasi, nous mènerait chez Rionga. Tout cela se compliquait. On me dit aussi, que l'année précédente, immédiatement après le départ de Speke et de Grant de Gondokoro, et lorsque les gens de Debono m'eurent abandonné ainsi que je l'ai déjà raconté, ils s'étaient rendus directement vers Rionga, avaient fait alliance avec lui, et traversant le Nil en compagnie de ses gens, avaient attaqué le pays de Kamrasi, tuant au moins trois cents personnes, et emmenant beaucoup d'esclaves. Je compris maintenant pourquoi ils m'avaient abandonné à Gondokoro. Ayant reçu des gens de Speke les détails nécessaires relatifs au pays, ils en avaient fait usage sur-le-champ pour attaquer les sujets de Kamrasi, de concert avec Ri o n .

Tout ceci faisait, pour mon entrée dans l'Ounyoro, une fâcheuse recommandation ; car presque immédiatement après le départ de Speke et de Grant, Kamrasi avait été attaqué par les gens mêmes entre les mains desquels ses messagers avaient confiés les deux Européens, après les avoir conduits de l'Ounyoro à Faloro où se trouvait la station Turque; Kamrasi devait donc être fondé à croire que Speke avait envoyé les Turcs pour l'attaquer; ainsi, grâce aux atrocités commises par les gens de Debono, la route paraissait fermée à notre expédition.

A cette nouvelle, beaucoup des compagnons d'Ibrahim refusèrent d'aller plus loin. Heureusement pour moi. Ibrahim avait eu très-peu de chance dans sa chasse à l'ivoire; l'année était presque écoulée, et il n'avait encore amassé qu'une quantité insignifiante de cette marchandise. Je lui prouvai combien Kourshid serait irrité s'il revenait ainsi les mains vides; déjà ses gens disaient qu'il négligeait les *razzias* parce que je devais lui faire un cadeau si nous atteignions l'Ounyoro ; ils ne manqueraient pas de rapporter ce bruit à Kourshid, son maître, qui s'il revenait sans ivoire, ajouterait indubitablement foi à ce qu'ils diraient. Je lui garantis cent cantars (10 000 livres pesant) s'il voulait pousser à tout hasard jusqu'au pays de Kamrasi, et me procurer des portefaix à Shoua. Ibrahim entendit raison. Depuis quelque temps j'avais acquis sur lui une influence considérable et il se guidait tellement d'après mon avis qu'il consentit à agir comme je le voulais. Je le priai donc de réunir toute sa caravane, et de laisser à Shoua ceux qui ne voudraient pas nous suivre. Je pris ensuite mes mesures pour partir immédiatement, de peur que nos soupçonneux compagnons ne s'avisassent d'autre chose et n'entravassent ainsi l'expédition.

Comme il était difficile d'avoir des porteurs, j'abandonnai ce qui n'était pas indispensable, nos dernières provisions de vin et de café, et même notre bain portatif, cet emblème de civilisation qui nous était resté même après que nous eûmes pris congé de la tente.

Le 18 janvier 1864, nous quittâmes Shoua. L'air pur du pays nous avait rempli de vigueur, et j'étais redevenu si dispos que l'idée d'explorer un pays inconnu éveillait en moi une sorte de joie. Les Turcs ne connaissaient pas du tout la route du sud, je pris donc le commandement de la caravane. J'étais convenu très-clairement avec Ibrahim que tout le pays de Kamrasi m'appartiendrait à moi seul; que pas un acte de félonie n'y serait toléré. Tous ses gens devaient être à mes ordres, et je lui garantissais au moins cent cantars de défenses d'éléphants.

Au bout de huit milles d'une marche très-agréable à travers un parc naturel, nous arrivons au village de Fatiko, situé sur un immense plateau de granit dominant une belle plaine, revêtue de gazon fin et si unie qu'elle aurait pu servir de champ de course. Les rochers élevés étaient couverts de naturels du pays perchés sur les cimes comme une volée de corbeaux.

Nous faisons halte à l'ombre de quelques beaux arbres croissant parmi des blocs isolés de granit et de grès. En peu de temps les nègres nous environnent; ils sont fort pacifiques et insistent pour être présentés à Mme Baker et à moi. Nous sommes obligés de donner audience, non pas suivant les procédés roides et ennuyeux de l'Europe, mais d'une manière plus animée. Chaque individu présenté accomplit le *Salaam* de son pays en me saisissant les deux mains et élevant mes bras de toute leur hauteur trois fois au-dessus de ma tête. Après qu'une centaine de Fatikos ont été gracieusement admis à nous infliger ce supplice; après que nos bras ont été disloqués au moins trois cents fois chacun, je fais seller les bœufs sur-le-champ pour échapper à de nouvelles preuves de l'affection des Fatikos, dont je vois descendre des groupes nombreux, désireux de nous souhaiter la bienvenue. Malgré la fatigue de cette cérémonie, ces pauvres gens me plaisaient beaucoup; ils avaient préparé pour notre *lunch* des flots de *merisa* et un mouton entier. En vain ils nous pressèrent de savourer ces bonnes choses avant de partir; la perspective de l'arrivée prochaine du reste de la population nous effrayait, et montant sur nos bêtes, nous quittâmes Fatiko les épaules à moitié déboitées.

Après avoir descendu la colline pittoresque de ce village, nous arrivons dans un pays tout à fait différent. Des prairies sans fin s'étendent à l'horizon de l'est à l'ouest, en ondulations douces; sans autre arbre que des palmiers dolapes parsemés à travers le gazon d'un jaune brillant. Le sentier est étroit, mais en bon état; après une heure de marche, nous faisions halte pour la nuit sur le bord d'un ruisseau clair et profond, l'Un-y-Amé. Ce ruisseau ne se dessèche pas, et comme il reçoit du Shoua plusieurs affluents, il devient un torrent considérable pendant la saison pluvieuse, et tombe dans le Nil par 3° 32′ de latit. N.; c'est la limite atteinte en 1859 par Ch. Miani, le premier voyageur qui se soit avancé si loin vers le sud, en partant de l'Égypte pour explorer le Nil. Comme on ne trouve ici ni bois ni fiente d'animaux pour faire du feu, nous nous reposons sans souper. Quoique le soleil soit péniblement chaud pendant la journée, les nuits sont si froides (environ 55°) que nous pouvons à peine dormir.

Pendant deux jours nous marchons à travers une herbe sèche d'environ dix pieds de haut; enfin une nuit claire nous permet de faire des observations; la hauteur méridienne de Capella me donne en latitude 2° 45′ 37″. Dans cette interminable suite de prairies, il est intéressant de constater les progrès de notre marche vers le sud.

Le jour suivant nous perdîmes la route. Un nombreux troupeau d'éléphants l'avait effacée en traçant à droite et à gauche un lacis de sentiers nouveaux. Un vent frais du nord soufflait et je proposai d'incendier le pays vers le sud en mettant le feu aux prairies. Dans les dépressions du sol, il y avait des marais assez profonds; en arrivant à l'un d'eux nous mîmes le feu à l'herbe desséchée. En quelques instants l'incendie se répand, et nous avons le plaisir de voir la savane sans bornes flamber comme les régions infernales, et le feu nous frayer un sentier facile dans la direction du sud. Des volées de buses et de *gobe-mouches* d'une belle espèce se précipitent vers la fumée épaisse pour se saisir des innombrables insectes qui cherchent à fuir l'incendie.

Au bout d'une heure environ nous nous mettons en marche à travers ce pays noirci et fumant; çà et là nous rencontrons des troncs de palmiers morts qui brûlent encore : enfin nous atteignons un autre marécage. Là le feu s'était arrêté dans sa course vers le sud, étouffé par les grands fourrés de roseaux verts, mais il continuait encore à l'est et à l'ouest. Nous eûmes donc à répéter l'ennuyeuse opération, à mettre le feu à l'herbe en plusieurs endroits de l'autre côté du marais, et à attendre que le sol fût assez refroidi pour nous permettre de continuer notre marche. Nous étions tous également noirs; car des nuées de cendres soulevées par le vent retombaient sur nous comme la neige, et nous transformaient en Éthiopiens. J'avais conduit à pied la caravane depuis notre départ de Fatiko; car le pays n'étant pas habité, pendant cinq journées de marche entre Fatiko et le district de Kamrasi, nos gens se fiaient davantage à ma boussole qu'aux connaissances du guide indigène. J'étais sûr, du reste, que nous avions été trompés et que, d'après les instructions de Bachita, le guide nous menait vers le pays de Rionga. Cette nuit donc, comme l'étoile Canope passait au méridien, je demandai à cet homme de m'indiquer la position des cataractes de Karuma d'après celle d'une étoile. Il me montra sur le champ Canope et je savais d'après la carte de Speke que la ligne indiquée était celle des îles de Rionga, et je l'accusai immédiatement de vouloir me tromper. Il parut très-surpris, et me demanda pourquoi j'avais besoin d'un guide, si je savais le chemin. Il m'avoua que la cataracte de Karuma se trouvait un peu à l'est de l'étoile. En ce moment comme en beaucoup d'autres je remerciai cordialement Speke et Grant pour la carte qu'ils m'avaient si généreusement donnée. Ma plus grande satisfaction a été de compléter leur grande découverte, et de confirmer l'exactitude tant de leur carte que de leurs observations en général.

La marche devenait très-fatigante : il y avait presque à chaque demi-heure un marécage que les bœufs avaient la plus grande peine à traverser; la boue leur venant au-dessus des courroies de la selle. Un de ces marais était si profond que nous dûmes transporter le bagage pièce à pièce sur un *angarep* porté par douze hommes. Ma femme soumise à la même opération se trouva trop lourde, et les porteurs y renoncèrent. Je la chargeai donc sur mon dos, mais au milieu du marais je perdis pied et restai fixé dans la vase pendant que Mme Baker se démenait comme une grenouille dans l'eau boueuse. Il fallut l'aide de plusieurs hommes pour nous retirer l'un et l'autre. Nous étions obligés de marcher dix heures par jour à cause des délais nécescessités par le passage des marais et l'incendie des fourrés d'herbe.

Le quatrième jour nous quittâmes les prairies et entrâmes dans une belle forêt, mais si pleine de hautes herbes qu'il était impossible d'y cheminer sans l'aide du feu. Depuis quelque temps toute apparence de sentier avait cessé, et à l'exception de quelques traces laissées par des éléphants et un grand troupeau de buffles, nul signe de gibier n'était en vue, le feu ayant effrayé toutes les bêtes fauves du voisinage. Atteint dans ce désert par un brusque accès de fièvre, je fus obligé de passer quatre ou cinq heures couché sous un arbre pour en attendre la fin. Alors, faible et bon à rien, je montai sur mon bœuf et repartis.

Le 22 janvier, du haut d'un point élevé de la forêt, nous voyons à l'aube un nuage de brouillard dominant une vallée éloignée ; il annonce le cours de la rivière Somerset. Le guide nous assure que nous atteindrons le fleuve ce jour-là. Ci-joint un extrait de mon journal.

«... Après six heures vingt minutes de marche nous atteignons le Somerset, ou Nil-Blanc-Victoria. Jamais je n'ai fait un voyage aussi ennuyeux, à cause des retards occasionnés par l'herbe, les cours d'eau et les profonds marécages ; mais depuis que nous avons atteint la forêt, ces obstacles ont diminué. Autour de nous il y a des traces nombreuses d'éléphants, de rhinocéros et de buffles, mais point d'animaux. Campés à environ quatre-vingts pieds au-dessus de la rivière, nous sommes à trois mille huit cent soixante-quatre pieds d'altitude absolue. Je m'approche de la rivière pour voir si l'autre bord est habité; j'aperçois deux villages bâtis sur une île ; les naturels traversent dans un canot, amenant avec eux le frère de Rionga. Ainsi comme je le craignais, notre guide nous a trompés, et nous a conduits directement au pays de Rionga. Au nord de la rivière on ne voit que forêts inhabitées, mais pleines de piéges pour les buffles et les éléphants ; trois de nos animaux y sont déjà tombés y compris mon superbe *bœuf de selle;* il s'y est donné une entorse qui l'a mis hors de service.

« Les naturels crurent d'abord que nous faisions partie de la caravane de Mohammed Wat-el-Mek ; mais voyant leur méprise, ils ne voulurent nous donner aucune information, se bornant à dire que le lac n'était pas loin. Ils disaient que nous étions des amis des gens de Mohammed qui avaient attaqué Kamrasi, et que Rionga étant ennemi de ce dernier, était nécessairement notre allié. Il faut que j'use de beaucoup de prudence; car si Kamrasi apprenait que je suis chez son adversaire, il me serait interdit de pénétrer dans l'Ounyoro.

« L'esclave Bachita a persuadé secrètement au guide, comme je le supposais, de nous conduire, non chez Kamrasi mais chez Rionga. La cataracte de Karuma est à une journée de marche de l'endroit où nous sommes, et c'est là que nous devons traverser la rivière. Une bonne observation méridienne de la constellation de la Chèvre, nous donne en latitude 2° 18'. N.

Nous ne pûmes obtenir aucune provision des gens de Rionga ; après leur conférence avec Bachita, ils étaient retournés dans leur île, promettant de nous envoyer des bananes et un baquet de farine. Mais une fois dans leur retraite ils nous crièrent : « Allez chez Kamrasi, si cela vous fait plaisir, mais vous n'obtiendrez rien de nous. »

Nous partons pour Karuma le matin de bonne heure. Cette partie de la forêt est très-ouverte, car les naturels ont brûlé le gazon il y a environ trois semaines, et de jeunes pousses de vignes paraissent entre les racines calcinées. Entre autres plantes croît en masse l'asperge sauvage, et j'en ramasse un panier plein. Rien ne peut surpasser la beauté du pays parcouru. Une superbe forêt s'étend le long de la rivière, qui se précipite à grand bruit à notre droite en une suite de cataractes entre de hautes roches couvertes de plantations de bananiers et de palmiers de diverses espèces, y compris le dattier sauvage, indice certain d'un fleuve ou d'un marais. Le Nil Victoria, ou Somerset, a environ cent cinquante verges de largeur; les rochers qui le bordent au sud, s'élèvent à près de cent cinquante pieds au-dessus du niveau du fleuve et dominent ceux du bord opposé. Ils sont couverts de naturels du pays venus en foule des nombreux villages d'alentour; armés de lances et de boucliers, ils courent parallèlement à notre ligne de marche, dansant et gesticulant, comme pour nous défier de traverser.

Après la marche la plus agréable à travers ces scènes émouvantes, le long des cataractes innombrables de la rivière, et encore d'îles chargées de villages et de bosquets de bananiers, nous voici enfin aux chutes de Karuma, près du village d'Atada, au-dessus du point de passage. Les hauteurs sont couvertes de nègres, et on envoie un canot pour parlementer, car le bruit de la chute empêche nos voix de se faire entendre. Bachita explique que le frère de Speke est venu de son pays faire visite à Kamrasi, à qui il apporte des cadeaux précieux. — « Pourquoi » demandent les gens du canot, « a-t-il amené tant d'hommes avec lui ? » — « Il a tant de présents pour le M'Kamma (le roi), « s'écrie Bachita, qu'il est obligé « d'avoir nombre de gens pour les transporter. » — « Voyons-le un peu, » dit le patron du bateau. Je m'étais arrangé pour la présentation en changeant d'habits dans un bosquet de bananiers qui me servit de cabinet de toilette ; alors, vêtu d'un costume *turc* semblable à celui que portait mon ami Speke, je gravis un rocher élevé et presque perpendiculaire et saluant de mon chapeau la foule amassée sur l'autre rive, je ressemblais passablement à Nelson sur la colonne de Trafalgar-square.

Je chargeai Bachita, qui avait gravi à ma suite le rocher en question, d'annoncer au peuple, qu'une dame anglaise, ma femme, était aussi arrivée. Nous désirions tous deux être présentés sans délai au roi et à sa famille, afin de le remercier de la manière cordiale dont il avait traité Speke et Grant, aujourd'hui de retour à bon port dans leur pays. Cette nouvelle ayant été plusieurs fois répétée, le canot s'approcha du rivage.

Je commandai à tous nos gens de se retirer et de se cacher sous les plantains afin qu'une force si imposante n'effrayât pas les naturels, tandis que Mme Baker et moi nous nous avancerions seuls pour saluer les gens de Kamrasi, qui étaient des personnages d'importance. Lorsqu'ils eurent débarqué dans les roseaux, ils reconnurent immédiatement que ma barbe et mes traits me donnaient de la ressemblance avec Speke, et ils me souhaitèrent la bienvenue par les danses et les pantomimes les plus extravagantes. Ils agitaient leurs lances et leurs boucliers comme s'ils eussent voulu m'attaquer, et se précipitaient sur moi en brandissant les armes tout près de mon visage, tout en vociférant et chantant avec la plus grande véhémence.

Je leur fis à chacun cadeau d'un collier de verroterie, et je leur expliquai mon désir d'être présenté à Kamrasi sans délai, parce que Speke s'était plaint qu'on l'avait fait attendre quinze jours avant qu'il pût voir le roi ; si cela se renouvelait, aucun anglais ne se donnerait la peine de rendre visite à Sa Majesté, parce qu'un tel délai serait regardé comme une insulte. Le capitaine répondit qu'il était sûr que je ne le trompais pas; mais peu de temps après le départ de Speke et de Grant l'année précédente, un grand nombre d'individus s'étaient présentés comme étant les amis de ces deux Européens; par les ordres de Kamrasi on les avait transportés de l'autre côté de la rivière, et on leur avait fait la réception la plus cordiale, leur donnant en signe d'amitié de l'ivoire, des esclaves et des peaux de léopard; ils étaient partis, puis revenant soudain avec des gens de la tribu de Rionga, ils avaient pillé le village où ils avaient été si bien reçus; tout le pays, indigné, s'était levé en masse pour les repousser et dans un combat, Kamrasi avait perdu environ trois cents hommes. L'orateur ajouta que lorsqu'ils avaient vu notre troupe marchant vers la rivière, ils s'étaient persuadés que nous étions ceux qui les avaient attaqués précédemment. Décidés à repousser la force par la force, ils avaient envoyé un avis à Kamrasi qui se trouvait à sa capitale M'rouli, à trois journées de marche de Karuma; enfin jusqu'au retour du messager nous ne pouvions pas pénétrer dans le pays. Il promit d'expédier un autre courrier à Kamrasi pour lui apprendre qui nous étions, mais tout en ajoutant que nous devions attendre son retour avant de passer outre. Je leur expliquai, à mon tour, que nous n'avions rien à manger, — qu'il était fort ennuyeux pour nous de rester où nous étions, — que leurs soupçons étaient ridicules, car ils pouvaient voir que ma femme et moi nous étionsdes blancs comme Grant et Speke, tandis que ceux qui les avaient trompés, étant bruns ou noirs, appartenaient à une tout autre race.

J'ajoutai que peu touché de ces objections, j'avais des cadeaux magnifiques destinés pour Kamrasi; mais un autre roi serait trop heureux de les recevoir sans opposer d'obstacles à mon voyage. Je m'en retournerais donc avec mes présents.

En même temps je fis déployer un superbe tapis de Perse, d'environ quinze pieds carrés, comme un échantillon de ces dons destinés au roi. Les couleurs brillantes soulevèrent une exclamation générale; avant que l'effet de cette surprise fût passé, je fis déballer un panier et étaler sur un morceau de toile des colliers vraiment superbes que nous avions préparés à Obbo; ils étaient formés des plus grosses perles, quelques-unes grandes comme des billes et brillant de toutes les couleurs de l'arc-en-ciel. Le jardin de pierres précieuses éclairé par la lampe d'Aladin n'aurait pu produire des fruits plus tentants. Les perles sont très-rares dans le pays de Kamrasi; le peu qu'on en voit vient de Zanzibar, et les miennes étaient d'une espèce tout à fait inconnue ici. J'ajoutai que j'avais quantité d'autres présents, mais que ce n'était pas la peine de les déballer, car nous allions nous en retourner pour visiter un autre roi qui demeurait à quelques journées de marche. — « Ne partez pas, ne partez pas, » s'écria le chef; et ses compagnons le soutinrent en chœur. « Kamrasi nous..... » Ici une pantomime sur le sens de laquelle on ne pouvait pas se tromper suppléa à leur éloquence; se rejetant la tête en arrière, ils se portèrent l'index contre le cou avec d'horribles grimaces, pour nous donner à entendre que notre départ leur coûterait la tête. Je ne pus m'empêcher d'éclater de rire de la terreur causée par ma menace de m'en retourner avec mes cadeaux. Si je ne faisais pas visite à Kamrasi, celui-ci non-seulement les mettrait à mort, mais détruirait tout le village d'Atada; d'un autre côté le même sort leur arriverait s'ils me transportaient à l'autre bord sans ordre exprès. « Faites ce qui « vous plaira, répondis-je; je m'en retournerai certainement « si toute ma troupe n'est pas transportée lorsque le soleil « aura atteint ce point dans le ciel. » (J'indiquais le point où le soleil se trouverait à 3 heures de l'après-midi). Fort animés, ils promirent de tenir une conférence sur l'autre rive, et de voir ce qu'il y avait à faire. Ils retournèrent à Atada, laissant toute la caravane, y compris Ibrahim, fort déconcertée : n'ayant rien à manger, devant une rivière qu'on ne pouvait traverser, et derrière nous un désert de cinq journées de marche.

Les cataractes de Karuma étaient à environ trois cents verges à la gauche de notre bivac, vis-à-vis d'Atada; elles ne sont pas très-importantes, ne dépassant pas cinq pieds de hauteur, mais elles sont d'une régularité singulière, car un banc de rocher, sur lequel elles s'étendent, forme comme un mur à travers la rivière. La cataracte correspond à un coude du fleuve, qui, arrivé là, se détourne brusquement à l'ouest.

Toute la journée se passa de notre côté à crier et à gesticuler pour persuader de nos bonnes intentions la foule réunie sur l'autre bord; mais le bateau arriva bien après l'heure fixée; même alors les naturels ne voulurent s'approcher qu'à portée de la voix, et rien ne put les déterminer à débarquer. Ils expliquèrent que les avis étaient partagés ; quelques-uns parlaient en notre faveur, tandis que la plupart étaient persuadés que nous avions des intentions hostiles ; il fallait donc attendre les ordres du roi.

Afin de convaincre les nègres de nos intentions pacifiques, je leur proposai de nous transporter *seuls*, Mme Baker et moi, de l'autre côté, et de laisser nos compagnons armés sur le bord où nous nous trouvions, jusqu'à l'arrivée des ordres du roi. Cette nouvelle idée à peine émise, le bateau repartit.

Le jour se passa ainsi ; au soleil couchant, nous vîmes l'embarcation revenir ; cette fois, elle se dirigea immédiatement vers nous, et nous vîmes débarquer ceux qui avaient reçu les bracelets le matin. Ils avaient, me dirent-ils, tenu conseil avec leur capitaine, et résolu de nous recevoir ma femme et moi, mais nous seuls. Je répliquai que nos domestiques devaient nous accompagner, car nous étions des personnages tout aussi élevés en dignité que Kamrasi, et que nous ne pouvions voyager sans nos gens. Ils refusèrent ; je n'en parlai plus, et proposai de charger le canot avec les présents destinés à Kamrasi. Il ne pouvait y avoir aucune objection à cela ; je commandai donc à Richarn, Saat et Ibrahim de descendre dans le canot pour y arranger les paquets à mesure qu'on les leur remettrait, mais de ne le quitter sous aucun prétexte. Tout était déjà prêt, et on embarqua *comme cadeaux* sans éveiller l'attention, un faisceau de carabines, cachées dans une couverture, avec 500 paquets de cartouches à balle. J'avais dit à Ibrahim de m'accompagner en qualité de mon domestique, car s'il survenait un conflit, il devait m'être plus utile qu'aucun des autres ; et j'avais donné des ordres pour qu'au premier signal, toute la troupe traversât la rivière à la nage, se soutenant eux et leurs armes à feu à la surface de l'eau au moyen de gerbes de rameaux-papyrus. Mes gens ne nous crurent pas moins tout à fait fous, et déclarèrent que nous serions massacrés dès que nous aurions atteint le bord opposé ; cependant ils prirent leurs mesures pour traverser en cas de trahison.

Au dernier moment, et le canot étant sur le point de s'éloigner, deux de mes meilleurs hommes s'y jetèrent sans leurs fusils ; mais les nègres refusèrent absolument de partir ; aussi pour dissiper tout soupçon, je leur dis de se retirer; j'ajoutai que le lendemain j'enverrais le canot avec des provisions, et à chaque voyage un ou deux hommes devaient faire leur possible pour venir nous rejoindre.

Il était nuit noire lorsque nous partîmes. Le canot, formé d'un grand tronc d'arbre creusé, était capable de contenir vingt personnes; les nègres nous conduisirent à travers le courant rapide, immédiatement au-dessous de la cataracte. Un grand feu allumé sur l'autre bord servait à nous guider vers le point de débarquement. Suivant un étroit chenal coupé dans les roseaux, nous mîmes pied à terre sur un roc très-glissant tout près du feu, au milieu d'une foule immense de naturels qui nous donnèrent une sérénade étourdissante en manière de bienvenue avec des cornets et des flageolets, et nous firent remonter le rocher en traversant un sombre bosquet de bananiers. Des soldats ouvraient la marche, puis une longue foule de piquiers, ensuite le gros de la troupe bruyante; j'aidai ma femme à gravir la roche; elle fut suivie de nos gens avec quelques naturels qui avaient offert de porter le bagage.

Arrivés au sommet du rocher, nous nous trouvions à environ 180 pieds au-dessus du niveau de la rivière; après une marche d'un quart de mille, on nous mena en triomphe au milieu du village, et nous fîmes halte dans une petite cour, devant l'habitation du chef.

Nous étions attendus près d'un bon feu. N'ayant rien eu à manger, nous étions affamés, et à notre grande joie on nous offrit un panier de bananes mûres; c'etaient les premières que j'eusse vues depuis bien des années. Une calebasse de *mérisa*, qu'on nous présenta ensuite, fut vidée sur-le-champ, malgré son goût de mauvais cidre. Nous étions environnés d'une troupe de naturels du pays, non pas les sauvages nus auxquels nous étions accoutumés, mais des hommes bien habillés, portant des robes d'écorce apprêtée et arrangée de diverses manières, généralement comme la *tope* des Arabes, ou la toge des Romains. Plusieurs des chefs présents nous expliquèrent la trahison atroce des gens de Debono; on les avait cordialement reçus comme étant les amis de Speke et de Grant; mais ils avaient prouvé leur reconnaissance de cette bienvenne en pillant et massacrant leurs hôtes. Je leur déclarai que Speke serait indigné lorsque je lui dirais l'abus que l'on avait fait de son nom, et que je me ferais un devoir d'informer le gouvernement anglais de cette affaire. En même temps je leur conseillai de ne jamais se fier qu'à des hommes blancs, dans le cas où d'autres se présenteraient plus tard comme envoyés, soit par moi, soit par Speke et Grant. Je défendis la réputation de mes deux amis comme Anglais, et je demandai aux nègres si mes compatriotes les avaient jamais trompés. Ils répliquèrent que l'on ne pouvait s'imaginer deux meilleurs hommes. Je leur répondis: « Il faut que vous reposiez votre confiance en moi, de la même manière que je me suis fié à vous, car je me suis mis absolument entre vos mains; mais si vous avez jamais eu raison de vous défier d'un blanc, tuez-moi de suite. — Tuez-moi, ou ayez confiance en moi, mais point de soupçons entre nous. »

Cette allocution parut leur plaire, et un homme, s'avançant, me montra un petit collier de perles bleues que Speke lui avait donné comme récompense pour l'avoir mené d'un bord à l'autre de la rivière. Ce petit souvenir de mon ami m'émut singulièrement; au bout d'une année de voyages et de nombreuses difficultés, c'était la première fois que je me trouvais vraiment sur sa trace; bien des gens me dirent qu'ils avaient connu Speke et Grant. Le premier avait reçu le nom de *molleggé* (l'homme barbu), le second était surnommé *mosanga* (la défense d'éléphant) à cause de sa taille. Grant avait eu un doigt coupé à Luknow pendant la grande révolte de l'Inde. La mention de ce fait me valut un énorme succès dans l'assemblée, car il devenait manifeste que j'avais certainement vu les deux Anglais. Comme il se faisait tard, je congédiai la foule, en priant que l'on envoyât de bon matin un messager à Kamrasi, pour lui dire qui nous étions et le prier de nous donner audience sans retard.

On jeta à terre une botte de paille pour Mme Baker et pour moi; faute de mieux nous en fîmes notre gîte. Il faisait très-froid; ne voulant pas découvrir le secret de nos carabines, nous nous passâmes de couvertures, et nous dûmes nous contenter du *plaid* écossais dont chacun de nous était pourvu. Ibrahim, Saat et Richarn firent faction alternativement. Le lendemain matin une foule innombrable de naturels du pays vint nous contempler. Il y avait un arbre superbe à environ cent verges du village; nous proposâmes d'aller nous asseoir sous son ombre et d'y donner notre audience. Le chef du village nous abandonna une grande cabane avec une majestueuse entrée d'à peu près sept pieds de haut; ma femme s'y établit aussitôt, tandis que je me mêlai à la foule, à l'ombre de l'arbre en question. Il y avait près de six cents hommes respectueusement assis autour de moi; j'étais appuyé contre le grand tronc noueux; Ibrahim et Richarn à quelques pas plus loin.

La conversation fut simplement une répétition de celle de la nuit précédente: je leur adressai de plus quelques questions sur le lac. Pas un ne voulut me donner le moindre renseignement. Lorsque j'essayais de rendre mon interrogatoire plus pressant, ils se bornaient à crier : Kamrasi ! en faisant le geste de se couper le cou comme ils l'avaient déjà fait la veille. Ils étaient tous muets. J'essayai de m'adresser aux enfants, mais en vain. Je demandai à des vieillards à cheveux blancs quelle était la distance du lac au point où nous étions. « Nous sommes des enfants, » répondirent-ils; « demandez aux vieillards qui connaissent le pays. » Jamais franc-maçonnerie ne fut plus entourée de mystères que ce pays d'Ounyoro. Il était inutile d'insister. Changeant de conversation, je leur dis que mes compagnons mouraient de faim sur l'autre bord, et qu'il fallait leur envoyer des provisions sur-le-champ. Dans les pays sauvages la moindre demande nécessite des conversations interminables. On me répondit que les vivres étaient rares, et qu'il était impossible de rien envoyer avant les ordres de Kamrasi. Comprenant à merveille les instincts des nègres, je leur dis qu'il fallait expédier le canot de l'autre côté pour amener trois bœufs que je voulais abattre. Ma proposition réussit immédiatement, et plusieurs hommes ayant été chercher le canot, j'envoyai une de nos négresses dire à ma caravane que trois de nos gens, avec armes et munitions, devaient accompagner l'embarcation et faire traverser la rivière à la nage à trois bœufs, en leur attachant des cordes aux cornes. Ces bœufs servaient de monture à quelques-uns de mes hommes, mais il était nécessaire de les tuer afin d'échanger leur chair contre du blé et d'autres provisions.

Les bateliers étaient à peine partis quand un cri se fit entendre, et soudain toute la foule se précipita vers la cabane où j'avais laissé Mme Baker. Je crus d'abord qu'il y avait un incendie et je me joignis à la presse, mais je vis qu'il s'agissait seulement de quelque spectacle extraordinaire. Chacun cherchait à se procurer la meilleure place ; à force de coudoyer, je pus distinguer le miracle qui avait excité tant de curiosité. La hutte étant très-sombre, ma femme, pendant ma conférence avec les naturels, avait passé son temps à arranger ses cheveux sur le seuil de la porte ; sa chevelure très-longue et très-blonde avait attiré l'attention des nègres ; de là cette foule empressée d'admirer une telle merveille. Jamais le gorille ne produirait dans les rues de Londres un effet pareil à celui que nous obtenions à Atada.

Bientôt les bœufs arrivent ; on en abat un sur-le-champ, et la chair est partagée en de petites portions que nous étalons sur le cuir encore chaud. Immédiatement chevelure blonde et hommes blancs ont perdu leur pouvoir d'attraction ; on ne s'occupe que du bœuf, et nous donnons à entendre à nos amis qu'il nous faut en échange de la farine, des haricots et des patates.

Le marché s'anime ; femmes et filles arrivent en foule, chargées de provisions. Les femmes proprement vêtues de jupons courts à doubles bords ; beaucoup ont le sein nu ; d'autres portent un morceau d'étoffe d'écorce jeté comme un *plaid* sur les épaules et la poitrine. Cette étoffe provient d'une espèce de figuier ; on en détache l'écorce en grands morceaux ; macérée dans l'eau et ensuite battue à coups de maillet, elle ressemble beaucoup à ce que nous appelons *corderway* [1]. Sa couleur est celle du cuir tanné ; l'étoffe de qualité supérieure est douce au toucher, comme un tissu de coton. Chaque jardin abonde en arbres de cette espèce, car leur culture en est indispensable aux fabriques de vêtements ; lorsqu'un homme se marie il plante un certain nombre de figuiers qui doivent tenir lieu de marchands-tailleurs à toute la famille.

Le marché fini, on charge le canot de provisions qui sont transportées de l'autre côté pour nos gens affamés.

Différence frappante entre les naturels de l'Ounyoro et les tribus que nous avons déjà visitées. Au nord de la rivière les nègres sont ou entièrement nus, ou vêtus seulement d'une sorte d'habit rudimentaire consistant en une peau rejetée sur

1. « Grosse étoffe de coton à côtes. » (— M.)

leurs épaules. Le fleuve semble être la limite de la *sauvagerie* absolue; car les habitants d'Ounyoro ont sur l'indécence de la nudité, les mêmes idées que les Européens.

A Karuma, le district nord de l'Ounyoro est nommé Chopi; le langage y est le même que le madi, mais il diffère du dialecte que l'on parle dans les parties centrales et méridionales du royaume. Le type des habitants est particulier, mais ils ont les cheveux crépus, comme toutes les autres tribus du Nil Blanc.

Par des observations astronomiques, je détermine la latitude d'Atada, aux cataractes de Karuma, (2° 15 N.) et le thermomètre de Casella me donne 3,996 pour la hauteur du niveau de la rivière au-dessus de celui de la mer.

Après les dégoûtantes tribus de sauvages nus au milieu desquelles nous avions voyagé pendant plus d'un an, c'était un changement délicieux de se trouver chez des gens comparativement civilisés, à ce que témoignaient non-seulement la décence des habits, mais encore la confection des étoffes et les autres fabriques du pays. Les forgerons étaient fort habiles, et se servaient de marteaux de fer au lieu de pierres; ils transformaient en un fil très-délié les fils grossiers de cuivre et de laiton qu'ils recevaient de Zanzibar; leurs soufflets étaient les mêmes que ceux dont se servaient leurs compatriotes moins civilisés; mais surtout leur poterie témoignait de leur supériorité.

Presque tous les sauvages ont quelque idée de travailler la terre; mais la place qu'un peuple occupe entre la barbarie et la civilisation peut être déterminée par la qualité de la poterie. Les Chinois étaient aussi civilisés qu'ils le sont aujourd'hui à une époque où l'Angleterre se trouvait plongée dans la barbarie : leur porcelaine a toujours joui d'une grande réputation. On peut déterminer ainsi la différence entre les pays sauvages et les pays civilisés : les premiers font de la poterie, les seconds fabriquent de la porcelaine; ainsi tous les degrés dans cette industrie, depuis les ustensiles les plus grossiers, correspondent aux échelons de la civilisation.

La calebasse est le premier ustensile du sauvage africain, et l'écorce de ce fruit est le vase que la nature lui offre comme le premier modèle à imiter. La nature, se pliant aux besoins de l'homme et des autres animaux, semble fournir abondamment dans ces pays barbares ce qu'il faut au sauvage. Non-seulement on y voit croître des gourdes à écorce extrêmement dure, qui, coupées en deux, forment des vases; mais ces fruits, de figure et de dimension diverses, forment aussi des bouteilles naturelles de toutes les dimensions, depuis la petite fiole jusqu'à la dame-jeanne, qui contient cinq galons. Tandis que les tribus les plus grossières, se contentant de ces productions naturelles, bornent leurs ébauches d'imitation à une jarre informe et à moitié cuite, les demi-sauvages, tels que sont les natifs de l'Ounyoro, *copiant la nature*, nous offrent un premier exemple d'art industriel. Le sauvage primitif emprunte directement à la nature : la calebasse est son ustensile. L'indigène d'Ounyoro, plus avancé, ne voit dans ce cucurbitacé qu'un modèle pour sa poterie. Il sait tirer parti d'une belle argile noire; il en confectionne d'excellentes pipes très-artistement travaillées, à l'imitation de la petite gourde oviforme.

Il en fabrique des tasses fort jolies et des bouteilles copiées sur les diverses variétés de la gourde, nous révélant ainsi dans ses humbles essais le premier pas fait par l'esprit humain dans l'industrie manufacturière, de même que le superbe chapiteau corinthien a pour origine une corbeille de fleurs.

Quelques extraits de mon journal rendront compte du retard que j'eus à essuyer à Atâda.

« 26 *janvier* 1864. — Les huttes de ce district sont très-grandes, d'environ vingt pieds de diamètre, tout entières en roseaux et en paille; elles sont très-hautes, ressemblant à l'intérieur à de grands paniers renversés; leur forme est celle d'une ruche, bien différente des chenils des tribus du nord.

« On nous apprend que nous ne devons pas compter sur la visite de Kamrasi, car les personnages d'importance ne sont jamais pressés de rendre leurs visites. Aucun des chefs principaux n'a encore paru. On attend Kidgwiga aujourd'hui; mais de toutes parts la foule arrive pour voir la dame blanche. Attendre qu'il plaise à ces nègres tout-puissants de permettre à nos gens de traverser le fleuve est une terrible épreuve pour notre patience.

« 27 *janvier*. — Encore un jour perdu, alors que chaque instant est précieux. Les pluies commenceront, j'en ai peur, avant que ma tâche ne soit accomplie, et si l'Asoua est débordé, je ne pourrai pas retourner à Gondokoro. Dans ce district, la population est nombreuse et la culture étendue. Il y a beaucoup d'arbres ressemblant au vacoua de l'île Maurice; mais les feuilles, d'une texture différente, produisent une sorte de chanvre. On nous dit tous les jours que le chef envoyé par Kamrasi est en route, mais il ne donne aucun signe de vie.

« 28 *janvier*. — Kamrasi, dit-on, a envoyé un homme de confiance avec une grande troupe, comprenant plusieurs des gens qui ont abandonné Speke. Ils doivent m'examiner et constater si je suis vraiment blanc et Anglais; si *oui*, je suppose qu'on nous laissera passer; si *non*, nous serons sans doute exterminés. De peur de méprise, je me suis précautionné de toute façon; mais, n'ayant que huit hommes de ce côté de la rivière, s'il arrive une échauffourée, je suis sûr de perdre tout mon bagage, car personne ne voudra le transporter au canot.

« 29 *janvier*. — Bananes, patates et œufs en abondance. On obtient trois bananes pour une petite perle. Les nègres s'amusent beaucoup en nous voyant essayer les œufs dans l'eau avant de les acheter. On attend le chef aujourd'hui. Hier soir, un message fort poli nous a été expédié par Kamrasi; il s'excuse de ne pouvoir venir nous voir, et nous invite à nous rendre à sa capitale. Ce matin, la troupe envoyée par Kamrasi n'est plus, nous dit-on, qu'à une heure de marche d'Atâda.

« A midi, le chef arrive accompagné d'une suite nombreuse dans laquelle se trouvent trois des déserteurs de Speke; un d'entre eux a été créé chef par Kamrasi, qui lui a fait présent de deux femmes. Je les reçois debout, et, inspection faite, on me reconnaît, à la satisfaction générale, pour le *frère de Speke*. Cependant tout n'est pas terminé; un long discours m'annonce un nouveau délai de quatre jours, indispensable pour avoir la réponse de Kamrasi au rapport satisfaisant qu'on lui adresse sur mon compte. Perdant toute patience, j'éclate : je déclare que Kamrasi n'est qu'une misérable créature, tandis qu'un blanc est un roi en comparaison de lui; j'ordonne que l'on transporte sur-le-champ mon bagage au canot, et je déclare que je vais retourner dans mon pays; je ne tiens plus à voir un rustre comme Kamrasi, et pas un autre homme blanc ne viendra désormais visiter son royaume.

« L'effet de ces paroles est magique. Je me lève en hâte comme pour partir; les chefs suppliants m'arrêtent : Kamrasi, disent-ils, les tuera tous si je m'en vais. Pour empêcher ce malheur,

M. Baker reconnu et proclamé *frère de Speke*, après examen

ils ont fait enlever secrètement le canot. Ma colère s'en accroît; craignant une sérieuse querelle, près de quatre cents nègres témoins de la scène se dispersent de tous côtés. Je dis aux chefs que rien ne pouvant plus me retenir, je m'emparerai du canot de force, si ma caravane tout entière n'est pas transportée sur-le-champ de ce côté de la rivière. On accepte mes conditions. Un des hommes d'Ibrahim et l'un des déserteurs de Speke, agissant au nom de Kamrasi, échangent et boivent du sang tiré simultanément du bras droit de chacun d'eux. De cette façon, la paix étant tout à fait cimentée, plusieurs canots partent de suite, et avant le coucher du soleil plus de soixante de nos hommes ont traversé le fleuve. Cependant, par précaution, les naturels ont éloigné leurs femmes.

« 30 *janvier*. — Le reste de la troupe et du bagage est arrivé, et on nous apporte des provisions de toute espèce. Demain, nous nous mettons en route directement pour la capitale de Kamrasi, qui me promet un guide pour me conduire au lac.

« Les naturels du pays sont très-soigneux dans tout ce qu'ils font; s'ils ont quelque objet à vendre, ils le disposent en paquets fort propres, entourés d'écorce de plantain, et quelquefois de la pellicule intérieure d'un roseau préparée en petites lanières de la blancheur de la neige et qui sont attachées autour des paquets avec le plus grand soin. Si le cidre du plantain (*merissa*) est apporté dans une jarre, l'ouverture de cette jarre est toujours scellée par un couvercle en roseaux étroitement nattés; le tabac même n'est jamais mis en vente qu'empaqueté de cette façon. Ils se servent en voyage d'une jolie gourde à long cou, en forme de bouteille, pour contenir leur vin de banane; le goulot est fermé par un paquet de ces fibres de roseaux, dans lesquels on insère un chalumeau qui descend jusqu'au fond. Ainsi on peut humer la boisson quand on est en marche, sans avoir besoin de s'arrêter et sans craindre que le mouvement la répande.

« Les naturels préparent les peaux de chèvres très-habilement, et les rendent aussi souples que de la peau de chamois. Ils les coupent en carrés qu'ils cousent ensemble avec toute l'adresse d'un tailleur européen; ils en font des manteaux préférables, à cause de leur solidité, à ceux d'écorce. Ils fabriquent aussi leurs propres aiguilles, non en y perçant un trou, mais en affinant l'extrémité qu'ils recourbent ensuite et fixent d'un coup de marteau dans un petit cran préparé sur la tige de l'aiguille.

« Les vêtements de toute sorte sont fort recherchés ici et pourraient être avantageusement troqués contre de l'ivoire. La verroterie est aussi fort appréciée et serait une matière d'échange avantageuse si le pays ne devait bientôt en être encombré. Les articles d'habillement au contraire ne durent pas, et le marché serait toujours ouvert à ces articles périssables. Il y a donc là, comme je l'ai toujours pensé, une excellente occasion de commencer un trafic légitime.

« 31 *janv.* — Les naturels viennent en grand nombre pour transporter gratuitement notre bagage d'après les ordres du roi. Nous partons à sept heures du matin, et nous faisons une traite de dix milles et demi vers le sud, parallèlement au Nil ; le pays est bien peuplé et les champs sont couverts de sésame, patates, fèves, *tallaboun*, *dourra*, maïs, et à chaque village nous trouvons des hommes prêts à relayer nos porteurs de l'étape précédente. Dans cette partie de son cours, le fleuve, loin d'être encaissé dans de hautes berges, coule au niveau du sol, ce qui indique une forte pente vers l'ouest depuis Keruma. Nous faisons halte près d'un village à l'ombre des bananiers. Ces plantes sont ici beaucoup plus hautes qu'à Ceylan, et leurs tiges noires s'élèvent à vingt-cinq ou trente pieds. Le chef du district vient à notre rencontre et insiste pour que nous restions dans son village aujourd'hui et demain, afin de boire et de manger avec lui ; autrement Kamrasi le tuera. Ainsi nous perdons sans cesse un temps si précieux. Le chef se nomme *Matta Goumi*. Pour lui le lac n'est plus un secret. Ainsi que ses administrés, il m'affirme que le lac Luka N'zigé est plus grand que le Victoria N'yanza, et que les deux lacs sont alimentés par des cours d'eau venant de la grande montagne Bartouma. Cette montagne est-elle le M'fumbiro de Speke, avec une différence de nom purement locale ? Suivant les indications que l'on me donne, elle doit être au sud-ouest de l'endroit où nous nous trouvons, et dont la latitude, obtenue par la hauteur méridienne de la Chèvre, est de 2° 5′ 32″.

« 1er *fév.* — Ma femme est sérieusement malade d'une fièvre bilieuse. Tous les habitants ont quitté leurs villages, laissant leurs cabanes et leurs jardins à notre disposition. Telle est la coutume du pays lorsque le roi ordonne qu'un étranger soit conduit à travers ses États.

Les habitants d'Ounyoro ont un outil bien supérieur à la *molote* dont les tribus du nord font usage. C'est une lame de fer très-forte emmanchée comme celle dont on se sert dans les plantations de cannes aux Antilles, mais en forme de cœur; avec ces outils ils creusent la terre très-profondément, surtout pour la culture de leurs patates. La température pendant la journée varie de 80° à 84°, et pendant la nuit, descend parfois jusqu'à 36°. Climat très-malsain à cause de la proximité de la rivière.

« 2 *février*. — Marche de cinq milles. Ma femme, très-souffrante, est transportée en litière. Je tombe malade comme elle.

« Le 3 et le 4 *février*. — Même situation. Nous partons à sept heures trente du matin. F*** est portée en litière; mon malaise augmente aussi, et après avoir été soutenu sur mon bœuf par deux hommes je tombe enfin entre leurs bras. On me place sous un arbre où je passe environ cinq heures; dès que je suis un peu mieux je fais deux heures de marche vers le sud. Des montagnes apparaissent au sud et au sud-ouest à environ dix milles de distance. Le pays boisé, parsemé de villages, s'étend sur les deux rives du Somerset; mais on n'y voit ni tamarins ni aucun autre fruit, ce qui est très-fâcheux en cas de fièvre; une de nos négresses, Fadila, se meurt de cette maladie.

« 5 *février*. — F*** est si malade qu'elle ne peut pas même supporter la litière. Dieu veuille avoir pitié de nous dans ce pays perdu. Hauteur du niveau de la rivière au-dessus de celui de la mer : 4056 pieds.

« 6 *février*. — Légère amélioration dans l'état de F***. Contrée semblable à celle des jours précédents. Après une courte traite de trois milles et demi, nous faisons halte dans un village où nous sommes retenus toute la journée tandis qu'on expédie un courrier à Kamrasi. Demain nous arriverons, je crois, à la capitale de ce tyran. Il m'a fait dire aujourd'hui que les maisons qu'il avait préparées pour moi ayant été incendiées, il me priait d'attendre qu'on en ait disposé d'autres. La vérité est qu'il a peur de ma nombreuse escorte, et il nous ajourne autant que possible afin d'apprendre comment nous nous conduisons en route. Latitude, par observation : 1° 50′ 47″ N.

« 7 *février*. — Retenu ici pour la journée. Je n'ai jamais vu gens plus sales, dans leurs habitations, que ces indigènes de l'Ounyoro. Chèvres et volailles partagent avec le propriétaire la hutte à laquelle une litière de paille étendue sur le sol donne l'aspect d'une étable. Les naturels dorment sur une plate-forme recouverte de paille avec une peau de bœuf préparée. Hier ils ont voulu nous vendre quelque peu de café. Ils ignorent complétement son usage comme boisson, mais se contentent de le mâcher cru en guise de stimulant. La graine, petite et délicate, a un parfum agréable. On l'apporte du pays d'Utumbi, situé à environ un degré plus au sud.

« 8 *février*. — Nous faisons huit milles directement au sud. La rivière décrit un grande courbe, et notre marche de ce matin représente la corde de l'arc. Halte et délai d'un jour encore, car nous ne sommes pas loin de la capitale, et il faut que nous recevions des instructions du roi avant d'aller plus loin. Jamais je n'ai vu de poltronnerie si abjecte que celle de Kamrasi. La razzia que le *vakil* de Debono a faite sur sa frontière l'a tellement épouvanté qu'il a quitté le lieu ordinaire de sa résidence, pour se refugier de l'autre côté d'une rivière d'où il nous expédie des messages sans objet, afin de retarder notre marche autant que possible. Manquant tout à fait de dignité, il n'envoie pas d'homme de haut rang pour ouvrir une conférence avec nous, mais il accepte avidement, de la part de bavards de bas étage, des rapports contradictoires qui augmentent sa perplexité. On lui a dit, entre autres faussetés, que nous avions figuré parmi les gens de Ras-Galla, le vakil de Debono, et il n'a le courage ni de nous repousser, ni de nous recevoir. En effet, si nous en venions à une lutte ouverte, ma petite armée de cent douze hommes, suffisamment approvisionnée de munitions, ne ferait qu'une bouchée de son royaume. Quant à présent, chaque homme ne porte que soixante cartouches, et cela n'est peut-être pas suffisant.

« 9 *février*. — Après des discussions sans fin et de continuels échanges de messages, le roi m'envoie dire qu'il faut que j'aille le trouver seul. Je refuse et, comme je me mets en route avec mes gens, le guide ne veut pas m'accompagner, je me retourne alors et dis au guide que je renonce à voir Kamrasi qui ne peut être qu'un imbécile, et que je vais reprendre le chemin de mon pays. Une confusion générale, de nouveaux messages au roi suivent cette déclaration ; j'obtiens la permission de me faire suivre de tous mes hommes, mais Ibrahim ne peut prendre avec lui que cinq Turcs. Bachita a dit aux naturels que nous formons deux troupes distinctes.

« Une violente attaque de fièvre retarde mon départ. Cette terrible maladie me tourmente d'autant plus cruellement que je n'ai plus de quinine à lui opposer.

« 10 *février*. — L'esclave Fadila est morte de la fièvre. Quant à moi, j'éprouve du mieux, et le chef est à ma porte, prêt à nous mener vers Kamrasi. Après une marche rapide de trois heures à travers d'immenses forêts, nous arrivons à la capitale, grand village de huttes en gazon, sur la pente d'une colline inculte. On nous transporte de l'autre côté de la rivière dans de grands canots, capables de contenir cinquante hommes, et creusés chacun dans un tronc d'arbre de plus de quatre pieds de largeur. On nous avait dit que Kamrasi était dans sa résidence sur cette rive méridionale, mais en y arrivant, nous éprouvons encore une déception complète. Nous sommes sur un terrain plat, affreux, de niveau avec la rivière, formant un marais dans la saison pluvieuse, à la jonction du Kafour avec le Somerset. Cette dernière rivière, qui borde à l'est le terrain où nous nous trouvons, est très-large, d'un cours fort lent et encombrée de papyrus et de nénufars. Le fleuve que nous venons de traverser est le Kafour; son eau est tout à fait stagnante, sa largeur d'environ quatre-vingts verges, y compris, de chaque côté, les bancs couverts de papyrus. On nous montra quelques huttes malpropres qui devaient former notre camp. Les moustiques abondaient et nous n'avions à manger que quelques poulets que j'avais apportés avec moi. Kamrasi était de l'autre côté de la rivière; les nègres nous tenaient ainsi adroitement loin de lui et s'en étaient rétournés avec les canots. Nous nous trouvions donc prisonniers dans le marécage. Voilà comment le roi d'Ounyoro nous souhaitait la bienvenue. J'appris que Grant et Speke avaient été logés à l'endroit même où nous nous trouvions. »

Cependant Ibrahim était très-inquiet ainsi que mes gens. Ils m'affirmaient qu'un acte de trahison se préparait puisqu'on avait enlevé les bateaux. Ils songeaient à retraverser la rivière à la nage pour aller rejoindre le reste de notre caravane, restée à trois heures en arrière. Ma femme et moi nous étions malades de la fièvre et l'atmosphère malsaine du marécage aggravait nos souffrances. Suivant les conditions stipulées par Kamrasi, notre bagage avait été laissé à la dernière station, ainsi nous étions réduits à dormir sur le sol humide dans une cabane dégoûtante, car la rosée abondante nous empêchait de nous reposer en plein air. J'accompagnai avec la plus grande difficulté Ibrahim et quelques hommes sur la plage où nous avions débarqué la veille, et grimpant sur le sommet d'un nid de termites, afin d'obtenir un point de vue par-dessus les roseaux, j'examinai le village avec une lunette d'approche. La scène était des plus animées : çà et là couraient des troupes de nègres, se dirigeant de tous côtés vers le fleuve, dont les rives, jusqu'à la ville de M'rouli, étaient absolument noires d'êtres vivants, et je vis une douzaine de grands canots se préparant à les transporter de notre côté. Revenant de mon observatoire vers Ibrahim qui, à quelque distance de là, plongé au milieu des roseaux et des herbes, ne pouvait rien distinguer, je le priai de me suivre, de se placer sur la fourmilière et de regarder du côté de M'rouli. A peine eut-il jeté un coup d'œil dans cette direction, que descendant en hâte, il s'écria : « Ils vont nous attaquer ! Retournons au camp, et préparons-nous pour une bataille ! » « Tirons, s'écrièrent quelques-uns de nos gens, tirons sur eux pendant qu'ils essayent de traverser dans leurs canots. Nos balles les faucheront, entassés comme ils le sont les uns sur les autres. » Et frappés d'une terreur panique, ils auraient certainement mis ce projet en exécution si je ne m'étais pas trouvé là.

« Imbéciles que vous êtes ! leur dis-je; ne voyez-vous pas que les nègres n'ont pas de boucliers avec eux, mais seulement des lances ! Commenceraient-ils une attaque sans leurs boucliers ? C'est Kamrasi qui vient en grande pompe nous faire visite. » Cette idée paraissant peu plausible à mes gens, nous gagnâmes notre camp, et comme mesure de précaution, nous plaçâmes nos hommes en position derrière une haie d'épines. Ibrahim s'était arrangé de façon à amener avec lui douze soldats d'élite au lieu de cinq, de sorte que nous formions un corps de vingt-quatre hommes. Quant à moi, abattu par la fièvre, je ne pouvais payer beaucoup de ma personne.

En peu de temps les canots arrivent, et environ une heure se passe à faire traverser un grand nombre d'hommes; enfin ils s'avancent et prennent possession de quelques huttes à 200 verges de notre camp.

On nous cria que Kamrasi était arrivé, et voyant des bœufs au milieu de la troupe j'étais sûr qu'on n'avait aucune mauvaise intention contre nous. J'ordonnai à mes gens de me transporter sur leurs bras jusqu'au roi et de ne pas oublier les présents, car j'étais déterminé à avoir une audience en personne quoique je ne fusse bon qu'à aller à l'hôpital.

A mon approche, la foule s'ouvrit, et l'on me déposa sur une natte où siégeait le roi. C'était un bel homme, mais aux traits singuliers, aux yeux fort saillants; il avait bien six pieds de haut. Très-propre de sa personne, il portait une robe d'écorce tombant en plis gracieux. Ses ongles, tant des mains que des pieds, étaient très-soignés; son teint était d'un brun aussi foncé que celui d'un Abyssin. Assis sur un tabouret de cuivre placé sur un tapis de peaux de léopards, il était entouré de dix de ses principaux chefs.

Notre interprète, Bachita, lui dit qui nous sommes, et lui apprend le but de mon voyage. Il, nous répond qu'il est fâché d'avoir été si longtemps en route; mais la trahison des gens de Debono l'a obligé d'être prudent. Je lui dis que je suis Anglais, ainsi que Speke et Grant; qu'ayant appris la réception qu'il leur a faite, je viens le remercier, lui offrir quelques présents pour lui témoigner ma reconnaissance, et le prier de me donner un guide qui me conduise au lac Luta N'zigé. Ce nom le fait rire et il le répète plusieurs fois avec ses chefs; — il me dit ensuite que ce n'est pas *Luta*, mais *M'woutan* N'zigé; que le trajet de M'rouli au lac étant de *six mois*, faible comme je le suis, il me sera impossible d'y arriver; que je mourrai en route, loin de ma patrie, où on se figurera que j'ai été massacré, ce qui causera peut-être l'invasion de son pays. Je m'empresse de répondre que la faiblesse dont je souffre est la suite des fatigues que j'ai éprouvées pendant plusieurs années sur le sol brûlant de l'Afrique; je suis à la recherche du grand lac et je ne retournerai pas dans mon pays avant de l'avoir découvert; ce n'est pas un roi qui me gouverne, mais une reine puissante; elle veille sur tous ses sujets, et aucun Anglais ne peut être massacré impunément; il faut donc qu'il me fasse conduire sans délai vers le lac, parce que c'est le seul moyen de diminuer nos chances de mort dans ses États.

J'explique au roi que le cours du Nil s'étend à travers des régions merveilleuses dont le parcours exige un voyage de deux ans; le fleuve tombe dans la mer, d'où on pourrait facilement lui envoyer toutes sortes d'objets précieux en échange de l'ivoire de l'Ounyoro, si je réussissais à arriver jusqu'au lac. Comme preuve de mes assertions, je lui apportais quelques curiosités que j'espérais qu'il voudrait bien agréer; je regrettais que l'impossibilité où je m'étais trouvé de me procurer des portefaix m'eût forcé d'abandonner d'autres cadeaux qui lui étaient destinés.

Là-dessus je commandai à mes gens de déballer le tapis de Perse, que je fis déployer devant lui. Je lui donnai de plus un *abbia* (grand manteau de Cachemire), un ceinturon de soie rouge, une paire de souliers turcs écarlates, plusieurs paires de chaussettes, un fusil à deux coups avec des munitions, et une quantité de verroterie, premier choix, disposée en colliers et en ceintures magnifiques. Il fit peu d'attention aux présents, mais me pria de tirer un coup de fusil, ce qui fut fait, au grand émoi de la foule présente. Tous s'enfuirent si vite qu'ils tombèrent les uns sur les autres comme autant de lapins. Le roi en fut charmé; surpris d'abord, il finit par rire aux éclats. Il me dit que j'avais sans doute faim et soif; il espérait donc que j'accepterais de lui de quoi manger et boire; il me donna en conséquence dix-sept vaches, vingt pots de cidre du pays, fort sûr, et plusieurs charges de bananes qui n'étaient pas mûres. Je demandai si Speke avait laissé derrière lui en partant un coffre à médicaments. Il me répondit que le pays était fort sujet aux fièvres, et que lui et ses sujets avaient fait usage de tous les remèdes. Ma dernière espérance de me procurer un peu de quinine se trouvait donc déçue.... J'avais toujours compté que le roi pourrait m'en donner, car Speke lui en avait laissé un grand flacon, à ce qu'il m'avait dit lui-même. Impossible d'obtenir du roi aucun renseignement. On me transporta à ma hutte, où je trouvai Mme Baker exténuée par la fièvre; nous ne pouvions donc être d'aucun secours l'un pour l'autre.

Le lendemain matin le roi se présenta de nouveau; j'étais mieux, et j'eus avec lui une longue entrevue. Sans paraître faire attention à mes questions, il me pria de m'allier à lui pour attaquer son ennemi Rionga. Je lui dis que je ne pouvais pas me mêler de semblables querelles; mon seul but était le lac. Je le priai de donner une grande quantité d'ivoire à Ibrahim, qui, à son premier retour de Gondokoro, lui remettrait en échange les articles les plus précieux. Il me répondit qu'il n'était pas sûr *si mon ventre était blanc ou noir* (si mes intentions étaient bonnes ou mauvaises) ; mais, s'il était blanc, je ne pouvais avoir aucune objection à échanger du sang avec lui comme preuve de mon amitié et de ma sincérité. Cette demande passait les bornes de l'étrangeté! Je répliquai que cela était impossible, parce que dans mon pays on regardait l'effusion du sang comme une preuve d'hostilité; mais qu'il pouvait accepter Ibrahim comme mon remplaçant. Chacune des parties contractantes se découvrit un bras, y fit une piqûre et lécha le sang de l'autre; l'alliance se trouva conclue. Ibrahim convint d'assister Kamrasi contre tous ses ennemis. Il passait à son service spécial, et désormais nos deux caravanes devenaient distinctes l'une de l'autre.

Il pleuvait à torrents, et le sol de notre cabane devint si humide, si saturé de l'eau des marécages voisins, que mes pieds s'y enfonçaient jusqu'à la cheville. Tous les jours j'avais la fièvre vers trois heures de l'après-midi, et chaque accès durait cinq ou six heures, me réduisant à une extrême faiblesse. Ma femme souffrait tout aussi violemment. Quelques extraits de mon journal donneront une idée suffisante de notre misérable position.

« 16 *fév.* — Tous mes portefaix m'ont abandonné, ayant appris que le lac est si loin. Je n'ai pas un seul homme qui puisse porter mon bagage; si donc je ne puis pas retraverser l'Asoua avant les crues, me voilà pour une autre année emprisonné dans ce maudit pays, sans médecin, sans vêtements, sans provisions.

« 17 *fév.* — Accès de fièvre la nuit dernière; pluie, comme à l'ordinaire, avec accompagnement de boue. Un des agents principaux de Kamrasi, dont mes cadeaux ont dénoué la langue, m'assure avoir été en dix jours jusqu'au lac pour acheter du sel, et qu'un homme chargé de cette marchandise peut revenir en quinze jours. Dieu seul sait ce qui en est! Le temps presse, et Kamrasi me retient ici de la manière la plus fatigante.

« Kamrasi est venu aujourd'hui; comme d'habitude il voula que je lui fisse cadeau de tout ce que j'avais : mon sabre, ma montre, ma boussole; je refusai positivement. Je lui dis qu'il m'avait trompé en me faisant accroire que le lac était à six mois de marche, quand la distance n'était pas de plus de dix jours. Il répondit insolemment : « Allez-y, si cela vous fait plaisir, mais ne vous en prenez pas à moi si vous ne pouvez pas revenir. C'est une marche de vingt jours, croyez-moi ou non, comme vous l'entendrez. » Lorsque je le questionnai sur le moyen de se procurer des porteurs, il se borna à me demander mon sabre et ma jolie petite carabine Fletcher. Plein de dégoût, je me retirai dans ma hutte. Cette après-midi un messager est arrivé de la part du roi, portant vingt-quatre petits morceaux de paille de la longueur d'environ quatre pouces chacun. Ayant arrangé ces morceaux de paille à la file, il m'expliqua qu'il avait voulu représenter ainsi le nombre de cadeaux faits au roi par Speke. Je n'en avais fait que dix; pourquoi m'étais-je arrêté là? Ce misérable mendiant, cet avide poltron est pourtant un roi, et de lui dépend le succès de mon expédition.

« 20 *février*. — Ciel couvert comme d'ordinaire; on ne voit ni soleil, ni lune, ni étoiles. Heureusement on peut se procurer du lait ici. Je vis de lait caillé. Kamrasi est venu, et m'a donné vingt défenses d'éléphant comme cadeau pour Ibrahim. Il paraît que les gens de Debono, commandés par Ras-Galla, sont encore dans le territoire de Rionga; ce qui effraye terriblement Kamrasi.

« 21 *février*. — Ce matin Kamrasi a été assez poli pour nous permettre de quitter le marécage, vrai nid à moustiques et à fièvre où nous étions cantonnés; nous avons traversé la rivière Kafour, et nous voilà dans M'rouli. Je suis allé le voir, et après une longue délibération, il a promis de me faire conduire vers le lac dès demain. Là-dessus, ôtant mon baudrier et mon sabre, je les lui ai offerts, lui disant que comme j'étais maintenant persuadé de son amitié, j'avais le plus grand plaisir à lui offrir mon sabre, comme preuve de la cordialité de mes sentiments; car en remettant ainsi entre ses mains l'arme qui servait à ma défense, je me plaçais pour ainsi dire sous sa protection. Pour prouver ce dont mon sabre était capable, je lui proposai de pourfendre le bouclier le plus solide qu'il pourrait mettre à l'épreuve; ce qui l'a beaucoup réjoui. J'espère maintenant pouvoir atteindre le confluent du Somerset avec le Mwoutan-Nzigé, à Magungo; de là je rejoindrai Ibrahim à Shoua, puis, je me dirigerai sur Gondokoro où je trouverai un bateau venu de Khartoum au-devant de nous.

« Ibrahim et ses compagnons se sont remis en route ce matin

pour Karuma, me laissant avec ma petite troupe de treize hommes. Si je puis réussir à découvrir le lac, je remercierai Dieu du fond de mon cœur. La fatigue, l'inquiétude, les ennuis cuisants que j'ai eu à endurer par le fait de mon association avec les Turcs, joints à la fièvre — passée maintenant à l'état chronique — toutes ces misères suffiraient pour détruire le tempérament d'un éléphant. Tous les jours il faut donner : donner aux Turcs, donner aux nègres. Si je prête quelque chose aux Turcs, ce serait une insulte de le leur redemander. Un seul mot imprudent aurait pu faire échouer tous mes plans ; depuis un an j'ai été obligé de parler, d'expliquer, d'arranger, de conduire des brutes comme un cocher conduit des chevaux vicieux. Des monceaux de présents faits à Ibrahim joints à une description animée des avantages que lui procurerait l'établissement d'un commerce avec Kamrasi, l'ont enfin décidé à venir dans ce pays. Sans lui je n'aurais pu me procurer de portefaix ; sans lui donc il m'eût été impossible d'arriver où j'en suis. C'est lui qui jusqu'à Karuma m'a fourni des portefaix à raison de six bracelets de cuivre par tête et par grande étape. Il est convenu avec moi de me laisser trente têtes de bétail à Shoua ; de cette façon, lors même qu'il serait parti pour Gondokoro avant mon retour à Shoua, je pourrai me procurer des portefaix, et arriver à temps pour le bateau.

« Jusqu'ici il m'a été impossible de faire des observations astronomiques, le ciel étant obscurci par un voile épais, couleur d'ardoise. Ce soir j'ai pu observer Canope et déterminer la latitude (1°,38 N). Le thermomètre de Casella me donne pour la hauteur du Somerset à M'rouli 4,061 pieds au-dessus du niveau de la mer, d'où l'on peut déduire 65 pieds de chute entre le point où nous nous trouvons et la base des cataractes de Karuma.

« Comme Ibrahim nous quittait ce matin, je fus obligé de retenir l'esclave Bachita en qualité d'interprète et j'achetai sa liberté moyennant trois fusils à deux coups. Je lui expliquai qu'elle était libre, que je désirais qu'elle me servît de drogman pendant mon séjour dans l'Ounyoro, et qu'à mon retour je la laisserais dans son pays, à Chopi. Loin d'être satisfaite de ce changement, Bachita regrettait les Turcs, et elle devint de très-mauvaise humeur quoique ma femme lui donnât des perles et un jupon neuf pour l'adoucir.

« 22 *février*. — Kamrasi a promis de m'envoyer des porteurs, afin que nous puissions partir aujourd'hui, mais je ne vois aucun préparatif, et je suis retenu ici quand tout délai est un péril. Pour surcroît d'ennui, la femme que j'ai pour interprète *ne veut pas parler;* c'est l'être le plus grognon que j'aie jamais vu. Le soir Kamrasi me fait dire qu'il nous enverra demain un guide et des porteurs. Impossible de compter sur lui. »

Après tant de délai, nous fûmes enfin honorés d'une visite de Kamrasi, accompagné de nombre de ses gens, et il promit que nous partirions le lendemain. Il m'indiqua un chef et un guide qui devaient nous prendre sous leur protection, et nous fournir tout ce dont nous aurions besoin. Il termina sa harangue en me demandant, comme d'ordinaire, ma montre et de la verroterie. J'accédai à sa demande en ce qui concernait le dernier article, et je lui remis de plus une masse de munition pour ses armes à feu. Il me montra une superbe carabine à deux coups de la fabrique de Blesset que Speke lui avait donnée. Je désirais beaucoup me la procurer afin de la rendre à mon ami dès que je serais de retour en Angleterre, car je lui avais entendu dire, à Gondokoro, qu'il s'était vu, bien à contre-cœur, obligé de distribuer en présents un grand nombre d'objets de valeur, y compris la carabine en question. J'offris au roi trois fusils à deux coups de fabrique ordinaire en échange de cette arme de prix; mais sachant parfaitement la différence qu'il y avait entre ces articles, il me refusa net. Il me montra ensuite un grand chronomètre en argent dont Speke lui avait fait cadeau. Il me dit qu'il était *mort* et il me pria de le réparer. Je répondis que cela m'était impossible. Il avoua alors qu'ayant voulu expliquer à ses sujets, au moyen d'une aiguille, le mécanisme et la cause du tic-tac de l'instrument, celui-ci était, depuis lors, resté muet. Je regrettai de voir des objets tels que la carabine et le chronomètre jetés devant un pourceau comme Kamrasi, qui avait dépouillé Speke et Grant de tout ce qu'ils possédaient avant de leur permettre de poursuivre leur chemin.

Ce qui rend les voyages d'exploration en Afrique si difficiles, c'est la rapacité des chefs des différentes tribus. Chaque tribu cherche à accaparer tous les objets de prix que vous avez et sans lesquels vous ne sauriez rien faire. La difficulté de se procurer des porteurs vous oblige à réduire votre bagage; ainsi une quantité donnée de provisions doit forcément vous servir pendant un certain espace de temps; si ces provisions font défaut, votre expédition est par cela même terminée. Il est donc très-difficile de régler sa dépense de manière à satisfaire tout le monde et à se ménager une réserve pour les cas urgents. Sevré de toute communication avec le monde civilisé, n'en attendant aucun secours, le voyageur ne peut compter que sur lui-même, n'a d'espoir que dans la Providence, et, de corps et d'âme, doit être préparé à tout événement.

CHAPITRE XI.

DÉPART POUR LE LAC.

Enfin le jour de notre départ est arrivé ; le chef et le guide paraissent, et on nous conduit à la rivière Kafour où se trouvent des canots pour nous transporter sur l'autre bord. Nous revînmes donc à nos anciens cantonnements dans le marais ! Le lac étant à l'ouest, je soupçonnais encore quelque fourberie, car il était impossible de se fier à Kamrasi. Je me plains au guide, et lui demande de m'indiquer dans quelle direction se trouve le lac; il me montre l'occident, mais ajoute que nous allions être obligés de suivre pendant plusieurs jours la rive sud de la rivière Kafour, parce que la ligne directe est coupée par un marais impraticable. Tout cela n'était pas de nature à calmer mes soupçons; d'autant qu'une fois déjà, transportés à travers la rivière en cet endroit même, on nous y avait détenus. On nous conduit l'espace d'un mille le long du Kafour, jusqu'à des huttes où nous devons attendre la venue de Kamrasi qui se propose de prendre congé de nous. Le soleil est insupportable, nous mettons pied à terre et nous nous réfugions dans la cabane d'un forgeron. Au bout d'une heure, Kamrasi arrive accompagné d'un nombre considérable de ses sujets, et vient s'asseoir près de nous. Je suis convaincu que le but de sa visite est simplement de nous extorquer nos dernières ressources. Je lui ai donné presque tout ce que j'avais, mais il nourrit l'espoir de me dépouiller complétement.

Sans préambule, il entama la conversation en demandant un

petit mouchoir turc de mousseline jaune, garni d'une frange d'argent que Mme Baker portait sur la tête. Je lui en ai déjà donné un semblable, et je lui explique que ma femme ne peut pas lui céder celui-là. N'importe, il insiste pour l'avoir et finit par l'obtenir. Il me demande ensuite d'autres mouchoirs. Nous n'avons que quelques serviettes déchirées; il n'accepte pas cette excuse et réclame l'ouverture de mon porte-manteau, afin qu'il puisse en faire l'inspection lui-même. Le bagage déjà arrangé pour le voyage est livré à son examen, et nos effets en lambeaux lui passent successivement sous les yeux. Mais l'aspect en est si misérable qu'il en détourne les yeux en me disant que cela ne lui convient pas. Il faut que je lui donne de la verroterie, sinon je suis son ennemi. Sur le champ, je lui remets un choix des plus belles perles d'opale, et me levant de dessus la pierre où j'étais assis, je lui dis qu'il faut que nous partions de suite. « Ne soyez pas si pressé, répondit-il, vous avez beaucoup de temps devant vous; mais où est la montre que vous m'aviez promise? » Cette montre était la seule qui me restât; il me l'avait demandée inutilement tous les jours pendant notre résidence à M'rouli. Je n'avais jamais vu un mendiant aussi obstiné. Je lui expliquai que sans cet instrument je ne pourrais terminer mon voyage, mais qu'à mon retour je lui donnerais tout ce que j'avais excepté ma montre, car je n'aurais plus besoin de rien lors de mon retour direct à Gondokoro. En même temps, je lui répétai les termes exprès de l'arrangement qu'il avait stipulé, le priant de ne pas me tromper, car ma femme et moi nous mourrions certainement si nous étions obligés de rester une autre année dans ce pays, faute de rejoindre à temps les bateaux qui se rendent périodiquement à Gondokoro. Nos conventions étaient celles-ci : il devait me donner des porteurs jusqu'au lac, où je trouverais des canots pour me conduire à Magungo, situé à l'embouchure du Somerset, et d'où, suivant lui, je pourrais voir le Nil sortir du lac tout près de l'endroit où le Somerset y débouche. Les canots me feraient ensuite descendre la rivière, et des nègres transporteraient mes bagages par la voie la plus directe jusqu'à Shoua, mon ancienne station. S'il remplissait sa promesse j'espérais me procurer d'autres portefaix à Shoua, et arriver à Gondokoro assez tôt pour profiter des bateaux qui y remontent tous les ans. J'avais pris mes dispositions pour qu'un bateau envoyé de Khartoum vînt m'attendre à Gondokoro au commencement de cette année 1864; mais j'étais sûr que si un retard survenait, le bateau s'en retournerait sans moi, car les gens de l'équipage craindraient de rester seuls à Gondokoro, après le départ des autres embarcations.

Dans l'état de faiblesse où nous étions, c'était courir à une mort certaine que de passer une année de plus sans quinine dans l'Afrique centrale; il fallait rattraper le temps perdu, le pays que nous devions parcourir était une terre vierge, et les distances tout à fait incertaines. Je tremblais pour ma femme, et je pesais les chances d'une autre année dans cet affreux pays si nous perdions l'occasion des bateaux. Avec ce dévouement qu'elle n'avait cessé de montrer à travers toutes les épreuves, elle me conseillait de ne pas penser à elle, mais de marcher en avant et de découvrir le lac; elle avait pris, elle aussi, la résolution de ne pas rebrousser chemin avant d'avoir atteint le M'woutan N'zigé.

En terminant je priai donc Kamrasi de nous congédier, car nous n'avions pas une heure à perdre. Avec un incroyable sang-froid il me répondit : « Je vous ferai conduire au lac et jusqu'à Shoua, comme je vous l'ai promis; mais *il faut que vous laissiez votre femme avec moi.* »

En ce moment nous nous trouvions entourés par un grand nombre de nègres, et cette insolente requête confirma les soupçons de trahison que m'avait fait concevoir notre transport de l'autre côté du Kafour. Si mon expédition devait se terminer en ce lieu, ce moment devait être aussi le dernier de la vie de Kamrasi; tirant tranquillement mon *revolver*, je le dirigeai à moins de deux pieds de sa poitrine, et le regardant de l'air du plus profond mépris, je lui dis que si je touchais à la détente, tous ses hommes réunis ne pourraient le sauver, et que s'il avait l'impudence de renouveler son insultante demande, je le tuerais net. J'ajoutai que dans mon pays une injure comme celle-là ne se lavait que dans le sang; mais que je le regardais comme un bœuf stupide, et que son ignorance seule sauvait de la mort. Ma femme, saisie d'indignation, s'était élancée de son siége, et emportée par l'impression du moment, elle lui adressa un petit discours en Arabe (langue dont il ne comprenait pas un seul mot), mais qu'interprétaient clairement le ton et les traits de l'orateur. Cette mise en scène le frappa d'autant de stupéfaction que s'il eût vu apparaître la tête de Méduse; Bachîta, quoique sauvage, avait pris pour elle l'insulte adressée à sa maîtresse, et elle ouvrit sur Kamrasi un feu roulant de gros mots traduisant aussi fidèlement que possible l'apostrophe mordante de la jeune Gorgone.

Je ne saurais dire si ce coup de théâtre avait convaincu Kamrasi de l'indépendance des dames Anglaises, au point de le dégoûter du marché qu'il me proposait, mais il me dit de l'air du plus profond étonnement: « Ne vous fâchez pas? je n'avais pas l'intention de vous offenser en vous demandant votre femme; je vous en donnerai une, si cela peut vous obliger, et je croyais que, par réciprocité, vous n'auriez aucune objection à me céder la vôtre; j'ai l'habitude de donner de jolies femmes à ceux qui me font visite, et je croyais que nous pourrions faire un échange. Ne vous fâchez pas pour si peu; si cela ne vous plaît pas, il n'en sera plus question. » Je reçus très-froidement cette apologie pratique, et je me bornai à insister pour notre départ immédiat. Confus de sa sottise, il appela ses gens et leur ordonna de se charger de mes bagages. Ceux-ci à leur tour firent venir des femmes que la curiosité avait amenées là, et leur commandèrent de porter tous les fardeaux jusqu'au prochain village où se trouverait un relai de porteurs. J'aidai ma femme à monter sur son bœuf, j'adressai à Kamrasi un adieu très-froid et je m'éloignai de M'rouli avec le plus grand plaisir.

Le pays est une grande plaine couverte d'herbe, parsemée de petits villages et de champs de patates dont la qualité est médiocre, à cause de la stagnation des eaux. Pendant l'espace d'environ deux milles nous suivîmes les cours du Kafour; les femmes qui portaient le bagage marchaient sans ordre, et en s'efforçant de les rassembler, les hommes étaient obligés de se disperser eux-mêmes. Nous arrivâmes près d'un grand village, mais au moment où nous allions y entrer, environ six cents hommes armés de lances et de boucliers en sortirent, criant et vociférant comme autant de démons. Je crus d'abord à une attaque, mais je remarquai des femmes et des enfants mêlés à la foule. Mes gens n'avaient pas conçu une idée aussi favorable de cette troupe de guerriers qui accouraient, brandissant leurs lances et faisant mine de s'attaquer les uns les autres. « C'est un combat!

c'est un combat! Nous sommes attaqués! tirez sur eux, Hawaga! » Cependant, au bout de quelques instants, je les convainquis qu'il s'agissait seulement d'une parade, et qu'il n'y avait aucun danger. Se précipitant vers nous comme une nuée de sauterelles, les nègres dansaient, gesticulaient et hurlaient autour de mon bœuf; ils feignaient de nous attaquer avec leurs lances et leurs boucliers, puis se battaient entre eux, et se conduisaient en insensés. Un chef de haute taille les accompagnait. Soudain un des leur fut abattu, assailli par les autres à coups de lances, et il resta sur la terre couvert de sang; je n'ai jamais pu savoir pour quelle offense. Le costume de ces nègres était grotesque au possible. Ils étaient vêtus de peaux de léopards ou de singes blancs, avec des queues de vaches attachées par derrière et des cornes d'antilopes fixées sur leur tête. Ils portaient des barbes postiches faites de l'extrémité de plusieurs queues cousues ensemble. Jamais je n'avais vu troupe d'apparence moins humaine. A l'exception des griffes, ils correspondaient parfaitement à l'idéal que mon enfance s'était faite des démons; cornes, queue, rien n'y manquait. C'était notre escorte, envoyée par Kamrasi pour nous accompagner jusqu'au lac. Heureusement pour tout le monde, les Turcs ne se trouvaient pas avec nous, car cette escorte satanique eût infailliblement été reçue à coups de fusil lorsqu'elle s'élança sur nous si impétueusement pour nous faire les honneurs de sa ridicule pantomime.

Nous marchâmes jusqu'à sept heures du soir à travers un pays plat, sans intérêt, puis nous fîmes halte dans un misérable village que les habitants avaient abandonné, à la nouvelle de notre arrivée. Le lendemain matin, j'eus de la peine à réunir notre escorte, car elle s'était dispersée pour marauder dans les environs. Ce « régiment du diable[1] » faisait partie des troupes de Kamrasi, et ils se regardaient comme autorisés à à piller pendant toute la marche. Cependant, après quelque délai, ils se réunirent, et le chef s'approchant, me pria de faire tirer un coup de fusil comme curiosité. L'escorte était groupée autour de nous, et le petit Saat se trouvant près de moi, je lui

1. Allusion à une compagnie de volontaires que l'on appelle à Londres « la Compagnie du diable (*Cte devil's MM.*). » Cette troupe se recrute principalement parmi les avocats, les avoués et les notaires de la capitale. (— M.)

Baker part de M'rouli pour le lac avec une escorte fantastique.

commandais de tirer. Rien ne pouvait faire plus de plaisir au jeune drôle, et la détonation de son fusil à deux coups retentit immédiatement aux oreilles du chef. L'effet fut saisissant. Se croyant blessé, le grand diable de nègre porte les deux mains à sa tête, et se précipite à travers ses compagnons qui, saisis d'une terreur panique soudaine, se dispersent de tous côtés, en tombant les uns sur les autres; une seconde décharge acheva la déroute des preux guerriers de Kamrasi, tandis que Saat les regardait d'un air de dédain. J'étais sûr désormais qu'en cas de bataille, un cri du *baby* accompagné judicieusement d'une décharge de quarante balles suffirait à nous donner la victoire, sur toutes les bandes de Kamrasi.

Cette après-midi, une marche à travers une magnifique forêt de mimosas en fleurs nous amène au bord du marais qui avait nécessité notre grand détour. Large d'environ trois quarts de mille, il est si profond que nos bœufs sont obligés de se mettre à la nage. Douze hommes transportent avec la plus grande difficulté Mme Baker et moi sur nos angareps. Le guide qui pataugeait en avant pour nous montrer le chemin, disparaît tout à coup dans un trou profond; mais le paquet qu'il portait sur sa tête étant de substances légères flotte à la surface comme une bouée, ce qui permet au pauvre diable de reparaître après une assez longue immersion; nous faisons alors un circuit, nos hommes étant souvent plongés jusqu'au cou dans l'eau et dans la boue. Arrivés de l'autre côté, nous poursuivons notre marche dans la même superbe forêt, et nous faisons halte pour la nuit à M'bazé, village abandonné. Je fais deux observations de latitude : l'une de la Chèvre, qui me donne 1° 24′ 47″ nord; l'autre de Canope, = 1° 23′ 29″.

Le lendemain les gens de notre escorte nous causent de nouveaux embarras. Au lieu de s'occuper de nous, ils passent leur temps à danser, à faire des entrechats, à hurler et gesticuler. Lorsqu'ils s'approchent d'un village ils s'y précipitent et le pillent avant que nous puissions y arriver. De la sorte tout est enlevé, et nous ne pouvons nous procurer de la nourriture qu'en l'achetant aux pillards mêmes pour de la verroterie. Nous passons la nuit à Karké : latitude 1° 19′ 31″ nord.

Nous sommes malades tous deux, mais obligés néanmoins de voyager pendant la plus forte chaleur du jour, car nos gens ne sont jamais prêts à profiter de la matinée. Ils ne s'inquiètent de rien et leurs habitudes sauvages et indisciplinables en font des compagnons plus dangereux pour nous que les habitants du pays. Depuis *la proposition* de Kamrasi, ma femme est très-inquiète. Elle craint que cette escorte de trois cents hommes ne nous ait été donnée que pour ménager une trahison; qui sait s'ils ne se proposent pas de se débarrasser de moi et de l'enlever ensuite pour la conduire au roi ? Je n'ai pas, quant à moi, la plus légère crainte; car j'ai toujours des factionnaires pendant la nuit, et de jour je suis parfaitement préparé.

Le lendemain matin nous eûmes la même difficulté à réunir nos porteurs ; ceux de la veille s'étaient enfuis, et notre escorte avait à s'en procurer d'autres dans des villages éloignés. Cette occupation leur faisait plaisir, parce qu'elle leur donnait l'occasion de marauder partout. Cependant nous étions obligés d'attendre que le soleil fût à son méridien, nous perdions les heures fraîches du matin et nos fatigues s'en augmentaient. Enfin nous partons et nous arrivons dans l'après-midi à un coude décrit au sud par le Kafour, et qu'il faut traverser pour continuer notre marche vers l'ouest. La rivière coule au milieu d'un marécage; elle est profonde, mais si couverte d'algues et d'autres plantes aquatiques qu'un tapis d'herbe d'environ deux pieds d'épaisseur y forme comme un pont flottant. Mes compagnons courent sur cette surface mobile et s'y mouillent à peine la cheville, quoique sous cette couche de végétation l'eau soit assez profonde. Comme il était impossible de traverser, à dos de bœufs ou de porteurs, je pris les devants, et dis à Mme Baker de me suivre à pied le plus promptement possible en emboîtant strictement mon pas. La rivière avait environ quatre-vingts verges de largeur, et j'avais à peine traversé le quart de la distance, quand tout à coup, en me retournant pour voir si ma femme me suit, quelle est mon horreur en l'apercevant arrêtée dans les roseaux cédant sous ses pieds, les traits empourprés et convulsifs ; puis, tout à coup, s'affaissant sur elle-même, elle tombe comme frappée d'un coup mortel. Je cours à elle, et avec le secours de huit ou dix de mes gens qui heureusement se trouvaient là, je la retire du milieu de cette masse de végétation mouvante ; elle a tout l'air d'un cadavre, et nous avons grand'-

peine à maintenir sa tête au-dessus de l'eau dans laquelle nous sommes plongés jusqu'à la ceinture, et d'où il semblait impossible de l'emporter sans courir le risque de disparaître tous ensemble sous les roseaux. Je la place enfin sous un arbre, et lui baigne d'eau la figure et les mains, car je croyais qu'elle était seulement évanouie ; mais elle resta insensible à mes soins comme une morte, les dents et les poings fermés, les yeux ouverts mais fixes, — foudroyée par un coup de soleil.

La plupart des porteurs étaient déjà en avant avec le bagage ; j'envoyai promptement un homme chercher un angarep pour y déposer et transporter la malade, ainsi qu'un sac contenant des habits de rechange, ceux qu'elle portait étant imbibés d'eau. En vain je la frictionnai à l'endroit du cœur, en vain les négresses lui frottèrent les pieds pour rétablir la circulation. Enfin la litière arriva, et après avoir changé ses vêtements nous l'emportâmes comme un insensible fardeau. Nous avions constamment à faire halte et à lui soulever la tête, car un râle douloureux annonçait la suffocation. Enfin nous atteignîmes un village où nous nous arrêtames pour la nuit.

Je la déposai soigneusement dans une misérable hutte, et veillai à son chevet. Lui ayant desserré les dents avec un petit coin en bois, j'y introduisis un chiffon mouillé sur lequel je laissai tomber des gouttes d'eau pour humecter sa langue tout à fait desséchée. Les misérables nègres de l'escorte dansaient et hurlaient comme si rien d'extraordinaire n'était arrivé ; je commandai à leur chef de les emmener sur-le-champ vers Kamrasi, car je ne voulais pas voyager avec eux plus longtemps. Ils refusèrent d'abord, mais je leur dis que je ferais feu sur eux s'ils persistaient à vouloir m'accompagner. Le lendemain matin l'aube parut et ce fut un soulagement pour moi de me voir débarrassé de cette escorte de bêtes brutes. Ils étaient partis, mais il me restait les hommes de ma propre caravane et les guides donnés par Kamrasi.

Ma femme était demeurée tout à fait immobile depuis son insolation. et ne respirait que cinq fois par minute. Nous ne pouvions rester où nous étions, mes gens y seraient morts de faim ; c'était un lieu sans ressource. Je la replaçai donc doucement sur sa litière, et nous reprîmes notre marche funèbre. Malade et le cœur brisé, je marchais à ses côtés, à travers mares et ruisseaux, épaisses forêts et marécages profonds; ici c'étaient des collines onduleuses, là des vallées couvertes de papyrus qui s'inclinaient au-dessus de l'angarep comme les panaches d'une pompe funèbre. La journée se passa ainsi; nous fîmes halte dans un village,. et je veillai au chevet de la malade pendant toute la nuit. J'étais mouillé, couvert de boue, et frissonnant d'un accès de fièvre; mais les frissons de mon âme étaient bien autre chose! Aucun changement ne s'était manifesté chez la malade, elle n'avait pas remué. D'une provision de graisse que nous avions je fis quatre boules d'environ une demi-livre; chacune devait brûler pendant trois heures. Un tesson de cruche cassée servit de lampe, et des bouts de chiffon me tinrent lieu de mèche. Ainsi se passa la nuit silencieuse dans une solitude complète. Dans les traits émaciés et convulsifs étalés devant moi, je ne retrouvais rien de ce visage qui, pendant des années avait été ma consolation au milieu de tous les dangers et de toutes les difficultés de ma carrière. Allait-elle mourir? Un sacrifice aussi terrible devait-il être le résultat de mon égoïste exode?

La nuit se passe, et la marche recommence. Quoique faible et malade, n'ayant pas eu un instant de sommeil depuis deux nuits, je n'éprouve aucune fatigue, et je suis machinalement la litière comme si j'étais sous l'influence d'un rêve. Le même pays sauvage coupé de forêts de marécageuses nous conduit à une nouvelle halte; la nuit arrive, et de nouveau dans une misérable hutte, à la faible lueur d'une mauvaise lampe, je veille auprès de ma malade inanimée. Pas un muscle de son corps n'avait remué depuis sa chute. Tous mes gens dormaient. J'étais seul, et pas un son n'interrompait le calme de la nuit. L'ouïe souffrait de ce mortel silence; tout à coup le cri d'une hyène me fit tressaillir; je tremblai en songeant que si elle était inhumée dans ce lieu isolé, l'hyène troublerait son repos.

Le matin n'était pas éloigné; il était quatre heures. J'avais passé la nuit à lui poser des linges mouillés sur la tête, et à lui humecter les lèvres, étendue qu'elle était sur sa litière, sans vie apparente. Je ne pouvais rien de plus; seul, ployant sous cette heure fatale, au milieu de païens sauvages, éloigné de plusieurs milliers de milles de tout pays chrétien, j'implorai un secours supérieur à celui de l'homme, et je plaçai toute ma confiance en Lui.

L'aube parut, la lampe venait de s'éteindre ; courbaturé par ma veille nocturne, je me levai, et voyant qu'elle se trouvait toujours dans la même attitude, j'allai à la porte de la cabane pour respirer l'air frais du matin. Je guettais l'apparition de la première ligne rosée qui annonce à l'horizon l'approche du soleil, lorsque je tressaillis en entendant une voix faible murmurer derrière moi les mots : « Dieu merci ! » Elle s'était soudain réveillée de sa torpeur ; le cœur gros je me précipitai vers elle. Ses yeux brillaient des feux du délire ;... elle parlait, mais sa raison avait disparu.

Je renonce à décrire ici les horribles épreuves d'une fièvre cérébrale qui dura sept jours. La pluie tombait à torrents, et le manque de provisions nous obligeait de marcher sans cesse. De temps en temps nous abattions une pintade, mais rarement ; quoique le pays dût être giboyeux, nous ne trouvions rien. Les forêts nous procuraient du miel sauvage, mais les hameaux abandonnés ne contenaient aucune provision, car nous étions sur la frontière de l'Uganda, et les gens du roi M'tésa avaient pillé toute la contrée.

Je n'avais pas dormi de sept nuits, et quoique faible comme un roseau, je marchais toujours à côté de la litière. Enfin la nature ne put résister plus longtemps. Un soir, nous atteignîmes un village ; la malade avait éprouvé une suite de convulsions et tout semblait presque fini. Je la plaçai sur son *angarep* dans une hutte, je la couvris de son *plaid* écossais, et je tombai insensible sur ma natte, accablé de douleur et de fatigue. Ce soir-là mes hommes mirent des manches neufs à leurs pioches et cherchèrent un endroit favorable pour y creuser une fosse.

CHAPITRE XII.

RETOUR A LA SANTÉ. — LE LAC ALBERT.

Lorsque je me réveillai le soleil était levé. J'avais dormi et je tremblais d'horreur à l'idée qu'elle avait pu mourir pendant mon sommeil. Elle était étendue sur son lit, pâle comme un marbre, avec cette sérénité que les traits prennent lorsque les soucis de la vie n'agissent plus sur l'esprit, et que la mort est arrivée. Cette pensée terrible m'obsédait, mais tandis que je la contemplais, avec effroi, je vis sa poitrine se soulever doucement, non pas sous les convulsions de la fièvre, mais d'une manière naturelle. Elle dormait; un bruit soudain lui fit ouvrir les yeux; son regard était calme. Elle était sauvée!... Quand tout espoir semblait évanoui, Dieu était venu à notre aide. Je n'essayerai pas de décrire mes sentiments de gratitude.

Il y avait heureusement beaucoup de volaille dans ce village; nous trouvâmes de plus des nids d'œufs frais dans la paille dont la hutte était jonchée; ces provisions nous arrivaient opportunément après notre diète austère, et nous pûmes nous procurer du bouillon en abondance.

Après un repos de deux jours nous repartîmes; Mme Baker portée dans une litière. Nous étions alors sur un plateau élevé au nord d'une vallée dirigée de l'est à l'ouest; elle est fort marécageuse et a environ seize milles de largeur. Les roches composant la chaîne le long de laquelle nous marchions vers l'ouest, sont de quartz et de gneiss; çà et là se trouvent des solutions de continuité formant d'étroites vallées ou plutôt des marécages couverts de papyrus gigantesques qui rendent la marche très-pénible. Dans un de ces marécages, un de nos bœufs de selle, malade depuis longtemps, tomba, et nous fûmes obligés de l'abandonner. Je comptais envoyer une troupe de nègres pour le retirer avec des cordes. Dès notre arrivée au prochain village, notre guide expédia à cette fin environ cinquante hommes, tandis que nous poursuivions notre voyage.

Ce soir-là nous atteignîmes un hameau habité par un chef, et fort supérieur à tous ceux que nous avions trouvés depuis notre départ de M'rouli; des cannes à sucre de l'espèce bleue croissaient dans les champs, et j'avais remarqué dans une forêt voisine du café à l'état sauvage. Environ deux heures après le coucher du soleil, j'étais assis à la porte de ma cabane, fumant une pipe d'excellent tabac, lorsque tout à coup j'entendis un chœur de voix : les chanteurs semblaient s'avancer rapidement vers l'entrée de la cour. Je crus d'abord que les nègres se proposaient de danser, et comme j'étais fatigué et fiévreux, je désirais échapper à cette calamité d'un nouveau genre; mais peu après, Saat arriva et me présenta le chef de l'endroit, qui me dit que le bœuf était mort dans le marais où nous l'avions laissé le matin, et que les naturels m'apportaient son cadavre tout entier. « Comment! m'écriai-je, le bœuf entier m'est rapporté? — Tout entier à votre porte, » répliqua le chef; « je ne pouvais permettre que vous perdissiez en route rien de ce qui est à vous. Si le corps entier du bœuf ne vous avait pas été remis, nous aurions pu être soupçonnés de l'avoir volé. » J'allai à l'entrée de la cour, et, au milieu d'une troupe de nègres, je trouvai le bœuf tel qu'il était lors de sa mort. Ils l'avaient transporté l'espace de huit milles sur une litière formée de deux longues et fortes perches, liées ensemble par des tiges de bambous. Loin de vouloir se régaler de la chair de l'animal, ils témoignaient un profond dégoût pour elle, disant qu'*il était mort*.

Une particularité distinctive des habitants de l'Ounyoro, c'est qu'ils sont très-difficiles pour leur nourriture. Ils refusent la chair d'animaux malades ou morts de mort naturelle; ils n'aiment pas non plus la viande de crocodile. Ils ne me demandèrent aucune récompense pour avoir transporté le bœuf de si loin, mais repartirent de la meilleure humeur possible. Je n'ai jamais vu de mortels aussi inexplicables que ces nègres.

C'est un problème contradictoire. Pendant le voyage ils ne cessaient de nous tourmenter, ils se plaignaient du poids des bagages, les jetant à terre et disparaissant dans les fourrés; aujourd'hui ils avaient spontanément apporté d'une distance de huit milles la carcasse d'un bœuf, comme si ç'eût été un objet de prix.

Le nom de ce village est Parkâni. Depuis quelques jours, nos guides nous affirmaient que nous approchions du lac, et maintenant ils affirmaient que nous y arriverions le lendemain. J'avais remarqué fort loin, vers l'ouest, une haute chaîne de montagnes, et je croyais que le lac se trouvait de l'autre côté; on m'apprend au contraire que ces montagnes forment la limite occidentale du M'woutan-N'zigé, qui positivement est à moins d'une marche de Parkâni. Je ne pouvais me croire si près de l'objet de nos recherches. Le guide Rabonga parut et nous annonça que si nous partions le lendemain de bonne heure, nous pourrions nous baigner dans le lac à midi.

Je dormis à peine cette nuit-là. Depuis plusieurs années déjà je m'étais efforcé d'atteindre les sources du Nil. Mes rêves durant ce voyage pénible ne m'avaient prédit que de l'insuccès, et maintenant après tant de persévérance et de labeurs, la coupe touchait à mes lèvres, et avant le coucher du soleil j'allais boire à cette source mystérieuse, — à ce grand réservoir de la nature qui depuis tant de siècles avait déjoué tous les efforts faits pour le découvrir.

J'avais espéré, prié et lutté parmi des difficultés de toute espèce; j'avais bravé la maladie, la faim et la fatigue pour atteindre cette source cachée; lorsque le succès semblait impossible, nous avions résolu ma femme et moi de périr plutôt que de renoncer à notre projet. Était-il possible que nous fussions si près du but, et que le lendemain il nous fût permis de dire : « Notre tâche est accomplie ! »

Le soleil du 14 *mars* n'était pas encore levé que je donnais de l'éperon à mon bœuf, le guide avait pris les devants, car mon enthousiasme s'était communiqué à lui, grâce à la promesse d'une double solde de verroterie dès notre arrivée. Le jour était magnifique; après avoir traversé une profonde vallée entre les collines, nous gravîmes le versant opposé. En toute hâte j'atteignis le sommet, et soudain le prix de nos efforts se déploya devant mes regards. Bien au-dessous de moi comme une mer de vif argent s'étendait le lac, bornant l'horizon au sud et au sud-ouest, et étincelant sous les rayons du soleil de midi. A l'ouest, à une distance de cinquante ou soixante milles, des montagnes bleues semblaient sortir des eaux et s'élever à une hauteur de 7000 pieds (2150 mètres).

Impossible de décrire les sentiments de triomphe que j'éprouvais ; je voyais la récompense de tous mes travaux, de toutes les années pendant lesquelles j'avais obstinément poursuivi mes recherches dans l'Afrique centrale. — L'Angleterre avait découvert les sources du Nil !

Avant d'arriver, nous étions convenus, mes gens et moi, de pousser trois hurrahs à l'anglaise en l'honneur de la découverte ; mais maintenant — que je contemplais cette vaste mer intérieure située au cœur même de l'Afrique, venant à me rappeler les vaines tentatives que les hommes avaient faites pendant des siècles pour atteindre ce point du globe, et songeant que j'étais l'humble instrument choisi pour éclaircir une partie au moins d'un grand mystère inabordable pour tant d'autres meilleurs que moi, — je me sentais oppressé par des pensées trop sérieuses pour pousser de vains cris de joie, et je remerciai du fond de mon cœur Dieu qui à travers tant de dangers nous avait soutenus jusqu'au bout. J'étais à environ 1500 pieds au-dessus du niveau du lac, et du haut d'une paroi escarpée de granit, je ne pouvais détourner mes regards de ces eaux bienfaisantes, de ce vaste réservoir qui nourrissait l'Égypte et fécondait le désert ; — de cette grande source si longtemps cachée aux millions d'êtres humains pour lesquels elle est un bienfait et une bénédiction. C'est une des merveilles du globe et je résolus de la baptiser d'un nom illustre. En souvenir impérissable d'un homme dont la mort récente a été déplorée par notre gracieuse Reine et par l'Angleterre tout entière, j'appelai ce grand lac l'Albert N'yanza. Les lacs Victoria et Albert sont les deux sources du Nil.

Le sentier en zigzag que nous devions suivre pour descendre jusqu'au bord de l'eau était si escarpé que nous fûmes forcés de laisser derrière nous nos bœufs sous la conduite d'un guide chargé de les ramener à Magungo, et d'y attendre notre arrivée. Nous commençâmes à descendre à pied. J'ouvrais la marche appuyé sur un fort bambou. Ma femme, encore très-faible, chancelait, courbée sur mon épaule, et s'arrêtait de vingt pas en vingt pas pour se reposer. Après une descente laborieuse d'environ deux heures, affaiblis par une fièvre qui durait depuis des années, mais maintenant fortifiés par notre succès, nous atteignîmes la plaine unie au pied des rochers. Une marche d'environ un mille à travers un sol plat, sablonneux et friable, parsemé d'arbres et de buissons, nous conduisit au bord de l'eau. Les vagues se brisaient sur un lit de cailloux blancs ; je me précipitai dans le lac, et, altéré par la chaleur et la fatigue, je bus à longs traits, avec un profond sentiment de reconnaissance, *aux sources du Nil !* A moins d'un quart de mille du lac est un village de pêcheurs nommé Vacovia. Nous nous y installâmes. Là tout sentait le poisson, tout faisait songer à la pêche ; non pas la pêche en miniature telle qu'elle se pratique en Angleterre avec une ligne et une mouche artificielle. Contre les chaumières des harpons étaient appuyés ; des lignes aussi épaisses que le petit doigt étaient étendues pour sécher, armées de hameçons en fer qui donnaient une idée formidable des monstres marins du lac Albert. En entrant dans la hutte, je trouvai une quantité considérable d'ustensiles de pêche : des lignes très-bien faites en fibres de bananier, fort élastiques et capables de résister à la première attaque d'un gros poisson ; des hameçons très-grossiers mais soigneusement garnis de crochets, et variant en grosseur de deux à six pouces. Un grand nombre de harpons pour la chasse aux hippopotames étaient rangés en bon ordre, et tout l'ensemble de la hutte montrait clairement que le propriétaire était un vrai *sportsman.*

Les harpons pour les hippopotames étaient exactement du même modèle que ceux dont les Arabes Hamram font usage dans le Taka, sur la frontière de l'Abyssinie ; ils ont une lame étroite de trois quarts de pouce de largeur, avec un crochet seulement. La corde est admirablement faite en fibres de bananiers, et le *flotteur* consiste en un grand morceau de bois d'ambatch d'environ quinze pouces de diamètre. Les naturels harponnent les hippopotames de l'intérieur de leurs canots, et ces grands *flotteurs* sont indispensables afin qu'on puisse les suivre aisément sur les eaux troublées.

La vue du lac frappait mes gens d'une profonde surprise. Le

voyage avait été si long et si rempli de déceptions, que depuis longtemps ils avaient cessé de croire à l'existence d'un lac, ils s'imaginaient que je les conduisais vers la mer. Ils contemplaient la scène actuelle avec stupéfaction. Deux d'entre eux qui avaient déjà vu la Méditerranée à Alexandrie, nous déclarèrent que nous étions près de la mer, mais qu'elle n'était pas salée.

Vacovia est un endroit misérable ; le sol est si saturé de sel que toute culture y est impossible. Le sel est un produit naturel du district, et tous les habitants s'occupent de sa préparation, puis ils obtiennent en échange des provisions de l'intérieur du pays. J'allai examiner les fosses d'extraction ; elles ont environ six pieds de profondeur ; on en tire une vase noire et sablonneuse que l'on dépose dans des grandes jarres d'argile ; ces jarres percées au fond de petits trous, sont remplies d'eau et placées sur des madriers ; l'eau, filtrée dans d'autres jarres, est de nouveau mêlangée avec de la vase fraîche, et ainsi de suite jusqu'à ce qu'il en résulte une forte saumure que l'on fait bouillir et évaporer. Le sel est blanc, mais amer. Il est produit, à ce que je suppose, par la décomposition des plantes aquatiques et riches en potasse, que les vagues déposent sur le rivage. La zone plate et sablonneuse qui s'étend l'espace d'un mille, entre le lac et le pied de la falaise rocheuse de 1500 pieds de hauteur, semble avoir formé autrefois le fond du lac. De fait, le sol plat de Vacovia ressemble à une baie, car les rochers qui décrivent autour de lui un arc de cinq milles d'ouverture, plongent brusquement dans le lac au sud et au nord de cette courbe, dont une plage unie occupe le centre. Si le niveau du lac s'élevait de quinze pieds, tout ce terrain serait inondé jusqu'à la base des collines.

Je me procurai deux cabris du chef du village moyennant quelques perles bleues, et ayant reçu du chef de Parkâni le présent d'un bœuf en retour d'un peu de verroterie et de bracelets, je donnai à mes hommes un festin somptueux en l'honneur de ma découverte ; je leur fis un discours dans lequel je leur prouvai combien de fatigue nous aurions évitée si toute la caravane s'était bien comportée dès le principe, et s'était fiée à ma direction, car nous serions arrivés au lac un an plus tôt ; en même temps je leur dis que c'était un plus grand honneur d'avoir achevé cette tâche avec une petite troupe réduite à treize hommes. Mme Baker ayant recouvré sa santé, après tant d'épreuves, je leur pardonnais toutes leurs offenses passées, et j'effacerais de mon journal ce que j'y avais consigné à leur détriment. Ce *speeeh* enchanta mes compagnons qui s'écrièrent *El hamd el Illah !* (Dieu merci!) et se mirent à dévorer le bœuf sur-le-champ.

Au lever du soleil le lendemain matin je pris ma boussole, et accompagné du chef du village, de mon guide Rabongo et de la femme Bachita j'allai sur les bords du lac pour y faire des *relèvements*. Le ciel était admirablement serein, et à l'aide d'une lunette d'approche, je pus distinguer deux grandes cascades coupant de leurs lignes blanches les flancs des montagnes sur le rivage opposé. Bien que cette haute chaîne se profilât nettement sur le bleu du ciel, et que des ombres profondes y annonçassent des ravins considérables, je ne pouvais distinguer que les deux grandes cataractes semblables à des filets d'argent. Nulle base n'était visible, même de la paroi de 1500 pieds d'où j'avais d'abord aperçu cette vaste nappe d'eau; mais la chaîne de hautes montagnes à l'ouest paraissait surgir du sein du lac même, phénomène de vision dû sans doute uniquement à la grande distance qui cachait le pied des hauteurs sous l'horizon, car d'épaisses colonnes de fumée, qui semblaient s'élever de la surface de l'eau, devaient être produites en réalité par l'incendie des prairies au bas de la montagne. Le chef m'assura que de grands canots avaient traversé d'un bord à l'autre du lac, mais que ce voyage prenait trois ou quatre jours pendant lesquels il fallait ramer vigoureusement, et que plusieurs bateaux avaient péri dans ce trajet. Les canots de l'Ounyoro n'étaient pas faits pour un voyage aussi dangereux, mais la rive occidentale du lac faisait partie du grand royaume de Malegga dont le roi Kajoro possédait de vastes embarcations. Ce roi faisait le commerce avec Kamrasi à un point situé vis-à-vis de Magungo où le lac se rétrécit de manière à ce qu'on peut le traverser en un jour. Malegga, suivant mon informateur, est un pays puissant plus étendu que l'Ounyoro ou l'Uganda. Au sud de Malegga est un pays nommé Tori, gouverné par un roi du même nom; quant au district qui est encore plus au sud sur le bord occidental, personne ne saurait en donner la moindre notion.

On savait que le lac s'étendait vers le sud jusqu'au Karagoué; on me répéta la vieille histoire d'après laquelle Rumanika, roi de ce pays, aurait été jadis dans l'habitude d'envoyer à Utumbi, au bord du lac, des détachements pour recueillir l'ivoire; et comment autrefois ses barques s'étaient avancées jusqu'à Magungo. Ceci confirmait singulièrement ce que Speke m'avait dit à Gondokoro : « Rumanika envoie à Utumbi des chasseurs d'éléphants. »

La rive orientale est bordée, en allant du nord au sud, par le Chopi, l'Ounyoro, l'Uganda, l'Utumbi et le Karagoué. De ce dernier point qui ne peut pas être à moins de deux degrés de latitude sud, le lac, disait-on, tournait tout à coup vers l'ouest, et se prolongeait dans cette direction sans qu'on pût en déterminer l'extrémité. Au nord de Malegga, à l'ouest du lac, était un petit pays nommé M'Caroli; puis venait le Koshi, à l'ouest du point où le Nil sort de la mer intérieure; à l'est du fleuve se trouve le district de Madi vis-à-vis Koshi. Le guide et le chef de Vacovia nous dirent tous deux que des canots nous transporteraient à Magungo, au point où le Somerset que nous avions quitté à Karuma tombe dans le lac; cependant ils déclarèrent impossible de remonter cette rivière, parce que depuis Karuma jusqu'à une très-petite distance de Magungo elle forme une suite de cataractes. Le Nil était navigable à une distance considérable depuis sa sortie du lac à Koshi, et des canots pouvaient descendre la rivière jusqu'à Madi.

Tous deux convinrent que le niveau de l'Albert N'yanza n'était jamais plus bas qu'alors, et qu'il ne s'élevait jamais au-dessus d'une certaine marque faite sur la grève et qui représentait une crue de quatre pieds. La plage est d'un sable très-fin sur lequel les vagues venaient expirer comme auraient pu le faire celles de la mer, en y déposant des plantes aquatiques, de même que les plantes marines sont rejetées sur les côtes d'Angleterre. C'était un grand spectacle que ce vaste réservoir du Nil, les vagues se brisant sur la grève tandis que dans l'horizon, au sud-ouest, l'œil cherchait une limite aussi inutilement que s'il s'efforçait de découvrir celles de l'océan Atlantique. Je jouissais de cet imposant coup d'œil avec une émotion profonde. Ma femme qui m'avait suivi avec tant de dévouement, était à mes côtés, pâle et épuisée, comme une naufragée sur cette plage que nous avions eu tant de peine à découvrir. Aucun pied d'Européen n'avait foulé ce sable, les yeux d'aucun homme blanc n'avaient encore contemplé cette vaste étendue d'eau. Nous étions arrivés les premiers; nous avions la clef du grand problème dont Jules César lui-même avait en vain désiré la solution. Devant nous était le grand bassin du Nil qui reçoit chaque goutte d'eau depuis l'averse passagère, jusqu'au torrent des montagnes qui du sein de l'Afrique centrale se dirige vers le nord. C'était là le grand réservoir du Nil!

Notre premier regard du haut de l'escarpement de 1500 pieds m'avait fait présumer ce qu'un examen plus minutieux a confirmé. Le lac est le résultat d'une grande dépression du sol au-dessous du niveau général du continent; il est environné de roches abruptes, et barré au sud-ouest et à l'ouest par de grandes chaînes de montagnes s'élevant de cinq à sept mille pieds au-dessus de son niveau; ainsi c'est le grand réservoir où toutes les eaux doivent s'écouler, et de ce vaste bassin entouré de rochers le Nil s'écoule, géant dès sa naissance. C'est une disposition merveilleuse que la nature a prise pour la source d'un fleuve aussi important et aussi grand que le Nil. La Victoria N'yanza de Speke forme un réservoir élevé recevant les eaux de l'ouest par l'intermédiaire de la rivière Kitangulé, et Speke avait vu de très-loin le mont M'fumbiro, comme un pic au milieu d'autres montagnes, d'où descendaient les cours d'eau dont la réunion forme la rivière principale, le Kitangulé qui se déverse dans le lac Victoria à l'ouest, vers le 2° de lat. sud; ainsi la même chaîne de montagnes qui alimente le Victoria à l'est, doit verser à l'ouest et au nord les eaux qui tombent dans le lac Albert. L'écoulement général du Nil est du sud au nord, et comme le lac Albert s'avance bien plus au nord que le lac Victoria, il reçoit le débouché de ce dernier lac, et réunit ainsi les sources du Nil. L'Albert est le grand réservoir, tandis que le Victoria est la source orientale; les cours d'eau primitifs qui forment ces deux lacs ont la même origine, et les eaux du Kitangulé, après être tombées dans le Victoria, arrivent finalement au lac Albert, exactement de la même manière que les hautes terres du M'fumbiro et des montagnes bleues déversent leur contingent immédiatement dans le même lac. Tout le système du Nil, depuis le premier tributaire Abyssin, l'Atbara, en latit. N. 17° 37′, jusqu'à l'équateur, présente un écoulement uniforme du sud-est au nord-ouest; chaque ruisseau suivant cette direction pour arriver au Nil. Le Nil Victoria a la même pente; car après avoir pris une direction nord depuis sa sortie du lac Victoria jusqu'à Karuma (lat. nord 2° 16′), il se détourne soudain vers l'Ouest et rencontre le lac Albert à Magungo. Ainsi si l'on suppose une ligne tirée de Magungo aux cataractes de Ripon sur le lac N'yanza, on trouvera que la pente générale du pays est la même que celle qui est suivie par le Nil Bleu et par ses tributaires, c'est-à-dire du sud-est au nord-ouest.

Il est certain que le lac Albert reçoit beaucoup d'affluents. Les deux cataractes que l'on aperçoit au télescope sur les flancs des montagnes Bleues ou monts de la rive gauche, doivent être des cours d'eau fort importants, car sans cela il serait impossible de les distinguer à une distance aussi grande que cinquante ou soixante milles. Les naturels m'assurent que des torrents en fort grand nombre, mais d'importance diverse, tombent de tous côtés dans le réservoir général.

Je retournai à ma hutte; le gazon de la plage, tout autour du village était jonché d'ossements de poissons monstrueux, d'hippopotames et de crocodiles; mais ceux-ci n'étaient tués que par esprit de vengeance, et les natifs d'Ounyoro en regardent la chair avec dégoût. Les crocodiles sont si nombreux dans le lac et si voraces, qu'on nous conseilla de recommander aux femmes de notre troupe de ne pas s'avancer dans l'eau, même jusqu'au genou, quand elles allaient remplir leurs jarres d'eau.

Il était de la dernière importance pour nous d'achever notre voyage le plus tôt possible, car notre retour en Angleterre dépendait absolument de la possibilité d'atteindre Gondokoro avant la fin d'avril, afin d'y trouver encore les bateaux de Khartoum. Je répétai au guide et au chef qu'il fallait nous procurer immédiatement de grands canots, car nous n'avions pas un moment à perdre, et je dépêchai Rabonga à Magungo, où il devait nous attendre, avec nos bœufs de selle. Les animaux devaient suivre un sentier sur le haut du plateau, car la plage du lac, souvent interrompue par des rochers descendant abruptement au milieu d'une eau profonde, n'offre point de chemin praticable. Je lui fis présent d'une quantité de verroterie que j'avais promis de lui donner lors de notre arrivée au lac. Il partit, promettant de nous attendre à Magungo avec nos bœufs, et de nous procurer des porteurs pour nous mener directement à Shoua.

Le lendemain matin, nul de notre troupe ne put se lever. Treize hommes, quatre femmes, Saat, Mme Baker et moi, nous étions pris de la fièvre. L'air était chaud et lourd, et le pays affreusement malsain. Les naturels nous assurèrent que tous les étrangers se trouvaient affectés d'une manière analogue, et que personne ne pouvait vivre à Vacovia sans être exposé à des accès de fièvre répétés.

Le retard que nous éprouvions à avoir des embarcations était terrible, chaque heure avait du prix; et les naturels de l'endroit nous trompaient de toutes les façons possibles, mentant avec effronterie et nous retenant au milieu d'eux, afin de nous extorquer autant de verroterie que possible.

La latitude de Vacovia est de 1° 15′ N.; sa longitude, 30° 50′ Est. Le point le plus méridional que j'eusse atteint depuis mon départ de M'rouli correspondait à 1° 13′ de latit. Nous étions maintenant en route vers le nord, et chaque jour devait nous rapprocher de notre patrie; mais où était la patrie? J'espérais à peine y arriver jamais, lorsque je regardais sur une mappemonde le petit point rouge qui représentait l'Angleterre — loin, oh! bien loin de nous, — et que je contemplais ensuite les traits amaigris de ma femme et mon propre corps épuisé par la fatigue. Depuis trois ans nous poursuivions notre course en avant, et après avoir complété l'exploration de tous les affluents abyssins du Nil, entreprise ardue en elle-même, nous nous trouvions maintenant aux sources mêmes du fleuve. Mais nous avions épuisé notre santé et nos provisions, et le voyage de retour n'était pas commencé! Malgré ma requête quotidienne pour qu'on nous donnât des bateaux sans délai, nous passâmes à Vacovia huit jours, pendant lesquels nous souffrîmes tous plus ou moins de la fièvre. Enfin, on nous annonça l'arrivée des canots, et on me pria d'en faire l'inspection : c'étaient des troncs d'arbres creusés très-proprement, mais bien plus petits que ceux que j'avais vus sur le Nil, à M'rouli. Le plus grand avait trente-deux pieds de long; j'en choisis un qui n'avait que vingt-six pieds, mais qui était plus large et plus profond. J'avais heureusement acheté à Khartoum un vilebrequin anglais d'un pouce et quart de diamètre, et craignant que nos arrangements nautiques ne présentassent quelques difficultés, j'avais apporté cet outil avec moi. Je perçai dans les côtés du canot des trous espacés de deux pieds, et ayant préparé des baguettes d'un bois élastique, j'en formai des arcs que je fixai solidement dans les trous. Ceci fait, je donnai de la force à cette construction en l'assujettissant par des traverses placées en diagonale, et je recouvris cette carcasse avec un treillis léger de roseaux pour nous abriter contre le soleil, disposant sur le tout des peaux de bœuf bien fermes et bien tendues, afin de mettre notre petite cabine à l'épreuve de l'eau. Le tout formait une espèce de carapace capable de résister tant au soleil qu'à la pluie. Je mis ensuite des bûches d'un bois fort lisse au fond du canot, et je les recouvris d'un lit épais d'herbe; je plaçai là-dessus une peau de bœuf tannée en Abyssinie et arrangée avec des *plaids* écossais. Ainsi disposée, ma cabine n'offrait peut-être pas tout le luxe déployé dans les vapeurs de la Compagnie Péninsulaire et Orientale, mais elle pouvait défier le soleil et la pluie, et c'était là le principal. Nous nous embarquâmes un beau matin; la surface du lac était presque immobile. Chaque canot avait quatre rameurs, deux à chaque extrémité. Leurs rames étaient admirablement faites, d'une seule pièce, un peu plus large à leur extrémité que le fer d'une bêche ordinaire, mais concave du côté intérieur de manière à donner au rameur une plus grande prise sur l'eau. Ayant acheté à grand'peine quelques poulets et du poisson desséché, je mis le plus grand nombre de mes hommes à bord du grand canot; accompagné de Richarn, de Saat et des femmes, y compris notre interprète Bachita, je pris les devants et nous partîmes de Vacovia, nous aventurant sur l'Albert N'yanza. Nos rameurs s'évertuaient courageusement, et le canot, quoique pesamment chargé, filait à raison de quatre milles à l'heure. Notre départ ne créa aucune sensation à Vacovia, et le chef, avec deux ou trois de ses suivants, fut le seul qui vint nous dire adieu. On craignait que les spectateurs ne fussent un peu forcément engagés comme matelots, de sorte que la population entière du village s'était éclipsée.

Au moment où nous poussions au large, le chef qui m'avait demandé quelques objets de verroterie, les jeta dans le lac afin d'obtenir en notre faveur l'aide des divinités des eaux, contre les attaques des hippopotames. — Pendant le premier jour le voyage fut délicieux. L'eau était calme, le ciel couvert, et le paysage charmant. Quelquefois on ne pouvait distinguer les montagnes de la rive occidentale, et le lac semblait avoir une étendue indéfinie. Nous nous tenions à moins de cent verges du bord oriental; quelquefois nous longions une plage sablonneuse et boisée formant une zone d'environ un mille de largeur entre l'eau et la base de la montagne; d'autres fois nous passions sous des rochers énormes sortant immédiatement du lac, qu'ils dominent de près de 500 mètres, de sorte que nous côtoyions le rivage de près et nous accélérions notre navigation en poussant contre la falaise avec des bambous. Ces rocs sont tous de l'époque primitive, fréquemment de granit et de gneiss mêlés en plusieurs endroits de porphyre rouge. Dans les interstices croissent des arbustes magnifiques de toute nuance, entre autres des euphorbes gigantesques, et partout où l'on voit scintiller une source ou une cascatelle, à travers le sombre feuillage d'un ravin, on est sûr de voir aussi le gracieux dattier sauvage étaler son panache aérien.

Des hippopotames en grand nombre se jouaient dans l'eau, mais je refusai de tirer sur eux, car la mort d'un de ces monstres nous eût fait perdre un jour entier à cause des bateliers qui n'auraient pas voulu abandonner la chair. Les crocodiles étaient très-nombreux dans le lac et sur le rivage; partout où s'élevait quelque chaud banc de sable on voyait plusieurs de ces monstres étendus au soleil sans mouvement comme des troncs d'arbres. Sur le bord de la grève, au-dessus de la marque des crues croissaient de petits taillis, d'où les crocodiles effrayés par notre canot s'élançaient pour se réfugier dans les flots. Il n'y avait sur le lac ni canards, ni oies, l'eau étant trop profonde pour leur offrir de la nourriture, même auprès du rivage.

Nos bateliers pagayaient courageusement et nous poursuivîmes notre voyage longtemps après la nuit tombée; enfin le canot fut soudain dirigé vers le bord et nous touchâmes à une grève élevée de sable fort propre. On nous apprit que nous étions près d'un village, et les bateliers proposèrent de nous laisser là pour la nuit, tandis qu'ils iraient en quête de provisions. Voyant qu'ils s'arrangeaient pour emporter les avirons, je fis remettre ces ustensiles indispensables dans les bateaux, et je les fis garder soigneusement, tandis que quelques-uns de mes hommes accompagnaient les bateliers au village en question. Cependant, je disposai les *angareps* sur la grève, j'allumai du feu avec un peu de bois apporté là par les vagues, et je préparai tout pour passer la nuit. Les hommes revinrent bientôt accompagnés de plusieurs nègres apportant deux poulets et un petit chevreau. Ce dernier fut immédiatement mis dans la marmite et je le payai trois fois sa valeur pour encourager les nègres à nous apporter d'autres provisions le lendemain.

Pendant que le dîner se préparait, je fis une observation astronomique, et déterminai la latitude de la localité (1° 33′ N.) Nous avions fait du chemin, ayant franchi l'espace de 16′ directement au nord.

Au premier cri de notre coq solitaire, nous nous préparâmes à partir. — Éclipse totale des bateliers.

Dès que le jour fut venu, accompagné de deux hommes, je me dirigeai vers le village pensant peut-être que les déserteurs étaient endormis dans leurs huttes. Trois pitoyables cabanes de pêcheurs, composant le village, s'élevaient sur un monticule de gazon à trois cents pas des bateaux. Personne ; les habitants avaient disparu. Au-dessous des falaises s'étendait en amphithéâtre une bande de terre couverte d'herbe et d'une surface inégale. Je regardai partout avec ma lunette d'approche, sans pouvoir découvrir la trace d'un être vivant. Nous étions évidemment abandonnés par nos matelots, et les habitants les avaient accompagnés de peur de se voir obligés de prendre leur place.

Lorsque je rapportai cette nouvelle, le désespoir s'empara de mes gens. Ils ne pouvaient ajouter foi à mes paroles, et me priaient de leur permettre de parcourir le pays afin de tâcher de découvrir un autre village. Je défendis strictement à tout le monde de s'absenter, et je me félicitai d'avoir gardé les avirons qui nous auraient été volés si j'avais permis aux bateliers de les emporter. Je résolus d'attendre jusqu'à trois heures de l'après-midi, et si les déserteurs n'étaient pas de retour alors, de partir sans eux. On ne pouvait compter sur les nègres, et leur témoigner de la bonté était peine perdue. Kamrasi nous avait donné des instructions qui devaient nous procurer et des bateaux et des bateliers, mais dans ce district éloigné, les natifs paraissaient tenir très-peu de compte des ordres de leur roi. Et pourtant, nous dépendions entièrement d'eux. Chaque heure avait son prix, car notre seule chance d'arriver à Gondokoro à temps opportun dépendait de la rapidité de notre voyage. Au moment où je voulais activer notre marche des retards survenaient, d'autant plus pénibles.

A trois heures, pas un batelier n'avait paru : « En bateau, mes enfants ! m'écriai-je ; je connais la route. » Les canots furent poussés au large, et mes compagnons prirent les rames en main. Cinq d'entre eux étaient matelots de leur état, mais personne, à bord, excepté moi, ne savait se servir des avirons. En vain j'essayai de former mon équipage ; ils se démenaient sans doute, mais, ô Dieu, protecteur des nautoniers ! quelle besogne ils faisaient ! Nous pirouettions, et dans cette grande salle de bal, l'Albert N'yanza, les deux canots semblaient se livrer à des valses et des polkas effrénées. Le voyage aurait pu durer ainsi jusqu'à la consommation des siècles. Après trois heures d'efforts nous atteignîmes l'extrémité d'un rocher qui s'avançait en promontoire dans le lac. Ce cap était revêtu, jusqu'au sommet, d'un épais fourré, et à la base se trouvait une petite grève sablonneuse à laquelle on ne pouvait arriver que du côté de l'eau, parce que de chaque côté les rochers plongeaient dans le lac. Il pleuvait à verse, et nous eûmes de la peine à allumer du feu. Les moustiques abondaient, et la température rendait les couvertures insupportables. Disposant les *angareps* sur le sable avec les peaux de bœuf en guise de draps, nous nous couchâmes à la pluie. Il faisait trop chaud pour dormir à bord, et de plus notre cabine était devenue un véritable nid de moustiques. Je passai la nuit à songer au meilleur plan à suivre, et je résolus de transformer, le lendemain matin, un de mes avirons en gouvernail. Il plut toute la nuit, et à la pointe du jour, le coup d'œil était passablement triste. Mes hommes étaient étendus sur le sable humide, couverts de leurs peaux de bœufs saturées d'eau ; malgré cela ils dormaient profondément; pas possible de les réveiller. Ma femme était, elle aussi, trempée et dans une situation déplorable. Il pleuvait toujours. Je me mis promptement à l'ouvrage. Avec mon couteau de chasse je taillai une traverse dans l'arrière de mon canot, je creusai au-dessous un trou à l'aide de ma tarière et j'y fixai solidement un des avirons avec une lanière de cuir découpée dans ma couverture détrempée. J'eus ainsi un excellent gouvernail. Pas un de mes hommes n'était venu à mon secours. Couchés sous leurs couvertures de peau, ils fumaient leurs pipes, et me regardaient faire. Le désespoir les paralysait; les efforts ridicules qu'ils avaient faits la veille comme rameurs les avaient entièrement découragés. Ils étaient résignés à leur destin, et se regardaient comme sacrifiés à la géographie.

Je leur jetai la tarière à la face et je leur déclarai que, prêt à partir, je n'attendrais personne. Avec deux bambous je fabriquai un mât et une antenne sur laquelle je fixai un grand *plaid* écossais en guise de voile. Nous poussâmes au large; j'avais heureusement deux ou trois avirons de rechange, ce qui me permettait d'en sacrifier un pour le gouvernail. Je pris les fonctions de pilote et dis à mes hommes de ne s'occuper que de ramer vigoureusement: à leur grande joie nous partîmes en ligne droite, comme une flèche. Il n'y avait qu'une brise très-légère, mais le *plaid* était gonflé et nous poussait doucement en avant.

En doublant le promontoire nous nous trouvâmes dans une grande baie, dont la pointe opposé était visible à environ huit ou dix milles de là. Si nous côtoyions la baie, c'était une affaire de deux jours. Il y avait un autre petit cap à quelque distance de nous; je résolus de m'y diriger immédiatement avant de me hasarder d'un promontoire à l'autre.

En regardant en arrière, je vis l'autre canot à environ un mille et décrivant toutes sortes d'évolutions, faute du gouvernail que les paresseux en dépit de mes injonctions n'avaient pas voulu prendre la peine d'ajuster.

Nous nous avancions à raison de quatre milles à l'heure, et mes compagnons en étaient si fiers, qu'ils se déclarèrent capables de ramer, sans un renfort de bras, jusqu'au point de jonction du Nil. L'eau était parfaitement calme, et en doublant le second cap, j'eus la joie d'apercevoir de l'autre côté un village dans une petite baie, avec un grand nombre de canots halés sur la plage, tandis que d'autres étaient occupés à pêcher. Des nègres étaient debout tout au bord de l'eau, à environ un demi-mille, et je dirigeai notre bateau immédiatement vers eux. A notre approche, ils s'assirent, puis élevèrent leurs avirons au-dessus de leur tête, indiquant ainsi qu'ils s'offraient en qualité de bateliers. Je conduisis le canot vers la grève. Nous ne l'eûmes pas plutôt accosté que les nègres se jetèrent dans l'eau, vinrent à bord et commencèrent par défaire avec beaucoup de bonne humeur notre mât et notre voile qui leur semblaient absurdes parce qu'ils ne se servent jamais de ces agrès. Ils nous expliquèrent qu'ayant deviné de l'autre côté du promontoire que nous étions des étrangers, leur chef leur avait ordonné de nous venir en aide. Je les priai d'envoyer six des leurs au secours du canot retardataire; ils le promirent, et après quelque temps d'attente, nous partîmes ensemble vigoureusement pour traverser la baie d'un cap à l'autre.

Arrivés au centre de la baie nous étions à environ quatre milles du rivage. En ce moment un vent sud-ouest se déclara. Pendant mon séjour à Vacovia j'avais remarqué que, malgré le calme du matin, un vent violent se levait généralement du sud-ouest à une heure de l'après-midi et produisait une houle assez forte. Je craignais maintenant que nous n'eussions à essuyer une rafale avant d'atteindre le promontoire opposé; la surface du lac par son état d'agitation annonçait le vent sud-ouest, et des nuées grosses d'orage s'accumulaient sur la côte occidentale.

Je dis à Bachita de prévenir les rameurs, car en cas d'orage notre pesant canot pouvait être submergé. Je consultai ma montre; il était midi passé, et je pressentais qu'à une heure le coup de vent nous aurait atteints. Les nuages sombres et la houle effrayaient mes compagnons; pourtant ils s'écriaient: *Inshallah!* nous n'aurons pas de vent! Malgré tout mon respect pour leur croyance en la prédestination, j'insistai pour qu'ils fissent force de rames; notre sûreté dépendant de notre arrivée à la côte avant l'orage. Ils avaient appris à avoir foi en moi, et ils s'évertuèrent en conscience. Le vieux bateau fendait les vagues; mais la surface du lac changeait rapidement; on n'apercevait plus le bord occidental. L'eau était sombre et les vagues moutonnaient. Bientôt, le canot n'avança qu'avec peine; il embarquait de temps en temps des vagues que mes compagnons vidaient avec leurs calebasses, en s'écriant: *Wah Illahi el kalâm betâr el Hawaga sahhé!* (Par Allah, le Hawagaa a dit vrai!) A moins d'un mille et demi du point vers lequel nous nous dirigions, le canot devint ingouvernable; l'eau y était entrée avec force à plusieurs reprises, et nous

Tempête sur le lac Albert.

aurions été perdus si nous n'avions pas été bien pourvus d'ustensiles pour débarrasser l'embarcation. Plusieurs coups de tonnerre, accompagnés d'éclairs éblouissants, furent suivis d'une terrible rafale de l'ouest sud-ouest, durant laquelle nous nous vîmes obligés de courir directement sur le rivage.

En très-peu de temps les vagues devinrent terribles, et souvent elles déferlaient sur la cabine qui heureusement préservait le canot, quoique nous fussions trempés jusqu'aux os. Nous étions tous activement occupés à vider la cale; je ne croyais pas que l'embarcation pût résister à cette épreuve. La pluie tombait à torrents poussée par un vent épouvantable; on ne distinguait que le sommet des rochers, et mon seul espoir était que nous fussions poussés sur le sable, et non pas contre les abruptes falaises. Nous nous avancions rapidement, car la couverture du canot nous rendait le même service qu'une voile, et on comprendra notre émotion lorsque enfin nous approchâmes du rivage tout blanc d'écume. Heureusement les vagues venaient se briser sur le sable au-dessous des rochers. Je dis à mes gens de se tenir prêts à sauter à terre lorsque nous toucherions la grève, et de maintenir la proue du canot tournée vers le rivage. Ceci arrêté, nous nous lançâmes dans l'écume du ressac, nos matelots nègres pagayant comme des machines à vapeur. « Holà! gare à la lame! » m'écriai-je, et juste comme nous touchions la grève, une vague couvrit les négresses assises à l'arrière, et inonda le bateau. Mes gens se précipitèrent dans l'eau comme des canards, et un instant après, nous étions tous pêle-mêle sur le sable. Les nègres, loin d'abandonner le canot, se mirent à le haler sur le sable, tandis que ma femme sortait de sa cabine comme un ver de son trou, et sautait sur le sable. « *El Hamd el Illah!* » (Dieu merci) nous écriâmes-nous en chœur : « maintenant tirons tous ensemble. » Ayant ainsi mis le bateau hors de l'atteinte des plus hautes vagues, j'ordonnai à l'équipage de débarquer la cargaison. Tout était perdu excepté la poudre à canon, renfermée dans des boîtes de métal. Mais où se trouvait l'autre esquif? perdu, peut-être, car, quoique beaucoup plus long que le nôtre, il s'élevait moins sur l'eau. Après quelque temps et passablement d'inquiétude je le vis se dirigeant vers le rivage à environ un demi-mille en arrière. Il était au milieu des brisants, et plusieurs fois je le perdis de vue; mais le vieux tronc d'arbre se comporta bien et déposa enfin son équipage en sûreté sur le rivage.

Heureusement il y avait un village près de là ; nous prîmes possession d'une hutte, nous y allumâmes un bon feu, et enveloppés de nos *plaids* et de nos couvertures après en avoir exprimé l'eau, nous fîmes sécher nos habits ; car nous n'avions pas sur nous le moindre chiffon qui ne fût tout à fait trempé.

Il ne nous restait en guise de nourriture que quelques poissons secs qui n'ayant pas été salés avaient un goût un peu trop prononcé. Nos poulets et deux cailles que nous avions apprivoisées étaient noyés ; nous en fîmes une fricassée ; le feu flambait bien, et nous avions de la paille fraîche pour nous coucher ; aussi dormîmes-nous aussi bien que nous eussions pu le faire au milieu du *confort* de notre foyer anglais.

Le lendemain matin nous fûmes retenus par le mauvais temps ; les vagues étaient toujours fort grosses, et j'avais résolu de ne pas aventurer nos canots une seconde fois. Les environs étaient magnifiques, animés par une cascade superbe que forme la rivière Kaiigiri en précipitant du haut des montagnes, et de près de mille pieds, dans le lac, une énorme masse d'eau. Cette rivière prend sa source dans le grand marais que nous avions traversé entre M'rouli et Vacovia. Nous cueillîmes dans le voisinage quelques champignons, de la famille de l'*Agaricus campestris* d'Europe, qui nous parurent exquis.

Dans l'après-midi le temps devint plus calme, et nous repartîmes. Nous n'étions pas éloignés du village de plus de trois milles lorsque je vis un éléphant qui se baignait dans le lac ; il s'y était aventuré si avant qu'on ne voyait que sa trompe et le sommet de la tête. A notre approche, il s'immergea entièrement, ne laissant hors de l'eau que le bout de sa trompe. J'ordonnai aux bateliers de diriger le canot aussi près de lui que possible, et nous passâmes à trente verges au moment où il ramenait la tête à la surface. Je fus bien tenté de le tirer, mais me rappelant ma résolution, je le laissai tranquille ; il sortit lentement du lac et disparut dans le fourré. A quelque distance de là, deux grands crocodiles étaient endormis sur le rivage ; à l'approche du canot ils plongèrent dans le lac, et vingt-cinq pas plus loin levèrent la tête hors de l'eau. Je ne savais pas si ma carabine Fletcher pourrait faire feu, car elle avait été continuellement exposée à l'humidité; pour m'en assurer, je visai le crocodile le plus rapproché de nous immédiatement derrière l'œil. La petite carabine était en excellent état, grâce aux capsules doubles d'Eley, qui résistent à toutes les intempéries des saisons. La balle ayant porté juste, le monstre frappa convulsivement l'eau de sa queue et de ses pattes; puis se renversant sur le dos, il disparut peu à peu. Le bruit de la carabine avait tout à fait effrayé les bateliers au grand amusement de leur compatriote Bachita, et j'eus quelque peine à les décider à diriger le canot vers l'endroit où le crocodile avait sombré. Comme nous nous trouvions près du rivage, l'eau n'avait pas plus de huit pieds de profondeur, et elle était si transparente que lorsque je fus au-dessus de l'animal, je le vis distinctement étendu au fond sur le ventre, la tête ensanglantée et fracassée par la balle. Pendant qu'un de mes gens préparait un nœud coulant, je saisis une lance qui appartenait à un des bateliers, et l'enfonçai profondément entre les écailles derrière le cou; tirant doucement à moi, j'élevai la tête près de la surface, on y passa le nœud coulant, et le crocodile se trouva pris. Il semblait tout à fait mort, et comme il pouvait procurer un régal à mes gens, nous le tirâmes sur la grève. C'était un rude monstre de seize pieds de long; quoiqu'il parût mort, il donna un vigoureux coup de dent à travers un bambou que je lui passai dans la gueule afin d'empêcher tout accident pendant la décollation; les nègres regardaient d'un œil de dégoût mes hommes qui, tout en le dépeçant, choisissaient les meilleurs morceaux et les mettaient en sûreté dans les canots. En moins d'un quart d'heure tout fut terminé, et nous reprîmes le large, bien pourvus de viande de boucherie — pour les amateurs de crocodile. Selon moi, rien n'est plus affreux. J'ai mangé presque tout ce qui est mangeable, j'ai même goûté du crocodile, mais je n'ai jamais pu en *avaler* un morceau; — un composé de poisson rance, de viande en putréfaction et de musc, — voilà, en fait de saveur, la carte du dîner que ce saurien peut offrir à un gastronome.

Le soir nous vîmes un éléphant à défenses énormes; il se tenait sur une colline à environ un quart de mille des bateaux lorsque nous fîmes halte. Un accès de fièvre m'aida à résister à la tentation de le tirer; il pleuvait comme d'habitude, et aucun village ne se trouvant dans les environs nous bivouaquâmes en pleine pluie sur la grève, au milieu d'une nuée de moustiques.

Les ennuis de ce voyage étaient accablants; pendant le jour nous étions resserrés dans notre cabine comme deux tortues dans une seule carapace; pendant la nuit il pleuvait presque toujours. Nous étions accoutumés à la pluie, mais rien ne saurait mettre le corps d'un Européen à l'épreuve des moustiques. En définitive nous avions peu de repos. C'était assez pénible pour moi, mais bien plus pour ma pauvre femme à peine rétablie de son coup de soleil.

Le lendemain matin, le lac était calme, et nous partîmes de bonne heure. La monotonie du voyage fut diminuée par la vue de plusieurs superbes troupes d'éléphants, tous mâles. J'en comptai quatorze, pourvus d'énormes défenses, se baignant ensemble dans un étang peu profond au pied des montagnes, et communiquant avec le réservoir principal par la grève. Ces animaux n'étaient dans l'eau que jusqu'aux genoux; très-propres au sortir du bain, leurs corps gigantesques et noirs, formaient avec leurs défenses d'une blancheur éblouissante un agréable tableau dans ces eaux tranquilles aux pieds de hautes falaises. La scène était en parfaite harmonie avec la solitude des sources du Nil : déserts de rochers et de forêts, des montagnes bleues dans le lointain, et le grand réservoir du fleuve, animé par la présence des puissants animaux de l'Afrique, — des éléphants dans leur imperturbable majesté et des hippopotames prenant leurs ébats grossiers dans les eaux-mères du fleuve sacré de la vieille Égypte.

Je fis pousser à la rive afin de jouir de ce spectacle. Nous vîmes sept éléphants sur le rivage au milieu d'un fourré d'herbes à environ deux cents verges de nous, tandis que quatorze mâles d'une belle taille, formant le corps principal du troupeau, se baignaient, et lavaient de douches fraîches au moyen de leurs trompes, leurs vastes croupes et leurs fortes épaules. Mais nous n'avions pas une minute à perdre; il fallut nous rembarquer et poursuivre notre voyage.

Les jours se succédaient ainsi : du lever du soleil jusqu'à midi nous naviguions; puis survenait régulièrement une rafale accompagnée de tonnerre qui nous forçait à nous arrêter. Le pays est fort mal peuplé, les villages sont pauvres et misérables, les habitants très inhospitaliers. Enfin nous arrivâmes à une ville considérable située dans une baie magnifique au pied de falaises abruptes, dont les pentes herbues étaient couvertes de troupeaux de chèvres; c'était Eppigoya, où les bateliers que nous nous étions procurés au dernier village devaient prendre congé de nous. Le retard que nous éprouvions à obtenir des rameurs était insupportable; le roi avait donné ordre que chaque village contribuerait à cette corvée ; de sorte qu'à toutes les étapes l'équipage changeait, et à aucun prix les nègres n'auraient voulu nous conduire au but de notre voyage.

En débarquant à Eppigoya, je proposai de suite au chef de lui acheter quelques chevreaux, car l'idée d'une côtelette nous ouvrait l'appétit. Loin d'accepter, les habitants se mirent sur-le-champ à éloigner leurs troupeaux, et en dépit d'un riche cadeau de verroterie, le chef ne nous fit présent que d'un agneau malade, près de rendre le dernier soupir, et qui n'avait que la peau sur les os. Heureusement la volaille abondait par milliers, car les naturels ne la mangent pas. Nous achetâmes des poulets à raison d'une perle bleue (*monjour*) la pièce, ce qui équivaut en monnaie courante à 150 poulets pour un shelling. On nous apporta aussi des œufs dans des paniers qui en contenaient plusieurs centaines chacun.

C'est à Eppigoya que se fait le meilleur sel; nous nous en approvisionnâmes, comme aussi de poisson salé; ainsi pourvus, et les rameurs installés, nous poursuivîmes notre chemin.

Nous nous étions à peine éloignés de deux cents verges, que nous fûmes poussés en ligne droite vers la grève au-dessous de la ville; alors nos matelots déposant leurs avirons dirent qu'ils avaient rempli leur tâche; comme Eppigoya était partagée en quatre districts, chacun sous un chef différent, chacun aussi devait fournir son contingent de rameurs.

On trouvera sans doute cet arrangement ridicule, mais il n'y avait pas à en appeler, et nous perdîmes ainsi trois heures à changer d'équipage quatre fois dans un espace de moins d'un mille. L'absurdité d'une telle mesure, jointe à la perte irréparable du temps, mettait notre patience à une rude épreuve. A chaque relais le chef du district accompagnait les bateliers au canot, et lors du départ, il nous faisait cadeau de trois poulets; nos embarcations formaient ainsi une exposition flottante de volaille, car nous en avions déjà fait une ample provision. Ces animaux vivants nous donnaient beaucoup d'embarras; faute de cages, les poulets semblaient déterminés à se suicider, et beaucoup d'entre eux se précipitèrent délibérément dans le lac; d'autres, attachés par les jambes, se noyaient au fond du canot qui prenait l'eau.

Le dixième jour après notre départ de Vacovia, nous reconnûmes que le paysage s'embellissait. Le lac n'avait plus qu'environ trente milles de largeur, et décroissait rapidement vers le nord; on pouvait distinguer les arbres sur les montagnes de l'ouest. Un peu plus loin, nous vîmes que la rive occidentale s'avançait en forme de promontoire, réduisant la largeur du lac à environ vingt milles.

Ce n'était plus cette vaste mer intérieure qui à Vacovia m'avait tant frappé avec sa grève de cailloux blancs; ici d'énormes bancs de roseaux, croissant sur une masse de végétation flottante, empêchaient les canots d'aborder. Ces bancs étaient étranges; ils semblaient formés de végétation décomposée sur laquelle les papyrus avaient pris racine; l'épaisseur de la couche était d'environ trois pieds, si ferme et si résistante qu'on pouvait y marcher sans courir le risque d'être mouillé beaucoup plus haut que la cheville. Cette zone végétale recouvrait une eau fort profonde et s'étendait à environ un demi-mille du rivage. Un jour une rafale terrible et une tempête violente brisèrent de grandes portions de cette couche flottante, et le vent se précipitant dans les roseaux comme dans une voilure d'embarcation, en emporta des fragments considérables, qui s'en allèrent à la dérive jusqu'à ce que le hasard les fixât quelque part.

Le treizième jour nous avions terminé notre voyage maritime. A ce point le lac avait entre quinze et vingt milles de largeur, et vers le nord le pays ressemblait à un delta. L'abord des deux rives étaient obstrué par d'immenses bancs de roseaux et pendant que nous longions celui de l'est nous ne pouvions trouver le fond, même avec un bambou de vingt-cinq pieds de long, quoique la masse flottante elle-même parût aussi solide que la terre ferme. Nous étions au milieu d'un véritable désert de végétation. A l'ouest on voyait des montagnes s'élevant de près de 4000 pieds au-dessus du niveau du lac, et faisant suite à la chaîne des montagnes bleues, observées plus au sud. Ces montagnes diminuaient de hauteur vers le nord, et dans cette direction le lac avait pour limite une large vallée de roseaux.

On nous dit que nous étions arrivés à Magungo, port d'arrivée pour les bateaux, qui de Malegga sur le bord occidental viennent dans le pays de Kamrasi. Les bateliers nous proposèrent de débarquer sur la végétation flottante, disant que nous trouverions un chemin plus court pour nous rendre au bourg ou à la ville de Magungo. Mais comme la violence du ressac sur le banc de roseaux menaçait de faire sombrer le canot, je préférai côtoyer le rivage jusqu'à ce que nous eussions découvert un point de débarquement convenable. Après avoir côtoyé l'étonnante végétation flottante pendant un mille, nous tournâmes soudain vers l'est et nous entrâmes dans un large canal bordé des deux côtés par les interminables roseaux. C'était là, nous dit-on, l'embouchure de la rivière Somerset — débouché du Victoria-N'yanza. La même rivière dont nous avions traversé à Karuma le courent furieux sur son lit de rochers, s'unissait maintenant à l'Albert N'yanza comme une eau stagnante. Je n'y pouvais rien comprendre; il n'y avait pas le moindre courant; le lit avait près d'un demi-mille de largeur, et je pouvais à peine croire que ce ne fût pas un bras du lac se dirigeant vers l'est. Après avoir cherché longtemps un point de débarquement à travers les merveilleux roseaux, nous découvrîmes un passage qui avait évidemment servi de chenal pour les canots, mais si étroit que nous eûmes toutes les difficultés du monde à y faire passer notre plus grande embarcation; les hommes de l'équipage pataugeaient à travers la boue et les roseaux, tirant le bateau après eux de toute leur force. Quelques centaines de pas, franchis de cette pénible manière, nous amenèrent dans un endroit où l'eau avait environ huit pieds de profondeur, devant un rivage de roc nu. Un bruit de voix humaines était venu jusqu'à nous à travers les roseaux : c'était un grand nombre de naturels du pays accourant à notre rencontre avec le chef de Magungo et notre guide Kabonga; celui-ci, on se le rappelle, avait été envoyé en avant de Vacovia avec les bœufs de selle. Près du bord l'eau était très-basse; les naturels s'y précipitèrent et tirèrent sur le rivage les canots à travers la boue. Nous avions été tellement cachés lorsque nous nous trouvions de l'autre côté du lac parmi les roseaux, que nous n'avions pu voir la partie de la côte où se trouve Magungo. Nous étions maintenant dans un endroit délicieux à l'ombre de plusieurs arbres énormes sur un terrain ferme, mêlé de sable et de roc, tandis que le sol s'élevait rapidement jusqu'à la ville de Magungo, située à un mille plus loin sur une colline élevée.

Ma première question se rapporta aux bœufs de selle. Ils étaient, nous dit-on, en fort bon état. On nous invita à attendre sous un arbre l'arrivée des présents offerts par le chef du district. Pendant que ma femme se reposait à l'ombre, j'allai au bord de l'eau examiner les méthodes de pêche suivies par les naturels sur une grande échelle. Sur un espace de plusieurs centaines de pieds les bords des roseaux flottants étaient disposés de manière que tous les gros poissons qui pénétraient jusqu'à l'eau libre près du rivage, ne pouvait manquer d'être pris. Par intervalles, étaient placés des paniers dont l'ouverture, comme celle de nos nasses, permettait d'entrer mais non de sortir. Chaque panier avait environ six pieds de diamètre, et dix-huit pouces à l'embouchure. Ces arrangements avaient donc été faits en vue des monstres du lac, et leurs immenses arêtes, éparpillées dans tout le voisinage, témoignaient de leurs dimensions. Mes gens venaient d'obtenir la moitié d'un poisson magnifique, connu sur les bords du Nil par le nom de *baggara*. Ils l'avaient trouvé dans le fleuve et l'autre moitié était restée entre les mâchoires d'un crocodile. Celle qu'ils avaient pesait environ cinquante livres. C'est un des meilleurs poissons du lac. Il a la forme de la perche, mais la couleur du saumon. Les naturels me procurèrent aussi un excellent poisson d'une forme particulière ayant quatre longs tentacules aux endroits où se trouvent ordinairement les jambes des reptiles; ce sont apparemment des jambes à l'état rudimentaire; le poisson a un peu de l'apparence d'une anguille, mais étant ovipare n'a aucun lien réel avec cet animal. Les naturels ont un procédé infaillible pour prendre le gros poisson à l'aide de la ligne et des hameçons. Ils plantent des rangées de bambous élevés, à une profondeur de six pieds dans l'eau, et à cinq ou six verges de distance les uns des autres. A l'extrémité de chaque bambou est passée une rondelle de bois d'ambatch d'environ dix pouces de diamètre et autour de laquelle est enroulée une ligne très-solide, que l'on a préalablement fixée au bambou. L'hameçon amorcé d'un poisson vivant est jeté à une distance convenable.

Tous les matins les naturels vont dans leurs canots disposer de longues rangées de ces lignes fixes; ils les surveillent pendant la journée et se fient au hasard pendant la nuit. Lorsqu'un poisson de grande taille a mordu l'appât, son premier et brusque recul détache la rondelle de bois d'ambatch, et la ligne se déroule sans difficulté. Lorsqu'elle est entièrement dévidée la grosseur et la légèreté du flotteur arrêtent et épuisent le poisson. Il y a plusieurs variétés de poissons qui pèsent plus de deux cents livres.

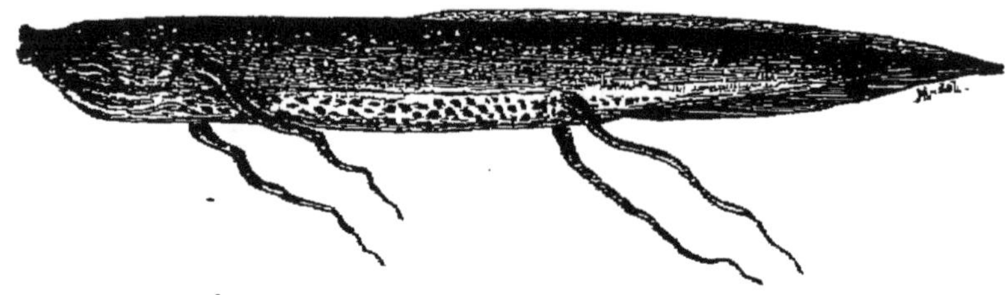

Lepidosiren annecteus.

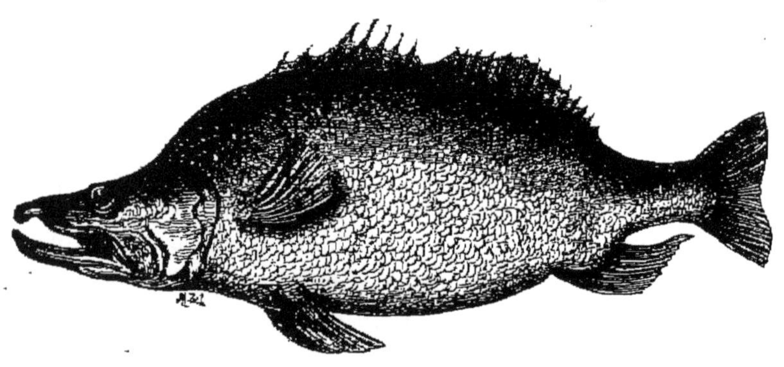

Le Baggara.

Nombre de gens arrivèrent du village, nous apportant une chèvre, des poulets, des œufs, du lait caillé, et un article du plus grand luxe : — du beurre frais. Je charmai le chef en lui donnant pour reconnaître sa politesse, une quantité de verroterie; puis montant la colline, nous nous dirigeâmes vers Magungo.

Le jour était admirablement serein; un sol sablonneux et pauvre, rendait la route aisée et ferme; après tant de jours passés en bateau, la marche nous fit du bien, et nous eûmes le plus beau coup d'œil lorsque, arrivés à Magungo, nous regardâmes en arrière vers le lac. Nous étions à environ 250 pieds au-dessus du niveau de l'eau. Ce n'était plus cette chaîne de rochers abrupts, descendant vers le lac, que nous avons vus au sud; le niveau général du pays semblait être de 500 pieds au-dessus de l'eau, jusqu'à une distance de cinq ou six milles. A partir de là, le terrain descend graduellement, Magungo étant situé au sommet de l'élévation la plus rapprochée de nous. Les montagnes de Mallegga, de l'autre côté du lac étaient les points les plus saillants de l'horizon occidental. A quelques milles au nord se trouvait une ouverture dans la chaîne de montagnes, et le lac s'allongeait vers l'ouest, mais en pointe fort resserrée, tandis que la chaîne de montagnes au nord de cette ouverture se dirigeait vers le nord-est. Au nord et au nord-est le pays était tout à fait plat, et à perte de vue s'étendaient des roseaux d'un vert brillant, marquant le cours du Nil à sa sortie du lac. Celui-ci, ayant à Magungo environ dix-sept milles de largeur, se terminait vers le nord en une espèce de queue ou de prolongement qui se confondait enfin avec une vallée couverte de roseaux. Cette vallée paraissait large de quatre à six milles, et semblait bornée à l'ouest par la même chaîne de montagnes qui forme la limite occidentale du lac. Les naturels me dirent que le Nil était navigable pour des canots depuis le lac jusqu'au pays de Madi, parce qu'il n'y avait pas de cataractes jusqu'à une très-grande distance. D'un autre côté, les districts de Madi et de Koshi étaient tous deux au pouvoir de leurs ennemis, et le courant y est si fort qu'un canot ne pourrait le remonter sans un nombreux équipage de rameurs. Ils me montrèrent le pays de Koshi, sur le bord ouest du Nil à sa sortie du lac; ce pays comprenait les montagnes qui longent la rivière. Le petit district de M' Caroli touche à Mallegga et se prolonge à l'ouest vers le Makkarika. Les naturels refusèrent positivement de me faire descendre le Nil depuis le lac jusqu'au pays de Madi, disant que les habitants de ce pays étant leurs ennemis, les tueraient, dès que je ne serais plus avec eux lorsqu'ils remonteraient le fleuve.

On ne pouvait se méprendre sur l'endroit où le Nil sort du lac, et si le large canal d'eau stagnante était véritablement le confluent du Nil Victoria (Somerset), les renseignements obtenus par Speke se trouvaient singulièrement confirmés. Jusqu'à présent tous les renseignements que j'avais obtenus de Kamrasi et de ses sujets avaient été exacts. Ils m'avaient dit que le voyage de M'rouli jusqu'au lac prendrait vingt jours, il m'en avait pris dix-huit. Ils avaient ajouté que le Somerset coulait de Karuma directement vers le lac, et qu'il en ressortait presque immédiatement pour traverser les tribus de Koshi et de Madi. Je voyais maintenant le fleuve sortir du lac à moins de dix-huit milles de Magungo, et les pays de Koshi et de Madi semblaient tout près de moi, bordant le Nil à l'est et à l'ouest. Kamrasi étant le roi, il semblait tout simple qu'il connût bien la conformation de son propre pays; mais quoique le chef de Magungo et tous les naturels m'assurassent que cette eau stagnante à mes pieds était la même rivière bruyante que j'avais traversée au-dessous des cataractes de Karuma, je ne pouvais comprendre qu'une masse d'eau aussi considérable pût entrer dans le lac Albert sous cette forme d'eau morte. Le guide et les naturels se moquaient de mon scepticisme, et déclaraient que cette eau stagnante s'étendait à une certaine distance du lac, mais qu'une immense cataracte descendait de la montagne, et qu'en amont le fleuve ne formait qu'une suite de chutes d'eau pendant l'espace entier de six jours de marche jusqu'à Karuma. Ce que je désirais, c'était de descendre le Nil en canot depuis le point où il tombe dans le lac, avec mes gens seuls comme bateliers, et d'atteindre ainsi les cataractes dans le pays de Madi; là j'abandonnerais les canots ainsi que tout mon bagage, et me dirigerais sur Gondokoro, emportant avec moi seulement mes armes à feu et nos munitions. Je savais, d'après les renseignements donnés par les naturels du pays, que le Nil était navigable jusque dans le voisinage de l'arbre de Miani dans le pays de Madi, et Speke avait déterminé par une observation astronomique la position de cet arbre par 3° 34′ de latitude; de ce point, il n'y aurait donc que sept jours de marche jusqu'à Gondokoro, et par un trajet aussi direct, je serais sûr d'arriver à Khartoum à temps pour les bateaux. Mais j'avais promis à Speke d'explorer à fond la partie douteuse du fleuve, qu'il avait été obligé de négliger depuis les cataractes de Karuma jusqu'au lac. Cette eau stagnante au point de jonction m'intriguait moi-même ; d'un autre côté, je sentais que les habitants du pays devaient avoir raison, car c'était leur rivière à eux, et ils n'avaient aucun intérêt à me tromper; je résolus donc de sacrifier tout autre désir pour m'acquitter de ma promesse et résoudre complétement le problème du Nil. On m'avait dit que le Nil sortait du lac, et j'en étais sûr maintenant par mon inspection personnelle ; de Magungo je contemplais les deux contrées de Koshi et de Madi à travers lesquelles il passe ; il me fallait traverser ces pays et atteindre encore une fois le Nil avant d'arriver à Gondokoro. Ainsi le seul point qui restait à éclaircir était la partie comprise entre les cataractes de Karuma et le lac.

J'avais eu un violent accès de fièvre ce soir-là, et n'avais pu prendre aucun relevé astronomique ; mais le lendemain matin, je pus observer soigneusement l'étoile Vega, et je déterminai la latitude de Magungo par 2° 16′ droit à l'ouest de la cataracte de Karuma ou d'Atâda. Ceci était une forte preuve que la rivière coulant à mes pieds était le Somerset que j'avais traversé sous la même latitude à Atâda, où le fleuve se dirigeait vers l'ouest, et où les naturels m'avaient indiqué cette direction comme celle qu'il suit pour se rendre au lac. Cependant, je résolus de vérifier ce fait, dussé-je en prenant une route aussi détournée ne pas arriver à temps pour les bateaux de Gondokoro et rester une autre année prisonnier dans l'Afrique centrale, malade, et sans quinine. J'en fis la proposition à ma femme ; malgré son état de faiblesse, non-seulement elle consentit à terminer notre examen du fleuve jusqu'à Karuma, mais elle désirait, s'il était possible, redescendre le Nil depuis le lac jusqu'à Gondokoro. Cette dernière idée, fondée sur le principe simple qu'il n'y a rien de tel que de voir les choses de ses propres yeux, impliquait le sacrifice le plus généreux ; mais elle était à la fois inutile et irréalisable.

De notre situation à Magungo, nous pouvions voir les deux pays de Madi et de Koshi arrosés par le Nil. Il fallait nécessairement traverser les deux pays en nous rendant directement de Karuma à Gondokoro par Shoua, et si nous ne rencontrions pas le fleuve dans les districts de Madi et de Koshi, nous pourrions conclure que le Nil que nous voyions maintenant n'était pas le Nil de Gondokoro. Or, nous savions qu'il n'en était pas ainsi, car Speke et Grant avaient suivi cette route et trouvé le Nil près de l'arbre de Miani (lat. 3°34'), dans le pays de Madi, le district Koshi étant sur le bord occidental; ainsi comme nous étions maintenant aux sources du Nil, et que nous le voyions traverser les districts de Koshi et de Madi, tout argument contre l'identité de ce fleuve ne pouvait être qu'une absurdité. Je donnai ordre à mes gens de se tenir prêts à partir sur-le-champ.

Le chef me donna de nombreux renseignements confirmant ceux que j'avais obtenus l'année précédente dans les districts de Latouka ; il me dit, lui aussi, qu'autrefois les cauris étaient apportés du sud par des bateaux et que ces cauris, ainsi que les bracelets de cuivre, venaient de Karagoué par le lac. Il manda également plusieurs naturels de Mallegga qui arrivèrent avec des manteaux faits de peaux d'antilope et de chien admirablement préparées, et qu'ils échangèrent contre des bracelets et de la verroterie. Les gens de Mallegga ressemblent à ceux d'Ounyoro, mais ils parlent un autre dialecte.

Les bateaux étant prêts, nous prîmes congé du chef à qui nous fîmes un cadeau de perles, et nous descendîmes la colline jusqu'au fleuve, reconnaissants d'avoir jusqu'à présent mené à bien notre voyage d'exploration. Nous avions, en effet, reconnu le lac jusqu'à cet endroit important, Magungo, qui dès notre arrivée dans le pays de Latouka avait été le fil conducteur de notre découverte. Nous étions tous deux malades et très-faibles, et mes genoux tremblaient sous moi pendant que je descendais cette pente douce. Dans mon état d'épuisement, et pourtant m'efforçant de soutenir ma femme, j'étais « l'aveugle conduisant l'aveugle; » mais si notre vie eût dû finir ce jour-là, nous serions morts satisfaits, car notre lutte acharnée contre la misère et la maladie se fût terminée dans la victoire; et quoique notre lointain foyer domestique nous semblât un paradis que nous ne devions plus revoir, nous aurions pu nous endormir doucement, sur ce rivage, de notre dernier sommeil, avec la consolation que si le corps succombait, nous avions eu du moins notre récompense avant de mourir.

En arrivant aux canots, nous trouvâmes tout prêt, et les bateliers déjà à leurs places. Une foule de naturels nous hala par-dessus les bancs de sable, et une fois en pleine eau, nous traversâmes un large canal qui nous conduisit dans le lit même du fleuve, sans que nous eussions la fatigue de pousser nos embarcations dans l'ouverture étroite par laquelle nous étions arrivés. Ayant atteint le milieu de l'eau stagnante, nous nous dirigeâmes vers l'Est, et fîmes beaucoup de chemin jusqu'au soir. Le fleuve, tel qu'il paraissait alors, sans aucun courant, avait une largeur d'environ 500 verges. Avant de faire halte pour la nuit, je fus atteint d'un violent accès de fièvre, et le bateau ayant accosté la rive, on me transporta tout à fait sans connaissance en litière, à un village voisin. Ma pauvre femme, malade elle-même et à moitié morte, me suivait à pied, marchant à travers les marais dans une obscurité profonde. Elle veilla à mes côtés jusqu'au lendemain. A l'aube, j'étais trop faible pour me tenir debout ; on nous transporta tous deux jusqu'aux canots, et nous traînant vers notre cabine, nous restâmes là, étendus comme deux morceaux de bois, tandis que les embarcations continuaient leur marche. Beaucoup de nos hommes souffraient aussi de la fièvre ; la mal'aria produite par cette masse de végétation décomposée est pestilentielle, et lorsque je regardais vers le canot qui nous suivait, je voyais tous mes gens groupés l'un contre l'autre, malades et découragés, ressemblant aux âmes que Caron transportait jadis d'un bord à l'autre du Styx.

La rivière, à dix mille de Magungo, se rétrécissait de manière à ne présenter qu'une largeur d'environ deux cent cinquante verges. Laissant derrière nous les immenses bancs de roseaux, nous étions entrés dans un canal encaissé entre des collines couvertes de forêts, et s'élevant à près de 200 pieds de chaque côté. Pas le moindre courant ne s'y faisait sentir, quoique nous fussions à coup sûr dans le lit même d'un fleuve. L'eau est très-claire et aussi très-profonde. Le soir nous fîmes halte, et nous nous reposâmes sur un banc de vase près du bord. L'herbe dans la forêt étant très-haute et très-épaisse, nous étions heureux de trouver pour notre bivouac un espace ouvert, quoique ce fût un repaire de moustiques et un nid à mal'aria.

En me réveillant le lendemain matin, je remarquai qu'un brouillard épais s'étendait sur la rivière, et comme j'étais couché sur le dos sur mon angarep, avant de réveiller mes gens, je m'amusai à suivre le brouillard qui s'élevait lentement de dessus le fleuve. Pendant que j'étais ainsi occupé, je découvris que de petites plantes aquatiques, semblables à des choux flottants (*Pistia Stratiotes.* Lin.) se dirigeaient lentement mais certainement vers l'ouest. Je sautai sur-le-champ à bas de mon angarep, et suivis avec la plus grande attention le mouvement de ces plantes. Il n'y avait pas moyen d'en douter, elles se dirigeaient vers le lac Albert.

Nous étions maintenant à environ dix-huit milles en ligne directe de Magungo, et le fleuve présentait un courant faible, il est vrai, mais perceptible.

Notre toilette ne nous prit pas longtemps, car nous nous étions reposés tout habillés ; nous nous embarquâmes donc de suite et nous donnâmes l'ordre de partir.

Bachita connaissait le pays, car elle était allée autrefois à Magungo, lorsqu'elle se trouvait au service de Sali, ce chef que Kamrasi avait assassiné; elle me dit que nous terminerions notre voyage en canot ce jour-là, aux pieds de la grande cascade dont elle nous avait parlé précédemment. La rivière continuait à se rétrécir jusqu'à près de 180 verges, et quand les avirons cessèrent de mouvoir, j'entendis distinctement le bruit d'une chute d'eau. Ce bruit m'avait déjà frappé le matin, mais je croyais que c'était le grondement éloigné du tonnerre. A dix heures, le courant devenait sensible et la voix de la cataracte grossissait. Après avoir ramé vigoureusement l'espace de deux heures, contre un courant devenant toujours plus fort, nous arrivâmes à quelques cabanes de pêcheurs abandonnées, à un point où la rivière faisait un angle. Jamais je n'ai vu autant de crocodiles. Ils étaient là des deux côtés, étendus ensemble comme des troncs d'arbres. Sur un des bords, j'en comptai vingt-sept, tous de grande taille; tout espace soleillé offrait le même tableau. Depuis le point où nous étions décidément entrés dans le lit du fleuve, nous l'avions trouvé encaissé par des collines assez abruptes, s'élevant jusqu'à une hauteur d'environ 180 pieds. Ici les falaises étaient encore plus hautes et perpendiculaires. D'après le bruit, je jugeai que nous apercevrions les cataractes en tournant le coude du fleuve, et je commandai donc aux rameurs d'aller aussi loin que possible ; ils refusèrent d'abord, désirant s'arrêter au village abandonné;

c'était là, disaient-ils, la limite du voyage, et il était impossible de s'avancer plus loin.

Leur ayant dit que je souhaitais simplement avoir le coup d'œil de la cataracte, ils ramèrent directement contre le courant, très-fort en cet endroit. Dès que nous eûmes doublé l'angle des rochers, le spectacle le plus grandiose s'offrit à nos yeux. De chaque côté du fleuve s'élevaient à pic des rochers magnifiquement boisés et d'une hauteur d'environ 300 pieds ; des blocs énormes sortaient du milieu d'un feuillage du vert le plus intense, et la rivière précipitant sa masse énorme à travers une échancrure de ce mur naturel, immédiatement vis-à-vis de nous, était comme étranglée dans une écluse d'à peine cinquante verges de largeur; s'élançant avec furie dans ce défilé, elle plongeait d'un seul jet de la hauteur perpendiculaire d'environ 120 pieds au fond d'un sombre gouffre creusé au-dessous...

La cataracte, d'une blancheur éblouissante formait un magnifique contraste avec les noirs rochers qui encaissent le fleuve, tandis que les palmiers gracieux des tropiques et les plantains sauvages ajoutaient de nouveaux charmes au paysage. C'est là certainement la plus grande cataracte du Nil, et en l'honneur de l'illustre président de la Société royale de géographie, je la nommai la cataracte Murchison, comme étant le trait le plus saillant de tout le cours du fleuve.

Les bateliers auxquels j'avais promis un cadeau de verroteries pour les encourager à s'approcher de la cataracte autant que possible, réussirent à amener leur canot à environ trois cents verges du pied de la chute; mais la force du courant et les tourbillons les obligèrent de s'arrêter là. A notre gauche était un banc de sable absolument couvert de crocodiles, étendus les uns près des autres en lignes parallèles comme des troncs d'arbres prêts pour l'embarquement. Ils laissèrent le canot approcher jusqu'à vingt verges de distance, puis se dirigèrent tranquillement vers l'eau, excepté un monstrueux gaillard qui, resté paresseusement en arrière, tomba mort, frappé à la cervelle d'une balle de ma petite carabine Fletcher.

Le bruit soudain de l'arme à feu effraya tellement les matelots qu'ils se précipitèrent tous au fond du canot; un d'entre eux perdant son aviron par-dessus le marché. J'avais tiré un second coup au crocodile pour être bien sûr de sa mort, et rien

Cataracte de Murchisson par laquelle le Nil, venant du lac Victoria, se précipite dans le lac Albert.

ne put déterminer ces poltrons à s'occuper du bateau, car ils ne savaient pas combien de fois le bruit pouvait se répéter. Nous voilà donc à la merci du courant, et le canot décrivant un cercle, est emporté contre un banc épais de roseaux élevés ; à peine avons-nous touché cet obstacle, qu'une commotion terrible se manifeste dans les roseaux, d'où un énorme hippopotame mâle s'élance subitement sous le canot et d'un rude choc contre la quille nous soulève à moitié hors de l'eau. Les nègres hurlent de terreur, ne sachant pas si cette secousse a quelque rapport avec le bruit terrible de la carabine; les négresses crient; Saat me passe une carabine, et Richarn en prend une de son côté; nous nous tenons prêts à répondre par un coup de feu à une nouvelle attaque du féroce *hippo*.

Des coups de pied distribués généreusement par mes compagnons irrités aux matelots accroupis les rétablirent dans une position perpendiculaire. La première chose à faire était de tâcher de rattraper notre aviron qui descendait le courant. Fier de nous avoir dérangés, mais nous regardant sans doute comme trop coriaces, l'hippopotame leva la tête pour nous contempler une seconde fois, et disparut trop vite pour que nous pussions l'ajuster. De tous côtés se montraient d'énormes têtes de crocodiles, nous en comptâmes dix-huit à la fois. Quel régal pour ces monstres si l'hippopotame avait réussi à nous faire chavirer! la grasse négresse Karka aurait été un morceau friand. Ayant recouvré l'aviron, je persuadai aux bateliers de maintenir le canot en place tandis que je prenais un croquis de la cataracte Murchison, puis nous descendîmes rapidement jusqu'à la plage du village abandonné, où nous prîmes congé de la navigation du lac et du fleuve de l'Afrique centrale.

Les quelques huttes debout sur ce point n'étaient que des ruines. Les nuages annonçaient la pluie, qui tomba comme elle le faisait généralement toutes les vingt-quatre heures; cependant l'orage était dissipé lorsque l'aube parut, et nous nous trouvâmes aussi trempés, aussi misérables que d'ordinaire. J'envoyai quatre de mes gens ainsi que notre interprète Bachita, avec les bateliers jusqu'au prochain village pour s'informer si le guide Rabonga avait amené les bœufs de selle, car désormais nous devions voyager par terre, et il devait savoir où notre navigation s'arrêterait. Au bout de quelques heures ils revinrent sans les bateliers; le chef du village envoyait dire que les bœufs étaient arrivés, mais que Rabonga était resté à Magungo. Le soir même bêtes et porteurs devaient nous être envoyés.

A l'heure dite, nombre de nègres se présentèrent apportant, en présents, de la part du chef, du cidre de plantain et des fruits du même arbre. Ils nous promirent de nous conduire au village le lendemain matin.

Nous ne partîmes que l'après-midi, parce qu'il nous fallait un guide. Les bœufs survinrent; si nous avions mauvaise mine, la leur était misérable, ayant souffert des piqûres d'une mouche dont l'atmosphère de ces lieux était infestée. Poil rare, oreilles pendantes, écoulement aux naseaux, tête baissée, flux de ventre, tels étaient les symptômes du mal injecté par la piqûre. Je vis que c'en était fait de ces pauvres bêtes. Faible comme je l'étais, je fus encore obligé de gravir la colline à pied, parce que mon bœuf n'aurait pu me porter, et j'atteignis avec difficulté le sommet du rocher. Il pleuvait à verse. En arrivant au sommet, nous trouvâmes à la contrée le même aspect varié que possède le Chopi et l'Ounyoro; mais l'herbe avait environ sept pieds de hauteur, et le sol était comme étouffé par la végétation, à cause des pluies continuelles et de la fertilité du terrain. Nous étions au-dessus de la cataracte Murchison, et j'entendais à gauche le bruit de la chute. Nous poursuivîmes notre marche vers l'est, parallèlement à la rivière au-dessus de la cataracte, et un peu avant le soir nous atteignîmes un village appartenant au guide qui nous avait accompagnés. Je frissonnais et j'étais trempé; heureusement ma femme avait été transportée dans sa litière, que protégeait une espèce de dais en peau. Fiévreux et épuisé, j'obtins des habitants quelques bons fruits acides qui me rafraîchirent. Je pus ensuite faire bouillir mon thermomètre et prendre la hauteur de ce lieu.

Le lendemain matin nous repartons; la route, parallèle au fleuve, le longe de si près que le bruit de ses rapides nous étourdit. Il coule dans un ravin profond à notre gauche. Nous suivons le Somerset pendant un jour de marche, traversant beaucoup de ravins et de torrents. Un brusque détour sur la gauche nous ramène sur ses bords. De là on doit nous transporter à une île nommée Patouan, demeure d'un chef. Il est environ une heure après le coucher du soleil, et mon bœuf de selle que l'on conduit parce qu'il est trop faible pour me porter, tombe dans un piége à éléphant. Après beaucoup de cris, on nous amène un canot d'une île qui n'est pas à plus de cinquante verges du rivage, et on nous fait passer. Nous étions tous deux malades d'un soudain accès de fièvre, et ma femme, ne pouvant se tenir debout se vit, à peine débarqée, transportée en litière je ne sais où, sous l'escorte de quelques-uns de mes hommes; tandis que, vaincu par la maladie, je me jetai sur le sol humide. Enfin le reste de la caravane traverse, et ceux qui avaient transporté ma femme jusqu'au village, revenant avec des torches, je parviens à me traîner derrière eux, en m'appuyant des deux mains sur un bâton. Après une marche d'environ un quart de mille sous une haute futaie, nous arrivons à un village, où on nous donne une hutte en si mauvais état que les étoiles brillaient à travers la toiture. Là ma femme, horriblement malade, reste comme inanimée sur son angarep, tandis que je me laisse tomber sur de la paille. Environ une heure plus tard éclate un orage épouvantable, et la cabane est pleine d'eau; trop malades, trop faibles pour quitter notre position, nous restons là mouillés et frissonnant de fièvre jusqu'au lendemain matin. Suivant l'habitude de tous les nègres, nos gens s'étaient arrangés bien plus confortablement que leurs maîtres, et ils ne songèrent pas à intervenir dans notre misère jusqu'au lever du soleil, moment où nous leur avions prescrit de se tenir prêts.

L'île de Patouan a environ un demi-mille de long sur cent cinquante verges de large; c'est un de ces nombreux blocs de rocher qui obstruent le fleuve entre les cataractes de Karuma et celle de Murchison. Le roc est entièrement de granit gris, et entre ses fissures de magnifiques arbres s'élèvent en bouquets si épais que l'île entière est couverte d'ombre. Au centre est un village fort peuplé, car toute la population riveraine s'est refugiée dans les îles à cause de la guerre qui a éclaté entre Rionga et Kamrasi. A l'est de Patouan une suite d'îles s'étend jusqu'à une journée de marche de Karuma. Elles sont au pouvoir de Rionga et d'un chef plus puissant encore, Fowouka, son allié; tous deux sont les ennemis mortels de Kamrasi.

Il paraît maintenant qu'après mon départ de M'rouli pour

le lac, Kamrasi avait dit à Ibrahim d'accompagner ses sujets dans une attaque contre Fowouka. L'attaque avait eu lieu, mais s'était bornée à une décharge de mousqueterie exécutée du haut des falaises sur la population qui habitait les îles. Beaucoup de personnes avaient été tuées, et Ibrahim était revenu à Gondokoro avec une quantité d'ivoire et de porteurs fournis par Kamrasi ; mais il avait laissé en otage dix de ses soldats auprès du roi, pour lui servir de gardes jusqu'à ce que lui-même revînt, l'année suivante, dans l'Ounyoro. Ibrahim et sa troupe ayant quitté le pays, Fowouka avait envahi le Chopi, brûlé et détruit tous les villages, et tué un grand nombre d'individus, y compris un chef tributaire de Kamrasi, et père du chef de l'île de Patouan où nous nous trouvions alors. Les habitants des villages détruits s'étaient refugiés dans cette île et dans celles du voisinage. Le chef nous avoua qu'il nous serait impossible d'aller le long du bord de la rivière jusqu'à Karuma, parce que le pays entier était au pouvoir des ennemis. C'était me dire qu'il fallait renoncer à me procurer des porteurs.

Difficultés et inquiétudes sans fin dans cet horrible pays. Mon exploration se trouvait finie, car il n'était pas nécessaire de remonter de Patouan jusqu'à Karuma. J'avais suivi le Somerset depuis son confluent avec le lac à Magungo jusqu'au point où nous étions ; ici je voyais un fleuve superbe exactement semblable à ce qu'il est à Karuma, dont nous étions à moins de trente milles, et à dix-huit seulement du point où nous avions découvert le fleuve pour la première fois lors de notre arrivée du nord. La direction du courant de l'est à l'ouest correspondait exactement à mes observations à Karuma et à Magungo. Le fleuve a une largeur variant d'environ cent quatre-vingts à deux cents verges, mais il est fort encombré de rochers et d'îles ; le courant est en moyenne d'environ quatre milles à l'heure ; les cataractes et les cascades sont si nombreuses que depuis celle Murchison le bruit de l'eau a été continuel. Au moyen du thermomètre de Casella, je déterminai la hauteur du niveau du fleuve à l'île de Patouan, elle est de trois mille cent quatre-vingt-quinze pieds ; ainsi de ce point au niveau du lac Albert à Magungo, il y a une différence de quatre cent soixante-quinze pieds. La cataracte Murchison ayant au moins cent vingt pieds de hauteur, il reste trois cent cinquante-cinq pieds pour la pente comprise entre Patouan et le sommet de la cataracte. Comme les bancs de rochers le long du cours du fleuve forment une suite de degrés, chacun d'eux me fournissait une preuve à l'appui de mes observations.

L'étiage du fleuve mesurée au-dessous de Karuma, m'avait donné trois mille neuf cent quatre-vingt-seize pieds au-dessus du niveau de la mer. Ainsi de ce point jusqu'à Patouan, il y avait une chute de huit cent un pieds, et une chute totale de mille deux cent soixante-seize pieds dans le cours du fleuve depuis Karuma jusqu'à l'Albert N'yanza. Ces observations faites avec le dernier scrupule confirmaient l'opinion que l'aspect naturel du fleuve faisait pressentir; car il n'offre qu'une suite de cataractes en aval de Karuma.

Mes relevés m'offraient d'autant plus d'intérêt que mon ami Speke, lorsque je le rencontrai à Gondokoro, avait paru embarrassé de la différence extraordinaire que présentaient ses observations entre le niveau de la rivière aux cascades de Karuma (latitude 2° 15') et Gebel Koukou dans le pays de Madi (latitude 3° 34'), point où il avait ensuite rencontré le fleuve. Il savait que ces deux cours d'eau étaient le Nil, car les naturels le lui avaient dit : l'un avant sa jonction avec le lac Albert, l'autre lorsqu'il en était sorti; mais on lui avait dit aussi que le fleuve était navigable depuis Gebel Koukou jusqu'à la sortie du lac, assertion qui ne comportait pas une grande différence en hauteur entre le lac et le Nil, par la latitude de 3° 34'. Cependant cette même différence entre ses observations à Karuma et à Gebel Koukou était si considérable, qu'il conclut qu'il devait y avoir entre Karuma et le lac Albert une pente d'au moins mille pieds; par un relevé soigneux je venais de prouver l'exactitude de son raisonnement et la justesse de ses observations. Sur sa carte, entre Karuma et le lac Albert qu'il n'avait pu visiter, il avait inscrit ces mots : « Ici la pente du fleuve est de mille pieds; » mes relevés m'en ont donné mille deux cent soixante-seize.

Toutes mes observations de hauteur ont été, à mon retour, soumises à l'examen; le thermomètre dont j'ai fait usage a été vérifié à Kew, et les erreurs ont été corrigées; les hauteurs relevées au moyen du thermomètre doivent donc être exactes, car les résultats que je cite sont ceux obtenus, après correction, par M. Dunkin, de l'Observatoire Royal de Greenwich. Il peut donc être intéressant de comparer les observations faites en divers endroits sur le Nil et le lac Albert dans les pays d'Ounyoro et de Chopi, et la comparaison fera ressortir la correction de ces relevés.

1864.			Pieds.
Janv.	22.	Ile de Rionga, 80 pieds au dessus du Nil.........	3,864.
—	25.	Karuma, au-dessous de la cataracte, niveau de la rivière (Atada)...............................	3,996.
—	31.	Au sud de Karuma, niveau de la rivière sur le chemin de M'rouli..............................	4,056.
Fév.	21.	M'rouli. Lat. 1° 38'. Niveau de la rivière........	4,061.
Mars.	14.	Albert N'yanza. Niveau du Lac..................	2,720.
Avril.	7.	Ile de Patouan (Shoua moru). Niveau de la rivière.	3,195.

D'après ces observations, on peut voir qu'entre M'rouli, en latitude 1° 38', et Karuma, par 2° 15', il y a une pente de soixante-cinq pieds. Or, en tenant compte de la grande courbe du fleuve, qui représente un cours extra de 20 milles, nous aurons un équivalent de soixante milles de rivière environ depuis M'rouli jusqu'à Atâda, près des cataractes de Karuma, avec une chute d'un pied par mille. De M'rouli aux premières chutes de Karuma, la rivière est navigable; ainsi les relevés qui indiquent une pente d'un pied par mille doivent être fort corrects.

Les observations qu'il faut ensuite comparer sont celles faites depuis les cataractes de Karuma jusqu'au lac Albert le long du cours occidental du fleuve :

	Pieds.	Pieds.
Niveau de la rivière au-dessus de Karuma.	3,996	
Ile de Rionga, 3,864 pi.; 80 pi. de falaise	3,784	— 212 de chute à l'ouest
Niveau de la rivière à Pàtouan (Shoua moru)	3,195	— 589 depuis l'île de Rionga.
Niveau du lac Albert	2,720	— 475 depuis Patouan jusqu'au lac.
Depuis Karuma.....		1,276 de chute.

Ces observations sont extrêmement satisfaisantes, et démontrent que le thermomètre de Casella conservait sa justesse chaque fois qu'on le faisait bouillir; car il n'y avait aucune confusion entre les hauteurs, et chaque observation confirmait l'observation précédente. J'ai déterminé la latitude de Patouan par 2° 16'. Nous nous trouvions donc droit à l'ouest de Magungo et à l'est de la cascade de Karuma.

CHAPITRE XIII.

INTENTIONS PERFIDES DES INDIGÈNES.

Ne pouvant à aucun prix nous procurer des portefaix, nous nous trouvions prisonniers sur l'île de Patouân. En quelques jours, nous avons perdu tous nos bœufs de selle, victimes des mouches, et le seul animal qui nous restât était à moitié mort : c'était le petit taureau qui avait toujours servi de monture à Saat. Nous étions au 8 avril, et sous peu de jours les bateaux sur lesquels nous comptions pour nous ramener dans les pays civilisés allaient certainement quitter Gondokoro. J'offris aux naturels toute la verroterie qui me restait (environ 50 livres pesant) et tout mon bagage, s'ils voulaient nous transporter directement à Shoua. Nous étions tous deux au désespoir, car la fièvre et la fatigue nous accablaient, et une mort certaine nous semblait réservée si nous restions dans ce pays malsain. L'idée de manquer les bateaux et de nous trouver prisonniers dans cette affreuse contrée pour une autre année était pire que la mort, et pourtant c'est ce qui nous arriverait à coup sûr, si nous ne pouvions nous rendre sans délai à Gondokoro. Les nègres, avec leur ruse ordinaire, offrirent de nous conduire à Shoua, pourvu que nous leur payassions la verroterie d'avance; les bateaux étaient déjà prêts pour nous transporter de l'autre côté; mais heureusement je découvris, par l'intermédiaire de Bachita, qu'on avait formé le dessein de nous déposer dans un désert sur la rive nord du fleuve, et de nous y laisser mourir de faim. Les nègres avaient comploté ensemble de nous débarquer, puis de revenir avec les bateaux après s'être ainsi débarrassés de leurs hôtes.

La position était critique. Si je m'étais trouvé en bonne santé, j'aurais tout abandonné, et je me serais rendu directement à Gondokoro à pied, avec mes armes à feu et mes munitions seulement; mais la situation actuelle rendait la chose impossible : nous ne pouvions, ma femme et moi, marcher un quart de mille sans nous évanouir; nous manquions de guide; le pays était couvert d'herbes impénétrables et d'un fourré de plantes de huit pieds de hauteur; nous étions au milieu de la saison pluvieuse; pas un jour ne s'écoulait sans un déluge de quelques heures; la position était désastreuse. De plus, les provisions manquaient; parmi mes hommes, beaucoup étaient très-faibles, la fièvre ayant attaqué toute la caravane. En résumé, nous nous trouvions dénués de toutes ressources.

Notre guide Rabonga, qui nous avait accompagnés de M'rouli, s'était enfui, et nous avait laissés nous tirer d'affaire comme nous le pourrions. Je résolus de ne pas rester dans l'île, car je soupçonnais qu'on enlèverait les canots et que nous serions retenus captifs; je commandai donc à mes hommes de prendre les bateaux et de nous transporter au rivage d'où nous étions partis. Le chef, entendant cet ordre, offrit de nous conduire à un village où nous attendrions les ordres de Kamrasi pour savoir si l'on devait, oui ou non, nous diriger sur Shoua. Le district dans lequel l'île de Patouân est située s'appelle Shoua Moru, quoiqu'il n'ait aucun rapport avec le Shoua du pays de Madi où nous voulions nous rendre.

On nous ramena donc au rivage opposé, et les nègres nous transportèrent dans nos angareps respectifs l'espace d'environ trois milles, jusqu'à un village désert dont la moitié était réduite en cendres, ayant été brûlée et pillée par l'ennemi. On nous déposa sur la terre, devant une vieille cabane, au milieu de la pluie battante; il nous fut signifié que nous passerions la nuit dans cet endroit et que le lendemain on nous acheminerait à notre destination.

Ne me fiant pas aux naturels, j'ordonnai à mes gens de les désarmer et de détenir leurs lances et leurs boucliers comme une garantie qu'ils reviendraient le lendemain. Cela fait, nous fûmes transportés dans une hutte dégoûtante, enfoncée de six pouces dans la vase; la toiture était délabrée, et depuis bien des semaines les grandes pluies l'avaient inondée. Je fis couper une tranchée à travers le sol fangeux, et, abattus au dernier point, nous prîmes possession de ce misérable logis.

Le lendemain matin, pas un naturel ne se présenta. Nous étions abandonnés complétement; quoique j'eusse en ma possession leurs lances et leurs boucliers, ils avaient tous disparu. Point d'indigènes, point de provisions; autour de nous s'étendait un désert de végétation folle et sans limites; on ne voyait ni quadrupède, ni oiseau même; le pays était affreux : — un marécage inanimé! Nous en occupions le centre sur un tertre élevé, ayant la vallée du Somerset à environ deux milles au nord; le fleuve bruissait sourdement dans son lit étroit, son cours étant marqué par le double rang de grands arbres, à feuillage sombre, qui croissent sur ses bords.

Mes gens étaient naturellement fort irrités; nous avions été si abominablement trompés qu'ils me proposèrent de retourner à Patouân, de saisir des canots et de nous approvisionner de force. Les nègres nous avaient transportés où nous étions tout simplement pour se débarrasser de nous, et nous pouvions mourir de faim. Je repoussai l'idée de nous procurer des provisions par la violence, mais je dis à mes hommes de chercher sous les décombres des villages abandonnés s'il n'y avait des silos de blé; Bachita devait les accompagner : étant du pays, elle connaissait les habitudes locales et pouvait aider à quelque découverte utile.

Après quelques heures passées à fureter parmi les cendres de plusieurs villages incendiés, ils découvrirent une excavation en sondant la terre avec un bâton, et en déblayant un peu ils arrivèrent à un silo, rempli de la céréale connue sous le nom de *Tullaboon*. C'était une inestimable trouvaille; quoique moisie et amère, cette provision était une garantie contre la famine. Les femmes furent bientôt activement occupées à moudre le grain, car on avait trouvé parmi les ruines les pierres nécessaires.

Il y avait heureusement trois espèces de plantes sauvages croissant à profusion; bouillies, elles nous tinrent lieu d'épinards. Nous étions donc fort pourvus de légumes, mais non du plus petit morceau de graisse ou de viande. Notre menu de tous les jours était une pâte noire faite de farine moisie et amère à laquelle pas un porc n'eût voulu toucher en Angleterre : puis un grand plat d'épinards. Le fameux passage, « Mieux vaut un dîner d'herbes auquel préside l'affection[1], etc., » me revenait souvent à l'esprit, mais après quinze jours d'un régime aux pseudo-épinards je ne partageais plus cette opinion.

Quant au thé et au café, c'était de l'histoire ancienne, et leurs noms seuls nous faisaient venir l'eau à la bouche ; mais je découvris une espèce de thym sauvage croissant dans les fourrés, et une infusion de cette plante pouvait, à la rigueur remplacer le thé ; quelquefois nos gens se procuraient un peu de miel sauvage qui, ajouté à l'infusion de thym, formait une friandise inouïe.

Cette diète affreuse, l'épuisement où nous étions par suite de la fièvre et des effets généraux du climat, nous avaient tellement rendus incapables de tout effort, que pendant près de deux mois nous restâmes étendus, ma femme et moi, sur nos *angareps* sans pouvoir marcher. La cabane était construite comme toutes celles du pays de Kamrasi ; une véritable forêt de pieux épais pour soutenir la toiture (j'en comptai trente-deux) ; de telle sorte que malgré son périmètre assez grand, la cabane n'offrait que peu de logement. Cependant ces piliers nous furent assez commodes, car dans notre faiblesse nous ne pouvions nous soulever de dessus nos lits sans être forcés de nous appuyer sur un d'eux.

A demi morts, notre amusement était de converser d'une manière folle sur les bonnes choses que l'on trouve en Angleterre, et mon idéal de la félicité était en ce moment un bifsteck et une bouteille de *pale ale*. Affamé, comme je l'étais alors, j'aurais vendu mon droit d'aînesse pour ces deux articles de luxe. Nous étions de vrais squelettes, et il était vexant de voir combien nous souffrions du régime auquel nous nous trouvions réduits, tandis que nos gens paraissaient engraisser. Ils avaient abondance de piment sauvage, et ils semblaient aimer beaucoup un mélange de pâte et de légumes à la sauce piquante. Ils étaient surpris de nous voir dépérir malgré cette nourriture, mais ils reconnurent la force de mon argument, lorsque je leur dis que « là où un âne s'engraissait un lion mourrait de faim. » Je dois avouer que cette manière de voir n'avait pas adouci mon caractère, devenu, j'en ai bien peur,

1. Voyez dans la *Bible* le livre des Proverbes, xv, 17. (—M.)

aussi amer que la pâte qui nous servait de nourriture. Nos gens eurent une autre chance, car le bœuf de Saat, malade depuis longtemps, se coucha par terre, et se mit à lancer sa dernière ruade; à cet appel mes hommes vinrent à son secours en lui coupant la gorge; ils eurent ainsi une provision de bœuf à laquelle je ne pus me résigner à toucher malgré mon état d'inanition; ce n'était pas le bifsteck anglais que je désirais si ardemment; je refusai de manger de la viande de bœuf malade.

Nos gens firent plusieurs excursions dans le pays pour tâcher de se procurer des provisions; mais en deux mois de temps ils ne purent obtenir que deux chevreaux; la guerre entre Kamrasi et Fowouka avait fait fuir tous les habitants. Chaque jour Saat et Bachita allaient faire la conversation avec les nègres des différentes îles sur le fleuve; quelquefois, mais rarement, ils revenaient avec un poulet; phénomène qui causait de grandes réjouissances.

Nous avions abandonné tout espoir de jamais retourner à Gondokoro, et nous étions déjà résignés à notre sort, qui était, j'en avais la conviction, d'être ensevelis dans la terre de Chopi. En vue de cette catastrophe, j'avais inséré dans mon journal mes dernières instructions et recommandé à mon homme de confiance de remettre, à tout prix, au consul anglais à Khartoum, mes cartes, mes observations et tous mes papiers. C'était là mon seul souci, car je craignais que toute ma peine fût perdue si je mourais dans ce pays. Je n'avais aucune appréhension pour ma femme; elle était aussi malade que moi, et si l'un de nous succombait, l'autre ne pouvait tarder à partager son sort; de fait, nous avions résolu qu'il en serait ainsi, de peur qu'à ma mort elle ne tombât entre les mains de Kamrasi. Nous avions lutté pour la victoire; grâce à Dieu, nous avions triomphé; si la mort devait survenir nous n'en avions pas moins atteint le but; et nous regardions tous deux sans amertume l'idée de la mort, car elle comportait celle de repos. Plus de souffrance, plus de fièvre, plus de long voyage qui, dans notre présent état de fatigue, nous semblait une calamité. Notre seul désir était de déposer notre fardeau.

La lutte entre les instincts animaux et l'âme est une chose singulière! La mort nous eût semblé une délivrance, et pourtant j'aurais désiré, avant d'expirer, de savourer ce fameux bifsteck anglais, et la bouteille de *pale ale*. A Shoua-Moru, pendant les tortures continuelles de la fièvre et de la faim, on nous avait outragés de mille manières. Nous avions sans nul doute été abandonnés par l'ordre de Kamrasi, car tous les sept ou huit jours un de ses chefs venait nous dire que le roi n'était qu'à quatre jours de marche avec son armée; qu'il se préparait à attaquer Fowouka; mais qu'il réclamait mon concours, et qu'avec mes quatorze fusils nous remporterions une grande victoire. Cette conduite perfide m'indignait, surtout après la promesse qu'il m'avait faite de me diriger immédiatement sur Shoua. Nous avions perdu l'occasion des bateaux à Gondokoro, et nous nous trouvions fixés dans ce pays pour une autre année, si nous survivions, ce qui n'était guère probable; non-seulement ce monarque brutal nous avait trompés, mais en nous affamant il voulait nous contraindre à accepter ses conditions; son but était d'obtenir le concours de mes gens contre son ennemi. Il me prit une fois une violente tentation de me réunir à Fowouka contre Kamrasi, mais repoussant l'idée qu'un moment de colère m'avait inspirée, je résolus de résister jusqu'à la fin aux propositions de ce dernier. Il était certain que le roi se trouvait à moins de trente mille de nous, et qu'il savait notre dénûment; il en tirait parti pour nous forcer à devenir ses alliés.

Après plus de deux mois passés dans cette détresse, il devint évident qu'il fallait faire quelque chose; je fis partir mon *vakil* avec un guide que Saat et Bachita m'avaient procuré dans une des îles voisines; je lui dis d'aller directement chez Kamrasi, de le tancer vertement en mon nom pour nous avoir abandonnés, et de lui dire que je regardais comme une insulte qu'il osât me proposer une alliance par l'intermédiaire d'un tiers. Mon *vakil* devait expliquer que j'étais un chef bien plus puissant que Kamrasi; s'il désirait mon alliance il devait venir traiter avec moi en personne et envoyer sur-le-champ cinquante hommes pour transporter jusqu'à son camp ma femme, moi et mes effets. Une entrevue pourrait amener quelques résultats.

Je dis au *vakil* de ramener cinquante hommes avec lui, et de ne pas manquer d'apporter un signe iudubitable de son entrevue avec Kamrasi. Il partit, accompagné de Yaseen.

Quelques jours après, Rabonga, le guide qui avait disparu,

survint avec plusieurs hommes, mais sans mon *vakil* et sans Yasseen. Il portait sur lui une petite calebasse soigneusement fermée ; l'ayant brisée il en tira deux morceaux de papier imprimé que Kamrasi m'envoyait comme réponse.

En examinant ces papiers, je reconnus que c'étaient des fragments du livre de prières de l'église Anglicane, traduit par le docteur Krapf dans le dialecte Kisuahili, à ce que je crois. Il y avait sur les marges une quantité de notes au crayon donnant la traduction de différents passages du texte. Je conclus que Speke à son arrivée de Zanzibar avait donné ce livre à Kamrasi, et que le roi m'envoyait ces feuillets détachés comme un signe qu'il avait reçu mon message.

Rabonga me donna une mauvaise excuse pour sa désertion. Il m'amenait de la part de Kamrasi un bœuf assez maigre, et me dit que d'après les ordres du roi, je devais être conduit au camp sur-le-champ, avec tous les miens, car il désirait que nous attaquassions Fowouka sans perdre de temps ; il fallait partir dès le lendemain matin ! De cette façon mon stratagème avait réussi, et nous allions enfin quitter cet affreux Shoua-Morù.

Le lendemain matin une multitude d'hommes nous transporta dans nos litières. Le bœuf avait été abattu, toute la caravane s'était repue d'excellente nourriture, et mes gens en emportaient une provision suffisante pour le voyage.

Sans fatiguer le lecteur des détails de mon itinéraire, je me bornerai à dire que le pays était le même qu'à l'ordinaire, — un vaste parc revêtu d'herbes gigantesques. Chaque jour des porteurs prenaient la fuite et nous abandonnaient au milieu des débris fumants de différents villages que les sujets de Fowouka avaient pillés. Il pleuvait à torrents, et nous n'étions pas à couvert, car toutes les cabanes étaient brûlées, et chaque jour un violent accès de fièvre nous rendait incapables d'agir. Cependant, après cinq jours d'une marche si lente qu'elle en était ridicule, et sans cesser d'ouïr le bruit des cataractes pendant la nuit, nous arrivâmes à un camp abandonné, de 3000 huttes environ, auxquelles plusieurs nègres venaient de mettre le feu. C'était le dernier quartier général de Kamrasi ; il venait de le quitter, et suivant la coutume du pays on allait le détruire par l'incendie. On nous dit que le roi occupait une autre position à moins d'une heure de marche, qu'il y élevait un nouveau camp. Après avoir parcouru depuis Shoua-Morù une contrée sauvage et sans culture, nous nous trouvions maintenant entourés de plantations de bananiers et de villages brûlés; mais chaque tige de bananier était coupée par le milieu et détruite sans aucun but. C'était l'ouvrage des gens de Fowouka qui, après avoir envahi le pays, s'étaient enfuis à l'approche de Kamrasi.

Après avoir traversé d'immenses fourrés de bambous et des bosquets interminables de plantains détruits, nous aperçûmes, pointant parmi les arbres les toits coniques d'une masse de huttes en gazon. Mes gens me prièrent de leur permettre de tirer une salve, car le bruit courait que les dix individus de la caravane d'Ibrahim, laissés comme otage, se trouvaient cantonnés dans ce village avec Kamrasi. A peine la décharge eut-elle retenti que les Turcs y répondirent effectivement, puis ils vinrent à notre rencontre, charmés et surpris de ce que nous avions accompli un voyage si long et si difficile.

Mon *Vakil* et Yaseen furent les premiers qui se présentèrent, Un violent accès de fièvre les avait, me dirent-ils, forcés de rester au camp au lieu de revenir à Shoua Morù, suivant mes ordres; mais ils avaient exécuté leur commission et Kamrasi, comme je le pensais, m'avait envoyé les deux feuillets en guise de réponse. Mes gens eurent à échanger une quantité considérable de nouvelles avec ceux d'Ibrahim qui nous avaient tous regardés comme morts jusqu'à ce qu'ils eussent appris notre arrivée à Shoua Morù. On leur avait dit que ma femme n'était plus, et que ma mort avait suivi la sienne à peu de jours d'intervalle. Des embrassades à profusion en résultèrent; selon la mode arabe, tous vinrent nous baiser la main, à ma femme et à moi, en s'écriant : « Par allah! Il n'y a pas une femme au monde d'une vie assez solide pour endurer ce qu'elle a eu à souffrir! « *El hamd el Illah! El hamd el Illah bel Salaam!* (Dieu merci; soyez reconnaissant envers Dieu!) ainsi disaient de tous côtés ces brigands basanés qui étaient sincèrement charmés de nous revoir; et je ne pouvais m'empêcher de comparer leur manière d'agir aujourd'hui et leur conduite antérieure quand, quatorze mois auparavant, ils avaient voulu nous chasser de Gondokoro.

En entrant dans le village, je trouvai une cabane préparée pour moi par les ordres de mon *vakil;* elle était fort petite; je commandai que l'on construisît de suite une clôture et qu'on préparât une cour. Les nègres en grand nombre se pressaient autour de nous; et le seul moyen de les disperser était une ample distribution de coups de bâton. Les Turcs, moins endurants que mes hommes, se chargèrent de ce soin. Le *vakil* qui commandait le détachement turc fit sur le champ tuer un bœuf gras, et préparer un grand banquet, car mes gens avaient résolu de fraterniser.

Nous étions à peine assis dans notre cabane que mon *vakil* m'annonça l'arrivée de Kamrasi, venant me faire une visite. Peu après on l'introduisit. Loin de se montrer confus, il entra en éclatant de rire, et n'affectant rien de son ancienne dignité. « Hé bien! s'écria-t-il, vous voilà donc enfin! » — Notre air de dénûment semblait l'amuser beaucoup. — « Ainsi, vous avez été jusqu'au M'Wootan N'Zigé! Hé bien! vous n'en avez pas l'air mieux portant! vraiment! je ne vous aurais pas reconnus! ah! ah! ah! » Je n'étais pas d'humeur à endurer ses essais de plaisanterie. Je lui dis donc qu'il s'était conduit de la manière la plus abominable et la plus lâche, et que je ferais connaître à toutes les autres tribus ce que je pensais de lui; j'aurais soin de dire que je le regardais comme au-dessous du plus petit chef que j'eusse jamais vu. « N'importe, » répliqua-t-il, « c'est une affaire faite; en vérité, vous avez terriblement maigri tous deux. C'est votre faute, aussi; pourquoi n'avez-vous pas voulu consentir à attaquer Fowouka? Si vous vous étiez bien conduit, vous auriez eu des vaches grasses, du beurre et du lait. Mes hommes seront prêts pour attaquer Fowouka demain; les Turcs ont dix hommes, vous en avez treize; dix et treize font vingt-trois, si vous ne pouvez pas marcher, on vous portera; Fowouka n'aura pas de chance, il faut le tuer. Tuez-le et mon *frère* vous donnera la moitié de son royaume. » Il poursuivit: « Vous aurez des provisions demain. J'irai trouver mon *frère*, qui est le grand M'Kamma Kamrasi, et il vous donnera tout ce dont vous avez besoin. Je suis petit, il est grand; je n'ai rien, il a tout, et il meurt d'envie de vous voir. Il faut que vous alliez le trouver sur-le-champ, il demeure tout près d'ici. » Je ne savais s'il était ivre ou non. « Mon frère, le grand M'Kamma Kamrasi! » J'étais interdit de surprise. « Mais, » dis-je, « si vous n'êtes pas Kamrasi vous même, qui diable êtes-vous donc, s'il vous plaît? » — « Qui je suis? ha, ha, ha! est-il amusant! Qui je suis? mais, je suis M'Gambi, le frère de Kamrasi; je suis son frère cadet, *c'est lui qui est le roi.* » La fourberie de ces nègres est incroyable. Je n'avais positivement pas encore vu le vrai Kamrasi; M'Gambi avoua qu'il avait joué le rôle de roi, parce que Kamrasi craignait que je ne fusse ligué avec la caravane de Debono pour l'assassiner.

Je me rappelai maintenant que Bachita nous avait dit plusieurs fois pendant le voyage que le Kamrasi que nous avions vu n'était pas le véritable; j'avais d'abord fait peu d'attention à cette remarque, parce que Bachita était toujours à marronner; je croyais que dans un accès de mauvaise humeur, elle voulait seulement donner à entendre que la royauté légitime appartenait à son maître Sali qui avait été massacré.

Je fis venir Eddris, le *vakil* des Turcs; il me dit qu'il avait depuis longtemps, lui aussi, entendu dire que M'Gambi n'était pas Kamrasi, comme nous le pensions, mais que M'Gambi agissant toujours comme vice-roi, lui, Edris, n'avait jamais vu le monarque; il me confirma du reste la nouvelle que Kamrasi était à peu de distance de Kisouna, le village où nous nous trouvions. Je dis à M'Gambi que je ne voulais pas voir son frère le roi, parce que je serais trompé une seconde fois, présenté à un autre imposteur comme lui, et que je ne tenais pas à passer pour un imbécile. Ainsi je renonçais au plaisir de faire sa connaissance. Ceci parut le décontenancer; il me dit que « le roi était véritablement un si grand homme que lui, son frère, n'osait pas s'asseoir sur un tabouret en sa présence; il s'était tenu à l'écart par pure précaution; car l'année précédente, les gens de Debono s'étaient alliés avec son ennemi Rionga. » Je souris d'un air de mépris à cette réponse, et je dis à M'Gambi de comparer le courage d'une femme comme la mienne avec la conduite de Kamrasi. Tandis qu'elle ne craignait pas de se hasarder loin de son pays, parmi des sauvages comme l'étaient les sujets de Kamrasi, lui, plus timoré que la plus faible femme, n'osait pas se montrer même chez lui. Je terminai en disant que je n'irais pas voir Kamrasi, c'était à lui à venir si cela lui faisait plaisir. M'Gambi promit de m'envoyer une vache grasse le lendemain; nous n'avions pas goûté de lait depuis plusieurs mois, et nous avions grand besoin d'une nourriture fortifiante.

Il prit congé de moi, après avoir reçu un petit présent de verroteries de diverses couleurs.

Je ne pouvais m'empêcher de songer avec étonnement au singulier mélange d'orgueil et de poltronnerie abjecte que le redoutable Kamrasi avait déployé depuis notre première arrivée dans son territoire. Speke m'avait dit à Gondokoro qu'il s'était vu obligé d'attendre quinze jours, jusqu'à ce que le roi daignât le recevoir. Je comprenais maintenant que ce délai avait été causé plutôt par crainte que par vanité ; misérable couard, le roi se prévalait de sa dignité comme d'une excuse pour se tenir caché.

Réunis aux Turcs, nous formions maintenant un corps de vingt-quatre combattants. Ils n'avaient pas vu le vrai Kamrasi, mais depuis le départ d'Ibrahim, ils avaient été bien traités, chacun d'eux ayant reçu en cadeau une jeune esclave pour compagne, tandis que le *vakil* Eddris, comme une marque signalée de la faveur royale, en avait reçu deux; on leur donnait aussi des provisions régulières de farine et de viande, ce dernier article étant représenté par un bœuf gras qu'on leur envoyait une fois par semaine avec une bonne quantité de cidre de banane.

Le lendemain de mon arrivée à Kisouna, M'Gambi vint me trouver de bon matin, et me supplia d'aller faire une visite à son frère. Je répondis qu'affamé et affaibli faute de nourriture, ce que je voulais voir c'était de la bonne viande de boucherie, et non pas l'homme qui avait failli me faire périr d'inanition. » Dans l'après midi je vis paraître, comme cadeaux de Kamrasi, une vache magnifique avec son jeune veau, un mouton gras, et deux pots de cidre du pays. Le soir, nous nous régalâmes de lait, article de luxe que nous n'avion pas goûté depuis plusieurs mois. La vache en donnait si abondamment que nous songions déjà à établir une laiterie et à fabriquer du fromage. J'envoyai au roi une livre de poudre dans une boîte de métal, une provision de capsules, et un choix de bagatelles, lui expliquant que mon long séjour dans son pays avait épuisé mes provisions et mes cadeaux, car j'avais compté être de retour chez moi il y avait déjà longtemps.

Le soir M'Gambi arriva avec un message du roi qui me faisait dire que j'étais son meilleur ami, et qu'il n'accepterait rien de moi parce qu'il était sûr que je devais être à bout de ressources;

cependant il serait fort obligé si je voulais bien lui donner « la petite carabine que je portais toujours, ma boussole et ma montre... » Rien que cela! C'est ce qu'il appelait ne vouloir rien accepter! *Seulement* ma carabine Fletcher dont je me serais séparé aussi volontiers que de mon bras droit! Ces trois articles étaient ceux pour lesquels j'avais été si obstinément persécuté de demandes avant mon départ pour M'rouli. Se mettre en colère n'avançait rien; je répondis donc tranquillement « que je ne donnerais pas ce qui m'était demandé, parce que Kamrasi avait manqué à la promesse qu'il avait faite de me faire conduire à Shoua : en attendant, je n'avais pas besoin de ses cadeaux, parce qu'il s'attendait toujours à en recevoir le centuple en retour. » M'Gambi me dit que tout s'arrangerait si je voulais seulement faire une visite au roi. Je refusai d'abord, en objectant que le roi son frère se souciait fort peu de ma visite, mais qu'il voulait simplement observer ce que j'avais, afin de me demander tout ce qui lui tomberait sous les yeux. Cette réplique parut l'offenser beaucoup; il m'assura sur sa responsabilité personnelle qu'il ne m'arriverait rien de tel; et me supplia, à titre de faveur, d'aller voir le roi le lendemain matin; il y aurait des porteurs tout prêts, dans le cas où je ne pourrais marcher. Je m'arrangeai donc pour que l'on me transportât devant Kamrasi vers les 8 heures du matin.

A l'heure dite, M'Gambi parut, accompagné d'un grand nombre de naturels. Mes habits étaient en lambeaux, et comme une certaine toilette produit de l'effet même au centre de l'Afrique, je résolus de paraître en présence du roi aussi *beau* que possible. J'avais par hasard un costume complet de montagnard écossais, porté bien des années auparavant, lorsque je vivais dans le Pertheshire, je l'avais réservé avec soin pour des occasions comme celle-ci; ainsi en un clin d'œil je fus habillé de pied en cap, jupon, *sporran*, toque-Glengarry; à l'étonnement général, le pauvre diable arrivé en haillons à Kisouna, sortit d'une obscure cabane revêtu du *plaid* et de la jupe en tartan d'Attol. La foule assemblée poussa un cri d'admiration; assis sur mon *angarep* je fus immédiatement hissé sur les épaules d'un grand nombre de porteurs, et avec une escorte de dix de mes gens je me dirigeai vers le camp du grand Kamrasi.

Au bout d'une demi-heure environ nous arrivâmes. Le camp, réunion de huttes d'herbe, s'étendait sur un grand espace de terrain, et les alentours étaient noirs de la foule accourue pour nous voir. Femmes, enfants, chiens, hommes s'étaient empressés à l'entrée de la rue qui conduisait à la résidence de Kamrasi. Nous frayant avec difficulté un chemin à travers cette multitude curieuse, nous arrivâmes enfin au palais royal. Après un moment de halte, on nous fit dire de nous avancer ; nous entrâmes donc dans un étroit passage entre deux haies de roseaux élevés, et je me trouvai en présence de Kamrasi, le véritable roi d'Ounyoro. Il était assis sous une espèce de porche à l'entrée de la hutte, et à mon arrivée il affecta de ne pas me regarder pendant un assez long temps. Mais tourné vers ses courtisans, il leur fit quelque remarque qui parut les amuser, car ils se mirent tous à rire comme le fait ordinairement le commun des mortels quand un grand personnage se permet une facétie.

J'avais commandé à un de mes hommes de porter mon tabouret, bien résolu que j'étais de ne pas m'asseoir à terre et de ne pas donner au roi la satisfaction de triompher de mon humiliation. M'Gambi, le frère qui avait naguère joué le rôle de roi, était maintenant assis sur le sol à quelques pieds de Kamrasi ; celui-ci occupait le même tabouret de cuivre dont M'Gambi se servait lorsque je l'avais vu pour la première fois à M'rouli. Plusieurs des chefs étaient assis sur la paille dont le porche était jonché. Je fis un *salaam* et pris place sur mon tabouret. Pas un mot ne fut échangé pendant cinq minutes, seulement le roi parut m'observer avec la plus grande attention, et fit plusieurs remarques aux chefs ; enfin il me demanda pourquoi je n'étais pas venu le voir auparavant? Je répondis que j'avais été affamé dans ses États et que j'étais trop faible pour marcher. Il répliqua que je serais bientôt fort, car il me donnerait des provisions ; il n'avait pas pu m'en envoyer à Shoua-Moru qui était occupée par Fowouka. Sans tenir aucun compte de cette misérable excuse, je lui dis simplement que j'étais heureux de l'avoir vu avant mon départ, n'ayant appris que tout récemment, que j'avais été dupé par M'Gambi. Il me dit très-tranquillement que bien qu'invisible pour moi, il m'avait aperçu lui-même, parce qu'il se trouvait parmi les nègres de mon escorte le jour où nous avions quitté M'rouli. Ainsi il avait assisté à notre départ caché comme un comparse dans la suite de son frère M'Gambi qui le remplaçait dans le rôle de roi !

Kamrasi est un fort bel homme, de haute taille et bien proportionné; ses traits réguliers sont d'un brun foncé, ont une expression sinistre. D'une propreté parfaite sur sa personne, il portait au lieu de l'étoffe d'écorce commune parmi ses sujets, un élégant manteau fait de peaux de chèvres noires et blanches, aussi douces que du cuir de chamois. Ses sujets étaient assis sur la terre à quelque distance du trône; lorsqu'ils s'approchaient pour lui adresser la parole, ils rampaient à quatre pattes, et touchaient la terre de leur front.

Bientôt cédant à son instinct naturel, Sa Majesté commença à mendier, et très-impressionné par mon costume de montagnard, elle me le demanda comme une preuve d'amitié, disant que si je le refusais je ne pouvais pas être son allié. Kamrasi me demanda ensuite successivement ma carabine Fletcher, ma boussole, et ma montre. Je refusai tout. Comme il paraissait fort contrarié, je lui fis présent d'une livre de poudre, d'une boîte de capsules, et de quelques balles. « A quoi cela peut-il me servir, » me répondit-il, « si vous ne me donnez pas votre carabine? » Je lui expliquai que je lui avais déjà donné un fusil, et qu'il avait une des carabines de Speke. Dégoûté de son importunité, je me levai pour partir, disant que je ne reviendrais plus le voir. — « J'avais, ajoutai-je, entendu dire que Kamrasi était un grand roi, mais, quant à lui, il n'était qu'un mendiant, et sans doute un imposteur, comme M'Gambi. » Cette sortie parut l'amuser beaucoup; il me pria de ne pas le quitter si promptement, car il ne me permettait pas de m'en aller les mains vides. Il donna alors quelques ordres, et peu après on apporta deux charges de farine, une chèvre, et deux jarres de cidre de bananes fort sûr. Kamrasi ordonna que ces cadeaux fussent transportés à Kisouna. Je me levai pour prendre congé, mais la foule, anxieuse de voir ce qui se passait, obstruait l'entrée; à cette vue, le roi fit un geste, et quatre ou cinq gaillards armés de grandes gaules se précipitèrent à travers la multitude, administrant la bastonnade à droite et à gauche et dispersant pêle-mêle les curieux le long des ruelles étroites du camp.

On me transporta ensuite à mon camp Kisouna où une foule immense attendait mon retour.

CHAPITRE XIV.

SÉJOUR A KISOUNA.

Kisouna devant, suivant toute apparence, être mon quartier général, jusqu'à ce que l'occasion se présentât pour moi de retourner à Shoua, je me construisis une petite cabane fort confortable, au milieu d'une cour fortement palissadée, dans laquelle je disposai un *Rakouba*, ou hangar ouvert pour nous y asseoir pendant les plus grandes chaleurs du jour.

La vache que Kamrasi m'avait donnée nous fournissait du lait en telle quantité, qne tous les deux jours nous pouvions faire un petit fromage de la dimension d'un boulet de six livres. Cette abondance de lait produisit en nous un changement rapide, et quoique Kisouna fût l'idéal de l'ennui, c'était un lieu de délices après les privations que nous avions souffertes pendant quatre mois. Chaque semaine le roi m'envoyait un bœuf et une provision de farine pour moi et les miens; aussi tout le monde prenait de l'embonpoint. Nous buvions le lait à la mode du pays, toujours caillé; sous cette forme il convient aux estomacs les plus délicats; mais si on le boit frais en grande quantité il met la bile en mouvement. Les jeunes personnes de treize ou quatorze ans qui sont les femmes du roi ne plaisent que quand elles sont extrêmement grasses; on leur fait donc suivre un strict régime pour augmenter leurs charmes. Ainsi dès l'enfance on les contraint de boire tous les jours environ un gallon de lait caillé, quelquefois sous peine du fouet. Le résultat est une obésité extrême. Dans les climats chauds le lait se caille en deux ou trois heures, surtout s'il est mis dans un vase qui a déjà contenu du lait sûr, on le bat bien ensuite jusqu'à ce qu'il prenne l'apparence de crème; en cet état, et convenablement salé, il est très-nourrissant, et d'une digestion facile. Les Arabes ne le mangent jamais autrement, et y ajoutent du piment. Les naturels d'Ounyoro ne veulent pas faire usage de cette dernière substance, parce que, disent-ils, elle engendre l'impuissance et la stérilité.

La fièvre avait si complétement pris possession de moi que j'en subissais un accès presque tous les jours; néanmoins le lait m'engraissait beaucoup, et soutenait mes forces qui, sans lui, m'eussent abandonné. La transition de le disette à une nourriture saine produisit un effet merveilleux. Un fait singulier c'est que, dans le pays natal des bananes, ce fruit mûr était fort rare. Les naturels le mangent toujours vert, parce que bouilli dans cet état il sert de légume, et remplace assez bien la pomme de terre. On fait du cidre (*merissa*) avec les fruits mûrs, mais on ne les mange jamais. La fabrication du cidre est fort simple. Les bananes enterrées vertes dans un grand trou, sont recouvertes de paille et de terre; environ huit jours après, elles sont complètemenent mûres; on les épluche alors, et on met la pulpe dans une grande auge qui ressemble à un canot; cette auge est remplie d'eau, et la pulpe étant bien écrasée on laisse fermenter le liquide. En deux jours il est bon à boire.

Dans tout l'Ounyoro, les bananes préparées de diverses manières font la base de la nourriture. C'est la récolte sur laquelle les indigènes comptent le plus. Non-seulement on se sert des fruits verts comme de patates, mais on les pèle, puis on les coupe en tranches minces qu'on fait sécher au soleil jusqu'à ce qu'elles soient croquantes; alors on les emmagasine, et lorsqu'on en a besoin on les fait bouillir de manière à en obtenir un potage mucilagineux ou un ragoût très-passable. La farine de bananes est remarquablement bonne; on se la procure en faisant moudre les fruits lorsqu'ils ont été desséchés comme je viens de le dire; cette farine est alors artistement distribuée en paquets longs et étroits, faits avec soin, comme tous les autres articles de commerce dans le pays. L'enveloppe de ces paquets est formée de l'écorce de la plante elle-même ou de la pellicule intérieure des roseaux, façonnée en nattes. Cette enveloppe remplace le papier gris, mais a l'avantage d'être imperméable à l'eau. Comme la fibre du bananier donne du fil et de la corde, cet arbre utile satisfait à presque tous les besoins des naturels. Les nègres déploient beaucoup d'habileté en fabriquant, avec la fibre en question. une sorte de lacet dout la texture est si délicate qu'on dirait une chaîne en cheveux, et c'est seulement par un examen minutieux que l'on peut apercevoir la différence. On fait aussi avec la même substance de petits sacs d'un travail très-soigné; en général tout ce qui est fabriqué dans l'Ounyoro témoigne d'un bon goût vraiment remarquable.

Les perles de verroterie que les naturels appréciaient le plus étaient l'opale blanche, la porcelaine rouge et les petites espèces dont on se sert en Angleterre pour faire des écrans; les naturels attachaient un grand prix à ces petites perles de couleurs variées. Ils en confectionnaient de jolies ornements de la grosseur d'une noix, qu'ils suspendent à leurs colliers. J'avais une certaine provision de cette espèce de verroterie, que m'avait laissée Speke, lors de notre rencontre à Gondokoro; j'en fis cadeau à Kamrasi. Ces rasades étaient pour lui ce que les diamants sont pour nous.

Non-seulement les naturels d'Unyoro ont généralement des idées assez justes, mais ils sont très-adroits dans leurs transactions commerciales. Tous les matins, aussitôt après le lever du soleil, on pouvait entendre des marchands criant leurs denrées à travers le camp. — « Du tabac! du tabac! deux paquets pour des perles ou des *simbés* (cauris). » — « Du lait à vendre pour des perles ou du sel! » — « Du sel à troquer contre des fers de lance! » — « Du café, du café à bon marché pour des perles rouges! » — « Du beurre à cinq *jenettos* (perles rouges) le paquet! »

Le beurre était toujours enveloppé dans une feuille de plantain, mais le paquet était souvent recouvert d'un enduit de bouse de vache et d'argile qui, s'il protégeait la marchandise contre l'action de l'air, lui communiquait un goût si désagréable que souvent nous avions à le rendre au marchand comme inutile. Quelques moments après, le matois revenait avec du *beurre frais*, enveloppé dans une nouvelle feuille toute verte, et nous priait de goûter. Ce paquet, de la dimension et de la forme d'un coco, était enveloppé soigneusement dans la feuille de manière à ne laisser apparaître qu'une extrémité du pain de beurre; je goûtais cette partie, et satisfait de l'épreuve, je faisais mon emplette. Et le tour était fait, nous étions volés. Sous une mince couche de beurre frais et sous la feuille verte se retrouvait invariablement le beurre rance, déjà refusé. Cette friponnerie se renouvelait sans cesse.

Les détaillants prenaient un soin infini pour répartir leur marchandise en paquets aussi petits que possible, qu'ils vendaient à raison de quelques perles chacun; ils disaient uniformément qu'ils n'avaient qu'un lot à vendre, mais dès que ce lot était vendu, il en exhibait un second. Cette manière de trafiquer était ennuyeuse, car on ne pouvait rien se procurer en gros. Ma seule ressource était d'envoyer tous les jours Saat au marché acheter tout ce qui s'y trouvait, et au bout de quelques heures il revenait ordinairement avec un panier plein de café, de tabac et de beurre.

Nous étions confortablement installés à Kisouna, et le luxe du café après une si longue abstinence était une véritable bénédiction. Cependant, malgré une bonne nourriture, j'étais un martyr de la fièvre qui m'attaquait tous les jours à deux heures de l'après-midi et durait jusqu'au coucher du soleil. N'ayant plus de quinine, j'essayai des bains de vapeur, et à la recommandation d'un des Turcs je fis bouillir dans un petit vase de la capacité d'environ quatre gallons un gros raquet de feuilles de ricin, plante qui croît abondamment en cet endroit. Chaque matin je prenais un bain de vapeur en m'asseyant sous une grosse couverture renfermant, comme une espèce de tente, ma personne, assise sur un tabouret au-dessus d'un vase rempli de cette infusion bouillante. Une demi-heure passée dans cette chaleur intense produisait une transpiration abondante, et dès le commencement de ce régime je sentis les accès diminuer de force et de fréquence périodique. Au bout d'une quinzaine de jours le mal avait diminué, mes esprits vitaux s'étaient ranimés, et quoique faible je n'avais plus la même crainte mortelle de mon vieil ennemi.

Le roi Kamrasi m'avait envoyé des provisions, mais tous les jours j'étais fatigué par des messagers qui me pressaient en son nom d'aller le trouver, afin d'arrêter un plan d'attaque définitif contre Rionga et Fowouka. Mon excuse était l'extrême faiblesse où je me trouvais; mais Kamrasi avait résolu de ne pas abandonner la partie, et un jour Quonga, son homme de confiance, vint m'annoncer la visite de Sa Majesté pour le lendemain matin. Quoiqu'il ne me restât guère de mon bagage que mes armes à feu, mes munitions et mes instruments astronomiques, je fus obligé de cacher sous les lits tout ce que j'avais, de peur que le rapace Kamrasi n'aperçût quelque chose à sa fantaisie. Suivant l'avis qui m'en était donné, il se présenta escorté d'une troupe nombreuse, et fut introduit dans ma cabane. J'avais un fauteuil grossièrement fait, mais très-commode, ouvrage d'un de mes gens; je priai le roi de s'y asseoir. A peine s'y fut-il placé qu'il se pencha en arrière, étendit ses jambes et faisant à ses courtisans quelques remarques sur la commodité de ce meuble, il me demanda de le lui céder. Je promis de lui en faire faire un pareil sur-le-champ. Cela arrangé, il promena ses regards attentivement à travers toute la hutte, essayant de découvrir quelque chose à sa convenance, mais ses efforts furent si inutiles que, se retournant en riant vers sa suite : « Pourquoi, demanda-t-il, ces gens-ci ont-ils besoin de tant de porteurs, puisqu'il n'ont rien à transporter? » Mon interprète répondit qu'un grand nombre de mes effets avaient été gâtés par les orages sur le lac, et avaient été abandonnés; nos provisions étaient épuisées il y avait longtemps, et nos habits réduits en haillons. Il ne nous restait donc que quelques perles. « De nouvelles variétés, sans doute? répondit-il, — donnez-moi toutes celles que vous avez de la petite espèce bleue, et de la grande espèce rouge! » Nous avions soigneusement caché notre provision principale, et j'avais arrangé le reste dans des sachets pour les distribuer selon la circonstance; je fis ouvrir ces sachets par Saat qui les plaça devant le roi. Je dis ensuite à celui-ci de faire son choix, et il s'y prit exactement comme je l'avais prévu. Il fit des présents aux amis qui l'entouraient et réserva le reste comme sa part, — manière modeste de s'approprier le tout; car en quittant ma cabane, il ne manquerait pas de redemander ce qu'il avait distribué. Aussitôt les perles obtenues, il revint à la charge pour ma montre et ma petite carabine à deux coups n° 24. Je refusai l'une et l'autre très-positivement. Il me demanda ensuite la permission d'examiner le contenu de quelques-uns des paniers et des sacs qui formaient les débris de notre bagage. Rien ne parut lui convenir, à l'exception des aiguilles, du fil, des lancettes, des médicaments et d'un petit peigne. Ce dernier article l'intéressa beaucoup, parce que je lui expliquai que le but que les Turcs se proposaient en ramassant de l'ivoire était de le vendre aux Européens qui en fabriquaient différents objets, entre autres des peignes semblables à celui qu'il avait entre les mains. Il ne pouvait pas comprendre pourquoi les dents en étaient si fines. Là-dessus je lui expliquai l'usage du peigne, et il l'essaya sur-le-champ sur la laine de sa propre tête. Ne pouvant réussir dans cette tentative, il appliqua l'instrument à une autre opération, et commença à se gratter vigoureusement la nuque et le bas de la chevelure. L'effet produit étant satisfaisant, le roi me demanda le peigne ; les chefs se le passèrent de main en main, et chacun en fit l'épreuve ; toutes les têtes ayant été ainsi successivement grattées, le roi remit le peigne à Quonga, l'homme chargé de la garde des présents reçus ou prélevés. Le succès de cet article de toilette fut tel que Kamrasi proposa de m'envoyer une défense d'éléphant de taille exceptionnelle ; — il fallait, me disait-il, que je l'emportasse avec moi en Angleterre, pour en faire autant de petits peignes qu'il lui en faudrait pour lui et ses chefs.

Ensuite vint le tour des lancettes ; il les déclara admirablement propres à lui couper les ongles, je les lui donnai. Puis ce fut la pharmacie qui l'attira. Il en flaira toutes les bouteilles l'une après l'autre, et il fallut lui donner un spécimen de tout ce qu'elles contenaient. Je lui expliquai la propriété de la crème de tartre, et il voulut en prendre sur-le-champ une dose parce qu'il avait mal à la tête ; mais comme il était à quelque distance de son domicile, je lui conseillai d'ajourner cet essai, et je lui fis un paquet d'environ douze doses de trois grains chacune, dont il devait avaler une le soir même.

Le miroir concave — notre dernier miroir — fut ensuite découvert ; il s'amusa beaucoup de s'y voir défiguré, et après l'avoir fait circuler à travers l'audience, il l'envoya grossir la masse des cadeaux. Il me demanda de la poudre ; j'ajoutai donc à tout le reste un paquet d'une livre, et une boîte de capsules ; mais je refusai net de lui donner des balles.

Pour changer la conversation, je lui demandai si lui ou ses sujets savaient d'où venait leur race, car ils différaient entièrement pour l'idiome et l'extérieur des autres tribus que j'avais visitées dans le Nord. Il me répondit qu'il avait connu son grand-père dont le nom était Cherrybambi, mais qu'il ne savait rien de l'histoire de la contrée, sinon qu'elle avait formé, sous le nom de Kitouara, un État puissant, dont l'Uganda, l'Utumbi, l'Ounyovo et le Chopi faisaient partie. Le royaume de Kitouara s'étendait depuis la frontière du Karagoué jusqu'au Nil Victoria à Magungo et à Karuma; de tous côtés, excepté au sud, il était borné par ce fleuve et par les lacs Victoria et Albert, ce dernier formant sa frontière occidentale. Pendant le règne de Cherrybambi la province d'Utumbi se révolta; non-seulement les habitants proclamèrent leur propre indépendance, mais ils chassèrent Cherrybambi de l''Uganda jusqu'au nord du Kafour. Cette révolte continua jusqu'à la mort de Cherrybambi. Alors le père de M'tesa (le présent roi d'Uganda) qui était natif d'Utumbi, attaqua l'Uganda et en devint roi. Depuis cette époque la guerre régnait continuellement entre ce royaume et l'Ounyoro, ou comme Kamrasi l'appelle, le Kitouara, qui est véritablement l'ancien nom du pays; dans ce moment, M'tesa, le roi d'Uganda, était un de ses plus grands ennemis. En vain j'essayai de faire remonter sa généalogie jusqu'à quelque tribu des Gallas; il me répétait toujours qu'il ne savait rien de l'histoire ancienne du pays; et ses sujets me disaient la même chose.

Kamrasi m'informa, en outre, que le Chopi s'était aussi révolté après la mort de Cherrybambi, et qu'il n'avait reconquis ce pays que depuis dix ou douze ans. Au moment même où il me parlait il ne pouvait pas se fier aux habitants de ce district, car beaucoup d'entre eux s'étaient ligués avec Fowouka et Rionga, dont l'intention était de s'annexer le Chopi et de former un royaume séparé. Ces chefs avaient pris possession des îles du fleuve, forteresses naturelles, où il était impossible de les attaquer sans armes à feu; car les cataractes inabordables ne laissaient qu'un seul passage accessible aux canots.

Kamrasi exprima sa résolution de tuer les deux chefs rebelles, qui, tant qu'ils vivraient, ne le laisseraient pas en repos; il déclinait toute parenté avec Rionga, qu'on avait représenté à Speke comme son frère; enfin il me pria de l'aider à attaquer les îles du fleuve, disant que si je tuais Fowouka et Rionga, il me donnerait une grande portion de son territoire. Il ajouta que ce que j'avais de mieux à faire, était de monter sur une haute falaise qui domine l'île de Fowouka, et de fusiller de ce point, non-seulement le chef, mais tous ses hommes, au moyen de ma petite carabine à deux coups n° 24 ; il ajouta même que si j'étais trop malade pour effectuer la chose moi-même, je devais lui *prêter* cette même carabine ainsi que mes hommes, pour aider son armée, et qu'il se chargerait lui-même de tuer Rionga et consorts du haut de ladite falaise. Il croyait ainsi avoir enfin trouvé moyen de s'approprier la carabine qu'il lorgnait si avidement depuis mon arrivée dans le pays. Je lui répondis franchement que je ne voulais pas me mêler de ses querelles ; je voyageais avec un seul but, celui de faire du bien, et comme je ne voulais nuire à personne, à moins d'y être forcé pour ma défense personnelle, je ne pouvais jouer le rôle d'agresseur ; j'ajoutai que si Fowouka et Rionga l'attaquaient dans sa position, je serais heureux de l'aider à les repousser. Loin d'apprécier ma franche manière de voir, il se leva immédiatement et, sans prendre congé de moi, il sortit accompagné des siens.

Le lendemain matin, j'appris qu'il s'était cru empoisonné par la crème de tartre, mais qu'il se portait mieux.

A partir de ce jour je ne reçus plus de provisions ni pour moi ni pour mes compagnons, parce que le monarque boudait. Pendant une semaine je fus obligé d'acheter de la viande et de la farine d'Eddris, le chef du détachement turc. Je lui fis cadeau d'un fusil à deux coups, et il se comporta bien envers moi.

Un jour j'étais couché, souffrant d'un accès de fièvre, lorsqu'on me dit que quatre hommes envoyés par M'tésa, roi d'Uganda, désiraient me voir. Malheureusement mon *vakil* les fit attendre si longtemps, qu'ils repartirent, en promettant de revenir, mais ils avaient obtenu de mes gens tous les renseignements qu'ils désiraient se procurer sur moi. C'étaient des espions du roi d'Uganda, venus pour des motifs qui alors m'étaient inconnus.

Les semaines se passaient lentement à Kisouna, où régnait une monotonie insupportable d'incidents. Chaque jour était la répétition du jour précédent. Je passais mon temps à rédiger un journal suivi, à tracer des cartes, et à écrire à mes amis en Angleterre, quoique je n'eusse aucun moyen de leur faire tenir mes lettres. Cette occupation était la plus agréable de toutes, car je pouvais alors converser en imagination avec ceux qui étaient loin de moi. La pensée survenait quelquefois qu'ils n'existaient peut-être plus, et qu'une séparation qui avait duré tant d'années pouvait être finale ; cependant j'éprouvais un plaisir mélancolique à correspondre comme en rêve avec ceux que j'avais autrefois aimés. Ainsi le temps s'écoulait avec lenteur, mes cartes se perfectionnaient, les renseignements reçus étaient confirmés par les examens répétés que je faisais subir aux naturels du pays ; enfin, je pouvais étudier le sauvage Africain à l'état embryonnaire, pour ainsi dire, en regardant jouer quelques négrillons qui prenaient leurs ébats dans ma cour comme autant de petits roquets. Cette vie monotone fut tout à coup interrompue.

Un soir, vers 9 heures, nous fûmes soudainement troublés par un affreux charivari. — Des centaines de *nogaras* battaient, les trompettes sonnaient et les nègres vociféraient de toutes parts. M'élançant hors du lit, et bouclant mon ceinturon, je sortis de la cabane, mon fusil à la main. Le village était plein d'hommes équipés en guerre, portant leurs barbes postiches de queues de vaches, dansant et se précipitant avec leurs boucliers et leurs lances contre des ennemis imaginaires. Bachita m'apprit que l'armée de Fowouka avait traversé le Nil, et qu'elle était à moins de trois lieues de marche de Kisouna, accompagnée de *cent cinquante hommes* de la caravane de Debono, les mêmes qui de concert avec les sujets de Rionga, avaient attaqué Kamrasi l'année précédente. Des bords du Nil franchi, ils marchaient droit sur Kisouna, pour s'en emparer et tuer Kamrasi. M'Gambi, frère du roi, dont la cabane n'était qu'à vingt verges de la mienne, vint immédiatement me confirmer cette nouvelle ; alarmé au dernier point, il avait résolu d'aller recommander au roi de prendre la fuite sans tarder. Je réussis, non sans efforts, à le convaincre que ce parti n'était pas nécessaire, et que je pourrais rendre de très grands services dans cette extrémité, si Kamrasi voulait venir me trouver en personne le lendemain de bonne heure.

Le soleil se levait à peine lorsque le roi entra sans cérémonie dans ma cabane. Ce n'était plus le fier monarque de Kitouara, revêtu d'un manteau superbe de fourrures ; il n'avait rien sur lui qu'un petit jupon de serge bleu que Speke lui avait donné et une écharpe sur les épaules. Il se mourait de peur, et nous eûmes bien de la peine à lui persuader de laisser ses armes à la porte de la cabane, suivant l'usage du pays ; c'étaient trois lances et une carabine à deux coups, — encore un cadeau de Speke. Sa terreur était des plus divertissantes, et je le complimentai sur son changement de costume, ce jupon étant bien mieux fait pour combattre qu'un manteau qui l'eût gêné dans ses mouvements. — « Combattre! » s'écria-t-il avec autant d'horreur qu'en eût montré Bob Acres[1] lui-même, je ne vais pas combattre! Je me suis habillé à la légère pour pouvoir courir plus vite. Je ne songe qu'à me sauver! Qui peut résister à des fusils? Ces gens-là en ont cent cinquante : il faut que vous preniez la fuite avec moi, vous ne pouvez rien contre eux; vous n'avez que treize hommes, Eddris n'en a que dix; que peuvent vingt-trois contre cent cinquante? Faites vos paquets, et sauvons-nous; il faut que nous nous cachions dans l'herbe épaisse sans perdre de temps; l'ennemi est attendu d'un moment à l'autre. »

Jamais je n'ai vu d'homme en proie à un effroi aussi abject, et je ne pus m'empêcher de rire tout haut au nez de ce misérable poltron qui représentait un royaume. Appelant alors mon *vakil*, je lui ordonnai de hisser le pavillon anglais au mât élevé que j'avais fait dresser dans ma cour. En quelques instants, le vieux drapeau flottait à la brise au-dessus de ma cabane. Il y a quelque chose qui réchauffe le cœur dans la vue du pavillon de l'Angleterre (*union jack*)[2] quand on est à plusieurs milliers de milles de la patrie. J'expliquai à Kamrasi que lui et son pays étaient sous la protection de ce drapeau, puissant emblème de l'Angleterre ; j'avais, il est vrai, refusé de l'aider à attaquer Fowouka, mais s'il voulait se fier à moi, il verrait que j'étais son allié véritable, et je le défendrais contre toute agression. Je lui dis d'envoyer des provisions suffisantes dans mon camp, et de me procurer des guides sans délai, car je comptais expédier sans retard quelques-uns de mes hommes au quartier ennemi avec un message pour le *vakil* de Debono.

Un peu rassuré par ces arrangements, il appela Quonga et lui ordonna de faire venir deux de ses chefs pour accompagner mes gens. Un nommé Cassavé, le meilleur de tous, parut sur le champ; c'était un solide gaillard qui s'était toujours montré désireux de

1. Personnage de la comédie de Sheridan intitulée *les Rivaux*. (— M.)

2. L'*Union jack* est le drapeau national ; le *royal standard* est la bannière de la famille régnante. (— M.)

remplir son devoir tant envers moi qu'envers son maître. Je mandai Eddris près de moi, et lui ordonnai d'envoyer au camp de Fowouka quatre de ses hommes avec quatre des miens, que je chargeais de me faire un rapport sur les envahisseurs et de chercher à connaître au juste les intentions réelles des gens de Debono. Une demi-heure après le reçu de cet ordre, l'ambassade se mit en route, composée de huit hommes bien armés, accompagnés par environ vingt nègres sujets de Kamrasi, avec des provisions pour deux jours. Kisouna est à environ dix milles du Nil Victoria.

Vers 5 heures du soir, le lendemain, mes hommes revinrent. Ils amenaient avec eux dix soldats et un *Choush* ou sergent de la bande de Debono. Ceux-ci avaient résolu de s'assurer si j'étais vraiment dans le pays; on leur avait fait accroire plusieurs mois auparavant que nous étions morts, ma femme et moi; ils se figuraient donc que les hommes envoyés par moi à leur camp faisaient partie de la troupe d'Ibrahim, et que celui-ci voulait, en faisant usage de mon nom, contraindre Debono à évacuer le pays de Kamrasi. Ils ne tardèrent pas à reconnaître leur erreur, car le pavillon Anglais fut le premier objet qui frappa leurs yeux, et bientôt introduits dans ma cour, ils me furent présentés. Ils s'assirent en demi-cercle autour de moi.

Affectant une grande autorité, je leur demandai comment ils osaient attaquer un pays qui était sous la protection du pavillon Britannique ? L'Ounyoro m'appartenait par droit de découverte, et j'avais concédé à Ibrahim le privilége exclusif d'y commercer, pourvu qu'il ne fît rien de contraire à la volonté de Kamrasi, le monarque régnant. Ibrahim avait rempli ses engagements, on m'avait guidé jusqu'au lac, j'en étais revenu, et nous recevions positivement nos vivres du roi. Puis voici que des sujets Turcs, alliés à une tribu hostile, venaient soudain nous envahir et insulter le drapeau Anglais ! Je leur dis que non-seulement je repousserais toute attaque dirigée contre Kamrasi, mais que lors de mon retour à Khartoum je ferais aux autorités turques un rapport sur cette affaire, et que si un seul coup de feu était tiré dans les états de Kamrasi, si on y enlevait un seul esclave, je ferais pendre Mahommed Wat-el-Mek, le chef de leur troupe.

Ils me répondirent qu'ils ne savaient pas que je fusse dans le pays; ils étaient les alliés de Fowouka, de Rionga et d'Owine, les trois chefs hostiles; ils avaient reçu d'eux de l'ivoire et des esclaves à condition qu'ils tueraient Kamrasi; selon la coutume du Nil Blanc, ils avaient consenti au marché. Il était bien pénible pour eux, ajoutèrent-ils, d'avoir fait une marche de six jours à travers le désert séparant leur station à Faloro des îles de Fowouka, pour s'en retourner ensuite les mains vides. Je leur répliquai qu'ils porteraient de ma part à leur *vakil* Mohammed une lettre, au reçu de laquelle il aurait encore douze heures pour repasser le Nil avec toute sa troupe, et évacuer le pays de Kamrasi.

Cette alternative n'était pas de leur goût. Je coupai court à leurs objections en ordonnant à mon *vakil* d'écrire la lettre en question, et en les priant de partir le lendemain matin avant le lever du soleil. Kamrasi s'imaginait que j'avais envoyé chercher les gens de Mohammed pour l'attaquer, parce qu'il m'avait affamé à Shoua Moru au lieu de me conduire à Shoua, comme il l'avait promis. Ce soupçon me plaçait dans une position difficile. Je fis donc venir M'Gambi, son frère, en présence des Turcs, et j'expliquai toute l'affaire devant lui. Je dis aux gens de Mohammed de lui certifier qu'ils quittaient le pays seulement parce que je le leur avais commandé, et que si je ne m'étais pas trouvé là, ils l'auraient attaqué. Ils répétèrent ma leçon de très-mauvaise grâce, ajoutant, par manière de péroraison, que sans moi ils tueraient M'Gambi sur la place. Celui-ci, connaissant parfaitement leurs intentions aimables à son égard, jugea à propos de s'éclipser. Ma lettre pour Mohammed fut remise à Suleiman Choush, le chef de la troupe, et je fis tuer un mouton pour leur souper. Le lendemain, au lever du soleil, ils se mirent tous en route, accompagnés par six de mes hommes, chargés de rapporter une réponse à ma lettre. Ils avaient amené deux ânes, et au moment du départ, les nègres se précipitèrent en foule pour ramasser le crotin que ces animaux avaient déposé sur le sol.

Une grande lutte était engagée pour la possession de ces précieux objets, lorsque tout à coup les ânes élevèrent la voix si à propos que les assistants, alarmés par la clameur sauvage d'un animal qui leur était inconnu, battirent en retraite plus vite qu'ils n'étaient venus. Il paraît que le crottin d'âne frotté sur la peau est regardé par les nègres comme un spécifique contre le rhumatisme, et ce médicament est tiré, à grand prix, d'un pays éloigné dans l'est, où vivent ces animaux précieux.

CHAPITRE XV.

KAMRASI ET LE PAVILLON ANGLAIS.

Ainsi débarrassé de ses ennemis, Kamrasi était comme pétrifié d'étonnement. Il me fit visite sur-le-champ, et en entrant dans la cour, s'arrêta pour contempler, comme si c'eût été un talisman, le drapeau qui flottait au-dessus de sa tête. Il me demanda pourquoi les Turcs étaient effrayés de ce qui ne semblait qu'une bagatelle. Je lui expliquai que ce drapeau était bien connu, et pouvait se voir dans toutes les parties du monde; partout où il flottait, il était respecté, ainsi qu'il venait de le remarquer, même aussi loin de son pays et aussi peu fourni de moyens de défense que dans l'Ounyoro. Saisissant l'occasion, il me le demanda. « Que ferai-je, » dit-il, « quand vous aurez quitté mon pays et emporté ce drapeau avec vous? Les Turcs reviendront, à n'en pas douter. Donnez-moi le pavillon, et ils craindront de m'attaquer. » Je fus obligé de lui expliquer que le respect imposé par le drapeau anglais provenait uniquement de ce que ceux qui le portaient ne fuyaient pas à l'approche du danger, comme il s'était proposé de le faire. On ne pouvait pas le confier à un étranger. Persistant dans ses habitudes de mendier, il répondit alors : « Si vous ne pouvez pas me donner le drapeau, donnez-moi au moins cette petite carabine à deux coups dont vous n'avez pas besoin, puisque vous allez retourner chez vous. Alors, si les Turcs m'attaquent, je pourrai me défendre. »

J'étais dégoûté au plus haut point. Il venait d'être sauvé, grâce à mon intervention, et au lieu de me remercier, il me demandait obstinément ce que je lui avais déjà vingt fois refusé. Je lui dis de ne jamais me reparler de la carabine, car je ne m'en dessaisirais sous aucun prétexte. En ce moment, j'entendis du tapage en dehors de ma cabane, et des cris aigus, accompagnés de coups : un homme, pieds et poings liés, était traîné devant ma porte; les nègres le tuèrent à coups de bâton. Cette opération dura plusieurs minutes, jusqu'à ce que les os du malheureux fussent entièrement brisés. On traîna ensuite le cadavre dans un bosquet de bananiers, où il fut abandonné aux vautours, qui ne tardèrent pas à s'y rassembler. Il paraît que le crime puni d'une façon aussi sommaire consistait en une simple conversation que le coupable avait eue avec des nègres de la troupe des gens de Mohammed, entre les îles de Fowouka et Kisouna. La conversation avec un ennemi était regardée comme un crime de haute trahison et entraînait sur-le-champ l'application de la peine de mort. Lorsque Kamrasi ou M'Gambi avaient arrêté l'exécution immédiate d'un criminel, ils donnaient le signal en touchant le condamné avec un fer de lance. Les gardes se jetaient de suite sur le malheureux et le dépêchaient à coups de bâton. Quelquefois on le touchait avec un bâton; alors c'était à coups de lance qu'on l'expédiait, l'instrument employé contre le coupable étant toujours l'opposé de celui qui servait à donner le signal.

Le lendemain, les tambours battirent, les trompes sonnèrent, et les nègres se livrèrent de toutes parts aux chants et à la danse. On fit une large distribution de pots de cidre, et une orgie générale annonça la joie du peuple à la nouvelle que la troupe de Mohammed, suivant sa convention avec moi, s'était retirée au delà du fleuve. Mes ambassadeurs étaient revenus avec une lettre dans laquelle Mohammed déclarait qu'il ne craignait ni les soldats d'Ibrahim, ni les sujets de Kamrasi; mais que puisque je revendiquais le pays, force lui était de se retirer. Non-seulement il avait battu en retraite en dépit de ses alliés, mais irrité par le fiasco de cette expédition, il s'était disputé avec Fowouka, auquel il avait enlevé tous ses bestiaux et un grand nombre d'esclaves. Cette conclusion de l'affaire avait tellement réjoui Kamrasi que des fêtes spéciales furent décrétées dans tout l'Ounyoro; des bœufs furent abattus en grand nombre et distribués au peuple, et la moitié du pays noya ce qu'elle possédait de raison dans des flots de mérissa ou cidre de banane.

Mohammed, le *vakil* de Debono, s'était en définitive fort bien conduit envers moi, quoique passablement mal envers ses alliés; comme preuve de son bon vouloir, il m'envoya six morceaux de savon et quelques écheveaux de perles bleues et de *jenettos* (perles rouges en verre).

Les Turcs avaient à peine disparu que Kamrasi résolut d'en finir avec ses ennemis. Il envoya au camp de grandes quantités d'ivoire, et un soir ses gens déposèrent à ma porte vingt défenses, en me priant de les compter. Je fis dire au roi de donner tout l'ivoire aux hommes d'Ibrahim, car je n'avais besoin de rien; tandis que si à son retour dans ce pays Ibrahim trouvait une abondante provision d'ivoire, il ferait certainement tout ce que Kamrasi pourrait désirer.

Quelques jours après de longues files de porteurs arrivèrent chargés d'énormes défenses pour Eddris. Le lendemain matin de bonne heure l'armée entière de Kamrasi parut chargée de provisions. Chaque homme portait sur sa tête un paquet de farine pesant environ 40 livres. Les dix Turcs se joignirent à eux, et j'appris qu'on méditait une attaque contre Fowouka.

Peu de jours après le départ de l'expédition, les Turcs revinrent avec environ 1000 nègres; Kamrasi était au comble de la joie. Il avait remporté une victoire complète et défait Fowouka à plate couture. Non-seulement les îles étaient prises et leurs habitants massacrés, mais toutes les femmes des principaux chefs étaient prisonnières, ainsi qu'un grand nombre d'esclaves de moindre importance. On avait aussi saisi un troupeau de chèvres que les soldats de Mohammed n'avaient heureusement pas découvert lors de leur retraite. Fowouka et Owine s'étaient échappés en gagnant la rive nord du fleuve, mais leur puissance était abattue, leurs villages avaient été pillés et brûlés, et leurs femmes et leurs enfants emmenés captifs

Dans cette *razzia* générale beaucoup de femmes âgées avaient été prises; comme elles ne pouvaient pas marcher assez vite pour suivre la marche de leurs ravisseurs, on les avait toutes tuées le long du chemin à coups de massue sur la nuque. Telles sont les brutalités du droit de la guerre en ce pays.

Le lendemain matin j'allais voir les prisonniers. Les femmes étaient assises sous un hangar, en apparence fort abattues. J'examinai les mains de quatorze d'entre elles; toutes bien faites et singulièrement douces, elles prouvaient le rang élevé de ces femmes, qui n'avaient jamais dû s'occuper de travaux grossiers; pour la plupart, ces malheureuses avaient des traits fort réguliers, des nez bien modelés, les cheveux crépus et la taille élancée. Elles ressemblaient au type général des femmes du Chopi et de l'Ounyoro.

Parmi ces captives s'en trouvait une, mère d'un charmant petit garçon d'environ un an. L'état du plus grand nombre semblait déplorable, car elles ne pouvaient travailler, ayant été accoutumées comme femmes de chefs au luxe et au loisir. Bachita, qui nous avait accompagnés dans cette visite à ces infortunées, reconnut parmi elles, chose singulière, son ancienne maîtresse, la veuve de Sali; elle avait été capturée avec les femmes et les filles de Rionga. A sa vue, Bachita tomba à ses genoux et rampa vers elle, absolument comme le faisaient les sujets de Kamrasi lorsqu'ils s'approchaient de son trône. Sali occupait une position aussi élevée que celle de Fowouka, et avait été traîtreusement massacré par Kamrasi à M'rouli, en présence de Bachita. A cette époque la paix venait d'être conclue entre Kamrasi et les trois grands chefs que le roi invita à une conférence à M'rouli dans le but de s'en défaire. Ils étaient à peine arrivés que Rionga fut arrêté par les ordres de Kamrasi, et enfermé dans une hutte circulaire dont les murs en terre n'avaient point de porte. On le fit descendre par une ouverture pratiquée dans le toit, et il fut condamné à y être brûlé vif le lendemain pour quelque offense imaginaire. Sali et Fowouka devaient recevoir, selon l'occurrence, leur pardon ou la mort. Sali était l'ami intime de Rionga, et il résolut de lui rendre a liberté. A cet effet il fit boire les gardiens de la prison, et pendant que ceux-ci passaient la nuit à chanter d'un côté, de l'autre ses hommes percèrent le mur comme des lapins et délivrerent Rionga qui s'échappa.

Sali fit la folie de rester à M'rouli après cet événement, et Kamrasi, soupçonnant la part qu'il y avait prise, le condamna immédiatement à être sais iet mis en pièces. On l'attacha à un poteau et on le tortura en lui arrachant les membres l'un après l'autre; les mains furent d'abord coupées aux poignets, et les bras détachés à l'articulation du coude. Bachita, témoin de cette scène atroce, rendit témoignage à l'héroïsme de Sali; au milieu de ses souffrances, il criait à ses amis qui pouvaient se trouver dans la foule de prendre la fuite, car il allait mourir, et s'ils restaient on leur ferait partager son sort. Quelques-uns s'échappèrent, entre autres Fowouka, mais la plupart furent massacrés sur place; Bachita, emmenée captive par Kamrasi, fut envoyée par lui au camp turc à Faloro, comme je l'ai déjà dit. Depuis ce temps la guerre n'avait pas cessé entre Kamrasi et les chefs des îles; elle venait d'avoir pour dernier acte la défaite de ceux-ci et l'enlèvement de leurs femmes, grâce à l'aide des Turcs.

La joie de Kamrasi ne connut plus de limites; les défenses d'éléphant ne cessaient d'être apportées au camp, et une hutte en était déjà pleine. Eddris, le chef du détachement turc, sentait que la victoire avait été remportée principalement au moyen des armes à feu; il refusa donc de remettre les prisonniers que le roi réclamait; il les revendiqua comme appartenant à Ibrahim, et ne voulut entrer dans aucune discussion à ce sujet jusqu'à l'arrivée de son maître. Kamrasi disait de son côté, que, si efficaces qu'eussent été les fusils, on n'aurait pu faire de prisonniers sans les canots qui avaient été transportés par terre depuis Karuma jusqu'au point désigné pour l'attaque.

Suivant l'habitude en cas de dispute, on s'en rapporta à mon arbitrage. Kamrasi envoya de nuit son factotum Cassavé pour conférer avec moi à l'insu des Turcs; ensuite M'Gambi son frère arriva, et enfin après une kyrielle fatigante de messages différents, le grand roi survint en personne. Il me dit qu'Eddris était très-insolent et avait menacé de tirer sur lui; il l'avait insulté, *lui*, siégeant sur son trône même, entouré de ses chefs, et si je ne l'avais pas introduit dans le pays, Kamrasi l'aurait fait mettre à mort, ainsi que ses gens.

Je conseillai à Kamrasi de ne pas faire trop d'embarras; il avait vu ce que dix fusils seulement avaient fait dans le combat contre Fowouka; il pouvait donc s'imaginer les résultats que pourraient amener la moindre manifestation hostile. Les caravanes d'Ibrahim et de Mohammed Wat-el-Mek s'uniraient immédiatement et détruiraient ses États et lui. Le moindre cheveu enlevé à la tête d'un Turc causerait infailliblement sa perte, et son rival Fowouka serait mis sur le trône à sa place. Cet avis fit presque *verdir* de peur le brave Kamrasi. Je lui conseillai de ne pas se chamailler pour des vétilles; comme j'étais responsable de la conduite des Turcs tant qué je serais dans le pays, il n'avait rien à craindre; mais d'un autre côté il fallait qu'il fût juste et généreux. S'il leur donnait une bonne cargaison d'ivoire, il pouvait compter sur leur alliance; mais s'il se mettait à leur chercher querelle, ils détruiraient le pays après mon départ. Naturellement il me pria de ne pas songer à le quitter, mais de m'établir pour toujours dans le Kitouara, me promettant tout ce dont j'aurais besoin, outre un grand territoire. Je lui répliquai que le climat ne me convenait pas, et que rien ne pourrait me déterminer à rester; mais comme les bateaux n'arriveraient pas de six mois à Gondokoro (en février) je pourrais passer ce temps près de lui aussi bien qu'ailleurs. En même temps je lui dis que sa prétendue amitié pour moi n'était qu'une feinte; et qu'il me regardait simplement comme un bouclier contre le danger. Après une longue conversation, je réussis à lui persuader d'abandonner toute prétention à l'égard des prisonniers de guerre, et de considérer Eddris comme un *vakil* jusqu'à l'arrivée d'Ibrahim. Il quitta ma cabane, en me promettant de ne plus reparler de cette affaire; toutefois, le lendemain il envoya Cassavé demander à Eddris de lui remettre deux des plus jolies captives. Pour toute réponse, Eddrees, qui avait la tête fort près du bonnet, se rendit chez Kamrasi et lui refusa sa demande de la manière la plus insolente. Le roi immédiatement se leva et lui tourna le dos. Bouillant de colère, Eddris court au camp, fait armer sa troupe et s'en va droit à la hutte de Kamrasi pour lui demander réparation. Heureusement mon *vakil* m'ayant appris ce qui se passait, je fis courir après Eddris avec ordre de revenir de suite, parce que personne ne troublerait la paix impunément, tant que je serais dans le pays. Au bout de dix minutes il revint avec ses gens; tous semblaient honteux et s'accusaient les uns les autres comme d'habitude lorsqu'un coup a manqué. Les Turcs étaient vraiment fous de prendre l'offensive, car un conflit survenant, ils eussent succombé à coup sûr. Ils avaient usé presque toutes leurs cartouches dans l'affaire contre Fowouka. Il leur en restait *cinq* par homme. Heureusement Kamrasi ne savait pas cela. Quant à moi j'en étais abondamment pourvu, car aucun de mes hommes ne pouvait tirer un coup de feu sans ma permission expresse.

La caravane turque était absolument en mon pouvoir. J'envoyai chercher Eddris et le roi; celui-ci avait déjà appris des nègres l'arrivée des Turcs armés, et mon intervention. Kamrasi refusa de venir en personne, mais il envoya son frère M'Gambi qui, comme d'ordinaire, était chargé de tirer les marrons du feu. M'Gambi, fort irrité, déclara que Kamrasi avait strictement défendu à Eddris de paraître devant lui. J'insistai sur une réparation de la part d'Eddris, et il fut résolu que dorénavant je serais chargé exclusivement des négociations. Je proposai que dans l'intérêt des deux partis l'on envoyât sans délai un message à Ibrahim alors dans le Shoua; sa présence était fort nécessaire, car je ne voulais pas continuer à être responsable de la conduite des Turcs. J'étais venu dans l'Ounyoro avec l'intention unique de voir le lac et de m'en retourner de suite. C'était d'après les ordres de Kamrasi que j'avais été retenu, et je ne pouvais assumer la responsabilité des actes d'Eddris. Ce que j'avais promis c'était de garantir la conduite des Turcs sous les ordres d'Ibrahim, chef de leur caravane. A court de munitions, Eddris était devenu fort humble; désireux surtout de renforts, il offrit d'envoyer cinq hommes à Shoua pourvu que Kamrasi voulût permettre à quelques nègres de les accompagner. Cela ne convenait pas au soupçonneux M'Gambi; il supposait à Eddris l'intention de calomnier le roi afin d'exciter Ibrahim contre lui. Il refusa donc l'offre du vakil, mais consentit à fournir des portefaix et des guides si je voulais envoyer un de mes gens avec une lettre. Cette autre proposition me convenait fort; j'avais hâte de quitter le pays de Kamrasi et Kisouna, où emprisonné dans des herbes impraticables, j'étais condamné à une inaction complète; tandis que si je pouvais retourner à Shoua, je passerais le temps agréablement dans un beau pays ouvert et sous un climat salubre, avec l'avantage d'être de cinq jours de marche plus rapproché de ma patrie. Je dis donc à mon *vakil* d'écrire une lettre à Ibrahim pour le prier de revenir de suite à Kisouna, où il y avait une ample moisson d'ivoire qui serait perdue pour lui si Eddris faisait des coups de tête. Le lendemain matin quatre de mes gens partirent pour Shoua, accompagnés d'un grand nombre de nègres.

Kisouna retomba dans sa monotonie ordinaire. La guerre contre Fowouka étant finie, les nègres, libres de tout souci, passaient leur temps à danser et à boire ; il était presque impossible de dormir pendant la nuit, car depuis le coucher du soleil jusqu'au matin des bandes d'individus ivres ne cessaient de hurler en chœur, de sonner de la trompe et de battre le tambour. Les femmes ne prenaient aucune part à ces divertissements, par la raison qu'en Ounyoro les hommes ne font rien tandis que leurs épouses travaillent aux champs. Ainsi exténuées de fatigue elles étaient enchantées de pouvoir se reposer, pendant que leurs maris passaient les nuits en orgies tumultueuses. Le mode ordinaire de leur chant est un solo rapidement exécuté, mêlé par intervalles d'un chœur étourdissant accompagné de trompes et de tambours. Les trompes sont des calebasses immenses que leur forme particulière et leur extrémité en goulot de bouteilles, permettent de convertir aisément en instruments de musique. De temps en temps le cri *au feu!* poussé au milieu de la nuit variait l'ennui de notre existence ; les huttes étaient jonchées de paille sur laquelle les nègres à moitié ivres tombaient tout endormis avec leurs pipes allumées, et un incendie s'ensuivait. Dans ce cas la flamme se communiquait d'une hutte à l'autre avec une rapidité incroyable ; souvent quatre ou cinq cents cabanes du camp de Kamrasi étaient détruites par le feu, puis rebâties en peu de jours. Ceci ne me laissait pas sans inquiétude pour ma poudre, car dans ces circonstances, la paille flambait si vite que rien ne pouvait échapper et l'explosion de mes munitions m'aurait laissé entièrement sans défense. Aussi, je profitai du premier accident de feu, arrivé dans mon voisinage, pour exiger qu'aucune hutte indigène ne fut élevée à moins de trente verges de ma demeure ; les nègres ayant voulu s'y refuser, je fis moi-même démolir leurs cabanes par mes gens, et je me débarrassai ainsi de voisins ivrognes et dangereux.

Quoique le roi nous eût fourni du bœuf très-régulièrement, nous avions beaucoup de peine à nous procurer des poulets ; la guerre avec Fowouka avait amené la destruction de presque toute la volaille dans le voisinage de Kisouna, parce que Kamrasi et ses Kajours (magiciens) faisaient chaque matin des sacrifices, et cherchaient à lire l'avenir dans les entrailles des oiseaux. Le roi était entouré de sorciers et de sorcières qui se distinguaient des autres nègres par leurs têtes ceintes de couronnes de racines de différentes plantes. Quelques-uns y ajoutaient des lézards desséchés, des dents de crocodiles, des griffes de lion, de petites carapaces de tortue, etc. Ils auraient pu fournir des ingrédients au chaudron des sorcières dans Macbeth,

> Serpent, lézard, allez vous tordre
> Dans l'horrible chaudron de fer!
> Bout comme un noir coulis d'enfer,
> Mélange puissant en désordre[1].

Lorsque, pour la première fois, je vis paraître ces femmes, pour la plupart vieilles et ridées, je me sentis disposé à répéter la question de Banquo[2] :

> « . . . . . . Qu'est-ce donc! ces trois êtres difformes,
> Et bizarres de mise et bizarres de formes;
> Certe, ils n'habitent point la terre comme nous;
> Ils y marchent pourtant! vivez-vous; êtes-vous
> Des êtres que l'on puisse interroger. . . .[3]?

Kamrasi et ses sujets avaient la foi la plus implicite dans ces magiciens. Bachita et mes gens me dirent que lorsque ma femme paraissait devoir mourir d'un coup de soleil, le guide s'était procuré une sorcière qui avait tué un poulet pour savoir si elle se rétablirait, et si nous atteindrions jamais le lac. Le poulet en mourant tira la langue, ce qui passait pour un signe favorable; après une indication pareille, mes gens n'avaient aucun doute du succès. Quoique supérieurs aux tribus du nord du Nil pour l'intelligence, les natifs d'Ounyoro n'ont pas la moindre notion

1. Traduction de M. Jules Lacroix.

> Eye of newt and toe of frog,
> Wool of bat and tongue of dog,
> Adder's fork and blind-worm's sting,
> Lizard's leg and owlet's wing,
> For a charm of powerful trouble,
> Like a hell-broth boil and bubble.

2. What are these, so withered and so wild in their attire, that look not like the inhabitants o'the earth, and yet are on't? Live you? or are you aught that man may question?

3. Traduction de M. Jules Lacroix.

d'un être suprême; ils n'adorent rien, et se bornent à croire à la magie, comme les indigènes de Madi et d'Obbo.

Quelques semaines se passèrent sans que je reçusse de réponse à la lettre que j'avais envoyée à Shoua; je ne savais même pas si les porteurs de ce message étaient arrivés; nous étions retombés dans la somnolence de notre existence ordinaire, lorsqu'un événement fort sérieux nous réveilla de nouveau.

Le 6 septembre M' Gambi, en proie à une grande agitation, se précipita dans ma hutte; me disant que les M'was ou habitants de l'Uganda, avaient envahi les États de Kamrasi avec une grande armée; ils avaient déjà traversé le Kafour et pris M'rouli; ils étaient en marche directement sur Kisouna; ils voulaient, après avoir tué Kamrasi, nous attaquer, et annexer le pays d'Ounyoro aux États de M'tésa. Ma troupe était diminuée de quatre hommes que j'avais envoyés à Shoua; nous n'étions donc que vingt fusiliers, y compris les Turcs qui n'avaient pas de munitions. La nouvelle était certaine, et les natifs semblaient plongés dans la consternation, car les M'was étaient beaucoup plus puissants que les gens de Kamrasi, et toutes les fois qu'ils avaient envahi le pays, les troupes d'Ounyoro n'avaient pu tenir devant eux. Je dis à M' Gambi qu'il fallait envoyer de suite des messagers à Shoua avec une lettre que j'allais adresser à Ibrahim, pour hâter sans délai son retour à Karuma à la tête d'une troupe de cent hommes. En même temps je conseillai d'évacuer Kisouna et de diriger l'armée de Kamrasi vers Karuma; là nous établirions un camp fortifié qui commanderait le passage de la rivière, et nous réunirions en sûreté assez de canots pour faciliter à la troupe d'Ibrahim sa jonction avec nous; autrement les M'was pourraient détruire les embarcations et couper le passage aux Turcs. Kisouna était un endroit très-peu sûr, entouré comme il l'était d'une forêt d'arbres et d'un fouillis d'herbes de dix ou douze pieds de haut, à travers lequel l'ennemi n'aurait aucune difficulté à s'avancer inaperçu et sans avoir à redouter nos armes à feu. M' Gambi approuva entièrement mon avis, et alla vite en faire part au roi qui vint me trouver de suite comme il le faisait dans les cas urgents. Il était fort inquiet, et me dit que des messagers venaient quatre ou cinq fois par jour lui rendre compte de tous les mouvements des ennemis. Ceux-ci s'avançaient rapidement en trois divisions;

la première par la route qui conduit directement de M'rouli à Karuma, route que j'avais suivie en arrivant à Atada; la seconde marchait sur Kisouna; la troisième occupait une position intermédiaire entre les deux autres, de manière à couper à Kamrasi toute retraite vers une île du Nil, où il s'était déjà réfugié lors d'une invasion précédente des mêmes ennemis. Je le suppliai de ne pas songer à la retraite, mais de suivre mon conseil, et de livrer bataille; car, en ce cas, je serais heureux de l'assister; j'étais son hôte, et j'avais indubitablement le droit de repousser une attaque. J'arrêtai donc un plan d'opérations, lui montrant comment nous pouvions établir, sur la falaise qui domine la cataracte de Karuma, un camp, ayant deux de ses côtés protégés par la rivière, tandis qu'on construirait dans le voisinage un kraal où le bétail serait dans une sécurité complète sous le feu de nos carabines. Kamrasi écouta avec une surprise extrême ces arrangements militaires, mais persista à abandonner toute idée de résistance et à vouloir gagner l'île qui l'avait autrefois protégé. Nous ne pûmes tomber d'accord que sur deux points : l'évacuation de Kisouna, et la nécessité d'expédier sur-le-champ des messagers à Ibrahim. Cette dernière résolution fut immédiatement mise à exécution, et des coureurs portant des dépêches se mirent en route pour Shoua. Kamrasi se décida à attendre jusqu'au lendemain les nouvelles que les messagers sur lesquels il comptait devaient lui donner de la marche des ennemis; autrement il pourrait tomber dans le danger même qu'il cherchait à éviter; et il promit de nous envoyer des porteurs pour nous emmener, nous et nos bagages, si nous étions obligés de marcher vers Karuma. Ceci convenu, il partit. Bachita m'assura que les M'was étaient tellement redoutés par les gens d'Ounyoro que rien ne pourrait décider ceux-ci à combattre. Il fallait donc que sans faire le moindre fonds sur Kamrasi, je prisse toutes mes mesures indépendamment des siennes. Elle me dit que la cause de l'invasion était un récit fait à M'tésa par Goubo Goulah, un des déserteurs de Speke, qui s'était enfui d'auprès de Kamrasi peu de temps après notre arrivée dans le pays. Ce Goubo avait dit à M'tésa, roi d'Uganda, que nous étions en chemin pour lui faire visite et lui porter un grand nombre de présents, mais que Kamrasi, afin d'accaparer nos richesses, nous avait empêchés de poursuivre notre voyage. Exaspéré par cet acte de son plus grand ennemi, il avait envoyé des espions pour vérifier les dires de Goubo Goulah; — ces espions étaient les quatre hommes dont j'ai parlé plus haut. Leurs témoignages confirmèrent celui de Goubo, M'tesa envoyait une armée pour détruire Kamrasi, ravager le pays, nous prendre nous mêmes, et nous mener à sa capitale. Telle fut l'explication que Bachita nous donna de toute l'affaire; avec la curiosité et le tact d'une femme elle avait recueilli ces nouvelles dans les deux camps, presqu'aussi correctement qu'un correspondant du *Times* eût pu le faire.

C'était fort amusant. La monotonie de notre existence devenait insupportable, mais tout à coup s'élevait une petite difficulté justement assez piquante pour nous dégourdir. Mes gens étaient tellement disciplinés et habitués à compter sur moi, que leur caractère n'était plus reconnaissable. J'appelai Eddris, lui remis dix paquets de cartouches à balle pour chacun de ses hommes, et lui recommandai de se réunir à ma troupe, si nous nous trouvions forcés de marcher. Il appela sur-le-champ plusieurs nègres et cacha tout son ivoire dans les fourrés.

A environ 9 heures du matin, le camp est sens dessus dessous; soudain les tambours battent de tous côtés comme pour répondre aux *nogaras* qui sonnent l'alarme dans le quartier de Kamrasi; les trompes retentissent, hommes et femmes poussent des hurlements; on met le feu aux cabanes, et à la lumière de l'incendie des centaines de nègres, armés et équipés pour la guerre, courent çà et là comme des fous, gesticulant, faisant semblant de se combattre les uns les autres; on eût pu les croire pleins d'ardeur et impatients d'en venir aux mains avec l'ennemi. Bachita, qui détestait Kamrasi, était charmée de sa prochaine déroute. Quelques-uns des guerriers les plus déterminés se précipitant à ses côtés avec des cornes sur la tête et des lances à la main, elle leur cria d'un air goguenard : « Dansez, dansez, mes enfants, maintenant que l'ennemi est loin d'ici; si vous voyiez seulement le M'wa le plus inoffensif, vous vous enfuiriez aussi vite que possible. »

Les M'was étaient, disait-on, si près de Kisouna, que leurs *nogaras* avaient été entendus du quartier de Kamrasi; nous nous disposâmes donc à marcher vers Atâda le lendemain à la pointe du jour. On dormit peu cette nuit-là, car tout le bagage devait être prêt pour le départ. Cassavé, sur qui on pouvait toujours compter, vint me dire que d'après le rapport des messagers les M'was détruisaient tout sur leur passage; ils avaient pris les femmes et les bestiaux et massacré une multitude de personnes. Du camp de Kamrasi on pouvait voir les villages incendiés, et il était douteux que nous pussions même gagner Atâda. Je conseillai l'envoi d'éclaireurs pour reconnaître si le chemin était encore libre, ce qu'on fit immédiatement.

Le lendemain avant l'aube, une lueur extraordinaire, accompagnée d'une immense colonne de fumée, s'élevant dans la direction où se trouvait le quartier de Kamrasi, nous apprit qu'il avait fait mettre le feu au camp selon l'habitude, et que la retraite était commencée. Des milliers de huttes de gazon flambaient, et je ne pouvais m'empêcher d'admirer la sottise des nègres qui donnaient ainsi aux ennemis avis de leur retraite, par un signal que l'on devait voir à plusieurs milles à la ronde, tandis que leur succès dépendait de la rapidité et du secret de leurs mouvements. Bientôt après, des troupes d'hommes, de femmes, de vaches et de chèvres, suivis du bagage, s'avancèrent en une longue file à travers une plantation de bananiers à vingt verges de nous. Cela n'en finissait pas. Il pleuvait à verse, et les femmes chargées de leurs enfants glissaient à chaque instant dans la boue, tandis que des troupes d'hommes armés et de portefaix passaient près d'elles, les rudoyant sans cérémonie. Enfin le brave Kamrasi lui-même parut, accompagné d'un grand nombre de ses femmes; quelques-unes trop grasses pour marcher, étaient en litière. Il ne daigna pas me regarder. M'Gambi, qui se tenait près de moi, m'expliqua que nous devions faire l'arrière-garde, Kamrasi ayant conclu qu'il serait prudent de placer les armes à feu entre lui et l'ennemi. Le défilé des nègres et des bestiaux dura plus d'une heure, enfin le dernier traînard passa à son tour, mais où étaient les porteurs qu'on nous avait promis? Pas un homme ne se présenta, et avec M'Gambi et Cassavé nous étions les seuls habitants du village abandonné. Ils nous dirent que leurs compatriotes étaient saisis d'une telle panique, qu'il était impossible d'en retenir un seul pour transporter nos effets; mais qu'ils sauraient bien, eux, trouver dans un village voisin des gens pour nous conduire le lendemain à Foweera, où Kamrasi voulait nous faire camper; il n'y avait pas là d'herbe épaisse, et le pays étant parfaitement découvert, rien n'y gênerait le tir et la portée de nos carabines. La ruse et l'astuce de Kamrasi dépassaient toute prévision ; il nous abandonnait de propos délibéré ; dans la pensée que si les M'was venaient à le poursuivre, nous supporterions leur premier choc et protégerions sa retraite. L'ordre qu'il nous donnait de camper à Foweera était calculé d'après le même motif. Je connaissais le pays, car je l'avais traversé dans notre marche d'Atâda à M'rouli ; Foweera, situé à environ trois milles de la cataracte de Karuma, à égale distance dn Nil et des angles nord et est du coude décrit par le fleuve à l'ouest d'Atâda, est, militairement parlant, une excellente position pour couvrir et défendre l'île où Kamrasi voulait se réfugier.

La fourberie de Kamrasi m'avait tellement irrité que je songeais sérieusement à fraterniser avec les M'was s'ils paraissaient à Kisouna, et je me promis de ne pas tirer un seul coup de fusil pour un allié aussi peu sûr que le roi, à moins de nécessité absolue. C'est ce que j'expliquai à M'Gambi, en lui disant que si on ne m'envoyait pas de porteurs, j'attendrais à Kisouna l'arrivée des M'was auxquels je m'unirais pour attaquer Kamrasi dans cette île qu'il regardait comme imprenable. Mon idée épouvanta M'Gambi; il partit de suite avec Cassavé pour me chercher des porteurs, promettant de revenir le soir même et de nous conduire le lendemain matin à Foweera. Comme nous étions vingt hommes armés de fusils, nous n'avions rien à craindre en cas d'une attaque; je fis brûler toutes les cabanes du village excepté celles de mes gens; de la sorte nous avions un espace libre pour les carabines, si la nécessité nous contraignait à faire feu.

M'Gambi arriva le soir, selon sa promesse, avec un grand nombre de nègres; mais Cassavé avait suivi Kamrasi. Le lendemain nous partîmes à l'aube du jour; ma femme étant dans une litière, moi dans une chaise. Les chemins étaient abominables, détrempés par la pluie de la veille, profondément défoncés par les bestiaux et les milliers d'individus qui formaient l'armée et la suite de Kamrasi. Le pays n'offrait aucun intérêt; toujours un sol onduleux, couvert d'herbe impénétrable et boisé de mimosas: chaque marais était en outre ombragé par un bouquet du gracieux dattier sauvage. Après une marche d'environ huit milles, nous trouvâmes une route ferme et couverte de poussière, car la pluie de la veille avait été seulement locale. Faute d'eau, nous étions tous fort altérés, et nous avions compté sur la pluie pour nous approvisionner. Quoique des milliers d'individus eussent passé par là la veille, le sentier était fort étroit et encaissé par les hautes herbes; les fuyards, en effet, s'étaient avancés un à un, et par conséquent n'avaient pas élargi la voie. Ceci retarda beaucoup les porteurs chargés de la litière, car, marchant deux de front, l'un d'eux avait à abattre l'herbe pour se frayer un passage. M'Gambi prit rapidement les devants avec quelques nègres, tandis que les Turcs et plusieurs de mes hommes protégeaient les munitions; j'accompagnais la litière, et avec cinq hommes de ma troupe, je formais l'arrière-garde. La litière s'avançait si lentement qu'après avoir voyagé toute la journée jusqu'au coucher du soleil, nous fûmes distancés; il commençait à faire nuit, lorsque nous arrivâmes à un endroit où un sentier se dirigeait vers le sud, tandis que la route principale que nous avions suivie continuait dans une direction E. N. E. Là, nous trouvâmes un nègre placé par les Turcs pour nous acheminer vers le sud. La caravane, nous dit-il, avait fait halte à un village peu éloigné. Nous avançant aussi vite que le permettait le sentier, nous arrivâmes enfin au village de Déang, composé de quelques huttes abandonnées au milieu d'une vaste plantation de bananiers. Là nous trouvâmes Eddris et les Turcs avec les prisonniers qu'ils avaient faits dans l'attaque contre Fowouka. Franchissant leurs cantonnements, nous nous établîmes dans deux cabanes très-propres et toutes neuves au milieu d'un champ de fèves bien cultivées; elles s'élevaient déjà à six pouces au-dessus du sol. C'était une oasis dans l'épais fourré qui régnait de tous côtés. Il n'y avait pas d'eau, il faisait déjà nuit, et quoique nous eussions marché pendant les plus fortes chaleurs du jour, pas un de nous n'avait bu une goutte depuis le matin. Tout le monde se mourait de soif et les hommes cherchèrent en vain parmi les huttes désertes dans l'espérance que les jarres à eau pourraient contenir de quoi se désaltérer : elles étaient toutes vides. Heureusement nous avions un peu de lait caillé dans une jarre perdue dans nos bagages; mais il y en avait à peine pour deux personnes. Il n'y avait rien à manger, excepté des bananes vertes; nous les fîmes bouillir en guise de pommes de terre. Je désarmai tous les portefaix, plaçant leurs lances et leurs boucliers sous mon propre lit pour leur ôter l'envie de s'en aller pendant la nuit. Notre troupe s'était, à ce qu'il paraît, dispersée de la manière la plus honteuse. Ceux qui se trouvaient en avant avec les munitions et qui avaient reçu l'ordre de ne pas s'éloigner un seul moment de leur poste, avaient laissé le gros de la troupe fort en arrière; Eddris et quelques hommes accompagnaient les prisonniers qui ne pouvaient marcher vite, et mon petit détachement escortait la litière.

Personne ne mangea beaucoup cette nuit-là, car on avait trop soif. Le lendemain matin, à ma grande horreur, je découvris que tous les porteurs nous avaient abandonnés, excepté deux hommes qui s'étaient endormis dans la même cabane que mes gens. C'était la centième fois que nous nous voyions désertés dans cet affreux pays. J'ordonnai à Eddris de poursuivre sa marche jusqu'à Foweera, de dire à mes gens de m'y attendre avec les munitions, et de prier Kamrasi de nous expédier immédiatement des porteurs pour nous tirer d'embarras; Foweera est à environ treize milles de Déang où nous nous trouvions alors. Eddris se mit en route avec sa troupe, et j'envoyai sur-le-champ des hommes munis de jarres vides pour tâcher de découvrir de l'eau. Au bout d'une heure, ils revinrent sans avoir pu rien trouver. Je leur ordonnai de chercher dans une autre direction, et s'ils rencontraient un naturel du pays, de le mettre en réquisition pour les mener vers une source. Environ trois heures après ils reparurent accompagnés de deux vieux nègres et portant trois jarres d'une eau délicieuse. Ils avaient rencontré ces deux nègres dans un village abandonné, et sous leur conduite ils étaient parvenus à une source trois milles plus loin; notre besoin principal étant ainsi satisfait, nous ne craignions plus de mourir de faim. Nous avions des bananes en abondance, une douzaine de fromages fabriqués pendant notre séjour à Kisouna, et une bonne provision de farine. J'eus un léger accès de fièvre, et enfin je m'endormis.

Je fus réveillé par la voix de mes gens, qui se tenaient à la porte de ma cabane l'air profondément abattu. Ils me racontèrent que Richarn avait disparu, et qu'on le croyait massacré par les nègres. Mon *Vakil* tenait à la main une baguette de fusil brisée et couverte de sang, ce qui semblait confirmer les soupçons.

Il paraît que pendant mon sommeil Richarn et un de mes compagnons nommé Mohammed avaient pris leurs fusils, et parcouru le pays sans mes ordres, afin de tâcher de trouver un village où ils pussent se procurer des gens pour nous conduire à Foweera. Étant arrivés à un groupe de petits hameaux, et ayant réussi à engager quatre hommes, Richarn avait laissé ceux-ci sous la garde de Mohammed tandis qu'il s'aventurait seul dans un village voisin. Bientôt après son départ, Mohammed, entendant un coup de feu dans cette direction à un demi-mille de distance, avait tout quitté pour courir vers l'endroit d'où le bruit semblait partir. En arrivant, il trouva le village désert; après avoir parcouru le voisinage et appelé Richarn en vain, il avait rencontré une grande mare de sang vis-à-vis de plusieurs huttes, et au milieu de cette mare se trouvait la baguette brisée du fusil de Richarn. Ayant inutilement poursuivi ses recherches, il nous apporta la triste nouvelle de cette catastrophe. J'étais fort attaché à Richarn; il y avait bien des années qu'il me servait fidèlement; il avait moins de défauts que la plupart de ses compatriotes, et d'un autre côté il possédait beaucoup de rares qualités. J'attendis là deux jours, cherchant de tous côtés. Une fois, mes gens virent un grand nombre d'hommes et de femmes poussant des hurlements dans un village voisin du théâtre présumé de la catastrophe; il semblait donc évident que Richarn avait tué un homme avant d'être tué lui-même, car ces hurlements étaient des lamentations funéraires. J'étais fort désolé pour ma part; mon fidèle Richarn avait succombé, et la carabine Pudey à deux coups qu'il portait avec lui était perdue. Cette arme appartenait à mon ami Oswell, célèbre pour ses exploits dans le sud de l'Afrique et sur le lac N'gami; il s'en était servi pendant cinq ans pour chasser le gros gibier de l'Afrique, et avec tant de persévérance que le bois de la crosse portait la trace des terribles épines à travers lesquelles il s'était si souvent frayé un passage à fond de train. Il m'avait généreusement prêté ce vieux compagnon de ses exploits, et je l'avais, à mon tour, confié à Richarn comme au plus soigneux de tous mes compagnons. Homme et carabine étaient maintenant perdus.

Je poursuivis en vain mes recherches pendant deux jours; mes gens virent plusieurs chiens ayant le museau et les pieds souillés de sang; nous conclûmes donc que le cadavre avait été traîné dans les fourrés par les nègres, et que les chiens l'avaient découvert et dévoré.

Kamrasi ne nous avait pas envoyé de porteurs, et le message expédié par l'entremise d'Eddris était resté sans réponse ; le soir arrivé, je me reposai sur mon *angarep* pour la nuit, fort attristé de la catastrophe arrivée à mon fidèle domestique. Il était environ huit heures, tout le monde dormait excepté la sentinelle, lorsque nous fûmes réveillés en sursaut par le bruit d'un *nogara*, assez près de nous au sud de nos cabanes. Les deux nègres qui étaient restés avec nous réveillent la troupe sur-le-champ, disant que les tambours que nous entendons sont certainement ceux des M'was qui doivent être dans le voisinage. Le son des *nogaras* ennemis était différent de celui des tambours de Kamrasi qu'ils connaissaient bien. Ceci était grave ; nos munitions étaient à Foweera, chaque homme n'avait dans sa giberne que trente cartouches, il ne m'en restait à moi-même que vingt et une. Comme la source d'eau se trouvait à trois milles plus loin, notre position était intolérable. Nouveau bruit du *nogara ;* les guides déclarent qu'ils ne peuvent pas tenir où nous sommes et qu'ils vont se cacher dans les herbes. Ma femme me propose d'abandonner le bagage, de marcher de suite sur Foweera, et d'effectuer une jonction avec le restant de la troupe et des munitions avant l'aube. J'étais sûr que la distance devait être de douze ou treize milles au moins ; faible comme elle l'était encore, il lui serait impossible de faire le voyage, à travers les fourrés, dans l'obscurité, sur une route difficile et qui peut-être était déjà au pouvoir de l'ennemi. Néanmoins elle persista à vouloir partir. Je fis donc les préparatifs de la marche pour neuf heures ; la lune serait alors à 30° environ au-dessus de l'horizon, et nous éclairerait. J'empile tout le bagage dans la cabane, je mets nos couvertures dans un sac qu'un des nègres doit porter, et j'ordonne à une des négresses de se charger d'une jarre d'eau. Ainsi pourvus, et abandonnant tous nos autres effets, nous nous mettons en route à neuf heures précises, sur les pas des deux nègres qui nous servent de guides.

La direction est environ E. N. E. La lune est brillante, mais la hauteur de l'herbe jette tant d'ombre sur le sentier qu'on ne peut distinguer ni pierres ni ornières. La rosée est abondante et, en traversant le fourré, nous sommes bientôt trempés jusqu'aux os. C'était notre première tentative de marche depuis bien des mois; et comme Mme Baker et moi nous étions encore invalides, je craignais qu'un accès de fièvre ne survînt à l'un ou à l'autre avant la fin du voyage. Mais nous n'avions pas le choix entre un parti ou un autre; il fallait atteindre Foweera, quelle que fût la distance. Nous suivîmes pendant trois heures un sentier étroit, mais auquel on pouvait se fier, car il portait incontestablement les traces des troupeaux et des gens de la suite de Kamrasi. Soudain nous arrivons à une bifurcation; le chemin de droite ayant été foulé par les bestiaux, nos guides nous affirment que c'est celui qu'il faut prendre. Certain qu'ils se trompent, car Foweera est à l'Est tandis que ce sentier tourne au sud, je refuse de les suivre et je fais faire halte afin de m'orienter. Je découvre bientôt au clair de la lune que le chemin plus large qui mène au Sud a été tracé par les bestiaux qui ont été conduits dans cette direction, mais qui ont ensuite rebroussé chemin. Il y avait certainement au Sud un village où Kamrasi et sa troupe avaient passé la nuit et d'où le lendemain matin ils avaient repris la route qui conduit à Foweera. Je découvris bientôt des traces de bestiaux sur le petit sentier de l'Est, et je résolus de suivre cette direction. Mes guides m'étaient désormais peu utiles et ils m'avouèrent qu'ils n'avaient visité qu'une fois le district de Foweera. En ce moment notre but était le principal village, appartenant à leur chef Kalloé, excellent homme qui nous avait souvent fait visite pendant notre résidence à Kisoma.

Assez près de la bifurcation du chemin nous trouvâmes tout à coup quelques cabanes dont les habitants étaient éveillés. Ils nous donnèrent la désagréable nouvelle que les M'was occupaient le pays en avant de nous, et qu'il nous serait impossible de poursuivre notre chemin puisqu'ils étaient dans le voisinage immédiat. Il était plus de minuit, le pays était parfaitement tranquille. N'ayant aucune confiance en nos guides je me mis à la tête de la troupe.

A environ un mille plus loin, j'observai soudainement la lumière d'une grande quantité de feux, et je distinguai de nombreuses cabanes formées d'herbes et de feuilles de plantains; c'était le camp des M'was. Je ne vis personne, et nous ne restâmes pas longtemps en observation, mais tournant vers le nord, nous continuâmes notre route tranquillement et avec précaution entre deux murs de l'herbe la plus épaisse. Une heure après nous débouchions dans un pays d'un caractère tout différent. Ce n'était plus ce fourré où un homme disparaissait comme un lapin dans un champ de blé; c'était une campagne ouverte, revêtue d'un gazon tendre et riche, comme une prairie anglaise, sur laquelle se projetaient les ombres d'arbres isolés ou réunis en groupes. Poursuivant ce chemin délicieux nous arrivâmes à un endroit où des sentiers nombreux et tous bien frayés s'entrecroisaient. La confusion des pistes était extrême. En faisant un détour pour éviter le camp des M'was nous avions quitté la route directe de Foweera. Comme nous avions alors suivi la direction du Nord, je savais que nous devions maintenant prendre celle de l'Est. Il y avait un sentier qui la suivait; mais tandis que nous délibérions sur ce qu'il y avait de mieux à faire, nous entendîmes un bruit de voix dans l'éloignement. Ce ne pouvaient être que celles des ennemis; j'ordonnai à mes gens de s'asseoir, tandis que deux hommes se cacheraient sur le bord d'un fourré à cent verges de là comme des sentinelles avancées.

J'envoyai ensuite Bachita et un des guides vers le lieu où les voix s'étaient fait entendre, afin de tâcher de reconnaître si c'étaient des M'was, où des gens de Foweera. Mes espions s'éloignèrent avec les précautions nécessaires.

Après cinq minutes d'un silence complet les voix avaient complétement cessé. Trempés par la rosée, nous étions transis de froid. Ma femme, accablée de fatigue, s'était assise sur le sac aux couvertures. Je craignais de rester longtemps dans l'inaction de peur qu'elle nous engourdît et nous rendît incapables de poursuivre.

Nous attendions ainsi depuis environ dix minutes lorsque le cri le plus affreux que j'aie jamais entendu nous fit tressaillir. Ce cri partait du fourré où un de nos hommes montait la garde à cent verges de là. Je crus d'abord qu'il avait été saisi par un lion, et armant ma carabine, je courus vers lui. Avant d'atteindre le fourré je vis une des sentinelles courant dans la même direction, et bientôt après je remarquai deux hommes qui s'approchaient; l'un d'eux était Mousa, un des nôtres, il tenait à la gorge un nègre et le forçait de marcher. Il avait fait un prisonnier. Il paraît que tandis qu'il était accroupi sous un buisson à l'entrée du sentier principal qui conduisait à travers le fourré, il avait soudain remarqué un homme se glissant le long d'un bouquet d'arbres voisin. Attendant, sans être remarqué, que cet homme l'eût dépassé, il s'était précipité sur lui par derrière, lui avait saisi sa lance de la main gauche, tandis que de la droite il lui comprimait la gorge. Une attaque aussi soudaine et aussi inattendue d'un ennemi invisible avait terrifié le malheureux nègre au point de lui faire pousser le hurlement extraordinaire qui nous avait effrayés. Mousa le conduisit en triomphe, mais le pauvre diable était tellement bouleversé qu'on l'eût dit en proie à un accès de fièvre. J'essayai de le rassurer, et Bachita revenant peu après avec le guide, nous reconnûmes toute l'importance de notre capture. Loin d'être un ennemi, il faisait partie de la tribu de Kalloé et il avait été envoyé de Foweera pour espionner les M'was. Nous avions donc un guide sur lequel nous pouvions compter. Ce petit intermède à notre marche nocturne nous rafraîchit comme un verre de Xérès, et nous en rîmes de tout notre cœur. Bachita n'avait pu découvrir d'où venaient les voix, car elles avaient cessé bientôt après qu'elle nous eut quittés. Il paraît que notre prisonnier avait aussi entendu ces voix et qu'il s'efforçait de les reconnaître au moment où Mousa s'empara de lui avec si peu de cérémonie. Nous lui expliquâmes où nous allions, et il prit les devants, en débarrassant du sac de couvertures le nègre qui s'en était chargé jusque-là. Nous avions fait un circuit considérable en quittant la route directe, mais nous avions maintenant l'avantage de voir devant nous un pays ouvert, et de suivre un chemin bien frayé et uni. Nous continuâmes donc notre marche, ma femme tombant de fatigue et trébuchant contre les plus petites inégalités du terrain. Enfin nous descendîmes dans une vallée, et traversant une petite gorge, nous gravîmes de l'autre côté une pente douce tapissée d'un épais gazon et couronnée par un bouquet d'arbres élevés. Dans le calme silencieux de la nuit, toutes les fois que nous faisions halte nous entendions le bruit lointain du fleuve ; mais ce bruit avait tellement augmenté depuis la dernière heure, que j'étais convaincu que nous devions nous trouver près de Foweera au point de courbure du Nil Victoria. Ma femme était si épuisée par cette marche sans fin, que la rosée rendait doublement fatigante en augmentant le poids de ses vêtements, qu'elle put à peine gravir la colline. Depuis une heure notre guide nous répétait que Foweera était tout près ; mais sachant ce que les nègres entendent par les mots *près* et *loin*, nous ne pouvions prévoir l'instant de notre arrivée. Nous touchions au sommet de la colline, mais à environ deux cents verges du bouquet d'arbres qui s'y trouve, ma femme fut obligée d'avouer qu'elle ne pouvait aller plus loin. A ce moment même un coq se mit à chanter ; un autre lui répondit du milieu des arbres voisins et le guide se doutant peu du bonheur qu'il nous procurait nous dit que nous étions arrivés au village de Kalloé, but immédiat de notre marche.

Il était près de cinq heures du matin ; nous avions quitté Déang à neuf heures du soir. En s'approchant du village il fallait user de précaution, car si un des Turcs se trouvait en faction il tirerait probablement sur le premier objet qu'il verrait, sans se donner la peine de crier *qui vive !* Je commandai donc à tous mes hommes de crier tandis que je pousserais le coup de sifflet bien connu qui annonçait toujours mon approche. Quelque temps se passa avant qu'on nous répondît, et je commençais à craindre que nos gens ne fussent pas dans ce village ; enfin une voix qui m'était familière me répondit en arabe. Quoique dans le voisinage immédiat d'un pays ennemi, la caravane entière était endormie, *y compris les sentinelles.* Tous se réveillèrent bientôt quand on leur dit que j'étais arrivé, et tous accoururent à l'entrée du village nous souhaiter la bienvenue habituelle. On alluma un grand feu dans une hutte spacieuse, et comme notre porte-manteau nous avait précédés avec les munitions, nous pûmes bientôt changer d'habits.

Après avoir dormi deux heures, j'envoyai chercher Kalloé, le chef de Foweera. Il parut avec son fils. Tous deux me dirent que suivant le rapport des espions, les M'Was devaient attaquer le village le lendemain ; ils avaient envahi et parcouraient l'Ounyoro et le Chopi ; ils avaient saisi un grand troupeau appartenant à Kamrasi ; celui-ci n'avait eu que juste le temps de se réfugier dans l'île, car les ennemis arrivant au lieu d'embarquement avaient tué un grand nombre de gens qui s'étaient trouvés en retard pour traverser le fleuve. Kalloé ajouta que Kamrasi avait fait feu sur les M'Was, mais n'ayant pas de balles, sa carabine était inoffensive. Les M'was avaient riposté avec quatre fusils que les déserteurs de la troupe de Speke leur avaient procurés, mais les balles leur manquaient aussi bien qu'à Kamrasi, de sorte que tout s'était borné à une fusillade peu meurtrière. Les M'Was, abandonnant leur position sur le bord de la rivière, avaient marché vers Atâda qu'ils avaient dévasté. Ils se trouvaient maintenant à trois milles de nous; néanmoins cet imbécile de Kalloé exprima sa résolution de conduire pour plus de sûreté ses bestiaux jusqu'à l'île de Kamrasi, à environ deux milles plus loin. J'essayai de lui persuader que sous notre protection ils étaient en parfaite sûreté; sa seule réponse fut d'ordonner à son fils de les emmener de suite.

Ce jour-là Kalloé et tous les habitants quittèrent le village et se réfugièrent dans une île, nous laissant maîtres de la position. Je fis distribuer quantité de munitions aux Turcs, et nous nous tînmes préparés à tout événement. On entendait jour et nuit les tambours des M'Was de tous côtés, mais nous étions parfaitement établis; nos greniers étaient bien remplis, et la volaille abondait, tant dans ce village que dans ceux des environs.

Le lendemain M'Gambi m'apporta un message de Kamrasi qui me suppliait de venir camper sur le bord de la rivière vis-à-vis son île, pour le défendre contre les M'Was qui reviendraient assurément l'attaquer dans leurs canots. Je lui fis répondre que je ne ferais rien pour le secourir parce qu'il m'avait abandonné en route. Richarn avait été tué par ses gens qui s'étaient emparés d'un de mes fusils; de plus la désertion de ses porteurs m'avait contraint de laisser mon bagage en route. Je rendais Kamrasi responsable de toutes ces mésaventures. M'Gambi me répondit qu'il ne croyait pas que Richarn fût mort. Il s'était pris de querelle avec les habitants d'un village et avait tué le chef. Je persistai à rester libre de mes mouvements à Foweera. Mon interlocuteur me dit qu'ils étaient tous fort malheureux dans l'île; les moustiques ne leur laissaient ni paix ni trêve, et enfin ils se mouraient de faim. Quelques hommes qu'il avait amenés avec lui se mirent à battre du blé, puisé dans les greniers du village et s'en retournèrent chargés de provisions.

Pendant la journée, la faim amena dans le village quelques naturels du district. J'avais déjà appris que les habitants de Foweera n'étaient pas bien disposés, et que beaucoup d'entre eux entretenaient des correspondances avec l'ennemi. Je chargeai donc Bachita de faire la conversation avec ces gens et de tâcher, par leur moyen, d'informer les M'Was que je comptais rester neutre si l'on ne m'attaquait pas, mais que si leurs intentions étaient hostiles, j'étais de mon côté prêt à me battre. En même temps je la chargeai d'expliquer combien je serais fâché de faire feu sur les sujets de M'tésa qui s'était bien conduit envers mes amis Speke et Grant; le meilleur moyen d'éviter un conflit était que les M'Was se tinssent éloignés de mon camp. Bachita m'assura que mon message arriverait indubitablement au chef des M'Was, parce qu'un grand nombre de naturels du Chopi étaient ligués avec lui contre Kamrasi.

L'après-midi de ce jour je sortis du village accompagné de mes gens pour escorter ceux qui allaient faire la provision d'eau; la source était à un quart de mille du camp, et il y avait du danger à s'y rendre sans être bien accompagné.

Nous venions de rentrer, et nous goûtions le repos et la fraîcheur du soir sur la pelouse à l'entrée du camp, lorsqu'un de mes hommes arriva en courant et criant : « Richarn! Richarn est de retour! » Un instant après, j'eus l'extrême joie de voir mon moricaud de Richarn, dont j'avais déploré la perte prématurée, venant tranquillement vers nous. L'entrevue fut vraiment pathétique. Je lui donnai une poignée de main et lui adressai quelques chaleureux mots de bienvenue; mais mon *vakil* qui ne s'était jamais soucié de lui auparavant, se jeta à son cou et se mit à pleurer comme un enfant. Je ne sais combien de temps les sanglots auraient duré, car l'épidémie gagna plusieurs Arabes qui commencèrent à pleurnicher aussi, tandis que Richarn, embrassé de tous les côtés, se soumettait à l'épreuve avec le plus franc stoïcisme, ayant l'air en même temps fort étonné et ne sachant pas quelle était la cause de tant de larmes. Afin de mettre un terme à cette explosion de sensibilité, je fis chercher par Saat une calebasse pleine de mérissa, dont Kalloé m'avait envoyé une bonne provision. Elle arriva bientôt et fut très-appréciée par Richarn qui se mit à boire comme une baleine.

La calebasse était de telle taille que même après les copieuses libations de Richarn, il resta assez de bière pour que chacun pût la déguster. Rafraîchi par sa boisson bien-aimée, Richarn put nous conter son histoire. Lorsqu'il avait quitté Mohammed au milieu d'un village, il avait été entouré d'un grand nombre de nègres parmi lesquels étaient les portefaix qui nous avaient abandonnés. Il essaya de leur persuader de revenir, une querelle s'ensuivit, et le chef du village s'approchant de Richarn à la tête de ses gens avait saisi son fusil; Richarn tira son couteau; ce que voyant, le chef lâcha prise, puis reculant de quelques pas se prépara à le frapper de sa lance; Richarn le prévint par un coup de feu qui le tua raide. Les naturels terrifiés par l'effet soudain du coup, se dispersèrent, et Richarn profitant de l'occasion, disparut dans les fourrés et prit la fuite. Une fois plongé dans cette mer d'herbages qui semblait impénétrable, il avait erré pendant deux jours sans boire une goutte d'eau; entendant le bruit lointain du Nil, il s'était dirigé vers le fleuve et l'avait atteint lorsqu'il était presque épuisé de soif et de fatigue; il avait ensuite côtoyé le fleuve jusqu'à Karuma, en évitant les M'Was; de là, connaissant la route que nous avions déjà suivie pour nous rendre à M'rouli, il était arrivé à Foweera. La baguette de son fusil avait été brisée pendant sa lutte avec le chef du village; il fut bien étonné de voir entre mes mains le morceau que nous avions ramassé dans la mare de sang, mais il s'était procuré un excellent substitut en taillant avec son couteau de chasse une tige d'un bois très-dur, et avait rechargé son fusil; bien pourvu de munitions, il ne craignait guère les nègres. Kamrasi avait évidemment appris un récit exact de toute l'affaire.

Dans la soirée un nègre nous informa que tous les bestiaux emmenés de Foweera par Kalloé avaient été pris par les ennemis pendant qu'on les dirigeait vers l'île; un des fils de Kalloé lui-même et plusieurs nègres qui conduisaient le troupeau avaient été tués. Tel était le résultat de sa fuite précipitée.

Les M'Was poursuivirent leurs avantages sans interruption, parcourant tout le pays, même jusqu'aux bords du lac Albert, et emmenant tous les bestiaux et les femmes qui n'avaient pas pu se réfugier dans les nombreuses îles du Nil Victoria. Pendant ce temps, Kamrasi, ses femmes et ses principaux chefs étaient exposés sur la rivière à toutes les misères que peuvent infliger les moustiques et la *malaria;* la maladie et la faim réunies faisaient de nombreuses victimes. M'Gambi venait souvent dans notre camp se procurer du blé et nous apprenions de lui l'état de souffrance où ses amis étaient plongés. Il était bien changé et avait l'air à moitié affamé ; il se plaignait de n'avoir à boire que de l'eau du Nil, car il ne leur restait ni blé ni jarres à *mérissa*, et comme les M'Was avaient détruit tous les bananiers, il leur était impossible de faire du cidre.

Entre autres pertes il fallait compter mes deux vaches. M'Gambi me dit que les M'Was les avaient enlevées avec le bétail de Kamrasi, parmi lequel elles se trouvaient lors de la retraite de Kisouna. Je ne crus pas un mot de ce qu'il me disait, parce qu'il ajoutait que tout le bagage laissé par moi à Déang était au pouvoir de l'ennemi. Or Bachita m'avait dit que les nègres du voisinage l'avaient transporté, en six fardeaux, directement à l'île de Kamrasi ; c'était donc lui qui le retenait au moment même où il disait que les M'Was l'avaient dérobé. Je répondis que je tenais Kamrasi pour responsable de mes effets, et qu'il m'en rembourserait la valeur en un certain nombre de vaches. Quelques jours après cette conversation, mes deux vaches et mon bagage tout entier arrivèrent en sûreté au camp. Kamrasi avait évidemment eu le dessein de s'approprier le tout, mais il était serré de près, tant par les M'Was que par les Langgos, ses anciens ennemis, qui habitaient la rive orientale du Nil, et qui avaient fait cause commune avec les envahisseurs. Il crut donc qu'il y aurait de l'imprudence de sa part à se brouiller de plus avec les Turcs et avec moi.

Le soir du 19 septembre, quelques jours après cette occurrence, on nous dit qu'Ibrahim était arrivé à la tête de cent hommes aux cataractes de Karuma, au point où nous avions traversé le fleuve autrefois pour nous rendre à Atâda. J'envoyai de suite dix hommes pour reconnaître si cette nouvelle était vraie ; au bout de deux heures environ, ils revinrent pleins de joie, ayant échangé la bienvenue avec Ibrahim et sa troupe d'un bord à l'autre du fleuve. Kamrasi avait dépêché des bateaux à un autre point, au-dessus des cataractes, pour faciliter, le lendemain matin, le transport de toute la bande, car il voulait qu'ils attaquassent les M'Was sans perdre de temps.

Peu soucieux d'une telle rencontre, les M'Was, qui avaient vu arriver ce formidable renfort, battaient en retraite, et au lever du soleil ils s'étaient repliés de plus de vingt milles sur la route de M'rouli.

Ibrahim arriva le 27 au matin, m'apportant le courrier d'Angleterre ; les lettres, adressées au consul à Khartoum, avaient été envoyées à Gondokoro par les bateaux annuels, et Ibrahim s'en était chargé lors de son arrivée en avril à cette station, avec l'ivoire qu'il apportait de l'intérieur du pays. Les lettres portaient une date fort ancienne, étant toutes vieilles de deux ans, excepté une de Speke, qui m'envoyait le numéro de l'*Illustrated London news*, contenant son portrait et celui de Grant ; il y avait aussi le *Punch*, donnant une gravure représentant la découverte des sources du Nil. Je passai la journée au milieu de ce luxe de journaux et de lettres.

A Gondokoro, Ibrahim avait, d'une manière fort aimable, songé à nos besoins ; il m'apportait une pièce d'un drap de coton grossier de manufacture arabe (*darmour*) pour que je m'en fisse des habits, et une pièce de toile peinte pour une robe destinée à Mme Baker ; de plus, une grande jarre de miel, et un peu de riz et de café, restant des provisions que j'avais été obligé d'abandonner à Shoua faute de porteurs. Il me dit que tous les effets laissés par moi à Obbo avaient été envoyés à Gondokoro, et que les deux hommes à qui je les avais confiés étaient retournés avec eux à Khartoum à bord d'un navire qui avait été envoyé à ma recherche, mais qui avait rejoint la caravane des trafiquants lors de leur retour. Ibrahim avait déclaré au capitaine qu'il était impossible que je revinsse cette année-là. Il était donc heureux que je n'eusse pas poursuivi ma marche vers Gondokoro, après le mois d'avril, dans l'espoir de trouver le bateau m'attendant. « Tout est bien qui finit bien. » Ibrahim était étonné de notre succès, mais choqué de l'état où nous nous trouvions : maigres et épuisés, et avec des vêtements si rapiécés qu'ils tombaient en lambeaux.

Le 23 septembre nous décampâmes et prîmes possession d'un village à un demi-mille du Nil Victoria. Kamrasi était maintenant très-belliqueux, et il revint de son île à un grand village sur les bords du fleuve. Il envoya à Ibrahim une grande quantité d'ivoire en surplus de la provision qu'Eddris avait cachée lors de notre départ de Kisouna. Cette dernière provision qu'on envoya prendre fut au bout de quelques jours placée en sûreté dans le quartier général. Ibrahim n'en revenait pas de la fortune qui l'attendait. Je le félicitai de tout mon cœur sur le succès de nos deux *desideratas* : la découverte géographique et le commerce d'ivoire ; en ce qui concernait ce dernier article j'avais plus que rempli ma promesse.

Kamrasi résolut d'envahir le pays de Langgo sans délai, car les habitants avaient reçu Fowouka après sa défaite, et celui-ci se trouvait alors avec le chef de la tribu. Quatre-vingts soldats de la troupe d'Ibrahim furent donc transportés de l'autre côté du fleuve, et en trois jours ils détruisirent de nombreux villages, d'où ils enlevèrent près de deux cents têtes de bétail et beaucoup de prisonniers, y compris plusieurs femmes. A leur retour, de magnifiques réjouissances eurent lieu. Ibrahim fit cadeau à Kamrasi de cent vaches, et le roi, en retour, lui envoya trente énormes défenses d'éléphants, lui en promettant cent autres quelques jours plus tard.

Une seconde expédition ordonnée par Kamrasi fut également heureuse ; cette fois Fowouka l'échappa belle, car un nègre tomba à ses côtés atteint d'un coup de feu qui lui était destiné, à lui-même. Au retour de la colonne expéditionnaire, Kamrasi reçut un autre présent de bestiaux, et l'ivoire abonda dans le camp turc.

Cependant je m'étais installé fort confortablement ; nous étions dans un pays magnifique, bien cultivé, au milieu de champs immenses de patates sucrées. L'idée me vint que ce légume, trop fade pour être un manger agréable, pourrait servir à fabriquer un spiritueux. Je me procurai donc quantité de ces grandes jarres dont les nègres se servent pour fabriquer leur *merissa*, et j'y fis bouillir plusieurs quintaux de patates jusqu'à consistance pulpeuse.

Dissoute dans de l'eau, et mélangée avec de la bouse de merissa, cette pulpe, enfermée dans des jarres de la contenance d'une vingtaine de gallons (170 litres), ne tarda pas à fermenter ; pendant ce temps je construisis mon alambic. Pour cela je fixai une jarre de la capacité d'environ douze gallons sur un fourneau d'argile ; et j'insérai au sommet l'ouverture d'un vase plus petit et qui, ainsi renversé, représentait le dôme de l'alambic. A travers ce dôme ou capuchon, j'introduisis un long roseau d'environ un pouce de diamètre qui aboutissait à mon condensateur ; celui-ci était tout simplement une bouilloire placée dans un grand baquet plein d'eau froide.

L'alambic fonctionnait à merveille et produisait tous les jours quatre ou cinq bouteilles d'une excellente liqueur dont je remplissais de grandes calebasses contenant à peu près quatre gallons chacune. Mes gens prenaient goût aux opérations de la distillerie, surtout Rickarn que l'on trouvait souvent couché sur le dos profondément endormi. Il laissait le feu s'éteindre, et par conséquent les travaux s'arrêtaient. De méchantes langues auraient pu l'accuser d'aimer le produit de la manufacture! Mais c'eût été pure calomnie. Dès le moment où je commençai à déguster du *whisky* de patates je sentis mes forces revenir. Tous les jours je buvais un verre de *toddy* chaud. Je reprenais mon entrain d'autrefois; je n'eus en six mois qu'un ou deux accès de fièvre, puis la maladie me quitta tout à fait. N'ayant goûté ni vin ni spiritueux depuis près de deux ans, la transition soudaine d'une abstinence totale à un usage modéré de boissons stimulantes produisit un effet merveilleux. Ibrahim et quelques-uns de ses hommes établirent des distilleries; il y eut des cas d'ivrognerie, à la grande jubilation de M'Gambi qui se trouvait là par hasard; il pria Ibrahim, en conséquence, de lui donner une bouteille de liqueur comme spécimen pour Kamrasi, et Sa Majesté, à ce qu'il paraît, s'enivra si promptement qu'elle voulut répéter la dose. Cette boisson anglaise était, suivant le roi, si supérieure au cidre auquel il était habitué, qu'il désirait beaucoup en encourager la fabrication. Je lui expliquai qu'on l'extrayait de patates sucrées; combien il regretta de n'avoir pas suffisamment apprécié les qualités de ce tubercule, mais il réparerait le temps perdu, il mettrait en culture des districts entiers. Ibrahim fut prié de lui laisser un de ses hommes, familier avec l'art de la distillation, et qui serait le président de la *compagnie royale du whisky de patates de l'Afrique centrale, garantie par le roi Kamrasi.*

Ibrahim avait apporté pour Sa Majesté un grand nombre de cadeaux, cinquante livres de verroterie, un *revolver*, des cotonnades, des verres à vin de couleur bleue, des miroirs, etc. Ces dons et le plaisir que lui faisait éprouver la défaite de ses ennemis avaient mis Kamrasi de si bonne humeur qu'il venait souvent nous voir. Une fois je lui donnai les portraits de Speke et de Grant; il reconnut celui-ci de suite. Il ne comprenait rien aux gravures de *Punch*, disant que *Punch* ne pouvait être Anglais puisqu'il ne ressemblait ni à moi ni à Speke; les modes de Paris, dessinées dans l'*Illustrated London news*, lui plurent beaucoup; nous les découpâmes avec une paire de ciseaux, et nous les lui donnâmes comme un spécimen de la grande toilette des dames anglaises.

La guerre étant terminée par la défaite entière de ses ennemis, Kamrasi résolut de faire mourir tous les habitants de Foweera qui avaient, à quelque degré que ce fût, aidé les M'was dans leur attaque. Tous les jours des exécutions avaient lieu de la manière que j'ai déjà décrite; les victimes étaient saisies, amenées devant le roi et torturées en sa présence sans aucune forme de procès.

Parmi ceux qu'il soupçonnait d'avoir favorisé les dissidents se trouvait Kalloé, le chef de Foweera; après Kamrasi et M'Gambi, c'était le principal chef du royaume; la population entière de Chopi et de Foweera l'aimait beaucoup, et je l'avais toujours trouvé fort intelligent et fort bien disposé envers moi. Un soir à environ huit heures Ibrahim vint à ma cabane d'un air très-mystérieux; il commença par s'assurer que personne ne nous écoutait, puis il me dit que Kamrasi lui avait donné l'ordre d'attaquer le village de Kalloé avant l'aube; il devait faire entourer la cabane et tirer sur lui s'il essayait de s'échapper. Les femmes et les enfants de la bourgade devaient échoir en partage à Ibrahim, comme récompense. Au moment même où Kamrasi terminait cet arrangement avec Ibrahim, il faisait de grandes démonstrations de bienveillance à Kalloé qui se trouvait alors au camp. Il n'avait pas voulu le saisir ouvertement, car bon nombre d'indigènes étant fort attachés au chef de Foweera, les suites d'un tel acte auraient pu être désagréables; il ne lui restait plus qu'à se débarrasser de lui secrètement. Je priai Ibrahim de renoncer, à tout prix, à un projet aussi affreux. Jamais je ne m'étais senti si indigné; mon premier mouvement fut d'aider Kalloé à détrôner Kamrasi et à s'emparer du pouvoir royal. Quant à Ibrahim, la ligne à suivre était pour lui toute tracée; il savait que s'il offensait Kamrasi il ne faudrait plus, de quelque temps au moins, songer à continuer le commerce d'ivoire. Les défenses d'éléphants abondaient tellement dans le pays qu'elles y formaient comme une mine véritable dans laquelle il pouvait puiser sans cesse pourvu qu'il demeurât l'allié du roi. Quant à faire le commerce avec les naturels, il n'y fallait pas songer, puisque Kamrasi l'avait expressément défendu, en vue d'accaparer les profits. En cas de guerre on ne pouvait se procurer une seule défense, car l'ivoire n'était jamais emmagasiné dans les huttes, mais *enterré*. Les Turcs étaient devenus des mercenaires que le roi soudoyait pour lui servir de bourreaux selon ses besoins. Ibrahim ne savait que faire. Je lui dis que j'assumerais toute la responsabilité des événements. J'avais décidé que Kalloé ne serait pas assassiné; en plusieurs occasions il m'avait rendu service ainsi qu'à mes gens; je résolus de le sauver à tous risques. Son fils, ne se doutant en aucune façon de ce qui se tramait, était alors dans mon camp, ayant fraternisé avec plusieurs de mes hommes. Je l'envoyai chercher de suite et je lui découvris tout le complot, en lui prescrivant d'aller aussi vite que possible trouver son père qui était à deux milles de là. Il devait faire évacuer son village par les femmes et enfants, et amener Kalloé dans ma hutte. Je hisserais le pavillon anglais comme je l'avais fait à Kisouna, et Kamrasi n'oserait pas toucher à mon protégé. S'il ne voulait pas se fier à moi il ne lui restait plus qu'à prendre la fuite, car les Turcs devaient attaquer le village au point du jour. Le fils de Kalloé, étonné au dernier degré, partit pendant la nuit et fit diligence pour donner l'avis nécessaire. Connaissant parfaitement la route, il ne pouvait perdre de temps.

Ibrahim, d'après un arrangement concerté avec moi, devait, pour ne pas offenser Kamrasi, faire une fausse attaque sur le village; il le trouverait abandonné, et si, comme j'en étais certain, Kalloé avait préféré s'enfuir, l'affaire n'aurait pas d'autre résultat. Minuit arriva, point de Kalloé; je m'endormis convaincu qu'il était en sûreté.

Avant l'aube quatre-vingts Turcs partirent pour cette expédition simulée; deux heures après ils étaient de retour. Ils avaient trouvé le village désert et l'oiseau envolé. Le succès de ma ruse m'enchanta, mais j'aurais été encore plus content si Kalloé s'était fié à moi. J'étais sûr qu'il n'en viendrait jamais là; les nègres sont si faux et si méfiants qu'ils soupçonnent un piége partout.

A midi environ, nous entendons des hurlements: de tous côtés résonnent le tambour et la trompe. Je crus d'abord que

Kalloé avait soulevé le pays contre Kamrasi ; je remarquai plusieurs centaines d'hommes en costumes de guerre parcourant le magnifique paysage comme des chiens de chasse en quête du gibier. Ne sachant pas quel était le but de ce rassemblement, les Turcs battirent la caisse, et réunirent leurs soldats autour du drapeau planté hors du village. On nous dit bientôt que Kamrasi avait appris la fuite de Kalloé, et que, furieux d'avoir perdu sa proie, il avait sur-le-champ dépêché mille hommes à sa poursuite.

Le soir même Kalloé était captif. J'envoyai immédiatement prier Kamrasi d'ajourner l'exécution parce que je voulais lui parler le lendemain matin.

Je partis au levé du soleil et trouvai le roi assis dans sa tente ; Kalloé était couché à l'ombre d'un plantain, tout à fait résigné à son sort, et une de ses jambes prise *dans le soulier de Kamrasi :* morceau de bois d'environ quatre pieds de long sur dix pouces d'épaisseur, — un vrai tronc d'arbre. Le pied gauche avait été poussé à travers une petite ouverture dans ce bloc massif, tandis qu'un coin, inséré à angle droit immédiatement au-dessus de la cheville, retenait le prisonnier. C'était une punition favorite du roi ; le coupable languissait ainsi jusqu'à ce que la mort vînt mettre un terme à ses souffrances ; impossible à lui de s'asseoir, presque impossible de se coucher, car l'aide d'un homme était indispensable pour ajuster le billot aux mouvements du corps. Je dis à Kamrasi que je l'avais prévenu de l'attaque des Turcs à Kisouna ; par conséquent il devait en revanche m'obliger et épargner la vie de Kalloé. A ma grande surprise, il céda à ma requête sans la moindre difficulté[1] ; il ajouta que Kalloé resterait *chaussé* pour quelques jours seulement, jusqu'à ce que ses sujets eussent payé cent vaches d'amende ; on lui rendrait alors sa liberté. Je n'avais aucune foi aux promesses de Kamrasi, car je savais qu'il condamnait souvent *au soulier* des individus riches, afin de leur extorquer une rançon ; cette rançon payée il les mettait à mort. Au bout du compte j'avais fait tout ce qu'il dépendait de moi, et si Kalloé eût été un homme résolu, en se fiant à moi, il aurait pu se sauver. En retournant au camp je ne pus m'empêcher de

1. Quelques jours après il tua Kalloé de sa propre main.

réfléchir à l'ingratitude que les habitants du pays m'avaient témoignée. Souvent j'avais fait mon possible pour venir au secours de gens dont je me souciais peu personnellement; jamais ils ne m'avaient donné même un regard de reconnaissance.

Deux jours après cette affaire je dis à Saat d'aller comme à l'ordinaire chercher des provisions dans les villages des environs; mais au moment où il partait, Ibrahim lui conseilla d'attendre un peu, car il se passait quelque chose d'extraordinaire, et il ne serait pas prudent pour lui de s'aventurer seul. Bientôt après j'entendis trois coups de feu à environ trois quarts de mille de là. Les Turcs et mes gens s'assemblèrent hors du village qui était construit sur une hauteur, de telle sorte que nous avions devant nous un panorama du pays environnant. Nous ne tardâmes pas à apercevoir plusieurs hommes parmi lesquels se trouvaient des Turcs, venant d'une colline opposée et portant dans leurs bras un fardeau qui semblait pesant. A l'aide de ma lunette d'approche je distinguai une natte sur laquelle était un objet lourd transporté avec précaution, les porteurs tenant ferme les quatre coins de la natte. — « Un de nos gens est tué ! » cria un Turc : — « C'est peut-être un nègre, » murmura un autre. — « Qui se donnerait la peine de porter un moricaud? » ajouta un troisième. Le mystère fut bientôt éclairci : c'était le cadavre d'un des hommes principaux de Kamrasi. Une balle lui avait traversé la poitrine, une autre le bras droit, une dernière le corps de part en part. Il avait été tué par des esclaves Basis qui servaient de soldats dans la caravane des Turcs. Il paraît que le défunt avait naguère envoyé soixante-dix défenses d'éléphant aux gens de Mohammed Wat-el-Mek, malgré les ordres de Kamrasi; celui-ci étant convenu de faire le commerce avec Ibrahim exclusivement, avait expressément prohibé l'exportation de l'ivoire. Le coupable fut donc condamné à mort, mais comme il avait de puissants amis dans la tribu, Kamrasi jugea plus prudent de confier l'exécution de la sentence aux Turcs qui s'en acquittèrent volontiers, car la conduite du coupable les avait fraudés de soixante-dix défenses. A mon insu, un détachement était parti en plein jour pour le village voisin de notre camp. Lorsque les Turcs essayèrent de forcer les palissades les habitants les repoussèrent à coups de lances; le coupable se précipita hors de sa cabane pour essayer de s'échapper, et fut tué sur place par trois soldats Basis. On lui coupa les poignets, selon la coutume du pays, pour lui enlever ses bracelets de cuivre, et le corps, entraîné à environ deux cents pas du village, fut suspendu par le cou à la branche d'un tamarin. Les Turcs obligèrent toutes les femmes esclaves (au nombre de 70) et les enfants d'aller contempler le cadavre; pour ajouter à l'horreur de ce spectacle, on leur dit qu'elles seraient traitées absolument de la même manière si elles essayaient de s'échapper. Si brutal que fût le procédé, je ne pus m'empêcher de remarquer que les exécutions publiques en Angleterre sont destinées à inculquer la même leçon. La seule différence est dans la conduite des femmes; les sauvages sont entraînées de *force* pour contempler cette triste scène; chez nous les femmes y accourent en foule et de plein gré. Quelques moments après que les spectatrices eurent disparu, l'arbre fut couvert de vautours empressés de commencer leur festin[1].

Pendant la soirée Kamrasi envoya à Ibrahim en cadeau un grand nombre de femmes et d'enfants. Il lui avait donné en tout soixante-douze esclaves outre ceux pris dans les différentes expéditions. Jamais il n'y a eu un despote plus absolu que Kamrasi; non-seulement les biens, mais les personnes lui appartenaient; il se vantait d'avoir tout à sa disposition : aussi dans ses accès de libéralité distribuait-il entre ses favoris ce qu'il prenait à ses sujets. Se plaignait-on? Point de procès; le *soulier* ou la peine de mort. Son pouvoir était le résultat d'un système complet d'espionnage par le moyen duquel il savait tout ce qui se passait dans son royaume. Le pays étant partagé en un grand nombre de districts dont chacun était gouverné par un chef responsable de ce qui se faisait dans l'étendue de sa juridiction, la machine gouvernementale se trouvait extraordinairement simplifiée. Si l'on avait à se plaindre d'un administrateur, celui-ci était mandé devant le roi; paraissait-il coupable? vite le *soulier* ou la mort. Être soupçonné de rébellion entraînait la peine capitale. Un corps de cinq cents hommes jouissant du droit de piller le pays à discrétion, maintenait l'autorité du roi; avec cette es-

1. Ce même jour Bachita prit la fuite et nous ne la revîmes plus. Quelque temps après, on m'informa qu'elle s'était rendue parmi les gens de Fowouka, craignant d'être laissée par nous à Chopi, comme nous le lui avions promis.

pèce de garde prétorienne, il était toujours facile à Kamrasi de se jeter sur les gens suspects et de s'en débarrasser de suite : c'est ainsi que le tyran régnait sur une population si timide qu'elle se soumettait docilement à son caprice. S'étant allié avec les Turcs il avait conçu les projets les plus ambitieux ; il voulait conquérir l'Uganda et rétablir l'ancien royaume de Kitouara ; mais son défaut absolu de courage physique ne pouvait lui permettre de réaliser ses vues ; et Kamrasi le Cruel ne sera jamais connu comme Kamrasi le Conquérant.

CHAPITRE XVI.

LES ADIEUX DE KAMRASI.

Nous étions au milieu de novembre; non pas ce triste mois qui rend même le souvenir de la vieille Angleterre désagréable, mais le dernier des mois de la pluie qui fait croître la végétation sur le sol fertile de l'Afrique équatoriale. Les Turcs étaient prêts à retourner à Shoua, et je brûlais de quitter ce pays de barbares pour la tribu de Madi plus sauvage encore, mais moins cruelle, et placée sur le chemin du nord.

La quantité d'ivoire accumulée dans le camp était si considérable qu'elle nécessitait 700 hommes de peine pour se charger des défenses et, en outre, des provisions indispensables pendant cinq jours de marche à travers un pays non habité. Kamrasi vint nous voir avant notre départ; il avait réuni les porteurs nécessaires. Nous devions nous mettre en route le lendemain. Le roi s'approcha tenant à la main la carabine Blissett que Speck lui avait donnée. Il me dit que notre départ lui faisait de la peine, et de plus il était très-chagrin d'avoir gâté sa carabine. Il avait voulu y introduire une balle de fort calibre, le plomb était demeuré fixé au milieu du canon; pour l'en extraire il avait fait feu, et comme l'arme était excellente, le canon au lieu d'éclater s'était simplement fendu. Il ajouta que cet accident, du reste, ne tirait pas à conséquence, puisqu'il ne lui restait plus ni poudre, ni balle (mensonge, car Ibrahim venait de lui en donner un approvisionnement), de sorte que sa carabine, même en bon état, n'aurait pu lui être d'aucun usage.

« Mais, ajouta-t-il, vous vous en retournez chez vous, où vous ne manquerez de rien puisque vous pourrez vous procurer tout ce dont vous aurez besoin; donnez-moi donc, avant de partir, cette petite carabine à deux coups *que vous m'avez promise;* vous seriez bien aimable de m'accorder, de plus, des munitions! » Ainsi il avait résolu de persévérer jusqu'au dernier moment dans ses importunités, et d'obtenir ma petite carabine Fletcher n° 24, si commode et que je lui avais constamment refusée depuis mon arrivée dans le pays. Aussi entêté que lui, je répondis qu'il y avait beaucoup de dangers à courir en route, et que je ne pouvais voyager sans armes.

Le lendemain matin nos gens traversèrent le fleuve, — opération fort ennuyeuse, car la caravane se composait d'environ sept cents porteurs et de quatre-vingts hommes armés; Ibrahim s'était soumis à laisser derrière lui trente soldats qui devaient protéger Kamrasi contre les attaques des M'was, et attendre le retour des Turcs jusqu'à la saison suivante.

Il avait promis de rapporter beaucoup de présents. A 4 heures de l'après-midi toute la caravane était sur l'autre bord du fleuve avec l'ivoire et les bagages. Nous formions arrière-garde et nous descendîmes à travers de beaux blocs de granit jusqu'au rivage; plusieurs grands canots nous attendaient pour nous transporter au bord opposé. Là, après avoir débarqué, nous gravîmes la falaise et jetâmes un dernier coup d'œil sur ce pays d'Ounyoro où nous avions passé dix mois de tourments. Il avait plu à verse la veille, et les nègres avaient construit à la hâte un camp de huttes de gazon.

Nous nous mîmes en route le 17 novembre à l'aube. Il serait aussi inutile qu'ennuyeux de raconter cette partie de notre voyage, car bien que suivant une route différente de celle que nous avions prise en venant de Shoua, le caractère du pays était le même. Après la marche du premier jour nous quittâmes la forêt et entrâmes dans de vastes prairies. Je fus étonné de trouver au bout de plusieurs jours de marche une grande différence dans les conditions de l'atmosphère. Dans l'Ounyoro, les pluies étaient fréquentes et l'herbe d'un vert intense; ici elle était presque desséchée, et des troupes de chasseurs y avaient mis le feu en plusieurs endroits. De quelques points élevés sur la route je pouvais voir distinctement le profil des montagnes s'étendant du lac Albert vers le nord sur la rive gauche du Nil; une personne ignorant l'existence de ces montagnes ne les aurait pas remarquées, car à cause de l'épaisseur de l'herbe j'étais obligé de monter sur une fourmilière pour les voir; elles étaient à environ soixante milles de nous, et mes gens qui les connaissaient bien, les indiquaient du doigt à leurs compagnons.

Y compris les femmes et les enfants nous formions une caravane d'environ 1000 individus. Nous étions assez bien approvisionnés de farine; mais la viande manquait, et, vu l'épaisseur de l'herbe, il n'y avait nulle chance de trouver du gibier. Le quatrième jour seulement j'aperçus un troupeau d'à peu près vingt *tétels* (*hartebeest*), dans un espace ouvert où l'herbe avait récemment été brûlée. Nous montions, Mme Baker et moi, des bœufs qu'Ibrahim m'avait vendus, et nous devancions le drapeau d'environ un mille, dans l'espoir de rencontrer des bêtes fauves. Mettant pied à terre, je descendis dans un ravin, mais quand j'atteignis le point où j'avais résolu de tirer, le troupeau avait changé de position; il se trouvait à environ 250 pas de moi. Ils regardaient tous de mon côté, car les bœufs et Saat les avaient dérangés. Il y allait de notre dîner : près de moi se trouvait un buisson dépouillé de ses feuilles, par l'incendie récent; j'appuyai mon arme sur une branche; mais au moment où je tirai tout le troupeau fit un mouvement. La balle passa par-dessus et si près des oreilles d'un des animaux qu'il remua la tête comme si une guêpe l'eût piqué, et se mit à gambader de çà, de là; les autres restèrent immobiles, regardant les bœufs dans le lointain. Pan! le canon gauche de la petite carabine Fletcher part, et un *tétel* tombe à terre avec la pesanteur d'une masse de plomb avant même que le bruit du choc de la balle eût été répercuté jusqu'à moi. Il avait été frappé à travers l'épine dorsale; et quelques-uns des porteurs du pays qui observaient de fort loin ce qui se passait, laissant là leurs fardeaux, se précipitèrent vers le gibier comme des loups qui auraient flairé l'odeur du sang. Au bout de quelques minutes, le *tétel* fut dépecé, Saat en emporta une bonne portion pour notre consommation particulière, et la bête, pesant 500 livres, disparut en très-peu de temps.

Après cinq jours de marche nous arrivâmes à Shoua; séjour délicieux comparé à la végétation humide et épaisse de l'Ounyoro. Ici le pays était sec, l'herbe courte et d'une bonne qua-

Danse de bienvenue, à Shoua.

lité. Nous prîmes possession du camp déjà préparé pour nous, dans une cour spacieuse bien *macadamisée* d'argile et de fiente de vache, et entourée par une fortification de palissades solides. Un grand arbre se trouvait au centre. Plusieurs huttes avaient été construites pour les interprètes et les domestiques ; une cabane assez commode dont le toit était couvert de calebasses grimpantes nous servit de résidence.

Ce soir-là les négresses vinrent en foule au camp, féliciter ma femme sur son retour, et danser pour célébrer cet événement. Il nous en coûta une vache.

J'eus la satisfaction d'apprendre que mon excellent bœuf de selle qui s'était estropié l'année précédente en tombant dans un piége et qui avait été ramené à Shoua, se trouvait maintenant en parfaite santé. J'avais ainsi une monture assurée pour mon voyage à Gondokoro.

Quelques mois se passèrent ainsi à Shoua ; je m'occupais à parcourir le voisinage, gravissant la montagne, faisant des copies de mes cartes, et réunissant des renseignements qui, excepté en ce qui concernait la partie orientale du pays, confirmaient tout ce que j'avais déjà entendu dire. Les Turcs avaient découvert à environ trente milles de Shoua, uu nouveau district nommé Lira ; les habitants, disait-on, avaient des dispositions fort pacifiques ; le pays était très-fertile et abondant en ivoire. Plusieurs de ces Liras se trouvaient au camp des Turcs ; ils étaient du même type que les Madis, mais se coiffaient d'une autre façon. Ils troussaient leurs cheveux de manière à en former un feutre épais qui retombait sur les épaules jusqu'à l'omoplate. Ils portaient volontiers perruque, si je puis m'exprimer ainsi ; lorsqu'un nègre mourait, sa chevelure se distribuait immédiatement entre ses amis qui l'ajoutaient à leur propre système chevelu. Lorsque les nègres étaient en grand costume (tout à fait nus, les hommes, du moins), cette masse de cheveux était enduite d'une épaisse couche d'argile bleuâtre, de manière à présenter une surface unie ; celle-ci était ensuite travaillée le plus minutieusement possible avec la pointe d'une épine pour la faire ressembler à la surface d'une lime ; on revêtait le tout de terre de pipe arrangée en dessins réguliers ; enfin on fixait dans l'extrémité une sorte d'ornement fait des cartilages d'une antilope ou d'une girafe et s'élevant à la hauteur d'environ un pied. Ce cartilage desséché, devient aussi dur que de la corne; on mettait au bout un morceau de fourrure; le bouquet de poils qui termine la queue d'un léopard était surtout apprécié pour cet usage.

Je ne sache pas que le lord chancelier d'Angleterre ou aucun des membres du bureau anglais aient jamais pénétré dans l'intérieur de l'Afrique; il est donc difficile d'expliquer l'origine et la coupe africaine de leurs perruques; mais je puis assurer qu'un avocat passé au cirage et portant pour tout vêtement sa perruque officielle, donnerait une idée parfaite d'un membre de la tribu des Liras. Cette tribu était gouvernée par un chef, mais qui n'avait pas plus d'autorité que les autres principicules qui administraient les diverses subdivisions du pays des Madis. Dans toutes les tribus, excepté dans l'Ounyoro, les chefs avaient fort peu de puissance, et leur autorité était si incertaine que le pouvoir demeurait rarement pendant plus de deux générations dans la même famille. A la mort du père, ses nombreux fils se disputaient généralement ses biens et le droit de succession; une guerre ouverte s'ensuivait; enfin, on se partageait les troupeaux, puis chacun s'établissait dans un district séparé et devenait chef en son propre et privé nom; il n'y avait donc aucune union dans le pays, et par conséquent il y régnait une grande faiblesse. Les gens de Lira se battaient contre leurs voisins, les Langgos; ceux de Shoua contre les naturels de Fatiko; il n'y avait pas deux tribus contiguës qui fussent en paix. Les négociants de Khartoum, gens sans foi ni loi, tournaient, comme de raison, cette discorde universelle à leur avantage; ainsi, pendant les dix mois de mon absence de Shoua un grand changement avait eu lieu dans le voisinage: les partis rivaux de Kourshid et de Debono, sous leurs chefs respectifs Ibrahim et Wat-el-Mek, s'étaient ligués avec les tribus belligérantes, et la ruine totale du pays en était la conséquence. A plusieurs milles à la ronde de Shoua, les villages ravagés et les champs dévastés témoignaient des dégâts commis; les troupeaux qui s'y trouvaient autrefois en si grand nombre avaient été enlevés, et ce magnifique district, naguère si fertile, était transformé en un désert. Par ces actes de pillage et de destruction, les Turcs se faisaient à eux-mêmes un tort immense, car les naturels avaient presque tous fui dans d'autres pays; il était donc de la dernière difficulté de se procurer des gens pour transporter l'ivoire à Gondokoro. En retour des plus légers services, les naturels avaient reçu comme payement des vaches au lieu de verroterie; cette libéralité les avait tellement gâtés qu'ils refusaient absolument de se charger des bagages jusqu'à Gondokoro, à moins de quatre vaches par porteur; ainsi mille hommes étant nécessaires, il s'agissait de se procurer quatre mille vaches. Il fallait donc faire des razzias. Dans le cours de plusieurs expéditions, les Turcs s'étaient emparés de près de deux mille vaches; les naturels avaient pris l'alerte et conduit leurs troupeaux dans des défilés inaccessibles. Les gens de Debono, cantonnés vingt-cinq milles plus loin, étaient dans une position plus mauvaise qu'Ibrahim; ils avaient à un tel point irrité les nègres par leur conduite brutale que des tribus, naguère ennemies l'une de l'autre, s'étaient coalisées et entendues pour refuser aux Turcs des portefaix. Impossible donc de transporter à Gondokoro la cargaison d'ivoire. Il en résulta des actes de violence extraordinaires de la part des Turcs; enfin Werdella, le chef de Faloro, leur déclara ouvertement la guerre, il enleva subitement les bestiaux de ses ennemis et les conduisit dans les montagnes, défiant Mohammed par un message insultant de venir les reprendre.

Cette catastrophe aboutit à une association des compagnies rivales contre Werdella; ceux d'Ibrahim et ceux de Mohammed convinrent d'attaquer ensemble son village. Ils partirent au nombre d'environ trois cents hommes armés. En arrivant au pied de la montagne, vers quatre heures du matin, ils partagèrent leurs forces en deux divisions de cent cinquante soldats chacune; puis ils gravirent la hauteur, comptant surprendre le village d'un côté, tandis que de l'autre les nègres et leurs troupeaux seraient interceptés dans leur fuite.

Le chef Werdella était fort au courant de la stratégie des Turcs, ayant pendant deux ou trois ans pris part avec eux à plusieurs razzias contre les tribus des environs; il avait appris à faire le coup de feu à l'époque où il était leur allié, et ayant reçu en cadeau d'Ambaïlé, le neveu de Debono, deux fusils et deux paires de pistolets, il jugea indispensable de se procurer des munitions. Il avait donc fait voler par ses gens une boîte de cinq cents cartouches et un paquet de dix mille capsules fulminantes dans le camp de Mohammed. Ce Werdella était un gaillard de ressources; ainsi pourvu de poudre et de balles, et connaissant à fond le caractère turc, il résolut de tenter le sort des combats.

Les cent cinquante hommes du détachement turc étaient à peine à mi-côte, croyant surprendre les nègres, qu'ils se virent assaillis par une pluie de traits, et le porte-drapeau tomba mort d'un coup de carabine tiré de derrière un rocher. Abasourdis par cette attaque inattendue, les Turcs reculèrent, abandonnant leur drapeau près du cadavre. Ils n'avaient pas eu le temps de revenir de leur panique, quand un second coup, parti du même endroit, à une distance d'environ trente pas, enleva le sommet du crâne d'un des assaillants; ses compagnons furent couverts de sa cervelle. Trois Arabes bagâras, chasseurs d'éléphants de première force, qui se trouvaient avec les Turcs, se précipitèrent en avant, et sauvèrent le drapeau ainsi qu'une cartouchière que le porteur avait abandonnée dans sa fuite. Ces Arabes, bien plus courageux que leurs alliés, essayèrent de rallier les Turcs épouvantés; mais au moment où ceux-ci s'avançaient irrésolus et découragés, un troisième coup retentit de derrière le même rocher fatal; un homme qui portait une boîte de cartouches tomba mort. La partie était beaucoup trop chaude pour les trafiquants qui, d'ordinaire, n'avaient le dessus que parce que leurs ennemis étaient dépourvus d'armes à feu. Ce fut un sauve-qui-peut général, mais ici encore Werdella les prévint. Arrivés au bas de la colline, les fuyards la tournèrent pour se joindre à l'autre moitié de leur détachement; ceci fait, ils étaient en train de se consulter entre eux pour savoir s'ils devaient avancer ou battre en retraite, lorsqu'un nouveau coup de feu partit du haut d'un rocher qui les dominait de fort près, et il en coûta la vie à un autre soldat : une balle lui avait traversé la poitrine. On pouvait voir distinctement Werdella qui menaçait d'un air de triomphe. La troupe toute entière fit feu sur lui : « Il est tombé! » s'écrièrent-ils en voyant disparaître la tête du nègre. Mais non, une nouvelle détonation retentit. Un Turc poussa un cri, puis tomba mortellement blessé; Werdella n'avait évidemment pas été frappé. Ainsi quatre hommes tués et un cinquième destiné à mourir deux ou trois jours après, tel était le résultat de l'expédition. Un seul nègre, n'ayant que deux fusils, avait repoussé l'attaque de trois cents hommes et abattu cinq de ses ennemis. « Bravo, Werdella! »

m'écriai-je lorsque les Turcs rentrèrent au camp tout penauds, et qu'Ibrahim me raconta les détails de la lutte. Ce Werdella méritait la croix de Victoria. Cette défaite honteuse abattit complétement lajactance des Turcs; Ibrahim ne put jamais les déterminer à faire une autre razzia sur le territoire du redoutable Werdella.

Pendant que les pseudo-marchands étaient occupés à diverses expéditions, ils laissaient au camp environ cinquante hommes, comme quartier général. Rien ne peut donner une idée de la brutalité de ces gens; ils avaient fabriqué des alambics, et distillaient avec la *merissa* un spiritueux très-énergique. Ils passaient les jours et les nuits à jouer, à boire et à se battre. Les nègres étaient maltraités, les femmes et les enfants soumis à toutes sortes d'outrages; bref, le camp pouvait passer pour une annexe des enfers. Comme mon cantonnement était dans une cour isolée, nous nous trouvions heureusement indépendants de ces monstres.

Un jour une razzia avait eu lieu : peu productive en bestiaux, mais beaucoup en esclaves. Parmi eux, je remarquai une jeune fille fort jolie d'environ quinze ans; elle avait été vendue, comme d'habitude, aux enchères, dans le camp, le lendemain de la razzia, et avait échu en partage à un des soldats. Quelques jours après sa capture, un nègre arriva au camp venant du village pillé, et offrit de l'ivoire pour la rançon de cette malheureuse. Il avait à peine franchi l'entrée, que la jeune fille assise à la porte de la hutte de son maître, l'aperçut et se relevant soudain, courut vers lui aussi vite que le permettaient les chaines qui lui attachaient les chevilles. Elle se jeta dans ses bras, s'écriant : « mon père ! » C'était en effet le père qui, au risque de sa vie, s'aventurait ainsi au milieu du camp ennemi pour racheter sa fille.

Quelques vauriens témoins de cette scène se précipitèrent immédiatement sur le malheureux, l'arrachèrent d'entre les bras de son enfant et le garottèrent.

J'étais alors dans ma cabane, ne sachant rien de ce qui se passait. Environ une heure après j'appelai quelques-uns de mes hommes pour m'aider à nettoyer des carabines. Nous venions de commencer, lorsque trois coups de feu retentirent à cent pas de ma hutte. « Ils ont tué l'*Abid* (le naturel) ! » s'écrièrent mes gens. « Quel naturel? » On me raconta alors ce que je viens de décrire. Si brutes que fussent ces brigands, je ne les croyais pourtant pas capables d'un tel asssassinat. J'envoyai immédiatement Saat et plusieurs de ses camarades pour constater l'exactitude de ce fait. Ils revinrent me dire que le malheureux père était assis à terre, attaché à un arbre, et — mort, frappé de trois balles!

Je dois à Ibrahim la justice de dire qu'il ne se trouvait pas alors au camp; s'il avait été présent le meurtre n'aurait pas été commis, car il évitait scrupuleusement les actes de ce genre dans mon voisinage. Quelques jours plus tard une jeune fille et sa mère, toutes deux captives, disparurent; elles avaient pris la fuite. Le cri d'alarme fut immédiatement poussé. Ibrahimawa, le Sinbad du Bornou, qui avait été jadis captif lui-même, était devenu le plus infatigable chasseur de nègres. Il se mit donc de suite avec quelques hommes sur la trace des fugitives. Ils ne revinrent que le lendemain, mais quel esclave marron aurait pu échapper à un limier aussi expérimenté? La jeune fille et sa mère furent reconduites au camp attachées ensemble par le cou. On les condamna, séance tenante, à être pendues. Mais j'étais présent, car, sachant toute l'affaire, j'en attendais le dénoûment avec impatience. Je saisis cette occasion de dire aux Turcs que j'empêcherais un tel acte par la force, et que je donnerais aux autorités égyptiennes les noms de tous ceux qui se seraient rendus coupables de tout meurtre que je pourrais prouver. Je ne voulus même pas admettre que les deux captives fussent fouettées. On leur pardonna leur escapade[1].

Parmi les esclaves se trouvait une jeune femme prise lors de l'attaque contre Fowouka. J'ai déjà parlé de cette femme comme ayant un charmant petit garçon qui était âgé d'un an à peine lors de sa capture. Elle était d'un caractère si résolu qu'elle s'était enfuie cinq fois avec son enfant; mais toujours sans succès, ayant souffert toutes les horreurs de la soif et de la faim en essayant de retrouver l'Ounyoro à travers les déserts qui

1. On remarquera qu'à cette époque j'avais acquis sur les gens qui m'entouraient une influence extraordinaire; par ce moyen je jouissais d'une autorité qui m'a permis de sauver la vie à plusieurs malheureuses victimes.

s'étendent entre Shoua et Karuma. Lors de sa dernière mésaventure les Turcs, la regardant comme incorrigible, lui avaient administré cent quarante-quatre coups de courbache (fouet fait de cuir d'hippopotame) et l'avaient vendue ensuite, sans son enfant, aux gens de Mohammed Wat-el-Mek. Le petit Abbaï (tel était le nom du marmot), avait toujours été le favori de Mme Becker; comme il se trouvait maintenant sans mère, nous l'adoptâmes, et il menait une vie fort heureuse. Quoique âgé de moins de deux ans, son intelligence était égale à celle d'un enfant européen de trois ans. Pour la force et la taille on eût dit hercule enfant; malgré son bas âge il m'accompagnait souvent à la chasse pendant deux ou trois milles, et revenait au logis avec une pintade suspendue à son épaule ou des pigeons à la main. Abbaï devint très-civilisé; nous lui apprîmes à faire le *Salaam* à la turque toutes les fois qu'il recevait un cadeau, et à se laver les mains avant et après ses repas. Il ne pouvait souffrir de manger seul, et invitait généralement à dîner trois ou quatre amis de son âge. Lors de ces occasions on remplissait de soupe et de purée un grand bol en bois d'environ vingt pouces de diamètre, autour duquel les jeunes convives s'asseyaient, plus heureux dans leur esclavage que des rois sur le trône. Il y avait là aussi deux charmantes petites filles de trois et de huit ans qui appartenaient à Ibrahim; elles n'étaient pas noires, mais de ce teint brun foncé qui caractérisait Kamrasi et beaucoup des habitants d'Ounyoro. Leur mère les accompagnait, et comme leur histoire offrait les circonstances les plus tragiques, elles avaient toujours la permission de venir dans notre cabane et de partager le bol de soupe. Ces deux petites étaient les filles d'Owine, un des grands chefs qui avait pris parti pour Fouwouka contre Kamrasi. Après la défaite de son allié, Owine, avec beaucoup de ses sujets, quitta le pays, et ayant fait alliance avec Mohammed Wat-el-Mek, ils s'établirent eux et leurs familles dans le voisinage de son camp à Faloro, où ils se construisirent un village. Pendant quelque temps tout alla au mieux; mais un jour plusieurs bestiaux des Turcs ayant disparu, on soupçonna les nègres du vol. Les gens de la troupe de Mohammed demandèrent qu'on les chassât; et Mohammed, dans un moment d'ivrognerie, les condamna à être *massacrés*. Avides de meurtre et de pillage, les Turcs partirent immédiatement pour leur expédition ; les habitants de la petite colonie ne se doutaient de rien ; on les entoura, les Turcs mirent le feu aux cabanes et tuèrent *tous les hommes* y compris leur chef Owine. Femmes et enfants devinrent esclaves. Ibrahim avait reçu les deux filles et leur mère comme cadeaux de Mohammed Wat-el-Mek. Les compagnies rivales avaient été obligées de fraterniser, à cause de l'attitude hostile des tribus environnantes ; les chefs étaient donc aux petits soins l'un pour l'autre; ils échangeaient des cadeaux, se grisaient ensemble et se conduisaient enfin d'une manière cordiale, selon leurs idées de fraternité. La présence de jeunes enfants dans ce repaire de cœurs endurcis et de natures brutales, avait un charme particulier : Il y a dans la vie de l'animal le plus sauvage un moment où les instincts féroces de sa race ne se montrent pas encore. Le lionceau caresse même la main qu'il déchirerait plus tard. Ainsi séparés de toute civilisation dans cet affreux pays, forcés de vivre côte à côte avec ce qu'il y avait de plus révoltant, nous trouvions un soulagement indescriptible dans notre entourage d'êtres encore innocents et qui dans leur malheur s'attachaient aux personnes qui les regardaient d'un air de compassion. Nous avions maintenant six petites créatures qui ne pouvaient jamais nous appartenir, car toutes étaient esclaves, mais ma femme en prenait soin, nous les amusions, nous les tenions propres. Abbaï était le préféré ; n'ayant ni père, ni mère, il réclamait les plus grands soins ; chaque matin on le lavait des pieds jusqu'à la tête puis, à sa grande joie, on le revêtait d'un enduit d'ocre rouge et de graisse, et une plume de coq décorait sa tête laineuse. C'était alors une charmante miniature de sauvage ; sa toilette finie il s'asseyait toujours près de sa maîtresse, buvant du lait chaud dans une calebasse, tandis que je fumais à l'ombre ma pipe du matin. Je fis pour mes petits gaillards des arcs et des flèches, et je leur appris à tirer au but, sur une grosse citrouille taillée en forme d'une tête d'homme pour exciter leur ardeur. Ainsi se passait la journée. Le soir on allumait un grand feu, et après le dîner, les tambours étant assemblés, les enfants se livraient à une danse effrénée, à la suite de laquelle Abbaï se glissait toujours sous la chaise de ma femme où il tombait endormi. De ce lieu de refuge on le portait sur sa natte, enveloppé dans un vieux morceau de flanelle, le seul drap que nous eussions, et il dormait jusqu'au lendemain matin. Pauvre petit Abbaï ! Je me demande souvent quel peut être son sort, et si dans ses rêves il se rappelle les quelques mois de bonheur qui charmèrent les premiers instants de son esclavage.

Quoique nous fussions en bonne santé à Shoua, plusieurs de nos hommes étaient indisposés, souffrant de maux de tête, et d'ulcères aux jambes. Cette dernière maladie avait un caractère spécial; elle commençait à la cheville, et l'ulcère s'étendait tellement que le malade ne pouvait pas marcher. Parmi toutes les tribus sauvages le remède pour les maux de tête est la cautérisa-

Tête de rhinocéros noir à double corne.

tion au front par places, près de la racine des cheveux, au moyen d'un fer chaud. Les nègres m'affirmèrent que l'eau d'une petite rivière qui coulait au bas de la montagne était malsaine, tandis que ceux qui buvaient à la source jouissait d'une bonne santé. J'allai examiner la source, l'eau en était parfaitement limpide, mais d'un autre côté l'apparence du ruisseau suffit à m'expliquer la mauvaise réputation qu'il avait. Pendant que je suivais tranquillement une de ses rives, je vis un rayon brillant de lumière sur le bord opposé; bientôt je distingai la tête d'un crododile qui était couché dans l'herbe; la réflexion du soleil sur ses yeux avait éveillé mon attention. Une balle de ma petite carabine n° 24 le frappa au-dessus de l'œil et le tua. C'était une femelle; nous en tirâmes sept grands œufs, ayant tous une coque fort dure.

Ma chasse à Shoua se bornait à des antilopes dont les seules variétés étaient le *Waterbuck* et le *Hartebeest*. Toutes les fois que je tuais un animal les habitants de Shoua ne manquaient pas de lui couper la gorge et de boire le sang tout chaud jaillissant de l'artère. A mes plaintes sur la disette de gibier dans le voisinage, les habitants de Lira répliquaient que leur pays abondait en éléphants et en rhinocéros. Ils apportèrent avec eux à Shoua une corne superbe d'un de ces derniers animaux. Je n'ai jamais rencontré qu'une variété de rhinocéros dans les parties de l'Afrique que j'ai visitées; c'est celle à deux cornes dont j'ai fait un croquis très-exact, d'après la tête d'un animal tué par moi. Ces rhinocéros noirs à deux cornes sont très-méchants; j'ai remarqué qu'ils se précipitent toujours sur un ennemi qu'ils sentent mais qu'ils ne voient pas. Ils se retirent ordinairement, s'ils aperçoivent un objet suspect avant de l'avoir flairé.

Pendant mes excursions, je remarquai deux variétés de coton indigènes à ce pays. L'une, à fleur jaune, a une capsule trop petite pour être d'aucune utilité; l'autre, avec une capsule rouge, produit un coton de belle qualité que l'on détache aisément de la graine. J'ai apporté en Angleterre un spécimen de cette variété, et j'en ai donné les graines au jardin des plantes de Sa Majesté à Kew[1]. On me dit qu'il s'en cultivait beaucoup à Lira, et le chef m'en remit des échantillons, mais c'était de la qualité inférieure. Je pris un croquis du vieux chef de Lira, lorsqu'il était en grand costume, il portait sur sa perruque de feutre un ornement singulier fait de cauris qui lui donnait l'air le plus comique et le faisait ressembler à la caricature d'un juge anglais Les Turcs avaient étendus leurs expéditions pour chercher de l'ivoire, et ils revinrent d'une course de soixante mille à l'est de Shoua ramenant avec eux deux ânes que les habitants leur avaient procurés. Cet événement m'intéressait parce que deux ans auparavant les naturels de Latouka aussi bien que

1. Établissement de botanique près de Londres. (— M.)

ceux d'Ounyoro m'avaient dit qu'il y avait des ânes dans un pays situé vers l'orient. Ces animaux ressemblent à ceux de Soudan; les naturels ne s'en servaient jamais comme de monture, mais seulement pour transporter du bois de la forêt à leurs villages; on me dit que pour le dialecte et l'extérieur, les habitants de ce pays étaient pareils à ceux du district de Lira.

CHAPITRE XVII.

RETOUR A GONDOKORO.

Après notre long séjour dans l'Afrique centrale, le moment de notre délivrance approchait. Nous étions au mois de février, et les bateaux allaient arriver à Gondokoro. Les Turcs avaient arrangé leur ivoire; les grandes défenses étaient attachées à des perches dont chacune devait être portée par deux hommes; le camp tout entier semblait une masse de ce précieux article de commerce. Je comptai six cent neuf charges de plus de cinquante livres chacune; trente et une autres se trouvaient à une station plus loin; le résultat total de la campagne pendant l'année qui venait de s'écouler montait donc à environ trente-deux mille livres pesant, représentant, en Égypte, une valeur de neuf mille six cent-trente livres sterlings (240 750 francs). Pour Kourshid c'était une véritable fortune.

Nous étions prêts à partir. Mon bagage représentait une valeur si minime que je me proposais de tout abandonner et de me rendre directement à Gondokoro avec mes compagnons; mais les Turcs m'annoncèrent que cela était impossible. Le pays devant nous était si hostile que nous aurions indubitablement à nous battre en route; les gens de la tribu de Basi nous disputaient le droit de traverser leur territoire. Les porteurs étaient tous retenus pour le transport de l'ivoire, mais je remarquai que la plupart étaient en deuil soit de leurs amis, soit de leurs bestiaux. Comme marque de douleur ils portaient des cordes autour du cou et des reins. Environ huit cents hommes avaient été

Le chef de la tribu de Lira.

payés d'avance en nature; ils décampèrent tous pendant la nuit avec leurs vaches. « Dépouiller les Égyptiens » était leur mot d'ordre; quelques mois auparavant, les tribus de Madi et de Shoua avaient comploté ensemble de recevoir leur payement comme porteurs, puis de s'enfuir, laissant les Turcs impuissants à faire mouvoir leur cargaison d'ivoire. Les gens de Mohammed Wat-el-Mek se trouvaient dans le même embarras. Pas une défense ne pouvait être transportée à Gondokoro. Cela ne me regardait pas. La plus grande partie de l'immense cargaison d'Ibrahim lui avait été donnée par Kamrasi. Je lui avais garanti cent *cantars* (dix mille livres pesant) s'il voulait quitter Obbo et se diriger vers les régions inconnues du sud; il en avait maintenant trois fois autant, sans compter tout ce qu'il avait réuni et expédié à Gondokoro l'année précédente. Quoique Kamrasi m'eût offert de l'ivoire à plusieurs reprises, j'avais soigneusement refusé d'accepter une seule défense; je voulais convaincre les Turcs que le commerce, sous quelque forme que ce fût, n'était pas ce qui m'attirait; mon expédition ayant pour but unique « la découverte du lac Albert », ainsi que je l'avais expliqué à Ibrahim lorsque, deux ans auparavant, j'avais capté sa confiance sur le chemin d'Ellyria. Ayant fait présent à Ibrahim d'un certain nombre de carabines et de fusils de première qualité de la valeur de quarante livres sterlings, etc., etc., je lui déclarai mon intention de partir pour Gondokoro. Mon léger bagage était prêt; quelques habitants de Lira devaient le transporter; car quoiqu'il fût impossible de déplacer l'ivoire, Ibrahim était obligé d'envoyer à Gondokoro un fort détachement pour chercher les munitions et les provisions qu'on expédie annuellement de Khartoum. Les Liras qui se chargeaient de mon bagage serviraient de porteurs pour le retour.

Le jour du départ arrive; les bœufs sont sellés et nous sommes au moment de nous mettre en route. Grand nombre de gens viennent nous dire adieu; mais nous nous dispensons du baise-mains des Turcs qui restent au camp; et nous voilà prêts à partir pour *chez nous*. La patrie était loin encore; mais chaque pas que nous faisions allait nous en rapprocher. Cependant, même dans ce repaire sauvage de cœurs farouches et endurcis, il y avait des liens que nous ne pouvions pas briser sans douleur, et ce fut avec le plus sincère regret que nous vîmes notre petit troupeau d'enfants esclaves pleurer à l'idée de la séparation. Dans ce désert moral où tous les sentiments humains sont desséchés comme le sable du Soudan, la simplicité de ces enfants nous avait été aussi agréable qu'une source d'eau vive. C'était le seul rafraîchissement dans cette terre de vices et de ténèbres. « Où allez-vous? » s'écriait le pauvre petit Abbaï dans le jargon arabe que nous lui avions appris. « Emmenez-moi avec vous, Sitty! (madame). Pendant que nous quittions à regret notre protégé, il nous suivait le long du sentier, ses deux poings enfoncés dans ses yeux, et pleurant à chaudes larmes, quoique le départ de sa propre mère n'eût excité en lui aucun sentiment de regret. Nous ne pouvions pas l'emmener avec nous; il appartenait à Ibrahim, et on aurait pu m'accuser de faire le trafic d'esclaves, si je l'avais acheté pour l'arracher à son sort et l'élever comme un être civilisé. Nous avions le cœur serré, lorsque nous le vîmes emporté dans les bras d'une femme et remmené au camp, afin qu'il ne pût suivre notre caravane qui était déjà en route.

Ayant définitivement tourné le dos au sud, nous voyageâmes pendant plusieurs jours à travers un pays magnifique, semé de gazon et de bois; nous traversâmes deux fois l'Un-y-Amé, ruisseau qui prend sa source entre le Shoua et l'Ounyoro, et nous arrivâmes à son confluent avec le Nil, (lat. 3° 32′ N.) Sur le bord septentrional de l'Un-y-Amé, à environ trois milles de son embouchure dans le Nil, on me montra le tamarin, qui marque la limite du voyage de M. Miani depuis Gondokoro, et le point le plus méridional qu'eût atteint aucun voyageur venant du nord avant mon expédition. Toutes les caravanes de marchands connaissaient cet arbre par le nom de *Shedder-el-Sewar* (arbre du voyageur). Plusieurs des gens de la troupe d'Ibrahim, et Mohammed Wat-el-Mek, le *vakil* de Debono, avaient accompagné M. Miani dans son expédition jusqu'à ce point. Loggo, l'interprète bari qui m'avait constamment suivi depuis deux ans, se trouvait avoir été aussi l'interprète de M. Miani. Il m'avoua que l'escorte de son maître l'avait forcé de tromper celui-ci en prétendant que les nègres conspiraient pour l'attaquer. S'étayant de ce motif, les gens de l'escorte refusèrent d'aller plus loin et résolurent de s'en retourner à Gondokoro. Ainsi se termina l'expédition. Je regardai avec beaucoup de sympathie l'arbre qui marquait la limite du voyage de M. Miani. Je me rappelai combien de fois j'avais eu à lutter contre des difficultés semblables, et combien il m'eût coûté d'avoir à renoncer à mon dessein par suite de l'inconduite de mes gens, lorsque la résolution que j'avais prise me poussait vers le sud. Je compris donc le désappointement qu'un voyageur aussi entreprenant devait avoir ressenti en gravant tristement son nom sur cet arbre, comme sur la borne de ses espérances. Après avoir payé un juste tribut à la persévérance qui l'avait poussé plus loin qu'aucun voyageur européen avant lui, nous continuâmes notre route à travers un vrai parc naturel, où la verdure du gazon était entrecoupée par de gigantesques tamarins, dont le feuillage sombre servait de refuge à un grand nombre de jolis pigeons à gorge jaune. Nous gravîmes bientôt une montagne rocheuse par un défilé pierreux et d'un accès difficile, et en arrivant au haut, à environ huit cents pieds au-dessus du Nil, qui se trouvait devant nous, à deux milles de distance, nous fîmes halte pour profiter d'un coup d'œil splendide. « Vive le vieux Nil! » m'écriai-je, ravi de ce spectacle. Il était là, dans toute sa grandeur, sortant du lac Albert, son illustre origine. De notre point d'observation nous contemplions un large cours d'eau qu'aucun obstacle ne venait troubler, venant de l'ouest-sud-ouest, et serpentant à travers un terrain marécageux. La largeur réelle du fleuve, sans tenir compte du marais et des roseaux qui le bordent, est d'environ quatre cents verges; mais on ne saurait la déterminer avec beaucoup d'exactitude, à cause de cet immense amas de végétation qui encombre les parties profondes ou dormantes du Nil Blanc. Nous pouvions distinguer le cours de ce grand fleuve à travers un espace d'environ vingt milles, et nous voyions distinctement sur la rive gauche la chaîne de montagnes que nous avions aperçue à soixante milles de là, sur la route de Karuma à Shoua. A Magungo nous avions vu le commencement de cette chaîne, marquant la rive du Nil appartenant au Koshi. Vis-à-vis le point où nous nous trouvions, s'étendait cette contrée, formant la rive gauche et se prolongeant jusqu'au lac Albert. Le pays où nous étions, le Madi, s'étendait, sur la rive droite, jusqu'à l'angle représenté par la jonction du Nil Victoria ou rivière Somerset, vis-à-vis Magungo. Nous avions vu de Magungo les deux pays de Madi et de Koshi, lorsque nos regards suivaient le cours du Nil à sa sortie du lac, dont il formait pour ainsi dire l'extrémité, pour disparaître plus loin au milieu de champs de roseaux interminables. De Magungo (lat. 2° 16'), nous avions eu sous les yeux le cours du Nil vers le nord; du point où nous nous trouvions (lat. 3° 34' N.), nous pouvions de la même manière remonter une grande partie de son cours vers le midi; ainsi les extrêmes limites des deux panoramas se rencontraient presque, laissant seulement entr'eux un intervalle insignifiant de quelques milles que je n'avais pas explorés.

Exactement vis-à-vis du défilé du haut duquel nous contemplions le pays, s'élève à une hauteur d'environ deux mille cinq cents pieds au-dessus du Nil, la montagne abrupte connue sous le nom de Gebel-Koukou. Elle forme le point saillant d'une chaîne qui borde la rive gauche, avec quelques interruptions vers le nord, jusqu'à trente milles de Gondokoro. Le défilé où nous nous tenions était l'extrémité méridionale d'une chaîne de hautes collines rocheuses, qui forme la falaise orientale du Nil. Ainsi ce fleuve superbe, débouchant du lac Albert en une seule masse d'eau, reçoit la rivière Un-y-Amé, puis entre soudain dans un défilé formé par deux chaînes de hauteurs, le Gebel-Koukou à l'ouest, et, à l'est, la chaîne où nous étions alors. L'embouchure de l'Un-y-Amé est la limite de la partie navigable depuis le lac Albert. Vers le sud-ouest, à perte de vue, le pays est plat et marécageux le long du fleuve; ce qui confirmait ce que les habitants d'Ounyoro, et Kamrasi lui-même, m'avaient affirmé : qu'à partir du lac Albert, le Nil était navigable pendant plusieurs journées de voyage. Speke avait eu exactement le même renseignement, et son thermomètre marquait une telle différence entre le niveau du fleuve à ce point et celui que l'on trouve à Karuma, qu'il en avait conclu l'existence probable d'une dépression de mille pieds entre la base de la cataracte de Karuma et le lac Albert; cette dépression du sol, comme je l'ai indiqué plus haut, est réellement de mil deux cent soixante-quinze pieds d'après mes propres relevés.

Il serait impossible de décrire la sensation de joie intime que nous éprouvâmes sur les hauteurs d'où nous pouvions embrasser d'un seul regard les résultats de nos propres travaux et la preuve incontestable des conjectures de Speke; nous nous trouvions alors près de la route de retour suivie par Grant et lui; mais au lieu de gravir la montagne comme nous, ils en avaient contourné la base; les deux chemins aboutissent au même point, et nous y arrivâmes en suivant une route à angle droit avec le Nil qui coulait à nos pieds. Descendant le défilé à travers un fourré d'épines, nous atteignîmes le fleuve; puis tournant soudain vers le nord, nous le côtoyâmes l'espace d'un mille, avant d'établir notre bivouac pour la nuit. Lorsque le Nil atteint la vallée entre le Gebel-Koukou et la chaîne de montagnes occidentale, ce n'est plus le fleuve calme que nous avions vu au sud; de nombreuses îles rocheuses obstruent son cours, et des bancs de vase couverts de papyrus donnent à son lit jusqu'à un mille de largeur, en le divisant en nombreux petits bras séparés par des îlots et des rochers. Sur une de ces îles couvertes de roseaux, paissait un troupeau d'éléphants. Comme ils se montraient à découverts sur le bord de l'eau, je les saluai d'une vingtaine de coups de feu avec ma petite carabine Fletcher, ajustée pour atteindre jusqu'à une distance de six cents verges, mais mes balles ne purent ni toucher ni même déranger les pachydermes; on peut ainsi se faire une idée de la largeur du fleuve, dont l'île paraissait occuper le milieu.

A peu de distance de ce point, le Nil se resserre rapidement, et devient enfin un torrent impétueux, se précipitant avec une force terrible à travers une gorge étroite, bordée de falaises perpendiculaires. Parfois les rochers le réduisent à une largeur de cent vingt verges, et la violence de l'eau est alors extrême; cependant une personne s'approchant du côté du nord n'estimerait pas à sa valeur le volume du Nil si elle ne tenait pas compte de la rapidité du courant.

De ce point nous suivîmes le rivage par une route difficile; descendant souvent dans de profonds ravins et plus loin gravissant des rochers abruptes; le sentier serpentait au pied d'une chaîne de syénite, dont les assises encaissent le bord occidental du fleuve. Plusieurs rapides considérables ajoutait à la majesté du paysage; et pendant l'espace de plusieurs milles, le fleuve gronde à travers le défilé comme un lion dans sa tanière.

Nous voici enfin à une pente rapide, et mettant pied à terre, nous marchons pendant environ un quart de mille sur un sol pierreux et fort désagréable, puis nous atteignons la rivière Asoua, à près d'un quart de mille au-dessus de son confluent avec le Nil. Le fond de cette rivière est rocheux, mais quoique l'Atabbi ait déversé son contingent au-dessus du point où nous sommes arrivés, nous ne trouvons qu'un filet d'eau, occupant un quart du lit véritable, avec un courant d'environ deux milles et demi par heure. Je traverse à pied, l'eau dans les parties les plus profondes ne me venant qu'à mi-cuisses. L'Asoua, comme je l'ai déjà décrit, à l'endroit où je l'ai traversé sur la route de Farajoke à Shoua, est un torrent descendant des montagnes, et formidable pendant la saison pluvieuse. A cause de sa pente rapide, il s'enfle et se dessèche avec une égale rapidité; durant la saison sèche il est tout à fait sans eau. Le passage de cette rivière fut le signal de précautions extraordinaires dans nos dispositions pour la marche; nous venions d'entrer sur le territoire de la tribu toujours hostile des Baris; on nous avait déjà prévenus que nous n'atteindrions pas Gondokoro sans avoir été attaqués.

Nous bivouaquâmes à environ sept milles au nord de l'Asoua. Le lendemain notre chemin traversait un beau pays parallèle au Nil, dont le lit était toujours encaissé entre des rochers à gauche de notre ligne de marche. Depuis le confluent de l'Un-y-Amé, le sol est très-pauvre; ce n'est que du roc et du granit décomposé, qui forme un sable promptement desséché pendant l'été. Le niveau du pays étant d'environ deux cents pieds au-dessus du fleuve, de profonds ravins coupent la route à angles droits, formant des canaux naturels d'écoulement inclinés vers le fleuve.

Dans ces gorges croissent des fourrés de bambous. Nous n'avions pas de guide, mais nous nous étions fiés seulement aux gens de la caravane qui avaient à plusieurs reprises fait ce voyage, et nous ne tardâmes pas à nous égarer dans un dédale de ravins. Enfin nous passons près d'un village autour duquel des nègres sont rassemblés en foule. Ayant regagné la route nous voyons les naturels paraître tantôt d'un côté, tantôt de l'autre, puis s'éloigner avec la même rapidité pour se réunir devant nous en grand nombre. Leurs mouvements excitaient tent nos soupçons dans un pays où chaque être humain est un ennemi; notre troupe se resserre, nous détachous en éclaireurs dix hommes sur chaque flanc; les porteurs, les munitions et le bagage sont au centre, puis une arrière-garde de dix hommes. Devant nous sont deux monticules couverts d'arbres, de gazon épais et de broussailles; là je distingue facilement les naturels peints en vermillon, selon la coutume des Baris.

Nous touchions à une lutte inévitable. Notre sentier suivait un défilé entre deux collines. Ma femme mit pied à terre et marcha à la tête des détachements avec moi, Saat suivait, armé du fusil qu'il portait d'habitude, et les hommes conduisant les bœufs de selle occupaient le centre de la troupe. Nous nous étions à peine engagés dans le défilé qu'une flèche passa en sifflant au-dessus de nous, suivie bientôt d'une décharge générale. Agiles comme des singes, les nègres couraient le long des rochers, et ils montraient beaucoup d'audace en se tenant sur les hauteurs à moins de quatre-vingts verges, nous visant très-posément avec leurs flèches empoisonnées. Les éclaireurs commencèrent le feu, et grâce à la maladresse des deux partis, il n'y eut d'abord personne de blessé! Le bruit de la mousqueterie, l'air sauvage de ces barbares nus et peints de vermillon gambadant sur les hauteurs et nous décochant leurs flèches sans aucun résultat, tout cela faisait un charmant tableau des mœurs africaines. Heureusement les branches serrées des arbres et les touffes de bambou s'interposaient entre nous et les traits de l'ennemi. Quelques flèches tombèrent, il est vrai, jusque dans nos rangs, mais n'atteignirent personne. Un de ces sauvages, un chef selon toute apparence, poussa l'audace jusqu'à s'avancer isolé à moins de cinquante verges de nous, pour décocher cinq ou six flèches que mes hommes évitèrent aisément, car le défaut d'élasticité dans les arcs nuisaient beaucoup à la rapidité et à la justesse du tir. Inutile même de faire halte. Nous poursuivîmes notre chemin à travers la gorge, nos hommes continuant un feu soutenu jusqu'à ce que nous eussions atteint un terrain couvert d'herbes et de bois. La sécheresse étant extrême il nous eût été très-facile d'y mettre le feu, car les ennemis étaient sous le vent; mais quoique l'ébranlement des tiges d'herbe annonçât qu'ils étaient là en grand nombre, on ne pouvait les apercevoir. Peu après nous arrivâmes dans une clairière où on avait semé du blé; c'était une position très-favorable pour une attaque décisive contre l'ennemi qui nous pressait. Nous envoyâmes des éclaireurs en avant, avec l'ordre de se mettre à couvert derrière des troncs d'arbres. Les Baris furent repoussés. Un d'entre eux s'affaissa percé d'un coup de feu à travers le corps; il se releva pourtant et se mit à courir avec ses compagnons, mais quelques pas plus loin il tomba mort.

Je ne sais quelles pertes les ennemis éprouvèrent pendant le passage du défilé, mais leur défaite était complète. Je n'avais pas déchargé une seule fois ma carabine, car toute cette affaire était un véritable jeu d'enfants, et un bon tireur aurait pu terminer la bataille en six coups de feu. Mais les gens de la caravane aussi bien que mes hommes à moi, tout en sachant tirer, n'avaient pas le talent de viser juste. Nous bivouaquâmes pour la nuit sur le champ de nos exploits.

Pendant la journée du lendemain, les nègres nous observèrent de loin, nous suivant en grand nombre, parallèlement à notre ligne de marche, mais craignant de nous attaquer. La contrée, parfaitement ouverte, offrait une suite de prairies dont le gazon peu élevé était mêlé de quelques arbres. Nous attaquer dans cette position eût été un acte de folie.

Le soir nous arrivâmes à deux villages abandonnés, circulaires comme ils le sont presque tous dans le pays des Baris, et entourés d'une haie vive d'euphorbes impénétrables, avec une seule ouverture. Les gens de la caravane prirent possession de l'un tandis que j'établis mon cantonnement dans l'autre. Le soleil était couché, et comme il faisait très-sombre, nous allumâmes un feu superbe autour duquel nos angareps furent établis vis-à-vis la porte d'entrée et à une distance d'environ vingt verges. Je plaçai Richarn en sentinelle, comme l'homme sur lequel je pouvais compter le plus, et parce que je regardais une attaque nocturne comme fort probable. Trois autres factionnaires furent disposés à différents intervalles. Le dîner étant terminé, Mme Baker se plaça sur son *angarep* pour la nuit. J'ôtai les balles qui se trouvaient dans une carabine n° 10 à deux coups et à canon uni; puis je la rechargeai avec des cartouches contenant chacune vingt grosses chevrotines (d'environ cent à la livre); mettant ensuite cette arme sous mon oreiller, je m'endormis. Je commençais à peine à me reposer lorsque mes gens me réveillèrent, disant que le camp était entouré de nègres. Rien de plus vrai ; mais on ne pouvait reconnaître les assaillants qu'en se baissant et en examinant la terre à fleur de sol à cause de l'obscurité. J'ordonnai aux sentinelles de ne pas tirer un seul coup à moins que les nègres ne commençassent les hostilités ; ils ne devaient faire feu en aucun cas sans avoir préalablement crié *Qui vive?*

Je regagnai mon *angarep*, mais ne voulant pas dormir, je me mis à fumer ma longue pipe d'Ounyoro. Dix minutes après, pan! — un coup part suivi immédiatement d'un second tiré par la sentinelle à l'entrée du camp. Me relevant tranquillement, je trouve Richarn à son poste rechargeant son fusil. « Qu'y a-t-il, Richarn ? — Ils lancent leurs flèches dans le camp, visant le feu dans l'espoir de vous tuer, car ils vous croient couché tout auprès. J'ai guetté un drôle, » continua Richarn, « et j'ai entendu quatre fois le bruit de son arc. A chaque coup une flèche venait frapper la terre entre vous et moi ; j'ai donc tiré sur lui et je crois l'avoir abattu. Voyez-vous cet objet noir étendu là-bas ? » Je voyais effectivement quelque chose de plus sombre que l'obscurité environnante, mais je ne pouvais rien distinguer de précis. Ayant donné à Richarn l'ordre de ne pas quitter son poste avant qu'il fût relevé, et de bien observer ce qui se passerait, j'allai me rendormir.

Avant l'aube et juste au moment où l'obscurité prenait une teinte grisâtre j'allai reconnaître le factionnaire; il était à son poste et me dit que l'archer de la nuit précédente était mort, à ce qu'il croyait, car après mon départ, il avait entendu comme un râle provenant de l'objet qui était à terre. En quelques minutes il fit assez jour pour qu'on pût distinguer le cadavre d'un homme étendu à environ trente pas de l'entrée du camp. C'était un Bari; il avait un arc à la main, et deux ou trois flèches étaient auprès de lui; il avait été frappé de treize chevrotines, dont une avait brisé son arc en deux. Nous cherchâmes à travers le camp les flèches qu'il y avait lancées; nous en trouvâmes quatre en différents endroits et plusieurs à quelques pas seulement de nos lits, toutes horriblement barbelées et empoisonnées.

Ce fut la dernière attaque que nous eûmes à essuyer pendant notre voyage. A partir de ce point, notre marche quotidienne fut généralement de quinze milles en latitude droite, car la route était en bon état et bien connue de nos guides. Le pays était assez pauvre, mais embelli par de grands arbres entre lesquels le tamarin prédominait. Passant à travers la petite province de Moir, dont la population était très-nombreuse et amicalement disposée, nous aperçûmes au bout de quelques jours la montagne bien connue de Bélignian dont nous avions côtoyé le flanc oriental deux ans auparavant lors de notre départ de Gondokoro. Elle se trouvait maintenant au N. E. de notre point d'observation. La montagne d'Ellyria, et le pic éloigné de Gebel-el-Assul (Montagne de miel) entre Ellyria et Obbo apparaissaient aussi dans l'horizon. Tous ces pics, tous ces rochers aux formes curieuses nous étaient bien connus, et nous les saluâmes comme de vieux amis après une longue absence. Ils avaient été nos compagnons dans les jours de doute et d'inquiétude, quand le succès de notre entreprise paraissait impossible. Le lendemain à midi, tandis que nous suivions comme à l'ordinaire un chemin parallèle au Nil, nous arrivâmes à un endroit où le fleuve tournant un peu vers l'ouest se trouvait à moins d'un demi-mille de notre sentier. La petite montagne conique de Regiaf, à douze milles de Gondokoro. s'élevait à notre gauche. Nous nous sentîmes comme chez nous, et marchant jusqu'au coucher du soleil, nous passâmes la nuit à trois milles de Gondokoro. Nous nous abandonnions à toutes sortes de conjectures. Trouverions-nous un bateau nous attendant avec des provisions et des lettres? Le matin que nous désirions si impatiemment arrive enfin. Nous partons; le drapeau anglais avait été hissé sur un beau bambou, orné d'un fer de lance tout neuf pour fêter notre arrivée à Gondokoro. Mes gens se sentaient fiers, car ils allaient paraître en triomphateurs; suivant les idées de ceux qui fréquentent les parages du Nil Blanc, jamais si faible ceravane n'avait accompli un si long voyage. Longtemps avant que les gens d'Ibrahim fussent prêts à partir, nos bœufs étaient sellés, et nous nous trouvions en route impatients d'arriver à Gondokoro, et d'y rencontrer un bateau chargé de lettres et de quelques bonnes choses d'Angleterre. Nos bœufs n'avaient jamais voyagé si vite que ce matin-là; le drapeau ouvrait la marche, et les hommes suivaient au pas accéléré, tous fort joyeux. « Je vois les mâts des navires! s'écria Saat. « El-hambd-el-Illah! (Dieu merci) répliquèrent les autres. « Hurrah! » répartis-je; trois acclamations pour la vieille Angleterre et les sources du Nil! Hurrah! » et mes hommes se joignant à moi, poussèrent ce cri anglais qui devait leur sembler presque sauvage. « Maintenant une salve, mes enfants! tirez toute votre poudre, si le cœur vous en dit, et laissons leur voir que nous sommes encore de ce monde! » Il n'en fallait pas davantage pour combler nos gens de bonheur; déchargeant leurs armes et les rechargeant aussi vite que possible, nous approchâmes de Gondokoro. Bientôt, à un quart de mille de ville, nous vîmes le drapeau turc suivi par les employés des marchands qui venaient en foule nous souhaiter la bienvenue. Ils s'approchèrent et tirèrent une salve de cartouches à balles, s'avançant suivant leur habitude tout près de nous et déchargeant leurs fusils dans la terre entre nos jambes. Un de mes domestiques, Mahomet, montait un bœuf; un de mes amis qui se trouvait dans la foule venant à le reconnaître, le salua immédiatement d'un coup de fusil tiré en terre juste sous le ventre de sa monture. L'effet produit excita des éclats de rire de tous côtés. Le bœuf timide, effrayé de cette décharge inattendue, se mit à ruer et finit par lancer par-dessus sa tête le pauvre Mahomet qui resta étendu sur la place. Cette scène comique termina l'expédition.

Mettant pied à terre nous demandâmes d'abord s'il y avait des bateaux et des lettres. Quelle fut la réponse? Hélas! ni bateaux, ni lettres, ni provisions, ni nouvelles d'aucune sorte, soit de nos amis, soit du reste du monde civilisé!... Les habitants de Khartoum et tous ceux qui comprenaient les dangers et les difficultés du pays nous avaient depuis longtemps regardés comme morts. Quelques personnes, nous dit-on, pensaient que nous nous étions rendus à la côte de Zanzibar, mais l'opinion générale était que nous avions péri. Cette froide et décourageante réponse faillit m'abattre; nous regardions Gondokoro comme notre *chez nous*, je comptais y trouver un bateau envoyé à notre rencontre, j'avais dans ce but laissé des fonds entre les mains d'un agent à Khartoum; mais rien n'était prêt et nous étions à bout de ressources; nous avions enduré pendant des années des souffrances que j'ai imparfaitement décrites, afin de surmonter les difficultés de cette expédition, avant nous irréalisable; nous avions réussi et pour obtenir quel résultat? Pas même une lettre nous souhaitant la bienvenue. Assis à l'ombre d'un arbre et contemplant le Nil superbe qui coulait à mes pieds quelques verges plus loin, je méditais sur l'importance de ma tâche. J'avais suivi jusqu'à sa source ce fleuve mystérieux, et le problème de son origine se trouvait maintenant résolu. Ce n'était plus avec un sentiment de quasi frayeur que je contemplais ses eaux, car je connaissais ses origines et je m'étais désaltéré à son berceau. Avais-je donc exagéré l'importance de cette découverte, et avais-je usé quelques-unes des plus belles années de ma vie à la poursuite d'une ombre? Je me rappelais la question pratique que m'avait posée Commoro, le chef de Latouka : « Supposons que vous arriviez au grand lac, qu'en ferez-vous? A quoi vous sera-t-il bon? Si vous découvrez que le grand fleuve en découle, qu'en résultera-t-il? »

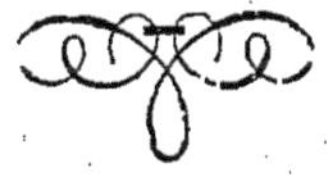

CHAPITRE XVIII.

NOUVELLES VENUES DE KHARTOUM.

Les caravanes de pseudo-marchands réunies à Gondokoro comprenaient un total d'au moins trois mille esclaves; mais sur tous les visages se peignait un sentiment de consternation sérieuse. Trois bateaux seulement étaient arrivés de Khartoum — une *dahabié* et deux *noggors*. — Ces trois navires appartenaient à Kourhid Aga. Voici le résumé des nouvelles que l'on faisait circuler.

« Les autorités égyptiennes avaient reçu des gouvernements européens l'ordre de supprimer la traite des nègres. A cet effet, quatre vapeurs étaient arrivés du Caire à Khartoum. Deux de ces steamers avaient remonté le Nil Blanc et pris plusieurs bateaux chargés d'esclaves; les équipages étaient emprisonnés après avoir subi la bastonnade et la torture; les esclaves avaient été confisqués par les autorités égyptiennes.

« Il devenait donc impossible, d'importer des nègres dans le Soudan, car un régiment égyptien occupait le pays des Shillouks, et des bateaux à vapeur, formant une croisière, interceptaient toute communication fluviale entre l'intérieur du pays et Khartoum; de sorte que l'armée d'esclaves en ce moment à Gondokoro n'avait aucune valeur.

« La peste régnait à Khartoum, et avait enlevé quinze mille personnes; une partie des équipages des bateaux se rendant de Khartoum à Gondokoro était morte de ce fléau; la contagion avait même éclaté dans la station où nous nous trouvions alors, et chaque jour amenait son contingent de victimes.

« Le Nil Blanc s'étant trouvé barré par un caprice de la nature, les équipages de trente embarcations avaient été occupés pendant cinq semaines à couper une tranchée à travers cet obstacle, afin de donner passage à la navigation. »

Telles étaient les dernières nouvelles de Khartoum. Comme on ne nous avait expédié aucun bateau, je louai la *dahabié* envoyée pour l'ivoire de Kourshid, laquelle allait s'en retourner à vide, puisqu'on ne pouvait pas transporter d'ivoire à Gondokoro. Plusieurs hommes étaient morts de la peste à son bord en venant de Khartoum ; perspective des moins agréables et qui nous faisait entrevoir une invasion de ce terrible fléau comme *finale* aux difficultés que nous avions eu à traverser pendant notre long exil dans l'Afrique centrale. Je fis nettoyer le navire à fond avec du sable et de l'eau bouillante, après quoi on y fit une fumigation au moyen de quelques livres de tabac brûlées dans la cabine.

Trois jours fûrent employés à transporter en deux *noggors* de l'autre côté de la rivière les esclaves qui devaient être tous renvoyés à leurs nations respectives. Je me réjouissais de la déconfiture complète des marchands, et observant une colonne de fumée dans l'horizon je répandis le bruit qu'un bateau à vapeur s'approchait venant de Khartoum. La seule idée d'un tel événement inspirait tant de terreur aux marchands qu'ils se préparèrent à prendre la fuite immédiatement dans l'intérieur, s'attendant à être saisis par les troupes du gouvernement envoyées de Khartoum pour abolir la traite. Profitant de ces craintes, j'obtins d'eux le départ immédiat du bateau, et je le frétai pour la somme de quatre milles piastres (quarante livres sterling = 1000 francs). La peste ayant éclaté à Gondokoro, on traînait au bord du fleuve et on y précipitait ceux des naturels qui y avaient succombé. Impossible de décrire l'odeur épouvantable produite par l'entassement d'esclaves accumulés dans le petit enclos de la station. Enfin l'heureux moment arriva pour nous de quitter cet affreux endroit. Le bateau était prêt à partir, nous nous trouvions à bord, lorsqu'Ibrahim vint nous dire adieu, accompagné de ses gens. Je dois déclarer ici, pour lui rendre justice, que quoiqu'il se fût montré mon ennemi, en 1863, à Gondokoro, il s'était toujours bien comporté depuis le traité de paix conclu entre nous à Ellyria; chasseur d'esclaves par nature et par occupation, comme tous les autres trafiquants du Nil Blanc, il avait cependant souvent cédé à mes efforts pour sauver la vie des nègres qui auraient sans cela été impitoyablement massacrés.

J'avais obtenu une influence considérable sur ce ramassis de brigands. Tout ce que j'avais promis avait été accompli et au delà; mes prédictions s'étaient toujours régulièrement réalisées. Ils se rappelaient maintenant combien de fois je leur avais annoncé que les gouvernements européens supprimeraient la traite; la destruction complète de leur commerce en était le résultat; ils étaient tous convaincus que j'avais amené cette catastrophe par la lettre que j'avais écrite de Gondokoro en 1863 à notre consul général en l'Égypte, lorsque les trafiquants avaient menacé de me chasser du pays. Loin de se venger sur moi, ils étaient tout à fait déconcertés. Le bruit courait à Gondokoro, répandu par Ibrahim et ses gens, que c'était à moi surtout qu'ils devaient le succès extraordinaire de leur récolte d'ivoire; leurs malades avaient été guéris, la fortune leur avait toujours souri; le malheur s'était invariablement appesanti sur ceux qui m'étaient contraires, et nul n'avait été maltraité par nous. En vrais musulmans, ils se résignaient à leur destinée, apparemment sans m'en vouloir le moins du monde. La foule couvrait la falaise et le sol mamelonné par les ruines de la maison des missions pour nous voir partir. Nous gagnâmes le courant rapide; le drapeau anglais, qui nous avait accompagnés, invaincu, à travers tous nos voyages, flottait fièrement au haut du mât, au milieu d'un feu roulant de mousqueterie; nous descendîmes rapidement le fleuve et perdîmes bientôt Gondokoro de vue. Quelles étaient alors nos pensées? Pleines de gratitude, elles s'inclinaient devant la divine Providence, qui nous avait soutenus pendant la maladie et guidés à travers tous les dangers. Nous avions eu des jours de découragement et de désespoir; des jours d'épreuves où l'avenir apparaissait sombre et fatal; mais nous avions été fortifiés dans notre faiblesse, et soutenus par une main invisible lorsque tout semblait perdu. Je n'éprouvais aucun sentiment de triomphe, mais seulement une satisfaction calme à me sentir flottant au courant du Nil. Ma grande joie était la pensée de revoir Speke en Angleterre : Speke dont j'avais si complétement confirmé les déconvertes et rempli les intentions.

Le courant nous emportait en silence, et nos avirons nous retenaient au milieu du lit du fleuve. Les marais interminables n'avaient plus ce triste aspect qu'ils nous présentaient autrefois, lorsque dans notre voyage à Gondokoro nous avions eu à lutter si péniblement contre la force des eaux. Pendant que nous avancions au milieu de ces roseaux gigantesques et des nombreux troupeaux d'hippopotames qui fréquentent le fleuve dans cette saison, j'avais tout le loisir de régler ma correspondance avec l'Angleterre, et de récapituler les résultats de mon expérience pendant les années précédentes. Mes lettres devaient être mises à la poste dès mon arrivée à Khartoum.

Dégagé de ses longs mystères, le Nil est un problème d'une simplicité relative. Le bassin supérieur du fleuve est à peu prés circonscrit par les 22e et 39e méridien à l'est de Greenwich (20° et 37° de Paris) et par le 3e degré au sud de l'équateur. Toutes les eaux de cette aire immense sont recueillies par le fleuve égyptien ; les lacs Victoria et Albert sont les récipients de tous les affluents nés au sud de la ligne ; et le lac Albert reçoit de plus le tribut de tous ceux qui au nord de l'équateur lui sont envoyés par les Montagnes Bleues. L'Albert N'yanza est donc le grand réservoir du Nil. La distinction à établir entre ce lac et le Victoria N'yanza est celle-ci : Le lac Victoria est alimenté par les affluents de la section orientale du bassin du Nil, et son déversoir aux cataractes de Ripon peut être regardé comme la *source* la plus élevée du fleuve. Mais le lac Albert reçoit non-seulement par les Montagnes Bleues, les eaux de la section occidentale du même bassin, mais encore tout le trop plein du lac Victoria, enfin tout le *drainage équatorial* du Nil. On peut dire que ce fleuve ne devient *lui-même* qu'à sa sortie du lac Albert ; en amont il n'est pas le Nil complet. Un coup d'œil jeté sur la carte suffit pour faire voir l'importance relative des deux grands lacs. Le lac Victoria, après avoir recueilli toutes les eaux de l'est, les déverse dans l'extrémité nord du lac Albert ; ce dernier, par son caractère et sa position, est le réservoir central de toutes les eaux appartenant au bassin équatorial du Nil. Ainsi le lac Victoria est la source première du fleuve, qui en sortant du lac Albert, devient tout à coup le grand Nil Blanc.

Je n'ai pas l'intention d'attribuer à ma découverte plus d'importance qu'elle n'en a réellement ; encore bien moins voudrais-je en aucune façon déprécier le mérite des efforts de Speke et de Grant; mon but a toujours été de confirmer et de soutenir leurs découvertes, et d'ajouter ma voix au concert de louanges qu'ils ont méritées à si bon droit. Nos travaux réunis ont établi par la découverte des sources du Nil un grand fait géographique. J'ai dessiné sur ma carte exactement ce que j'ai trouvé et ce que j'ai obtenu en contrôlant avec le plus grand soin les détails que les nègres m'ont donnés!

Mon exploration confirme tout ce qui a été révélé par Speke et Grant; ils ont parcouru le pays depuis Zanzibar jusqu'au bassin d'écoulement septentrional de l'Afrique, commençant à peu près au troisième degré de latitude sud, à l'extrémité méridionale du Victoria N'yanza. Examinant ensuite la rivière aux cataractes de Ripon, lorsqu'elle sort du lac, ils ont reconnu en cet endroit la source la plus élevée du Nil. Cette conclusion était parfaitement juste, eu égard aux données qu'ils avaient alors. Ayant suivi le cours du fleuve pendant une distance considérable, jusqu'aux cataractes de Karuma, lat. 2° 15′ N., ils rencontrèrent ensuite le Nil, lat. 3° 32′ N. Ils avaient appris que le fleuve tombait dans le Luka N'zigé, pour en déboucher un peu plus bas; ainsi toutes leurs investigations étaient scrupuleusement exactes et mes propres découvertes ont prouvé combien leurs conclusions étaient fondées. Leur description générale du pays était parfaite; mais comme ils n'avaient pas visité le lac occidental dont on leur avait parlé, il leur était impossible de comprendre l'importance de ce grand réservoir dans le système du Nil. Maintenant que la tâche d'explorer cette mer intérieure est accomplie, la question géographique des sources du Nil se trouve résolue. Ptolémée avait parlé des sources du Nil comme sortant de deux grands lacs alimentés par les neiges des montagnes d'Éthiopie. Il y a plusieurs cartes anciennes sur lesquelles ces lacs sont représentés[1]; quoiqu'il y ait une grosse erreur dans la latitude, le fait de deux grands lacs regardés comme existant dans l'Afrique équatoriale, n'en est pas moins acquis à la géographie ancienne; ces lacs étaient alimentés par des torrents descendant de hautes montagnes, et de ces réser-

1. Voyez la carte n° 14 du Ptolémée photographié d'après un manuscrit trouvé au Mont-Athos et publié dernièrement par M. Didot. (— M.)

voirs sortaient deux cours d'eau dont le confluent formait le Nil. Le principe général était vrai, quoique les détails fussent inexacts. Il est presque certain que dès les temps anciens les Arabes des bords de la mer Rouge faisaient le commerce avec les naturels de la côte vis-à-vis de Zanzibar, et que les gens qui se livraient à ce commerce avaient pénétré assez loin dans l'intérieur pour pouvoir déterminer l'existence des deux grands lacs; c'est ainsi que des notions géographiques sur ce sujet avaient pu, dans l'origine, arriver jusqu'en Égypte.

Dans une zone qui commence à trois degrés au nord de l'équateur, la saison des pluies est de plus de dix mois, depuis février jusqu'à la fin de novembre. Les pluies les plus fortes commencent en avril et se continuent jusqu'à la fin d'août; pendant les deux derniers mois de cette saison, les rivières ont atteint leur maximum de crue; à d'autres époques le climat est aussi incertain qu'en Angleterre; mais la pluie a ce caractère violent habituel dans les régions tropicales. Ainsi les rivières coulent pendant toute l'année à pleins bords, et le lac Albert se maintient à un niveau élevé, versant au Nil un volume d'eau qui ne diminue pas. Sur la carte qu'il m'a donnée, Speke a désigné le Nil Victoria au-dessous de la cataracte de Ripon sous le nom de rivière Somerset. M'étant fait un devoir d'adopter toutes les désignations données par lui sur sa carte, je conserve ce nom pour la partie du Nil qui se trouve entre les lacs Victoria et Albert; il faut l'entendre comme désignant la source du *Nil Victoria*, suivant Speke. Grâce au nom de Somerset, il ne pourra y avoir aucune confusion en parlant du Nil, qui sans cela offrirait quelque ambiguïté, car le même nom, en ce cas-là, s'appliquerait à deux courants distincts, l'un sortant du lac Victoria pour se rendre dans le lac Albert, l'autre formant le Nil tout entier lorsqu'il sort du lac Albert.

Le Nil Blanc, alimenté, ainsi que je l'ai décrit, par les grands réservoirs que remplissent les pluies des régions équatoriales, reçoit les tributaires ci-après :

Sur sa rive orientale. — L'Asoua, cours d'eau considérable depuis le 15 avril jusqu'au 15 novembre. A sec après cette date.

Sur sa rive occidentale. — L'Yé, rivière de deuxième ordre, en crue depuis le 15 avril jusqu'au 15 novembre.

Sur sa rive occidentale. — Une autre petite rivière de troisième ordre. Même époque pour la crue.

Ibid. — Le Bahr el Gazal ; peu ou point d'eau.

Sur sa rive orientale. — Le Sobat, rivière de premier ordre. En crue de juin en décembre.

Je ne tiens pas compte du Bahr Girafe, car les naturels du pays le considèrent comme une branche du Nil Blanc qui se sépare du fleuve principal dans le pays d'Aliab pour se réunir à lui plus tard entre le Bahr el Gazal et le Sobat, lat. 9° 25'. Le Sobat est l'affluent principal du Nil Blanc. Il est probablement alimenté par plusieurs rivières venant du pays des Gallas vers Kaffa, sans compter les cours d'eau qui lui arrivent des pays de Berri et de Latouka. Le Sobat, suivant moi, est alimenté par des cours d'eau considérables de pays tout à fait distincts à l'est et au sud, où la pluie tombe en diverses saisons, car il est plein jusqu'aux bords à la fin de décembre, lorsque les rivières du sud (l'Asoua, etc.), sont fort basses. Au nord du Sobat, le Nil blanc ne reçoit plus aucun tributaire jusqu'à Khartoum où le Nil bleu le rejoint; il rencontre l'Atbara plus loin, lat. 17° 37'. Comme ces deux grands courants qui descendent des montagnes, sont soudainement enflés vers la fin de juin par les pluie d'Abyssinie, ils élèvent le volume du Nil à un niveau qui produit les inondations de la basse Égypte.

Le bassin du Nil étant ainsi délimité, réfléchissons un moment aux ressources naturelles offertes par cette vaste et fertile section de l'Afrique centrale. Il est difficile de croire qu'un sol aussi magnifique et un pays d'une étendue aussi énorme soit destiné à rester pour jamais à l'état sauvage; mais d'un autre côté il est difficile de compter sur les chances d'amélioration d'une partie du monde habitée par des barbares dont le bonheur consiste dans la paresse ou la guerre. Les avantages sont en petit nombre, les désavantages abondent au contraire. Ces contrées sont si loin de la côte qu'il serait tout à fait impossible, à cause des frais, d'y importer quoi que ce soit, excepté des marchandises d'une valeur extrême. Les produits naturels y sont nuls, hors l'ivoire. Le sol étant fertile et le climat favorable à la culture, toutes les plantes des tropiques pourraient s'y développer : le coton, le café et la canne à sucre y sont indigènes; mais malgré les qualités du climat et du sol, les conditions nécessaires à une culture profitable manquent; la population est clair-semée, les nègres vicieux et paresseux, et en outre la température ne convient pas aux Européens : impossible de songer à coloniser. Que faire avec une perspective aussi décourageante? D'où introduire des éléments civilisateurs, si les Européens ne peuvent lutter contre les intempéries du climat? Le centre de l'Afrique est si séparé du reste du monde, et les moyens de communication sont si difficiles, qu'en dépit de sa fertilité, ce vaste pays s'est trouvé par sa position géographique, sevré de tout progrès. Éloigné des foyers de civilisation, il est devenu un théâtre d'atrocités inouïes, telles que les négociants en ivoire savent les commettre.

La tâche du missionnaire y est difficile sinon impossible. La mission autrichienne a échoué, et ses stations sont abandonnées; le précieux travail des prêtres n'amenait aucun résultat; ils succombaient à la peine sur un champ stérile. Quelle est la malédiction qui pèse sur l'Afrique et la rabaisse au-dessous de tout autre pays? C'est l'infernal trafic des esclaves, commerce si hideux que le maître ainsi que l'esclave en ont le cœur vicié, et atrophié comme un membre desséché et incapable d'action. L'amour de sa propre progéniture que la race humaine partage avec les animaux les plus féroces cesse d'animer le cœur du malheureux sauvage. Pourquoi une mère aimerait-elle son enfant s'il doit devenir *la propriété* d'un autre; — si son sort est d'être vendu dès qu'il peut se passer des soins de celle qui lui a donné le jour? Pourquoi une jeune fille serait-elle modeste, quand elle sait qu'elle est *la propriété*, *la chose* du premier acheteur venu? L'esclavage tue ce feu sacré de l'amour; ce sentiment béni qui adoucit le sort de l'homme le plus pauvre; ce charme sacré qui l'attache à sa femme, à son enfant, à son foyer. L'amour ne saurait coexister avec l'esclavage; celui-ci pervertit l'esprit au point d'en effacer toutes les émotions tendres que la nature a implantées dans le cœur de l'homme pour le distinguer de la brute; et l'être humain privé de ces nobles instincts, tombe dans une brutalité sans nom. Voilà pourquoi l'Afrique est maudite, et jusqu'à ce que la traite des nègres soit tout à fait supprimée, rien ne pourra la relever au degré le plus infime de l'échelle sociale. Si l'on veut améliorer la situation des tribus sauvages du Nil Blanc, la première chose à faire est de détruire la traite; jusque-là point de commerce légitime, point de chance de succès pour l'énergie des missionnaires, et le pays reste hermétiquement fermé à toute amélioration.

Si les puissances européennes le voulaient bien, rien ne serait plus facile que la suppression de cet infâme trafic, L'Égypte favorise l'esclavage. Je n'ai jamais vu un seul employé du gouvernement qui ne le considérât comme une institution absolument nécessaire à l'Égypte. De cette façon toute démonstration ostensiblement faite par le gouvernement égyptien contre la traite des noirs n'est qu'une formalité accomplie pour tromper les puissances européennes. Quand on leur a fermé les yeux, et que la question est ajournée, le trafic de chair humaine recommence de plus belle. Il faudrait que les conclusions des rapports adressés par les consuls fussent appuyées par leurs gouvernements respectifs; chaque consul devrait être investi des pouvoirs nécessaires pour saisir les vaisseaux chargés d'esclaves, et mettre en liberté les troupeaux de nègres qu'il rencontre. Alors cet abominable trafic ne pourrait plus exister. Les consuls européens ont les mains liées, et les jalousies internationales qui compliquent la question d'Orient empêchent une action simultanée de la part des puissances. Aucun gouvernement ne veut être le premier à remuer cette eau bourbeuse. M. Natterer, le consul autrichien à Khartoum, m'avoua, en 1862, qu'il avait en vain décrit à plusieurs reprises, au cabinet de Vienne les atrocités de la traite : ses rapports restaient sans réponse. Toutes les puissances savent que le commerce des noirs se fait sur une grande échelle dans la haute Égypte, et que la mer Rouge est le grand emporium d'où ces malheureux sont transportés en Arabie et à Suez, mais en même temps la jalousie empêche les puissances d'agir. Si une d'entre elles prenait l'initiative, les autres interviendraient de suite pour empêcher qu'elle n'acquît trop de prépondérance en Égypte. C'est ainsi que les acteurs de cet affreux commerce jouissent d'une immunité complète. Qui peut poursuivre en justice un marchand d'esclaves du Nil Blanc? Où puiserait-on dans l'Afrique centrale une évidence légale capable de porter la conviction dans une cour de justice anglaise? M. Petterick, le consul anglais, fit arrêter un Maltais, neveu de Debono. L'accusation ne put être soutenue. Les consuls ont ainsi les mains liées, et leurs actes sont frappés de nullité par l'impossibilité où ils sont de se procurer des témoignages concluants; les faits sont de la dernière évidence, mais comment les prouver légalement?

Arrêtez le commerce du Nil Blanc, empêchez le départ des navires de Khartoum pour le sud, et obligez le gouvernement égyptien à concéder le monopole commercial de cette région à une compagnie, moyennant certaines conditions et une surveillance particulière. Il y a déjà quatre steamers à Khartoum. Établissez un poste militaire de deux cents hommes à Gondokoro, un second dans le pays des Schillloucks, vers le 13e degré de latitude, et si vous faites croiser deux vapeurs sur le fleuve, pas un esclave ne pourra redescendre le Nil Blanc. Une fois la traite supprimée, il y aura un excellent débouché pour le commerce de l'ivoire; les rivalités des caravanes étant anéanties, et les transactions entre les mains d'une seule compagnie, les nègres ne pourront plus troquer leur ivoire contre du bétail; ils seront obligés de recevoir en échange d'autres denrées. Le lac Albert, nouvellement découvert, ouvre à la navigation le centre de l'Afrique. Les vapeurs remontent de Khartoum à Gondokoro (latit. 4° 55'). A sept jours de marche de cette station, on atteint la partie navigable du Nil, d'où les vaisseaux peuvent remonter directement jusqu'au lac Albert; ainsi une énorme étendue de pays est accessible à la navigation, et on pourrait trouver là en échange d'ivoire un débouché pour les articles de Manchester et d'autres objets de commerce à un profit énorme, car dans ces pays nouvellement découverts, l'ivoire n'a qu'une valeur nominale. Je ne puis donner d'autres idées que celles que je viens d'émettre pour le début d'un commerce légitime; car les produits du pays, excepté l'ivoire, ne payeraient pas les frais de transport en Europe. Si l'Afrique doit être civilisée, ce sera seulement par le commerce. Une fois établi, il ouvrira la route aux missionnaires; mais jusqu'à ce que la traite des esclaves soit abolie; il faut renoncer à toutes les théories d'amélioration et de progrès que la philanthropie peut former.

Je ne saurais ici déterminer l'étendue du champ que la suppression de la traite laisserait libre; l'avenir dépendrait du bon gouvernement d'une région maintenant abandonnée à l'anarchie et à la confusion.

L'ethnologie de l'Afrique centrale est tout à fait hors de ma portée. Non-seulement les nègres ne peuvent pas écrire, mais ils n'ont aucune tradition ; leurs pensées sont entièrement absorbées par leurs besoins animaux de chaque jour ; ils n'ont aucun lien avec le passé ; pour eux l'histoire n'existe pas. Ceci est fort regrettable, car le type de plusieurs de leurs tribus a quelque chose de distinctif, tant dans les traits que dans le langage. Le Dinka, le Bari, le Latouka, le Chopi et l'Ounyoro ou Kitwara, sont autant d'idiomes différents à l'est du Nil, dans un pays qui s'étend au nord sur douze degrés à partir de l'équateur. Les Makkarikas ont aussi un dialecte à eux, et on me dit dans le pays de Kamrasi que les Malleggas, à l'ouest du lac Albert, parlent une langue différente de celle du Kitwara; cette langue peut être la même que celle des Makkaritkas, mais je ne saurais l'affirmer, n'ayant pu les comparer. Si on regarde comme un fait acquis l'existence de cinq langues ou dialectes, depuis le 12e parallèle jusqu'à l'équateur, on peut conclure, par voie d'analogie, que l'Afrique centrale est partagée en un grand nombre de pays et de tribus qui diffèrent par l'idiome et l'aspect physique, et dont l'histoire est enveloppée d'obscurité. Impossible de déterminer si l'homme, dans ce pays, est préadamite; mais on pourrait le croire. L'origine historique de l'homme ou d'Adam commence avec une connaissance de Dieu. A travers toute l'histoire du monde depuis la création, Dieu forme le fonds de toutes les croyances, soit que l'homme l'adore comme un esprit tout-puissant, soit qu'il se le représente comme une idole. Dès les temps historiques les plus anciens, l'homme n'a cessé de reconnaître sa propre infériorité ; il faut nécessairement qu'il adore soit le vrai Dieu, soit une idole, soit enfin un objet quelconque existant dans le ciel ou sur la terre. Le monde, suivant le sens que nous assignons à ce mot, a toujours été soumis à une sorte d'instinct religieux. Séparées de la société, perdues dans le mystérieux lointain qui voilait l'origine du Nil égyptien, existaient des races d'hommes inconnues qui n'avaient jamais compté en histoire, races que nous venons d'amener à la lumière, dont l'humanité ignorait l'existence, et qui paraissent à présent devant nous comme les ossements fossiles d'animaux anté-diluviens. Ces races doivent-elles être considérées comme les vestiges d'une création préadamite ?

La formation géologique de l'Afrique centrale est primitive, accusant une hauteur moyenne de près de quatre mille pieds au-dessus du niveau de la mer. Cette portion élevée du globe, composée en grande partie de roches granitiques et de grès, n'a jamais été submergée, et ne paraît avoir subi aucune altération, soit par l'action volcanique, soit par celle de l'eau. Le temps, à travers des siècles sans nombre, travaillant au moyen lent mais sûr de l'influence atmosphérique, a arrondi la surface des rochers granitiques, et les a brisés en morceaux, leur laissant une base sablonneuse de fragments décomposés, tandis qu'en d'autres endroits la montagne offre une surface aussi dure et aussi solide que si elle sortait de l'atelier de la nature. L'Afrique centrale n'ayant jamais été submergée, les races d'hommes et d'animaux qui la peuplent doivent être aussi anciennes et même plus anciennes qu'aucune de celles qui se trouvent sur la face du globe. En 1852, lorsque l'Afrique centrale était tout à fait inconnue, sir R. S. Murchison[1] prouva *à priori* qu'aucun changement géologique n'a pu y avoir lieu pendant des siècles antérieurs de longtemps à la création de l'homme; il est donc naturel de supposer que les races d'êtres vivants existant sur cette terre primitive n'ont point changé depuis leur origine. Cette origine peut dater d'une époque assez ancienne pour avoir précédé la création d'Adam. L'homme historique croit en Dieu; les tribus de l'Afrique centrale n'y croient pas. Appartiennent-elles à notre race Adamite? La partie équatoriale de l'Afrique aux sources du Nil a une hauteur moyenne de quatre mille pieds au-dessus du niveau de la mer; ce plateau élevé forme la base d'une chaîne de montagnes s'étendant, je l'imagine, de l'est à l'ouest comme les vertèbres d'un animal, et donnant l'écoulement aux eaux vers le nord et le midi. Si ma supposition est exacte, l'écoulement sud alimenterait le lac Tanganika; tandis que plus à l'ouest, un autre lac alimenté de même, serait la source du fleuve Congo. Au nord un système analogue peut se déverser dans le Niger et le lac Tchad; ainsi les lacs Victoria et Albert, ces deux grands réservoirs ou sources du Nil, font peut-être partie d'un système de lacs alimentés par les

1. Sir Rodrick Impey Murchison, célèbre géologue anglais, né en 1792. Voyez sur lui le *Dictionnaire des Contemporains*, de M. Vapereau. (— M.)

versants nord et sud de la chaîne de montagnes de l'Afrique équatoriale, et distribuant aux principaux fleuves de ce continent le tribut des pluies qui tombent dans les régions situées sous l'équateur. Comme le centre de l'Afrique vers les sources du Nil a une élévation de quatre mille pieds au-dessus du niveau de la mer, indépendamment des hautes montagnes qui couronnent ce plateau, on est en droit de conclure que la région équatoriale de l'Afrique est comme un large cône dont toutes les pentes rayonnent vers la mer. Partout où il y a de hautes chaînes de montagnes, il doit y avoir aussi des parties déprimées; ces parties, lorsqu'elles sont situées dans la région des pluies équatoriales, reçoivent l'écoulement des eaux qui viennent des hautes terres, et se transforment en lacs; le trop plein de ces lacs forme à son tour des rivières; tel est précisément le cas du Nil sortant des lacs Victoria et Albert.

Sir Roderick S. Murchison a donc, comme géologue, développé la théorie de l'existence d'une série de lacs sur un plateau élevé de l'Afrique centrale; et cette théorie est maintenant à peu près confirmée par les découvertes actuelles. Je crois donc à propos de transcrire ici un fragment du discours prononcé par ce savant à la séance anniversaire de la Société royale de géographie, le 23 mai 1864, et dans lequel il émit sur la configuration géologique de l'Afrique centrale, et sur les races qui l'habitent, des opinions antérieures à celles que je formai moi-même, lorsque je visitai le lac Albert. C'est avec le plus vif intérêt que j'ai lu ce fragment depuis mon retour en Angleterre :

« .... Dans des discours précédents, j'ai émis l'opinion que les parties centrales de l'Afrique forment un grand plateau occupé par des lacs et des marais d'où les eaux s'échappent par des fissures ou des dépressions dans les rocs plus anciens qui se trouvent au-dessous, et que cet état de choses subsistait depuis une période de temps extrêmement considérable. Grâce à la découverte opportune du docteur Kirk, le compagnon de Livingstone, j'ai pu non-seulement fortifier ma conjecture de 1852, mais étendre beaucoup les idées que je me formais de la longue période de temps pendant laquelle les parties centrales de l'Afrique sont restées dans leur présente condition, sauf les dégradations produites par les influences atmosphériques ordinaires. Ma théorie, présentée à cette Société en 1852, reposait principalement sur les étranges et admirables recherches géologiques faites par M. Bain, dans la colonie du cap de Bonne-Espérance. Je disais que pendant la période secondaire ou mesozoïque des géologues, l'intérieur nord de cette contrée avait été occupé par des lacs et des marécages d'une vaste étendue, ainsi que le prouve le reptile fossile découvert par Bain et auquel Owen[1] a donné le nom de Dicynodon; j'ajoutais que l'Afrique centrale était restée aujourd'hui ce qu'elle était depuis un temps dont la durée ne peut se calculer. Les voyages successifs accomplis dans l'intérieur par Livingstone, Thornton et Kirk, Burton et Speke, et enfin par Speke et Grant m'ont confirmé dans ma croyance, que l'Afrique méridionale n'a subi aucune des grandes dépressions sous-marines qui ont si considérablement affecté l'Europe, l'Asie et l'Amérique pendant les périodes secondaires, tertiaires et quasi-modernes.

« La découverte du docteur Kirk a confirmé ma pensée. Sur les bords d'un affluent du Zambèse, ce voyageur a ramassé plusieurs ossements, amenés là selon toute probabilité par les eaux de régions reculées du continent; ces restes sont tellement fossilisés qu'ils offrent toutes les apparences d'antiquité qui caractérisent les produits de la période tertiaire, ou même d'une époque antérieure. Ce sont des portions de la colonne vertébrale et du sacrum d'un buffle, qu'on ne pourrait distinguer du buffle ordinaire du Cap; puis des fragments de crocodile et de tortue d'eau, tous deux absolument pareils aux espèces qui existent actuellement. Le docteur Kirk a trouvé de plus un grand nombre d'os d'antilope et d'autres animaux qui, quoiqu'à l'état fossile, appartiennent, m'assure-t-il, aux espèces qui habitent l'Afrique méridionale aujourd'hui.

« D'un autre côté aucun de nos explorateurs, y compris M. Bain qui a fait preuve de tant d'intelligence comme géologue, n'a trouvé dans l'intérieur du pays des pierres calcaires contenant des débris fossiles d'animaux marins; une telle découverte aurait prouvé que le sud de l'Afrique comme d'autres pays a été déprimé sous les eaux de l'Océan, puis soulevé de nouveau. Au

1. Richard Owen, né en 1800; célèbre naturaliste, le Cuvier de l'Angleterre. Voyez le dictionnaire de M. Vapereau. (— M.)

contraire, en sus des vieux granits et d'autres roches ignées, tous les explorateurs ne trouvent que d'innombrables ondulations de grès, de schiste et de quartz, ou bien de ces dépôts de tuf et de substances ferrugineuses qui se présentent naturellement dans les pays longtemps occupés par des lacs et des djungles, et qu'auraient séparés les uns des autres des collines sablonneuses. En fait de roches calcaires on ne voit guère que des tufs formés par les alluvions d'eau douce. Il est vrai qu'il existe des formations marines de l'époque tertiaire sur la côte, autour de la colonie du Cap, près de l'embouchure du Zambèse, vis-à-vis de Mozambique, et encore sur les côtes de Mombas vis-à-vis de Zanzibar; il est vrai que ces formations constituent des falaises peu élevées, suivies de roches d'origine ignée. Mais lorsqu'il pénètre dans l'intérieur le voyageur perd de vue toutes ces formations; et à mesure qu'il s'avance au cœur du pays il traverse une vaste région qui selon toute apparence a été toujours dans des conditions terrestres et lacustres. De fait, si l'on juge d'après les données déjà recueillies, l'intérieur de l'Afrique méridionale est resté dans ces conditions depuis une date aussi reculée que l'époque des roches secondaires. Cependant, quoiqu'aucun de nos compatriotes n'ait trouvé des traces de vieux dépôts maritimes, le capitaine Speke a rapporté d'une des chaînes de montagnes qui s'étendent entre la côte et le lac Victoria N'yanza une coquille fossile qui quoique de dimensions plus grandes que l'*Achatina perdix* que l'on trouve maintenant au sud de l'Afrique, est de la même famille. De plus, si Bain a trouvé des plantes fossiles dans les couches reptilifères qui sont au nord du cap de Bonne-Espérance; si Livingstone et Thornton ont découvert dans le grès du charbon et des plantes fossiles pareilles à celles des dépôts carbonifères de l'Europe et de l'Amérique, ces débris mesozoïques et palæozoïques sont tous terrestres, et ne se trouvent pas unis à des produits calcaires maritimes résultant de ces oscillations du sol qui sont si communes dans d'autres pays.

« Il faut observer de plus que l'on ne remarque pas à la surface du sol dans l'intérieur de ce vaste continent ces dépôts grossiers et superficiels provenant de hautes chaînes de montagne d'où sont descendus soit des glaciers, soit de formidables torrents. Sous ce rapport le pays dont nous nous occupons est entièrement différent des plaines de l'Allemagne, de la Pologne et de la Russie septentrionale qui étaient le fond de la mer lorsque les champs de glace flottante se fondirent et laissèrent tomber les blocs de pierre qu'ils transportaient depuis la Scandinavie et la Laponie.

« On peut donc dire qu'au point de vue de la persistance de ses anciennes conditions géologiques, l'intérieur du sud de l'Afrique offre un phénomène unique. Ce fait se trouve confirmé par l'absence, au sud de l'équateur, de ces roches volcaniques qui sont si souvent associées aux oscillations de la terre ferme.

« A l'exception des monts vraiment volcaniques de Camerones récemment décrits par Burton, sur la côte occidentale et un peu au nord de l'équateur, et qui s'avancent peut-être au sud jusqu'au Gabon, on ne sait rien de la présence de foyers d'éruption analogues le long de la côte d'Afrique au sud de l'équateur[1]. Si les éléments pour la production de ces foyers eussent existé, la ligne de la côte est par son caractère précisément celle où nous nous attendrions à trouver des ouvertures volcaniques de ce genre, à en juger par l'analogie de toutes les régions à volcans où les éruptions habituelles ont lieu près de la mer ou de grandes masses d'eau à l'intérieur. L'absence donc, soit sur la côte, soit dans l'intérieur, de roches éruptives existant depuis l'époque où l'accumulation de roches tertiaires a commencé, s'accorde avec toutes les données physiques déjà réunies. Elles prouvent que, quoique le géologue ne trouve ici aucun de ces caractères de structure lithologique et de débris organiques singulièrement variés qui permettent de déterminer dans d'autres parties du globe les époques de la succession des différentes couches, l'intérieur de l'Afrique méridionale est un type remarquable d'un pays qui a conservé pendant un très-long espace de temps les conditions premières de sa formation, sans avoir éprouvé d'autres changements que ceux qui résultent des influences atmosphériques et météorologiques.

« Si donc des animaux des espèces inférieures et les plantes de ce vaste pays sont restés les mêmes pendant une période extrêmement longue, pouvons-nous conclure que la race d'hommes

1. Quoique le Kilimandjaro soit en grande partie un mont ignivome, un vrai volcan, rien ne prouve qu'il ait été en activité pendant l'époque historique.

qui s'y trouve est de la même antiquité? S'il en était ainsi le nègre serait en droit de revendiquer une généalogie aussi ancienne que les familles caucasiques ou mongoles. Faute de faits décisifs à ce sujet, je ne veux pas m'abandonner à de vagues théories; mais comme, parmi les spécimens fossiles que Livingstone et Kirk ont rapportés se trouvent des fragments de poterie faits de main d'homme, il faut que nous attendions jusqu'à ce qu'un autre explorateur de l'Afrique méridionale prouve que ces débris de manufacture appartiennent à la même époque que les ossements fossiles. En d'autres termes, il nous manque encore pour l'Afrique les preuves que l'on croit avoir trouvées en Europe, de l'existence qui rattache l'une à l'autre la géologie et l'archéologie. Or si les travaux des hommes dataient de la même époque que les débris d'animaux fossiles que l'on rencontre dans l'Afrique méridionale, le géographe voyageur parfaitement convaincu de l'antiquité de la formation du sol, serait obligé d'admettre que quoique le nègre remonte par son origine à une époque aussi reculée, il est resté fort stationnaire en fait de civilisation, comparé aux races caucasique, mongolique, aux Peaux-Rouges de l'Amérique, ou même aux peuplades de la Polynésie[1]. »

1. La preuve la plus remarquable de l'infériorité du nègre comparé à l'habitant de l'Asie, c'est que tandis que ce dernier a depuis des siècles apprivoisé l'éléphant et l'a rendu fort utile à l'homme, le nègre s'est contenté de le tuer pour en tirer de la nourriture ou de l'ivoire.

CHAPITRE XIX.

ROUTE DE RETOUR.

Nous continuâmes à redescendre le Nil, courant devant le vent toutes les fois que le fleuve suivant la ligne droite permettait à nos rameurs de reposer. Nous étions à la fin de la saison sèche qui dans cette latitude correspond à la fin de mars; aussi, quoique la rivière fût encore pleine jusqu'aux bords, les endroits marécageux étaient assez solides, et dans les parties les plus sèches les roseaux avaient été brûlés par les nègres. Dans un de ces espaces ouverts, nous remarquâmes un troupeau d'antilopes au nombre de plusieurs milliers. Les mâles étaient noirs avec de belles cornes; les femelles, d'un brun rouge, sans cornes. N'ayant jamais tiré d'animal de cette espèce, je débarquai, ordonnai aux bateliers de m'attendre dans une petite anse bien abritée, et accompagné de Saat et de Richarn je me mis en chasse armé de ma petite carabine Fletcher.

Les antilopes ne montraient pas leur timidité habituelle; avec un peu de patience, et en me masquant derrière les roseaux, je réussis à m'approcher jusqu'à moins de cent vingt pas de deux mâles magnifiques qui étaient séparés du reste du troupeau; l'un d'eux, me prêtant le flanc, se trouvait dans une position favorable pour recevoir une balle en pleine épaule; au coup de la carabine, il s'élança sur ses jambes de derrière, bondit deux ou trois fois d'une manière convulsive, puis tomba mort. Son compagnon partit au grand galop et un coup du canon gauche lui cassa malheureusement la jambe de derrière; les roseaux à demi brûlés m'ayant empêché de viser juste. Je rechargeai mon arme, et tandis que mes compagnons saignaient ma première victime, je tirai à six cents verges de distance sur cette masse serrée d'antilopes qui battaient en retraite. J'entendis ou crus entendre la balle frapper contre un point résistant quelconque, et au moment où le troupeau s'enfuyait, j'aperçus d'une manière vague un objet rougeâtre resté en arrière. En m'approchant, je vis que c'était une femelle que ma balle avait blessée au cou, malgré la grande distance. Le gibier étant dispersé, ma chasse aurait été finie si je n'avais entendu des cris et des hurlements bien en avant du troupeau d'antilopes. Il y eut une halte générale, et nous aperçûmes une troupe nombreuse de naturels du pays qui, armés d'arcs et de flèches, avaient coupé la retraite aux pauvres bêtes et les rabattaient à grands cris exactement sur nous. Lancées à fond de train, elles changèrent un peu de direction en nous apercevant et s'enfuirent presque à la file les unes des autres, formant une ligne continue d'au moins un demi-mille de longueur. Courant à angle droit pendant un bon quart de mille, j'arrivai enfin à une fourmilière qui avait bien dix-huit pieds de haut, et je me plaçai derrière ce monticule, à soixante-dix verges de distance de la compagnie d'antilopes qui défilaient au galop. J'attendis qu'un mâle à longues cornes vînt à paraître. J'en vis plusieurs, mais il y en avait de plus beaux à l'arrière-garde; ils approchèrent; pan! ma carabine part, et un superbe animal tombe, la tête la première. Nouvelle décharge: une seconde victime s'abat à dix verges plus loin: — « Un autre fusil, Richarn! » Mon domestique me remet la carabine d'Osvell. Elle n'avait qu'un canon de chargé. Je vis venir un mâle superbe accompagné de sa biche. Elle le protégeait contre le coup de feu au moment où ils passèrent au bout de mon fusil, mais sachant que la balle pouvait percer de part en part la pauvre bête et aller frapper son compagnon de l'autre côté, je la visai à l'épaule. Elle tomba foudroyée, mais son compagnon s'échappa sain et sauf. Je découvris que Richarn, au lieu de charger ma carabine à balle y avait mis vingt chevrotines.

J'avais abattu cinq antilopes; ayant coupé la tête aux mâles, j'abandonnai les carcasses aux nègres qui nous guettaient avec anxiété de loin, mais n'osaient pas s'approcher. Aidés par dix ou douze hommes, nous traînâmes à bord le premier animal que j'avais tué ; il était plus près du bateau que les autres. Ses dimensions dépassaient un peu celles d'un âne ordinaire ; voici son signalement : couleur noire avec une petite tache blanche sur le garrot ; une couronne blanche sur la tête ; cercle blanc autour des yeux ; poitrine noire mais ventre blanc ; cornes d'environ deux pieds quatre pouces de long, se courbant en arrière de la manière la plus gracieuse.

Quelques jours après cet incident, nous arrivâmes au confluent du Bahr-el-Garal, et tournant soudain vers l'Est, nous calculâmes que nous nous trouverions bientôt près de l'obstruction si singulière qui, depuis notre passage en 1863, avait barré le cours du Nil Blanc.

Il y avait beaucoup de danger à descendre le fleuve en s'approchant de cette sorte d'écluse, car le courant s'était creusé au-dessous un canal souterrain où il s'engouffrait avec la force d'une cataracte. Une grande *dahabié* chargée d'ivoire avait été entraînée en cet endroit l'année précédente en revenant de Gondokoro, et n'avait plus reparu. Je commandai au *reis* de tenir prêtes une ancre et deux fortes haussières ; si nous arrivions dans la soirée, il devait amarrer le bateau au rivage et ne pas songer à traverser la passe avant le jour. Nous jetâmes l'ancre à environ un demi-mille en amont.

Cette partie du Nil offre des marécages sans fin dont quelques parties, à cette saison, ont la consistance de la terre ferme. Le fleuve coule de l'ouest à l'est. Le bord sud, couvert de mimosas, est un terrain solide, tandis que le bord opposé, encombré de roseaux, est un marais plat.

A la pointe du jour, saisissant nos rames, nous descendîmes le courant rapide. Au bout de quelques instants, nous entendîmes le bruit d'une chute d'eau, et nous aperçûmes devant nous le barrage s'étendant d'un côté à l'autre du fleuve. Le marais ayant un fond très-ferme, nos gens sautèrent de suite sur la rive droite et disposèrent les haussières, l'une à l'arrière, l'autre près du bossoir ; cet arrangement empêchait le bateau de présenter le flanc au barrage, circonstance qui avait causé la perte de la *dahabié* dont j'ai parlé plus haut. Lorsque nous nous approchâmes, je remarquai l'écluse ou tranchée qui avait été creusée par les équipages des bateaux remontant le fleuve ; elle avait environ dix pieds de large, à peine assez pour donner passage à une *dahabié*. Cette ouverture se trouvait déjà encombrée par des masses de végétation flottante et ces radeaux naturels de roseaux et de vase que le Nil emporte dans son cours; c'était à l'accumulation de ces matières qu'il fallait attribuer l'origine du barrage lui-même.

Ayant fixé le bateau en jetant à l'arrière une ancre que nous enterrâmes dans le marais, tandis qu'un câble attaché aux roseaux maintenait l'arrière contre le courant, tout l'équipage se jeta dans le canal et se mit à dégager la masse énorme de lianes, de roseaux, de bois d'ambatch, d'herbe et de vase qui avait encombré l'entrée. Ainsi se passa la moitié d'une journée, et enfin nous réussîmes à amarrer notre vaisseau dans la coupure où il resta en sûreté. Afin de réduire le tirant d'eau, nous eûmes à décharger la cargaison. Cette ennuyeuse opération terminée, et ayant empilé sur des nattes qui recouvraient un lit de roseaux bien aplatis plusieurs boisseaux de blé, nous essayâmes de pousser le bateau à travers le canal. Cet embarras, tout contrariant qu'il fût, était un sujet d'études plein d'intérêt.

Le fleuve avait soudain disparu; il semblait que le Nil blanc eût pris fin; le barrage avait environ trois quarts de mille de largeur; il était parfaitement solide, et déjà couvert qu'il était de roseaux et de hautes herbes, il semblait faire corps avec le pays environnant. Beaucoup de gens au service des marchands étaient morts de la peste dans cet endroit, ayant été obligés de séjourner pendant quelques semaines pour s'y frayer un passage; leurs tombeaux encombraient le sol. Le fond de ce canal était tout à fait solide, formé d'un mélange de sable, de vase et de végétation décomposée. Le fleuve arrivait avec une grande force sur la berge abrupte de ce barrage, amenant des détritus de toute espèce, et de véritables îles flottantes. Aucun de ces objets ne restait attaché au barrage; aussitôt qu'ils s'y heurtaient ils coulaient à fond et disparaissaient. C'est de cette manière que la *dahabié* avait sombré. Ayant manqué l'étroit canal, elle avait d'abord donné de la proue, puis heurté de flanc contre cette espèce de rempart; la végétation flottante et les îles mouvantes amenées par le fleuve, s'étaient amassées tout autour, et le bateau, chaviré sur le flanc, avait été entraîné par-dessous. L'équipage avait eu le temps de se sauver en suivant la barrière si fermé entre laquelle leur navire avait fait naufrage. Les bateliers m'assurèrent qu'on avait trouvé en aval du barrage des cadavres d'hippopotames, entraînés et noyés de la même manière.

Il nous fallut deux jours de travail opiniâtre du matin jusqu'au soir pour nous conduire de l'autre côté du canal, et nous nous trouvâmes encore une fois en plein Nil. Le fleuve, en cet endroit, était parfaitement dégagé; pas le moindre vestige de végétation flottante; dans le cours de son passage souterrain, il avait trouvé une sorte de tamis naturel et laissé derrière lui tous les détritus qu'il charriait s'ajouter à la masse d'un rempart déjà gigantesque.

Devant nous la navigation était facile et libre. Depuis quelques jours, deux ou trois de mes gens se plaignaient de violents maux de tête, d'étourdissements, de douleurs violentes à l'épine dorsale et entre les épaules. Lors de mon séjour à Gondokoro, le bateau m'avait inspiré de l'inquiétude, car plusieurs personnes étaient mortes à bord de la peste, pendant le trajet depuis Khartoum. Les hommes m'assuraient que le symptôme le plus fatal était un violent saignement du nez; quiconque en était atteint mourait infailliblement. Or un des bateliers qui se plaignait depuis quelques jours, se pencha tout à coup par-dessus le bord du navire..., son nez saignait! Un autre de mes gens, Yasen, était malade. Son oncle, mon *vakil*, vint me dire qu'il saignait du nez! Plusieurs autres tombèrent malades; ils étaient étendus sur le pont en proie au délire, les yeux aussi jaunes que de la pelure d'orange. Au bout de deux ou trois jours, la puanteur à bord du vaisseau était telle qu'on ne pouvait y tenir. *La peste avait éclaté.*

Nous avions dépassé le confluent du Sobat. La brise venait du sud, et dans notre cabine à l'arrière, nous nous trouvions au vent de l'équipage. Yasen mourut. C'était un de ceux que l'hémorragie nasale avait affectés. Nous nous arrêtâmes un instant pour l'enterrer, puis nous repartîmes. Mahommed expira ensuite. Il avait aussi été pris de saignement du nez; autres funérailles. Nous repartîmes de nouveau et redescendîmes le Nil en toute hâte. Quelques autres hommes tombèrent malades, mais sans présenter les symptômes terribles. Au commencement de l'attaque, je leur administrai une forte dose de calomel; c'était tout ce que je pouvais faire, ma pharmacie étant épuisée. Nous entendions pendant toute la nuit les malades en proie au délire murmurer des paroles incohérentes ; mais, habitués comme nous l'avions été pendant des années, à des désagréments de toute nature, nous n'éprouvions aucune crainte de la contagion. Un matin, mon petit Saat vint me trouver, la tête enveloppée d'un bandeau ; il se plaignait de douleurs aiguës au dos et dans les membres, — tous les symptômes de la peste. Dans l'après-midi, je le vis se pencher hors du bateau, il saignait abondamment du nez ! A la nuit il eut le délire, le lendemain matin il perdit toute connaissance, et comme nous nous étions arrêtés pour ramasser du bois à brûler, il se jeta à la rivière afin de calmer la fièvre brûlante qui le dévorait. Ses yeux injectés de sang, la couleur de son visage qui était devenue jaune comme un œuf, lui donnaient un air affreux ; ses traits étaient tellement tirés et changés qu'il n'était plus reconnaissable. Pauvre Saat ! notre enfant d'adoption, le nègre qui faisait une exception si brillante au caractère barbare de sa race, le voilà frappé à son tour par cette terrible maladie ! C'était un garçon robuste de quinze ans, et il était maintenant étendu sur sa natte, épuisé, et fixant des regards pensifs sur sa maîtresse ; Mme Baker lui donnait de l'eau édulcorée d'un peu de sucre que nous avions obtenu des marchands à Gondokoro.

Nous arrivâmes à Fashöder, dans la contrée des Shillouks ; le gouvernement égyptien y avait formé un camp de mille hommes pour s'emparer du pays. Nous fûmes bien reçus et traités avec hospitalité par Osman Bey que je me plais à remercier cordialement. Le premier, après tant d'années passées au milieu de la barbarie, il nous accueillit au nom de la civilisation. A Fashöder, nous nous procurâmes des lentilles, du riz et des dattes qui étaient pour nous des objets de luxe, et qui devaient être comme une bénédiction pour notre pauvre malade, à qui nous allions pouvoir désormais préparer un potage. Nous avions acheté dans le pays de Shir des chèvres au moyen de *molotes* (houes de fer) que l'agent de Kourshid nous avait données à Gondokoro contre une provision de blé. Cet agent était responsable de la réserve que j'avais laissée en dépôt. En quittant Fashöder, nous continuâmes en hâte notre voyage vers Khartoum. Mais hélas ! Saat expirait. Rien ne pouvait soulager le pauvre garçon de la torture brûlante que lui infligeait l'affreuse maladie. Il ne dormait pas, mais passait les jours et les nuits à murmurer dans son délire, quelquefois hurlant comme une bête féroce. Richarn gagna toute mon affection en veillant avec zèle auprès de l'infortuné qui avait été son compagnon pendant des années de fatigue. Nous arrivâmes au village de Wat Shély à trois journées seulement de Khartoum. Saat se mourait. La nuit se passa. Je croyais bien que tout serait fini avant le lever du soleil; mais comme le matin s'approchait, un changement se manifesta en lui Il semblait mieux, quoique de grosses marques rouges se fussent montrées sur sa poitrine et sur différentes parties de son corps. Nous lui donnâmes alors des stimulants; toutes les dix minutes un morceau de sucre imbibé d'une cuillerée à café d'arak que nous avions acheté à Fashöder. Il le prenait volontiers, regardant ma femme pendant tout le temps avec un air d'affection, mais ne pouvant parler. Je le fis bien laver et habiller de vêtements que j'avais cachés avec soin pendant le voyage et qui devaient servir lors de notre entrée à Khartoum. Il se coucha sur une natte propre pour tâcher de s'endormir, et Mme Baker lui donna un morceau de sucre pour lui rafraîchir la bouche et la langue. Le pouls était très-faible, la peau froide. «Pauvre Saat! dit ma femme, sa vie tient à un fil. Il faut le soigner avec la plus grande précaution; s'il survient une rechute rien ne le sauvera.» Une heure se passa, il s'endormit. Karka, grosse négresse pleine de bonne volonté, vint s'asseoir à ses côtés; le saisissant doucement aux genoux et aux chevilles, elle lui étendit les bras et les jambes dans une position horizontale, elle lui couvrit ensuite le visage avec un morceau de toile, un des rares chiffons que nous eussions conservés. « Dort-il encore? » demandâmes-nous. « Il est mort», répondit-elle, et les larmes coulaient le long des joues de la bonne Karka.

Nous fîmes arrêter le bateau. C'était une rive sablonneuse, bordée d'uue falaise élevée que couronnait un bouquet de mimosas. C'est là que nous creusâmes la tombe de Saat. Mes hommes travaillaient en silence et tristement, car tous aimaient Saat; il s'était montré si bon et si fidèle que même ces cœurs endurcis avaient appris à le respecter. Nous le déposâmes dans son tombeau sur cette terre déserte, au pied du bouquet d'arbres. Nous mîmes ensuite à la voile et nous nous éloignâmes de l'endroit où reposait la bonté, la fidélité même. C'était une heureuse mort, car il avait été arraché à une terre d'iniquité dans toute la pureté d'un enfant converti de l'idolâtrie au christianisme. Il avait vécu et était mort à notre service en bon chrétien. Notre voyage était presque fini et nous comptions revoir notre patrie et nos amis; mais il nous restait encore des dangers à courir; Saat, le pauvre enfant, avait atteint son foyer et son repos. Nous avions ainsi enseveli deux fidèles compagnons aux deux termes de notre voyage: Johann Schmidt au début, — Saat à la fin.

A quelques milles de là un vent contraire nous arrêta pendant quelques jours. Perdant patience, je louai des chameaux, et au bout d'un jour de marche nous arrivâmes à Khartoum, le 5 mai 1865, environ une demi-heure après le coucher du soleil.

Le lendemain toute la population européenne de l'endroit vint nous souhaiter la bienvenue. J'ai à les remercier bien vivement pour leurs gracieuses prévenances. M. Lambrosio, représentant, dans cette ville, de la compagnie de commerce orientale et égyptienne, nous offrit une maison de la manière la plus aimable.

J'appris alors la terrible nouvelle de la mort de mon ami Speke. Je pouvais à peine y croire jusqu'à ce que j'eusse lu les détails du fatal accident dans l'appendice de la traduction française de sa relation. C'était une triste consolation pour moi de pouvoir confirmer ses découvertes et témoigner de la persévérance avec laquelle il avait conduit sa troupe à travers les déserts de l'Afrique jusqu'à la première source du Nil. Comme je suis arrivé à la fin de ma propre expédition, je tiens à ce que l'on comprenne bien en quelle haute estime je tiens les travaux de Speke et de Grant et leur découverte du grand lac Victoria N'yanza, cette source du Nil, la première et la plus élevée. Quoique je laisse à la rivière qui court d'un lac à l'autre le nom de « Somerset » que Speke lui donne lui-même sur la carte qu'il m'a remise, je répète de nouveau que cette rivière est bien le Nil Victoria; je la nomme le Somerset seulement pour la distinguer dans ma description, du Nil entier qui sort de l'Albert N'yanza.

Que le volume d'eau ajouté par ce dernier lac soit ou non plus considérable que celui qui provient du lac Victoria, il n'en est pas moins certain que le lac Victoria est la source la plus élevée et la première découverte; le lac Albert est la seconde source, mais c'est le *réservoir entier* des eaux du Nil. Je me sers du mot de source appliquée à chaque réservoir pour indiquer que c'est la tête ou le point de départ du fleuve. Je sais fort bien que les géographes ne sont pas d'accord si on doit donner le nom de *source* à un lac qui doit lui-même son origine à une ou plusieurs rivières ; mais comme des torrents innombrables se déversent du haut des régions montagneuses de l'Afrique centrale dans ces grands réservoirs, peut-être est-il impossible de donner la préférence à telle ou telle rivière spéciale. Une théorie de ce genre produirait une confusion sans fin, et la question des sources du Nil pourrait n'être jamais vidée ; mille voyageurs reviendraient plus tard ayant chacun en portefeuille sa source favorite, un ruisseau de grandeur insignifiante étant assigné par chacun d'eux comme la seule et unique origine du Nil.

Je trouvai peu de lettres à Khartoum. Toute la population européenne nous avait regardés depuis longtemps comme morts. Je voulais partir sans délai, directement pour l'Angleterre, mais cette triste région du Soudan est une pépinière de difficultés.

Une sécheresse de deux ans avait causé la famine dans tout le pays, puis était survenue une maladie épidémique attaquant le bétail et les chameaux ; les animaux de cette dernière espèce mouraient en si grand nombre que tout le commerce était interrompu. On ne pouvait transporter aucune marchandise de Khartoum ; de cette façon les négociants dans l'intérieur ne pouvaient pas faire d'achats : le pays, toujours misérable, était ruiné.

La peste, ou un typhus des plus pernicieux, avait ravagé Khartoum ; sur quatre mille soldats nègres il en restait moins de quatre cents ! Cette maladie terrible, qui avait décimé notre bateau, avait fait pleine moisson dans les ruelles sales et encombrées de la capitale du Soudan.

Le Nil bleu était si bas que même les *noggors* tirant trois pieds d'eau, ne pouvaient pas descendre le fleuve. Ainsi les chameaux étant morts, et la rivière innavigable, il n'y avait pas moyen de tirer du blé du Sennaar et de Watmedené. La famine régnait à Khartoum ; point de fourrage pour les animaux, point de pain pour les hommes. Ne pouvant me procurer ni bateaux ni chameaux, je me vis obligé d'attendre à Khartoum que la crue du

Nil fût suffisante pour nous permettre de traverser les cataractes qui sont situées entre cette ville et Berber[1].

Nous restâmes deux mois à Khartoum. Pendant ce temps nous eûmes à souffrir d'une chaleur intense et d'ouragans de sable continuels, accompagnés d'une épidémie générale d'ulcères. Les plaies d'Égypte existent de nos jours dans le Soudan. Le 26 juin nous essuyâmes la tourmente de sable la plus extraordinaire dont les habitants aient conservé le souvenir. J'étais assis vers quatre heures et demie de l'après-midi, dans la cour, chez mon homme d'affaires; il n'y avait pas de vent, et le soleil était aussi brillant que d'habitude sous ce ciel serein; tout à coup survient une sorte d'obscurité produite par un voile jaunâtre qui semble s'étendre partout. Sachant que c'était là le présage d'un ouragan de sable, et que le calme serait suivi d'une rafale terrible, je me levai pour rentrer et fermer les volets de la maison. J'étais à peine debout que je vis s'approcher du sud-ouest une masse compacte de montagnes brunes d'une grandeur énorme et qui semblaient soulevées dans l'air. Le passage de ce phénomène singulier fut si rapide, qu'en quelques moments nous nous trouvâmes plongés dans une obscurité intense. D'abord il n'y eut pas de vent, et la sensation n'en était que plus désagréable. Nous nous trouvions environnés « d'une obscurité que l'on pouvait toucher. » Soudain le vent se leva, mais non pas avec la violence à laquelle je m'attendais. Deux personnes se trouvaient près de moi, Michael Latfalla mon agent d'affaires, et M. Lambrosio. Les ténèbres étaient si épaisses que nous essayâmes en vain de distinguer nos mains placées tout près de nos yeux; nous ne pouvions pas même en reconnaître le contour. Cela dura près de vingt minutes, après quoi l'obscurité se dissipa, et le soleil brilla du même éclat qu'auparavant : mais nous avions *senti*, c'est bien le mot, l'obscurité infligée par Moïse aux Égyptiens.

Le gouvernement du pays avait, à ce qu'il paraît, été poussé, par une ou plusieurs des puissances européennes, à prendre des mesures pour la suppression de la traite; en conséquence

1. Le manque d'eau dans le Nil bleu, tel que je le décris ici, prouve que pendant la plus grande partie de l'année, la basse Égypte doit son existence entièrement au Nil blanc.

un vapeur avait reçu l'ordre de saisir tous les bateaux que l'on trouverait chargés de cette affreuse cargaison. Deux bateaux avaient été pris et ramenés à Khartoum, ayant à bord huit cent cinquante êtres humains. Ils étaient entassés les uns sur les autres comme des anchois, les vivants et les mourants couchés pêle-mêle sur les morts !... Des Européens, témoins du débarquement de ces malheureux, m'ont assuré qu'on ne pouvait se figurer le caractère horrible de cette scène. Les esclaves se mouraient de faim, n'ayant eu depuis plusieurs jours rien à manger. On les débarqua à Khartoum. Les morts et plusieurs des mourants attachés ensemble par la cheville furent traînés à terre dans les rues, attelés à des ânes. Le typhus du caractère le plus prononcé s'était déclaré au milieu de cette masse compacte de souffrance et d'ordure. Les femmes, une fois débarquées, furent distribuées entre les soldats par les autorités égyptiennes. Avec ces créatures la peste s'introduisit à Khartoum comme une juste punition infligée à ce pays d'esclavage et d'abomination; elle se répandit à travers la ville avec la rapidité d'un incendie, et détruisit les régiments qui avaient reçu ce legs affreux d'une cargaison d'esclaves agonisants. Parmi ceux que les autorités arrêtèrent comme coupables de ce trafic de chair humaine, se trouvait un sujet autrichien, qu'on remit à la garde du consul. Un Français, M. Garnier, avait été envoyé par le consulat de France à Alexandrie pour faire une enquête spéciale sur la traite des noirs; il s'appliquait à sa tâche avec beaucoup d'énergie.

Pendant mon séjour à Khartoum, je rencontrai par hasard Mahommed Her, le *vakil* de Chenouda, le même qui à Latouka avait excité mes gens à la rébellion, puis avait pris les révoltés à son service. Je m'étais promis de faire de ce drôle un exemple public : je le fis donc arrêter et conduire au divan. Il eut l'effronterie de nier ses méfaits, et il ajouta qu'il ne savait rien de la destruction de sa caravane et des rebelles par les Latoukas. J'avais des témoins en grand nombre, tant parmi mes gens que parmi ceux de la caravane de Kourshid qui se trouvaient alors à Khartoum. Le mensonge effronté du coupable fut donc facile à prouver. J'avais résolu qu'il serait puni; cet exemple assurerait le respect à tout autre Anglais qui plus tard viendrait à voyager dans ce pays. Mes gens et ceux avec qui je m'étais trouvé en rapport, s'étaient accoutumés à compter de la manière la plus absolue sur la réalisation de mes paroles, et le châtiment de cet homme était arrêté depuis longtemps.

Je me rendis au divan, et demandai qu'on appliquât à Mahommed Her la peine du fouet. Omer Bey était alors gouverneur du Soudan à la place de Mousa Pacha, décédé. Il présidait le divan dans la grande cour de justice près de la rivière. Me priant de m'asseoir près de lui, et me présentant une pipe, il appela l'officier de service, et lui donna les ordres nécessaires. Peu après le prisonnier, escorté de huit soldats, fut introduit dans la salle. Un homme portait un pieu très-fort d'environ sept pieds de long, ayant au milieu une double chaîne disposée de manière à former un anneau. Le prisonnier fut immédiatement jeté la face contre terre, tandis que deux hommes lui étendirent les bras sur lesquels ils s'assirent. On plaça ensuite ses pieds dans l'anneau, et le pieu étant assujetti d'une manière solide on le releva un peu de dessus du sol afin d'exposer horizontalement la plante des pieds. De chaque côté se tenait un homme armé d'un vigoureux courbache en peau d'hippopotame. Le prisonnier étant prêt, l'ordre est donné et les coups de fouet sont appliqués de la manière la plus scientifique. Après la cinquième douzaine le misérable se mit à hurler en demandant grâce. Combien de fois n'avait-il pas lacéré à coups de courbache de malheureuses esclaves! Que de meurtres n'avait-il pas commis sans crainte et sans merci!... Je priai cependant Omer Bey de limiter le châtiment à cent cinquante coups, et d'expliquer publiquement au coupable en plein tribunal que cette punition lui avait été infligée pour avoir essayé de faire manquer l'expédition d'un voyageur anglais en excitant ses gens à la révolte.

Cette besogne finie, tous mes mémoires acquittés, et mes gens congédiés les mains pleines, j'étais prêt à partir pour l'Égypte. Le Nil était assez haut pour nous permettre de franchir les cataractes, et le 30 juin nous prîmes congé de tous nos bons amis à Khartoum, y compris mon excellent agent, Michael Latfalla, bien connu sous le nom de Hallil el Shami; il avait fort généreusement payé toutes mes traites sur le Caire, sans me demander un centime pour le change. Le matin du 1er juillet, nous partîmes de Khartoum pour Berber.

En approchant des superbes collines de basalte entre lesquelles le fleuve passe en aval de Khartoum, je fus surpris de voir le grand Nil réduit à une largeur de quatre-vingts à cent verges.

Encaissé entre de hautes coulées de basalte, le Nil traverse ce défilé pittoresque ; l'eau par ses tourbillons d'écume montre qu'il y a, sous ses couches profondes, des obstacles formés par les rochers.

Notre voyage faillit se terminer brusquement au passage des cataractes. Des débris de navires couvraient les rochers en divers endroits ; pendant que nous descendions rapidement une chute d'eau, à toute voile et poussés par une forte rafale, nous donnâmes contre un banc de sable. Si c'eût été un rocher, nous aurions été écrasés comme du verre. La force terrible du courant, dont la rapidité était d'environ dix à douze milles à l'heure, drossa et fixa le flanc de notre bateau contre le sable. Soixante verges plus bas se trouvait une chaîne de rocs sur lesquels il semblait que nous dussions certainement être poussés si nous quittions le banc de sable où nous étions. Le *reis* et le pilote perdaient la tête, comme à l'ordinaire. Je vidai un grand porte-manteau imperméable et l'attachai par des cordes afin d'en faire une bouée de sauvetage pour ma femme et pour Richarn qui ne savaient pas nager. Je fis un paquet de mes cartes, de mes journaux et de mes relevés d'observations, et je les enfermai dans une boîte de fer que je fixai par une ligne au porte-manteau. Allions-nous donc terminer notre expédition par un naufrage, et perdre toute la collection de mes trophées de chasse? Mes préparatifs faits, je pris le commandement de la barque et enjoignis à l'équipage de se taire.

Mon premier ordre fut de jeter une ancre en amont ; l'eau était peu profonde, et le poids de l'ancre portée sur les épaules de deux hommes, leur permit de résister au courant et d'aller la fixer sur le banc de sable à quarante verges plus haut.

Ceci fait, je dis à mon équipage de hâler sur le câble ; comme la grande force du courant portait sur le flanc de navire, tandis que l'avant était ancré en amont, il vira peu à peu ; tout le monde s'occupa alors des pieds et des mains à enlever le sable et à rendre le passage plus profond, aidé en cette besogne par le courant qui emportait ce qu'on lui jetait. Nous passâmes cinq heures dans cette position, le bateau craquant et à moitié plein d'eau: cependant nous finîmes par boucher les fentes produites dans le bordage par la grande pression qu'il avait subie, et ayant, à force de travail, fait un passage dans l'étroit banc de sable, le moment décisif s'approchait. Nous allions laisser filer le câble, serrer la voile, et nous fier à la forte brise qui venait de l'ouest pour nous faire éviter les rochers situés au nord quelques verges plus loin. « Lâche tout! » m'écriai-je, et tout étant effectivement prêt, nous détendîmes la voile qui s'enfla à grand bruit et emporté par le vent et le courant, le vaisseau tourna de l'avant. Nous volions à la surface de l'eau. Pendant un moment notre quille grinça sur une substance dure; nous étions sur le pont regardant les rochers qui se trouvaient exactement devant nous, tandis qu'au milieu du bouillonnement des rapides nous avions l'air de courir à une destruction inévitable. Un moment de plus et nous passions outre à quelques pouces des rochers. Hurrah! nous voilà sauvés! et le courant nous entraîne vers la vieille Angleterre.

Nous arrivâmes à Berber, d'où quatre ans auparavant nous étions partis pour notre expédition de l'Atbara. Nous y fûmes reçus avec la plus grande hospitalité par M. et Mme Laffargue, couple français, honorablement établi depuis plusieurs années dans le Soudan. C'est avec les sentiments d'une reconnaissance profonde que je remercie ici les Français pour la courtoisie que j'ai toujours trouvée chez tous ceux d'entre eux qu'il m'est arrivé de rencontrer dans ces pays lointains. J'appréciais cette politesse comme on le ferait d'une fleur qu'on ne s'attend pas à rencontrer dans le désert. J'aime à espérer que réciproquement tout Français recevra de mes compatriotes le même traitement lorsqu'il se trouvera voyager loin de sa belle patrie.

Je résolus de regagner l'Égypte par la mer Rouge au lieu de traverser l'affreux désert de Korosko pendant les chaleurs du mois d'août. Après quelque délai je me procurai des chameaux et me dirigeai à l'est vers Souakim, espérant y trouver un bateau à vapeur en partance pour Suez.

A partir de Berber je ne suivis pas la route que les caravanes prennent d'ordinaire. Une certaine agitation régnait dans le pays à cause de la révolte de toutes les troupes nègres au service de l'Égypte dans la province de Taka. En outre les Arabes Hadendowas auxquels on ne peut se fier en aucun temps, étaient fort excités. Les premiers huit jours de voyage on ne trouve pas d'eau excepté à deux stations, car le pays est désert. Notre caravane consistait en ma femme, Richarn, Achmet et Zéneb ; cette dernière était une fille de la tribu Dinka, de six pieds de haut, dont Richarn était devenu amoureux et qu'il avait épousée lors de notre séjour à Khartoum. C'était une bonne fille, assez jolie, forte comme une girafe, et excellente cuisinière — un vrai trésor pour Richarn. Son mari qui avait été mon fidèle compagnon, se trouvait maintenant riche, ayant reçu trente napoléons pour l'arriéré de ses gages. Achmet était un domestique égyptien récemment loué par moi à Khartoum. J'avais, en outre, offert à un missionnaire suisse la protection de notre troupe.

Un jour pendant les chaleurs de midi après une longue traite à travers le sable brûlant d'un désert sans ombre, nous aperçûmes de loin un arbre isolé et nous nous en approchâmes comme d'un ami. A notre arrivée nous trouvâmes plusieurs Arabes Hadendowas assis à l'ombre. En mettant pied à terre nous les prions de se serrer pour nous faire un peu de place ; car un arbre dans le désert est comme un puits ; tout voyageur y a droit. Loin d'accéder à notre demande, ils nous refusent avec la dernière insolence. Richarn essaie de prendre possession, on le repousse, et un Arabe tire son couteau. Achmet avait à la main un fouet d'hippopotame dont il s'était servi pour son chameau ; il le lève, et menace l'Arabe qui avait dégaîné ; c'est le signal des hostilités. Les sabres sortent du fourreau, et le chef de la troupe essaie de me frapper à la tête. Parant le coup avec mon parasol, je le frappe à la bouche à mon tour avec une telle force que la pointe de cette arme pacifique lui pénètre jusqu'au gosier et l'étend par terre. Presque au même moment je me vois obligé de parer un second coup ; mon parasol est brisé, et il ne me reste pour toute arme, outre mes poings, qu'un solide tuyau de pipe turque d'environ quatre pieds de long. Parant et frappant d'estoc et de taille avec ledit tuyau, et assénant de vigoureux coups avec ma main gauche, je réussis à tenir en respect trois ou quatre de ces bandits, mais je suis légèrement atteint au bras gauche d'un coup de sabre ; je renversai pourtant celui qui me l'avait porté et je le désarmai. Ma femme ramassa le sabre, car je n'avais pas le temps de me baisser, et elle s'escrima aussi contre les ennemis. Un des Arabes voulut lui enlever son arme, mais il n'osa pas s'approcher de la lame nue. Nous étions maîtres de la position, car nous tenant à l'abri de l'arbre dont les branches étaient fort près de la terre, et les Arabes, ne sachant pas porter des coups de pointe, ils ne pouvaient pas faire usage de leurs sabres, dont le feuillage interceptait les coups de taille. Nous finîmes par dégager le pourtour de l'arbre en nous escrimant avec vigueur, et la troupe ennemie se dispersa à droite et à gauche, poursuivie par Richarn et Achmet qui étaient pourvus de carabines à deux coups. Je voulais désarmer toute la bande. Un des Arabes muni d'une lance se précipita pour attaquer Richarn par derrière, mais Zéneb, digne fille de la tribu guerrière des Dinkas, se saisissant d'une cognée dont le manche était d'un bois fort dur, se jeta dans la mêlée comme une véritable Jeanne d'Arc, et s'élançant à la rescousse de Richarn, elle appliqua à l'Arabe un tel coup sur la tête qu'elle le renversa à terre et lui enleva sa lance. Ainsi armée elle se joignit aux combattants.

Je ne pus m'empêcher de m'écrier « Bravo, Zéneb ! » et saisissant un gros bâton qu'un des Arabes avait laissé tomber, j'appelai Richarn, je réunis notre petite troupe, et attaquant les quelques Arabes qui résistaient encore, nous les renversâmes et leur enlevâmes leurs armes. Le chef de la bande qui avait été le premier à dégaîner et à qui j'avais fait avaler une bouchée de parasol, n'avait pas bougé de l'endroit où il était tombé, ne cessant de tousser et de cracher. Je le fis lier, et le menaçai de l'attacher à la queue d'un chameau et de le mener prisonnier au gouverneur de Souakim, s'il ne rappelait pas tous ceux de sa troupe qui avaient pris la fuite. Ils se tenaient éloignés, et j'insistai pour qu'ils me remissent leurs armes. Entièrement abattu et découragé, il conféra avec ceux que nous avions saisis, et l'affaire se termina par un désarmement général.

Je comptai six sabres, onze lances, et un grand nombre de couteaux.

Ordonnant alors à ces bandits de s'aligner, je leur donnai le choix de deux alternatives : j'administrerais moi-même la bastonnade aux chefs, ou bien je les attacherais à la queue des chameaux et je les mènerais ainsi au gouverneur de Souakim.

Ils préférèrent la première proposition ; alors les faisant sortir des rangs, je leur commandai de se coucher à terre pour recevoir la correction promise.

Ils se soumirent comme des chiens. Richarn et Achmet, armés de courbaches, se tenaient prêts au premier signal. En ce moment un vieil Arabe à cheveux blancs, faisant partie de ma caravane, s'approcha de moi, et se mettant à genoux, me caressa la barbe de ses mains sales et me demanda pardon pour les coupables. Connaissant à fond le caractère de ces drôles, je répondis : « Ce sont de misérables fils de chien, et leurs sabres sont aussi faibles que les plumes d'un oiseau. Ils méritent le fouet, mais quand un homme à tête blanche demande grâce, elle doit être accordée. Dieu est plein de miséricorde, et nous sommes ses enfants ! » Ainsi se termina cette affaire à notre satisfaction. Je brisai toutes les hampes des lances sur les rochers, et dis à Zéneb d'en allumer du feu pour faire bouillir notre café. Attachant les sabres en un faisceau, et mettant les couteaux et les fers de lance dans un panier, je promis de restituer tous ces objets à leurs propriétaires, lors de notre arrivée au dernier puits, au delà duquel nous trouverions tous les jours une provision d'eau. Après cela nous n'aurions plus à craindre que l'on nous volât nos chameaux, et que l'on nous abandonnât dans le désert. Ces Arabes suivirent notre caravane, et quelques jours plus tard, lorsque nous fûmes arrivés à la citerne, je leur rendis leurs armes selon ma promesse. Souakim est à environ deux cent soixante-quinze milles du Nil et de Berber. A mi-chemin, à Kokreb, nous traversâmes la chaîne de montagnes qui remonte de Suez vers le sud, parallèlement à la mer Rouge ; plusieurs parties de cette chaîne sont à quatre ou cinq mille pieds au-dessus du niveau de la mer. Ces montagnes sont extrêmement belles, leurs flancs abruptes et stériles étalant des couches superbes de granit rouge et gris avec de grands bancs de porphyre rouge et vert de nuances exquises. Plusieurs de ces montagnes sont de basalte et si noires, que pendant l'espace d'une journée de marche, le pays ressemblait à un immense chantier de charbon répandu sur la surface en blocs et en monticules. Kokreb est une charmante oasis au-dessous des hautes montagnes, avec une forêt de mimosas nains en pleine floraison, et un ruisseau descendant des collines, résultat d'un récent orage. Les rivières dans ce pays ne sauraient figurer sur une carte, parce que ce sont des torrents produits uniquement par les violents orages qui tombant sur les montagnes plusieurs fois pendant la saison pluvieuse, entre le mois de juin et la fin d'août, se précipitent avec force dans un lit de pierres et tarissent au bout de quelques heures, absorbés par le sable du désert. Pendant quelques jours nous suivîmes un profond ravin entre des montagnes d'une hauteur extraordinaire. C'était le lit d'un torrent qui, après les fortes pluies, coulait vers l'est à travers les montagnes. Il y avait là des mares d'une eau remarquablement limpide. Il était curieux de remarquer avec quelle adresse les chameaux gravissaient les défilés les plus difficiles, se frayant un chemin à travers les rochers et les pierres qui obstruaient la route. Çà et là nous pouvions voir de ces animaux broutant les branches des mimosas verts qui croissaient dans des endroits où il me semblait impossible d'atteindre.

Après vingt-quatre jours de marche à dater de notre départ de Berber, nous sortîmes des montagnes, et de la passe élevée où nous nous trouvions, nous découvrîmes soudain, et avec le plus grand plaisir la mer Rouge. La descente se fit promptement; à chaque heure la chaleur augmentait et après une longue traite d'un jour, nous passâmes la nuit à quelques milles de Souakim. Le lendemain matin nous entrâmes dans la ville.

Souakim est une position importante; les maisons y sont bâties en corail. Les principaux bâtiments, le bureau de la douane et ceux du gouvernement sont sur une île, dans le port. Le gouverneur, Moumtazzé Bey, nous reçut avec empressement et nous offrit une maison. La chaleur était épouvantable, le thermomètre marquant 115° Fahr, et dans quelques habitations 120°.

Souakim devrait, sans nul doute, être l'entrepôt du commerce d'importation et d'exportation des provinces du Soudan. Si on établissait une ligne de vapeurs à Suez pour toucher régulièrement à Souakim, avec un fret raisonnable, cette dernière ville deviendrait extrêmement prospère, car sa position géographique en fait le point de départ de tout le commerce avec l'intérieur. A présent, il n'y a aucun système régulier d'arrivage ou de départ; les seuls vapeurs qui touchent à Souakim étant ceux de la compagnie Abdul-Azziz qui font le commerce entre Suez et Jedda. Quoique annoncés comme partant à jour fixe, ils ne relâchent à Souakim que lorsque les capitaines le jugent à propos, et leurs tarifs sont énormes.

Il n'y avait pas de vapeur à notre arrivée. Après avoir attendu pendant environ quinze jours par une chaleur intense, nous vîmes arriver *l'Ibrahimeya*, frégate à vapeur égyptienne de trente-deux canons. Elle amenait un régiment de troupes égyptiennes, sous les ordres de Giaffer Pacha pour châtier la révolte des milices nègres de Kassala, à vingt journées de marche dans l'intérieur du pays. Le général Giaffer Pacha, et le capitaine de la frégate, Mustapha Bey, nous donnèrent un festin à l'anglaise, pour célébrer la découverte des sources du Nil. Giaffer Pacha mit avec beaucoup de courtoisie la frégate à notre disposition pour nous transporter à Suez, et Mustapha Bey tâcha de nous rendre service de toute façon. Je saisis cette occasion de les remercier de leur extrême obligeance.

L'ordre de mettre à la voile était reçu, quand soudain on signala l'arrivée d'un bateau à vapeur; c'était un navire de transport avec des troupes. Comme il devait retourner de suite à Suez, j'aimais mieux prendre passage à bord de ce bateau, tout sale qu'il était, que de m'exposer à de nouveaux délais. Nous partîmes de Souakim et en cinq jours nous atteignîmes Suez. En descendant du bateau à vapeur, je me trouvai une fois encore dans un hôtel anglais. Lacour intérieure, spacieuse et commode, était disposée de manière à former une serre ouverte; on y voyait une buvette, de la *pale ale d'Allsopp*, avec accompagnement de glace. Quel paradis terrestre! Et des draps aux lits! et des taies d'oreillers! moi qui en avais perdu l'habitude depuis tant d'années!

L'hôtel était plein de voyageurs se rendant aux Indes, de charmantes Anglaises, des Anglais en foule. J'avais envie de parler à tout le monde. Jamais je n'ai été tellement épris de mes compatriotes; mais, chose surprenante! toutes les dames portaient d'énormes paquets de cheveux derrière la tête. J'appelai Richarn, mon nègre favori, pour les admirer. « Là! Richarn, lui dis-je, regardez-les! Que pensez-vous de nos dames anglaises? Hein, Richarn, ne sont-elles pas charmantes? — Wah

Illahi! s'écria Richarn, étonné. Qu'elles sont belles! en voilà, des cheveux! ce n'est pas comme ces nègres sauvages qui se mettent sur la tête les cheveux d'autrui. Ces dames-là n'ont que leurs cheveux propres! Que c'est beau! — Oui Richarn, répliquai-je; ces cheveux sont bien *leur propriété!* » .... c'était la première fois que je voyais un *chignon*.

Nous arrivâmes au Caire, et j'établis Richarn et sa femme dans une place excellente, comme domestiques particuliers de M. Zech, le propriétaire de l'hôtel Sheppard. Le certificat que je lui ai donné lui a été, je l'espère, très-utile. Il avait fait preuve d'une force morale extraordinaire en renonçant absolument à ses anciennes habitudes d'intempérance. Je pris congé de nos trois domestiques le cœur trop plein pour pouvoir rien dire; je serrai bien cordialement leur main noire, calleuse, mais honnête, puis le sifflet de la locomotive se fit entendre et nous voilà en route!

J'avais quitté Richarn, aucun de mes compagnons ne me restait. Le passé me semblait comme un rêve; le bruit du canon me rappela aux idées de la civilisation. Revenais-je réellement des sources du Nil? Non, ce n'était pas un songe. J'avais sous mes yeux un témoin de mon voyage — un visage encore jeune mais bronzé comme celui d'un Arabe par les effluves d'un soleil brûlant, abattu et amaigri par la fatigue et la maladie, portant les traces de soucis, — heureusement évanouis sans retour, — la compagne dévouée de mon pèlerinage — celle à qui je devais mon succès et ma vie — ma femme.

Des lettres d'Angleterre m'attendaient au bureau du consulat; la première que j'ouvris m'apprit que la Société royale de géographie m'avait décerné la médaille d'or Victoria, en un moment où on ne savait encore si j'étais mort ou vivant, et si mon expédition s'était terminée heureusement. Cette appréciation de mes efforts formait la bienvenue la plus agréable qui pût accueillir mon retour à la civilisation après tant d'années passées au sein de la barbarie; elle me rendait la découverte des sources du Nil doublement précieuse, puisque j'avais rempli l'attente que la Société de géographie avait si généreusement conçue, en m'accordant le prix avant la fin de ma tâche.

FIN.

TABLEAU SUCCINCT DES POSITIONS GÉOGRAPHIQUES ET DE L'ALTITUDE DES POINTS PRINCIPAUX DE L'ITINÉRAIRE DE M. BAKER[1].

	LATITUDE nord.	LONGIT. EST de Paris.	ALTITUDE en mètres.
Tarangolé (pays de Latouka)........................	4° 30′	30° 34′	672m
Obbo (camp d')........................	4° 02′	30° 10′	1105m
Shoggo (district de Farajoke)........................	3° 32′	30° 12′	1194m
Asoua (gué de l')........................	3° 12′	29° 50′	865m
Shoua........................	3° 04′	29° 43′	1164m
Rionga (île de), 25 mètres au-dessus de la rivière.	2° 18′	29° 48′	1160m
Atada, au-dessous des chutes de Karuma..........	2° 15′	30° 05′	1200m
Karuma, au sud des chutes, sur le chemin de M'rouli........................	2° 10′	30° 08′	1219m
M'rouli, au confluent du Somerset et du Kafour....	1° 38′	29° 59′	1225m
Station à l'ouest de M'rouli, sur la route du lac....	1° 13′	29° 03′	1370m
Promontoire sur la rive orientale du lac Albert....	1° 15′	28° 30′	1318m
Plage du lac, au bord de l'eau........................	1° 14′	28° 29′	820m
Shoua Morru (île de Patouan)........................	2° 16′	29° 34′	960m
Gondokoro........................	4° 54′	29° 25′	600m

1. Les longitudes données par l'auteur ont été ramenées au méridien de Paris, et ses mesures de hauteur au système métrique.

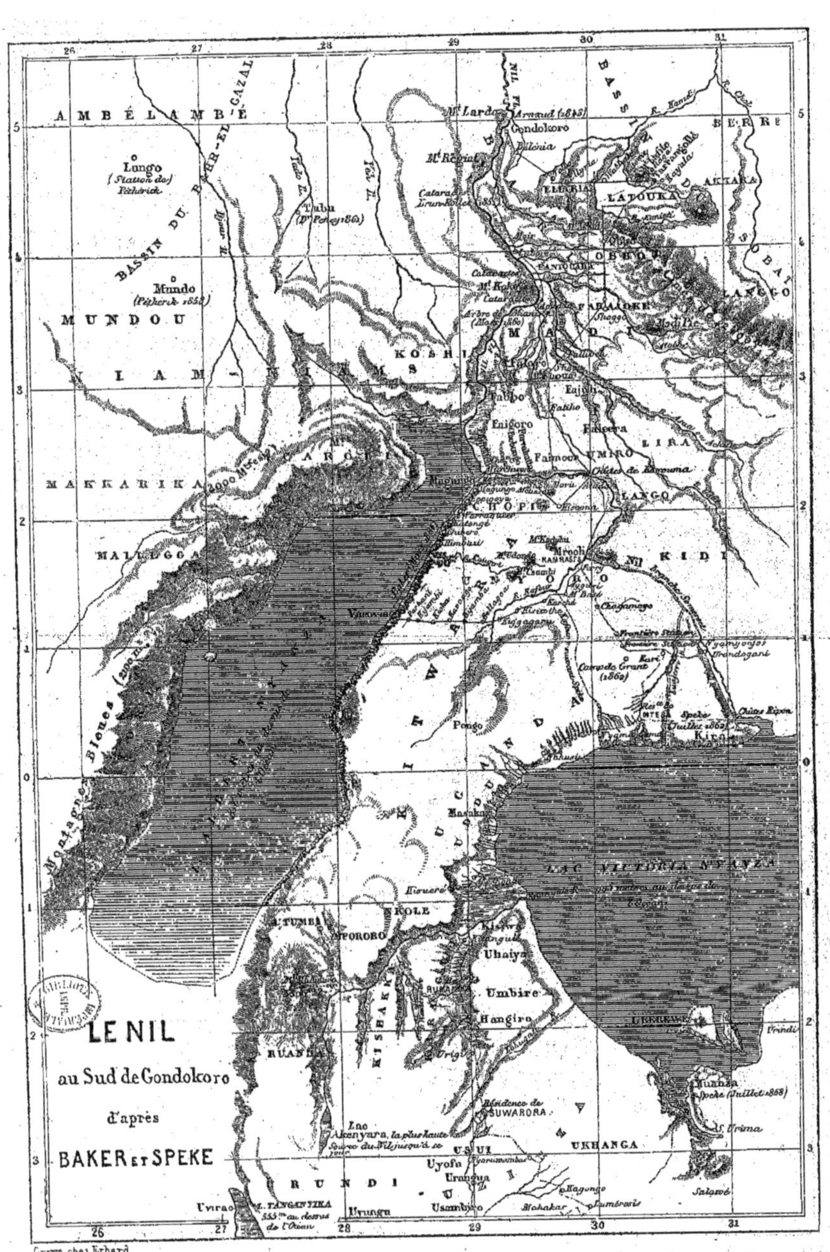

LE NIL
au Sud de Gondokoro
d'après
BAKER ET SPEKE

Gravé chez Erhard

TABLE DES CHAPITRES.

CHAPITRE PREMIER.

DU CAIRE A GONDOKORO.

CHAPITRE II.

MAUVAISE RÉCEPTION ET SÉJOUR A GONDOKORO.

CHAPITRE III.

ACCIDENT ET RÉBELLION.

CHAPITRE IV.

NOTRE PREMIÈRE NUIT DE MARCHE.

CHAPITRE V.

DÉPART D'ELLYRIA. — LE LATOUKA.

CHAPITRE VI.

LA DANSE FUNÈBRE.

CHAPITRE VII.

LE LATOUKA.

CHAPITRE VIII.

QUESTIONS NOIRES.

CHAPITRE IX.

ATTAQUE DE KAYALA PAR LES TURCS ET SES SUITES.

CHAPITRE X.

NOTRE VIE A OBBO.

CHAPITRE XI.

DÉPART POUR LE LAC.

CHAPITRE XII.

LE LAC.

CHAPITRE XIII.

INTENTIONS PERFIDES DES INDIGÈNES.

CHAPITRE XIV.

SÉJOUR A KISOUNA.

CHAPITRE XV.

KAMRASI ET LE PAVILLON ANGLAIS.

CHAPITRE XVI.

ADIEUX DE KAMRASI.

CHAPITRE XVII.

RETOUR A GONDOKORO.

CHAPITRE XVIII.

DERNIÈRES NOUVELLES DE KHARTOUM.

CHAPITRE XIX.

ROUTE DE RETOUR. — DE KHARTOUM A SUEZ.

FIN DE LA TABLE DES CHAPITRES.

9279. — Imprimerie générale de Ch. Lahure, rue de Fleurus, 9, à Paris.

www.ingramcontent.com/pod-product-compliance
Ingram Content Group UK Ltd.
Pitfield, Milton Keynes, MK11 3LW, UK
UKHW020309200726
13857UKWH00001B/123

9 782012 95970